Flash经典课堂

动画、游戏与多媒体制作案例教程

U0325855

◎ 胡国钰 著

清华大学出版社

北京

内 容 简 介

本书是北京电影学院动画学院在教学第一线从事教学工作的教师根据多年丰富的动画、游戏专业的教学经验的积淀之作，具有内容全面、循序渐进、结构合理、讲解细致、条理清晰、通俗易懂、专业性强等特点。

本书共12课，教学与自学的参考课时控制在80~96课时之间，通过20个课堂范例的学习（文字传统补间动画；太阳变形动画；月亮逐帧动画；人物的眨眼等喜怒哀乐表情动画；白天黑夜场景动画；汽车等交通工具动画；场景中汽车在不同路面的停、驶，车窗的摇下，车门的开关，乘客上下车等场景动画；汽车正背面行驶场景动画；海底世界动画短片多场景动画；各种按钮制作及多媒体网页制作；游戏角色的行走动画及控制行走；换装游戏；场景游戏等），及平均每课4个相应的上机练习作业，由浅入深、循序渐进地介绍了Flash动画的基础知识、动画短片制作、多媒体网页及课件制作、游戏角色的控制方法。

本书具有动画专业的教材优势，特别适合作为高校美术、动画、游戏、广告、计算机、影视制作、多媒体等相关专业的培训教材及自学教材。

本书配套光盘A含有每课要使用的原始文件、每一节的进度文件、完成进度后的参考文件、大量的上机作业参考文件及学生作业参考文件。配套光盘B含有随书电子课件（包括每课的教学重点、教学内容、课堂范例的逐步演示、学生的相关同类作业展示、相关参考作品展示、思考题及大量的学生作业参考文件、上机作业的完成展示。共12课20个课堂范例、43个上机练习作业、56个思考题及答疑，几百个作品的源文件）。该课件可作为教师上课的课件使用，也可作为自学者的电子教材。

图书在版编目（CIP）数据

Flash经典课堂——动画、游戏与多媒体制作案例教程 / 胡国钰著. —— 北京：清华大学
出版社，2013.10（2022.4重印）

ISBN 978-7-302-32442-3

Ⅰ. ①F… Ⅱ. ①张… Ⅲ. ①动画制作软件——教材 Ⅳ. ①TP391.41

中国版本图书馆CIP数据核字（2013）第105571号

责任编辑：杨如林
封面设计：张　洁
责任校对：胡伟民
责任印制：刘海龙

出版发行：清华大学出版社

网　　址：http://www.tup.com.cn，http://www.wqbook.com
地　　址：北京清华大学学研大厦A座　　　邮　　编：100084
社 总 机：010-83470000　　　　　　　邮　　购：010-62786544
投稿与读者服务：010-62776969，c-service@tup.tsinghua.edu.cn
质量反馈：010-62772015，zhiliang@tup.tsinghua.edu.cn

印 装 者：北京嘉实印刷有限公司
经　　销：全国新华书店
开　　本：190mm×260mm　　印　　张：24.5　　字　　数：780千字
　　　　　（附DVD光盘2张）
版　　次：2013年10月第1版　　　　　印　　次：2022年4月第12次印刷
定　　价：99.00元

产品编号：050667-01

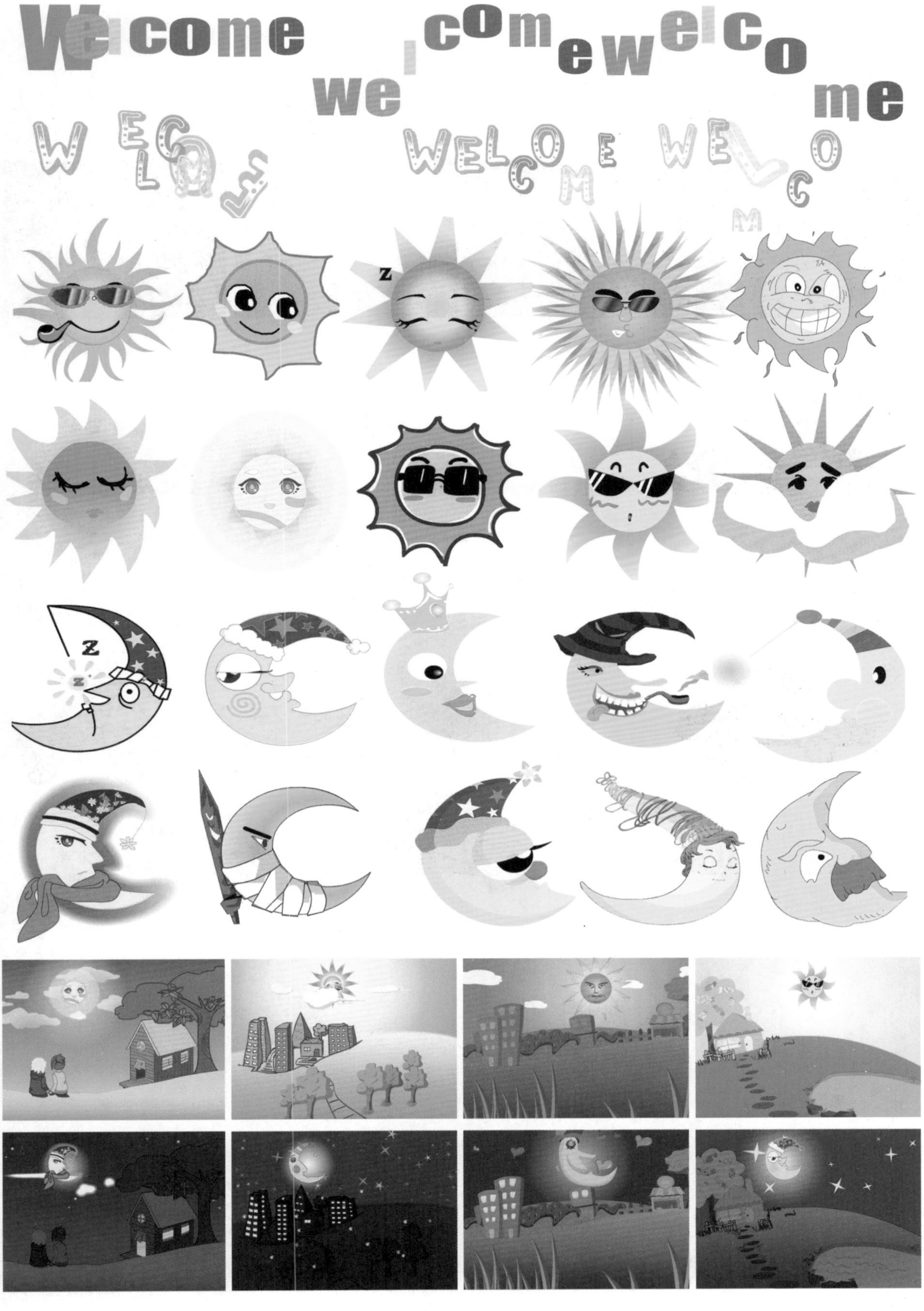
Welcome

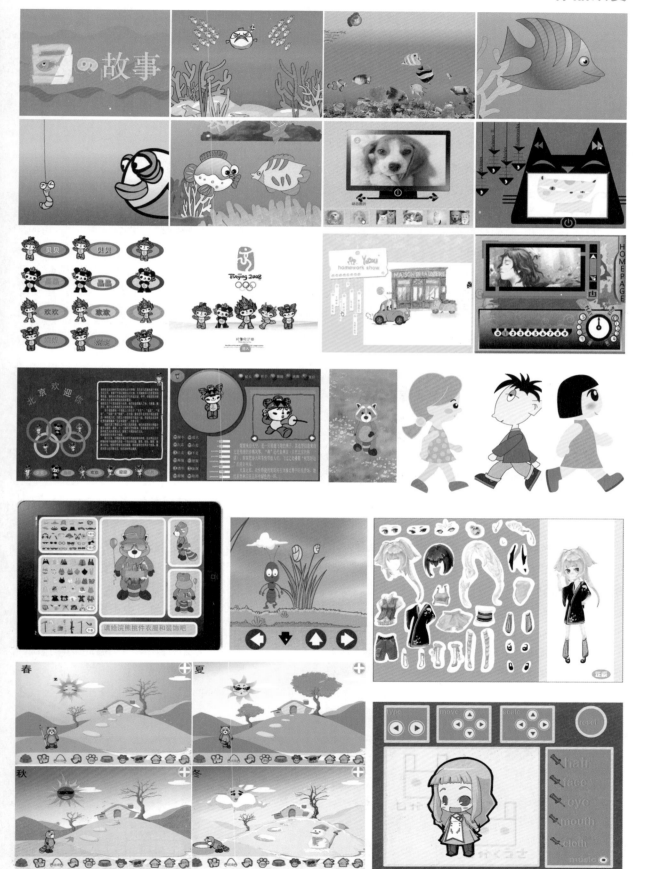

PREFACE
前言

在平面动画制作领域，Flash早已经成为专业动画人员必不可少的创作工具，而随着网络和移动业务的发展，网络动画与网络游戏、网络多媒体、手机游戏等有了更广阔的发展前景，Flash动画与游戏设计的应用领域也越来越广阔。

目前各大高校都相继成立了动画与游戏专业，作为动画创作教学的权威院校，北京电影学院动画学院在这方面也走在了教学行业的前列，培养的动漫游戏专业的学生，在掌握了Flash的动画知识后，能够制作出绘声绘色、交互性好的平面动画、多媒体网页、游戏作品，毕业生在就业市场也非常受欢迎。近年来，国内有关Flash设计制作的教材也很多，但从动画专业的角度，循序渐进地介绍Flash动画基础、动画片制作、多媒体动画课件制作、网页制作、动画角色游戏制作的专业教材并不多，随着美术、动画、游戏、广告、计算机、影视制作、多媒体等专业的学生人数的剧增，迫切需要有一部针对这些专业的动画与多媒体、游戏设计的专门应用性教材。

本书是作者多年Flash教学经验的总结。本书系北京影视艺术研究基地2013年度"重点支持科研项目"最终成果之一；2013年度北京市教育委员会人文社会科学研究计划面上项目（Social Science Research Common Program of Beijing Municipal Commission of Education）《动画与多媒体、游戏设计应用研究》（项目编号：SM201310050006）最终成果。

鉴于此，有必要将专业动画学院的Flash课程教材向全国推广，使未具备动画专业知识的各大专院校相关专业的教师与学生，能够采用专业的动画教材来培训、教学及自学。

课程特点

（1）作者具有在专业的动漫、游戏教学领域丰富的教学经验及教材写作经验。

（2）本书内容是作者多年教学经验的总结，涉及的内容比较全面，编排循序渐进，结构合理，讲解细致，条理清楚，通俗易懂，专业性强。巧妙地将要涉及的教学重点融入到课程范例中，所选范例也是经过多年的教学调整，尽可能从浅到深地逐步介绍Flash的相关知识，使读者在学习中不感到枯燥无味，不知不觉中掌握课程中介绍的知识重点。

（3）本书从初学者的角度入手，抛开传统的菜单式介绍方式，采用直接上手制作完整作品的边学边做的方式，将要介绍的相关知识融入范例中，每课的课程范例实用、完整、专业。随书光盘中还附有范例的分操作进度保存的多个进阶版本便于参考学习。本书写作中尽可能考虑到制作中出现的问题并进行解答，使读者在阶段掌握课程内容的基础上，能灵活应用所学知识，快速设计出类似的、富有成就感的完整作品。

（4）在完成课程范例学习的基础上，通过课后思考题的答疑，加深对课程教学重点的掌握理解。课后所附的上机参考作品的练习，可使读者既巩固所学知识，能举一反三，会灵活应用，又开阔设计思路，满足了创作欲望。

（5）随书所附的课程多媒体课件系统、完整、严谨、规范、互动性强。包括每课的教学重点、教学内容（教程电子版）、课堂范例的逐步演示、学生的相关同类作业展示、相关参考作品展示、思考题及答疑、上机作业的完整展示。通过12课20个课堂范例的学习及45个上机练习作业、60个思考题及答疑，以及大量的源文件作品的学习，可开阔学生的眼界，不是学完一课会做一个作品，而是能触类旁通，做一系列同类作品。

（6）课程所选动画范例，每一个完成后都是一个专业的动画作品，对于没有绘画、动画基础的读者来说，只要认真跟随课程的进度，静下心来学习，就一定能掌握动画制作的技巧。

（7）该教程内容全部都是通用的Flash内容，避开了Flash版本的限制，使得教材的使用寿命更长久。

（8）具有动画专业的教材优势，特别适合做相关专业的培训教材及自学教材。

本教程教学参考课时控制在80~96课时之间，教学分四大部分内容：

（1）动画制作基础部分（1~7课偏重动画制作基础），教学参考课时约40课时。

（2）动画短片制作部分（8课偏重完整动画短片制作），教学参考课时约8~12课时。

（3）多媒体网页制作部分（9~10课偏重多媒体制作），教学参考课时约16~20课时。

（4）游戏制作部分（11~12课偏重计算机脚本编程），教学参考课时约16~24课时。

在实际教学与自学时，可根据需要选择性地学习，参考课时可控制在40课时（1~7课）、48~52课时（1~8课）、64~72课时（1~10课）及80~96课时（1~12课）。

课程内容

第1课，通过一个简单的文字动画制作，熟悉Adobe Flash CS6的工作环境，熟练掌握制作文字运动动画的方法，掌控多图层动画的制作以及关键帧的各种操作。

第2课，通过太阳外形的变色变形动画制作，熟练掌握Flash CS6的绘画模式，以及各种绘画编辑工具的使用。利用分层操作，掌握补间形状动画的制作，掌握影片剪辑元件动画与主场景动画的区别。

第3课，通过月亮的帽子变色眨眼等逐帧动画制作以及对人物说话眨眼等表情动画制作，熟练掌握绘画模式、绘画编辑工具的使用。掌握元件的分层逐帧动画制作及子元件的逐帧动画制作，掌握元件的交换操作。了解图形元件实例的播放选项与影片剪辑元件实例循环的区别。加深对Flash CS6补间形状变形动画、逐帧动画以及第1课介绍的传统运动补间动画的区别的了解。

第4课，通过在场景关键帧中直接绘画图形形状或将库里已经绘制好的元件拖放到关键帧来制作三种不同类型的补间动画：补间形状动画、传统补间动画、补间动画。掌握这三种动画的特点及制作要求。范例中太阳月亮的升落，天空地面光线的变化，云彩、星星、灯光等都是利用这三种类型的动画来实现的。

第5课，通过汽车车轮的制作，了解信息、对齐、变形面板的使用；通过汽车车身的绘制，掌握矢量路径绘画及编辑的方法；通过摩托车与矢量车动画的制作，掌握矢量图形的导入与应用，以及图形转换为元件的操作方法。

第6课，通过汽车元件的创建、复制、元件的转换、元件的嵌套，了解场景

的时间轴与元件时间轴的关系及元件的层层嵌套关系；通过元件的导入、元件的交换、分离等操作，掌握如何以最方便最省时的方法来制作场景动画，以及场景中同款汽车不同状态的动画，逐步掌握复杂分层动画的制作方法。

第7课，为Flash提前准备位图图像。通过制作图片车来掌握如何在Flash中使用位图图像。如何在Flash中使用gif动画图像。如何将女孩的多图层图像导入后制作女孩走路、转身、上下车、挥手等动画。如何将静止的马路场景图像导入后制作动画效果。通过侧面行车场景与背面行车场景的动画制作，掌握图像与声音在Flash中的应用。

第8课，通过一个完整的包括片头、字幕、短片、片尾的动画短片的制作，掌握复杂动画背景的制作、多个动画角色的创建与动画、遮罩的创建与作用，动画预设的应用，及多场景完整短片的制作方法。

第9课，掌握公共库按钮的使用；掌握文字按钮、图片按钮、自绘按钮的创建及按钮上的动画制作；掌握帧动作、按钮动作的设置；通过范例掌握完整的多媒体界面的制作及按钮切换。

第10课，通过一个完整的动画网页的制作，掌握套索工具的使用；掌握位图的分层操作；掌握分层动画与分层元件时间轴动画的制作区别；掌握动画按钮的创建及按钮上的动画制作；掌握帧动作、按钮动作、影片剪辑元件动作的设置及区别；掌握用脚本语言控制动画角色的动作、复制、拖曳、删除及属性的设置和动态文本的显示；掌握完整的动画网页制作技巧及角色控制方法。

第11课，通过一个行走控制游戏的制作，掌握游戏角色的创建结构，角色的各角度行走动画的制作，及控制角色行走的方法。

第12课，通过一个完整的换装游戏及场景浣熊角色的各种动作的制作，掌握换装游戏与场景游戏的制作方法，掌握游戏角色进入不同场景的方法。最后利用所学的知识，完成完整的浣熊游戏的制作。

感谢：

感谢历届动画学院各专业的学生，光盘中的参考作品及学生作业，都是选自于他们的课堂练习作业，尤其要感谢李梦云、卿竹、鲁明、胡超等同学。

感谢侯光明、孙立军、李剑平等教授的大力支持。

感谢我的责编杨如林先生。

CONTENTS
目 录

第1课　文字动画

第2课　变形动画

第3课 逐帧动画

第4课 昼夜场景

第5课 汽车动画

第8课　海底动画

第9课　按钮控制

第10课 动画网页

第1课

参考学时：4

文字动画

✓ 教学范例：文字动画

本范例练习制作组成"Welcome"文字的各个字母的动画，完成后的播放画面参看右侧范例展示图。

动态画面请见随书B盘课件"Lesson1文字动画\课堂范例"的动画展示。

首先是一幅空白画面，接着组成英文单词"Welcome"的各字母依次从画外旋转飞入，等所有字母进入画面，组成"Welcome"单词后，停留1秒左右。然后各字母依次向上跳动两次，形成波动效果，接着依次快速放大变色后恢复原样，又依次向右侧移位后恢复原位，形成字母顶字母效果，接着又依次向画面右侧飞出，飞出的过程中字母逐渐放大消失，最后只剩空白画面。

✓ 教学重点：

- ■ 如何创建一个Flash CS6文件
- ■ 如何修改文件属性
- ■ Flash CS6工作界面介绍
- ■ 时间轴
- ■ 工具箱
- ■ 库的概念
- ■ 如何创建图形元件
- ■ 文本工具的使用

- ■ 创建传统补间动画
- ■ 运动动画播放速度的调整
- ■ 关键帧、空关键帧、帧
- ■ 如何播放动画
- ■ 图层及相关操作
- ■ 其他面板的功能
- ■ 文件的发布与保存

✓ 教学目的：

通过一个简单的文字动画制作，熟悉Adobe Flash CS6的工作环境，熟练掌握制作文字的运动动画的方法，多图层动画的制作，以及关键帧的各种操作。

第1课——文字动画制作及参考范例

1
Lesson

2
Lesson

3
Lesson

4
Lesson

5
Lesson

6
Lesson

1.1 W文字动画制作

1.1.1 熟悉Flash CS6工作界面

启动Adobe Flash Professional CS6后，出现如图1-1所示的界面。

图1-1

■ 新建文件

从图1-1所示界面的"从模板创建"选项里可以看到，该软件既可以创建简单的动画，也可以创建视频、广告，还可以创建演示文稿、应用程序和交互内容。在这一选项里，提供了一些不同类型的常规模板。

在"新建"选项里，可以选择创建不同类型的文件。ActionScript 代码用于为多媒体元素添加交互性的脚本语言，当选择新建ActionScript 3.0时，使用的脚本语言是ActionScript 3.0。当选择新建ActionScript 2.0时，使用的脚本语言是ActionScript 2.0和1.0。

例如，单击选择"新建"中的"ActionScript 2.0"选项，就会在Flash文档窗口中创建一个新的FLA（.fla）文件。

或者执行菜单【文件/新建】命令来创建一个ActionScript 2.0文件，如图1-2所示。

创建的新文件系统将自动命名为"未命名-1.fla"，依次类推。

接着进入Adobe Flash Professional CS6的工作界面。

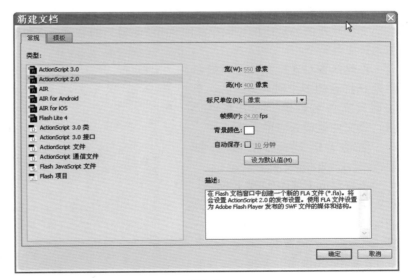

图1-2

② 打开文件

执行菜单【文件/打开】命令，选择fla格式的文件，就可以打开相应格式的文件。例如打开"01课进度/Lesson01.fla"文件。

③ 熟悉界面

执行菜单【窗口/工作区/动画】命令，如图1-3所示，选择动画工作界面。屏幕各部分的组成如图1-4所示。

图1-3

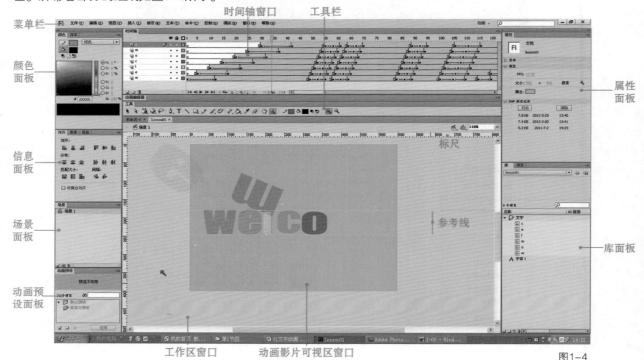

图1-4

④ 工作区窗口

屏幕中央是Flash CS6工作区窗口，该窗口包括舞台区（即动画影片窗口区，可视区）与灰色的工作区（非可视区），当前文件的动画影片窗口就是动画文件的可视区域，只有这个区域内的可视对象在播放时才能看到。在制作动画时，各种可视元素既可以放在可视区内，也可放在可视区外。这样就可以制作从画外飞入或飞出画外的动画效果。

文档观看的缩放比例可以在如图1-5所示窗口的右上角下拉选项中选择调节。也可使用工具箱中的放大镜工具调节。

工作区窗口左上角的标签显示的是已打开的多个FLA文件名。单击标签文件名位置，使其高亮显示，该文件就成为当前文件。

例如，单击"未命名-1"标签，新建的文件就成为当前文件。

执行菜单【视图/标尺】命令，该文件工作区窗口会显示标尺，标尺的坐标原点在文件的左上角，利用标尺，可看到文件的宽度、高度分别是550像素和400像素。要改变文件的一些属性，就要用到属性面板。

图1-5

5 属性面板

窗口右上角显示的是属性面板,属性面板用于显示当前选定对象的可编辑信息,如果当前工作区没有对象被选择,则属性面板会显示当前文件的属性,如图1-6所示。

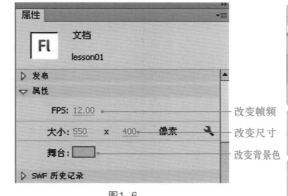

在属性面板中,单击舞台旁边的色板,可以改变文件的背景色;例如改成淡蓝色。

单击"大小"后面的数字编辑框,可根据需要改变文件的长宽尺寸。

当鼠标指向帧频FPS时,光标变成双向箭头后,可拖曳鼠标改变动画文件播放时的每秒帧数。例如改成12。

要在动画制作之初,依据该动画的最终用途设置动画的尺寸。用于媒体播出的动画请参考如图1-7所示的尺寸规定。

图1-6

制式	尺寸	帧频	适用
HDTV 1080	1920x1080	29.97	美国 日本 韩国 台湾 加拿大等
HDTV 720	1280x720	29.97	
NTSC D1	720x540	29.97	
NTSC D1wide	864x486	29.97	
NTSC DV	720x534	29.97	
NTSC DV wide	862x480	29.97	
PAL D1DV	768x576	25	中国、印度、欧洲等

图1-7

6 工具栏

屏幕中间的工具栏用于在工作区创建和编辑选择各种形状的矢量绘画对象,各工具的名称如图1-8所示。工具的具体使用方法会在以后的范例中逐一介绍。

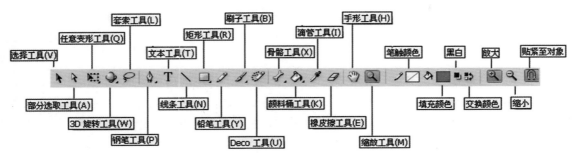

图1-8

7 时间轴

在工作区窗口中,观察"未命名-1"文件的时间轴,只有一层,且第1帧是空帧。表示该文件没有任何可视对象。

将"Lesson01"文件设置为当前文件,观察它的时间轴,如图1-9所示。

该文件的时间轴上,按动画对象出现的先后时间,分层放置了所有的动画对象。即每个字母占一层。

请按Enter键播放动画并观察时间轴。

如果帧频是12,则动画影片播放时,播放手柄会在时间轴上以每秒12帧的速度向后移动,当某层的某一帧是空帧时,表示该层的该帧上没有可视对象,如果某层的某一帧是关键帧,表示该层的该帧上存在可视对象。两个关键帧之间,由于存在可视对象的位置、大小、颜色等不同的属性,软件会自动产生补间动画,这就让我们看到了同一可视对象的运动、变形、变色等动画。

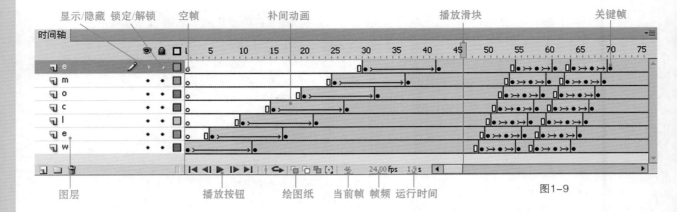

图1-9

8 其他面板

在屏幕四周还分散显示了其他一些面板组，如库、颜色、场景、信息和属性等，在需要时可执行菜单【窗口/面板名称】命令将其关闭或显示。

执行菜单【窗口/工作区】命令，可以选择适合自己的工作界面。

系统提供的动画、传统、基本功能、设计人员界面的共同之处就是屏幕中央是当前文件窗口，该窗口左上角会显示当前文件的文件名。不同之处是时间轴窗口有的在上方，有的在下方；工具箱有的在左侧一列，有的在右侧一列，有的在中间一行；另外，属性、颜色、库、信息等面板的开启和位置也会不同。以后的介绍我们以动画界面为主。

9 如何关闭、保存、测试、发布文件

将"未命名-1"文件设置为当前文件，执行菜单【文件/保存】命令，就可以将新建的文件重新命名，并保存为.fla格式。例如可将文件命名为"Lesson1.fla"，这是flash的源文件格式。

在以后的学习中，可以将图形、图像、声音、视频加入到Flash源文件中，利用一些特殊效果及交互功能，制作出多媒体应用文件。

完成后的多媒体应用文件可通过执行菜单【文件/发布】命令进行发布，系统会产生一个压缩后的swf格式的播放文件，利用Flash播放器可在浏览器中播放swf文件，该文件也可以作为一个独立应用程序来播放。

swf播放文件会比fla源文件容量小很多，这是因为Flash使用的是矢量图形，它是以数学公式来表现图形的，相比以大量的像素点来表现图形的位图图形来说，矢量图形的存储空间要求会低很多。

将"Lesson01"文件设置为当前文件。在本课的练习中，将参考该文件制作文字动画。单击该文件窗口左上角的×按钮，将其关闭。

在接下来的动画制作过程中，请随时执行菜单【文件/保存】命令保存"Lesson1.fla"文件。

执行菜单【控制/测试影片/在Flash Professional中】命令，或按Ctlr+Enter键，可测试动画并生成swf文件。

动画制作完成后，执行菜单【文件/发布】命令发布它，还可以执行【文件/发布设置】命令来针对指定的文件进行诸如文件的品质、音频视频的压缩等参数的设置。

作者建议

初学者在学习本书的范例时，请尽量照教材中的步骤练习，一些参数与名称也尽量与教材一致。因所选范例的一些步骤看似简单，却涵盖了要介绍的知识，只有静下心来亲手操作一遍，按教材步骤完成课程范例，边练边学边思考，掌握了所学知识后，才能在上机作业环节随意创作类似的作品。如果在范例学习过程中随意发挥，与教材介绍的内容对应不上，会让你失去耐心，甚至半途而废，这是作者最不希望的。所以请初学者踏踏实实按部就班地将12课的范例全部照做一遍，做完后看看这本教材是否真的帮助到你了。

1.1.2 如何创建库角色——W图形元件的创建

▶ 操作步骤1-1：创建图形元件"W"

确保当前文件已命名为"Lesson1.fla"，其属性面板中的文件大小为550像素x400像素，帧频为12帧/秒。执行菜单【插入/新建元件】命令，在弹出的如图1-10所示的对话框中，单击"库根目录"。
在弹出的如图1-11所示的对话框中新建一个"文字"文件夹。

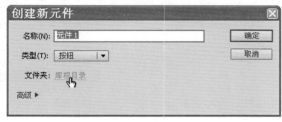

图1-10   图1-11

"选择"后，如图1-12所示，将新建元件命名为"W"，类型选择为"图形"，文件夹为新建的"文字"文件夹。
单击"确定"按钮后，从刚才的场景编辑工作区界面，如图1-13所示，进入到图形元件"W"的编辑工作区界面，如图1-14所示。该界面与场景编辑界面很像，也有时间轴、工作区，但是工作区中心会有一个十字标志，另外工作区窗口左上方会显示当前元件的图标与名称。

图1-12   场景编辑界面的窗口左上角显示   元件编辑界面的窗口左上角显示

图1-13   图1-14

▶ 操作步骤1-2：如何使用文本工具编辑图形元件"W"的内容

图形元件的内容可以是用文本工具创建的文字，也可以是用绘画工具绘制的矢量图形，还可以是位图图片等内容。本范例采用最简单的文本工具来创建文字内容的图形元件。

请注意，此时元件编辑窗口的时间轴上，第1帧是空帧，如图1-15所示，表示该元件的内容为空，即该帧画面中此刻没有可视对象。

选择工具箱的文本工具 **T**，在工作区中心单击，输入"W"，如图1-16所示。

对已输入的文字拖曳选择后，在如图1-17所示的属性面板中，可对文字的位置、大小、字体、颜色等文字属性进行设置，切记本范例的文本类型一定要选择传统文本里的"静态文本"。

图1-15   空关键帧

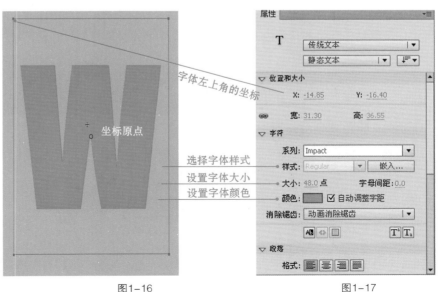

图1-16   图1-17

当输入完文字后，请注意此时元件编辑窗口的时间轴上，第1帧由空帧变成了一个实心的关键帧，如图1-18所示，表示该元件已经有内容了，即元件的第一帧画面中此刻有了可视对象：文本W。

图1-18　关键帧

▶ 操作步骤1-3：如何显示或隐藏库面板及其他面板

库元件创建后，可以在屏幕右下角的库面板中观察到新建元件W在库里所属的文件夹，如图1-19所示，在库面板上部可以看到元件W的内容：一个红色的文字"W"。

当库、属性、信息、颜色等辅助设计面板没有显示在桌面上时，可以执行菜单【窗口/面板名称】命令，如图1-20所示，将选择的面板显示在桌面上。

也可以在不用这些面板时，选择面板右上角的 ◀◀ 折叠按钮或 ✕ 关闭按钮将其折叠或关闭。

本范例中需要库面板一直处于显示开启状态。

图1-19

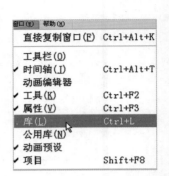

图1-20

▶ 操作步骤1-4：如何调整文本框的位置

选择工具箱中的选择工具 ▶，将该工具移动到创建的W文字上，单击选择文本框，可以看到文字四周被蓝色的框线围住，表示该文字已被选择，当鼠标移到文本框内部变成 ✛ 形状后，拖动鼠标就可以将文字的位置改变，此时执行菜单【窗口/信息】命令，将信息面板显示在桌面上（或者在左侧中间的面板组中，点击信息标签将信息面板高亮显示在前面），如图1-21所示，信息面板会显示选择的文本框的宽度、高度、坐标值及文本的颜色等信息。注意，在元件编辑窗口中，坐标原点（0，0）在窗口的中心十字位置处。

图1-21

练习用移动工具将文本框的左上角与窗口中的十字中心对齐，如图1-22所示。观察信息面板中X，Y的值是否是（0，0）。也可以直接在信息面板中的X、Y输入框中输入0，0，将选择对象的左上角与十字原点精确对齐。

在移动文本框时，文本框中心会显示一个小圆圈，该圆圈表示文本框的几何中心点，如图1-23所示。练习用移动工具将文本框的几何中心点与十字坐标原点重合，如图1-24所示。在创建完一个元件后，一定要记住用移动工具将其几何中心点尽量移动到十字坐标原点附近，使其居中放置。

图1-22

图1-23

图1-24

1
Lesson
2
Lesson
3
Lesson
4
Lesson
5
Lesson
6
Lesson

▶ 操作步骤1-5：如何在场景和元件编辑窗口自如切换

当元件编辑完成后，如图1-25所示，在工作区窗口左上角单击 🎬场景1 退出元件编辑界面，返回到场景编辑界面。

此时场景中是空的舞台区，刚才创建的元件会保存在库面板中，如图1-26所示。

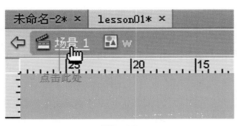

图1-25

图1-26

如果需要修改已创建的元件内容，只需在库面板中双击该元件的图标，如图1-27所示，就可再次进入元件编辑界面，如图1-28所示。

双击图标处　　　图1-27

图1-28

此时，再次用文本工具将已经输入的文字拖曳选择，然后在属性面板中重新对文字的颜色、大小、字体等进行设置修改，或者再次使用移动工具调整位置。

判断当前所在的界面是否是元件编辑界面的方法是：元件编辑窗口左上角显示该元件的名称与图标，如图1-29所示。而且窗口中有十字原点标志。

而在场景编辑界面中，没有十字坐标原点标志，整个动画文件的左上角为（0，0）坐标，如图1-30所示。

在工作区窗口右上角单击相应的图标可以在场景与元件编辑界面间轻松切换，如图1-31所示。

现在切换到场景编辑界面，先保存"Lesson1.fla"文件，然后继续下一步的练习。

图1-29

图1-30

单击此图标，选择切换到指定场景编辑界面

单击此图标，选择进入指定元件的编辑界面

图1-31

1.1.3　如何让文字动起来——W文字飞入动画制作

作为动画导演，你已将动画角色"W"在"后台"，即库中创建完毕，下面就需要它出场表演一段动画了。

⊙ 操作步骤1-6：设置W字母飞入的起始位置——第1关键帧的创建

切换到场景编辑界面，注意此时时间轴第1帧是空帧。

选择移动工具![箭头]，在库中单击选择库窗口的W元件，将其从库窗口中拖放到场景中，如图1-32所示。

注意此时场景的图层1的第1帧变成了实心关键帧，如图1-33所示。表示当前场景工作区里有了可编辑的动画对象。当然这个动画对象可以放置在舞台区（该帧对象在动画播放时可见），也可以放在非舞台区（该帧在动画播放时看不见该动画对象）。

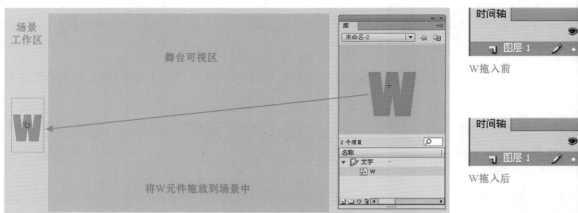

图1-32

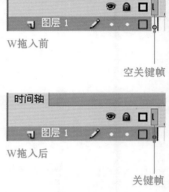

W拖入前

空关键帧

W拖入后

关键帧

图1-33

由于我们打算让文字"W"从画外飞入，所以用移动工具将其放置在左侧舞台区外。注意，舞台区是550像素×400像素的蓝色背景区，也是完成后的动画片的可视区，而舞台区外的灰色区域里放置的动画角色在播放时是看不到的。

由于Flash允许在场景里拖入多个库里创建的元件(Symbol)，所以为了规范，我们把拖入场景中的元件叫做实例（Instance）。例如本范例为"W实例"。

⊙ 操作步骤1-7：设置W字母飞入的结束位置——第2关键帧的创建

因为我们创建的动画文件的播放速率是12帧／秒，如果打算W字母用2秒的时间从画外飞入，参考图1-34所示，单击选择时间轴的第24帧，按F6键或在24帧上右击鼠标，在弹出的菜单中选择【插入关键帧】命令，结果如图1-35所示。

图1-34

图1-35

在24帧上创建第2关键帧

插入关键帧命令执行的结果，相当于在第24帧，完全复制了第1关键帧的画面，也就是说，前一个关键帧中场景工作区有哪些动画对象，在复制后的当前关键帧中，也会有相同的动画对象存在于场景工作区的相同位置。

1
Lesson

2
Lesson

3
Lesson

4
Lesson

5
Lesson

6
Lesson

在本范例中，插入关键帧执行的结果，是在第24帧的舞台区外同一位置，有一个与第1关键帧中完全相同的W实例存在。接下来所做的就是要使这个W实例与第1帧的W实例位置有所不同：用选择工具 ![箭头] 将第24帧的W实例移动到舞台区偏左侧的位置，这样W飞入的结束位置就设置好了。

现在在时间轴上的第1关键帧上单击选择该帧，看看工作区窗口中W实例是否在舞台区左侧外面（如果不是的话也可以用选择工具 ![箭头] 拖移它到左外侧），如图1-36所示。

然后再在时间轴上的第2关键帧上单击选择该帧，看看工作区窗口中W实例是否在舞台区内部偏左的位置（如果不是的话也可以用选择工具 ![箭头] 拖移它到舞台区中），如图1-37所示。

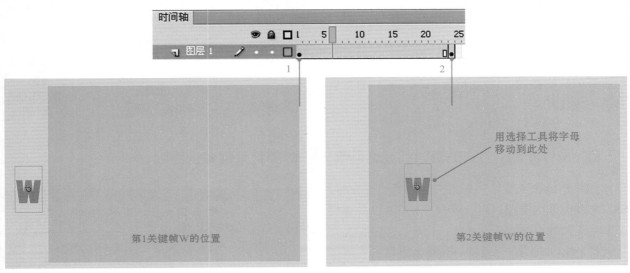

图1-36   图1-37

▶ 操作步骤1-8：动画自动完成——传统补间帧的创建

确保两个关键帧中的W实例一个在画外，一个在画内，你只需做下面的操作，文字W就会飞入。

如图1-38所示，在时间轴1~24之间的任意位置单击选择某个帧，然后右击鼠标，在弹出菜单中选择【创建传统补间】命令。

这个操作的结果就在时间轴的两个关键帧之间自动生成中间的补间帧，如图1~39所示，你可以看到两个关键帧之间带有黑色箭头和淡紫色背景，表示创建了传统补间帧。这些补间帧的画面都是电脑自动运算产生的。

图1-38

▶ 操作步骤1-9：动画如何播放？

现在只需按Enter键，就可以在当前窗口播放W从画外飞入的动画。

还可以沿时间轴拖动数字区的红色滑块来快速观看动画，如图1-40所示。

如果按Ctrl+Enter键（或执行菜单【控制/测试影片/在Flash Professional中】命令），可测试动画并自动生成同名的swf格式的文件，自动在Flash的播放器里循环播放550像素x400像素的动画画面，该画面才是最终的可视画面。

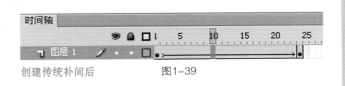

创建传统补间后   图1-39

沿时间轴拖动红色滑块快速观看动画   图1-40

▶ 操作步骤1-10：如何制作文字旋转动画——设置补间帧属性

如果希望文字W快速旋转飞入，应先在时间轴上单击选择1~24之间的某个补间帧，然后在属性面板中会显示帧设置属性信息，如图1-41所示。将缓动值从0（匀速）设置成-100（加速），而+100表示减速。

在旋转下拉选项中，可选择顺（逆）时针旋转及旋转圈数。

按Ctrl+Enter键播放，观察此时W飞入速度的变化及旋转的变化，设置你觉得满意的数值。例如选择顺时针旋转1圈，缓动值为-100。则W会加速旋转一周飞入。

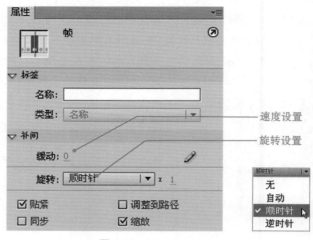

图1-41

▶ 操作步骤1-11：动画时间如何调整——调整两关键帧的距离

如果希望快速旋转飞入的文字W的动画在1秒钟左右的时间内完成，可以通过把1~2两个关键帧之间的距离缩短来实现，具体操作是：用鼠标先单击选择24帧处的第2关键帧，轻移鼠标指针变成如图1-42所示的 形状时，按下鼠标并向左拖动该关键帧到12帧的位置，如图1-43所示，松开鼠标，第2关键帧就调整到距第1关键帧约1秒的位置，如图1-44所示，此时播放的飞入动画会比调整前快。

当然，你也可以把第2关键帧向右拖放到第50帧，看看是不是飞入更慢了。

通过调整两个关键帧之间的距离可以调整两帧之间动画时间的长短。

为了后续的练习，建议统一将第2关键帧调整到12帧位置。

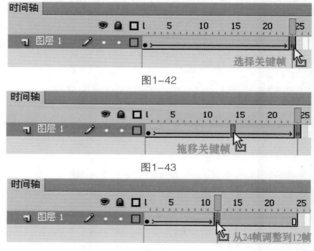

图1-42

图1-43

图1-44

▶ 操作步骤1-12：如何制作文字变小的动画

如果希望文字飞入时还有大小的变化，你只需修改两个关键帧中的W实例的大小即可。

第1关键帧将文字放大

首先在时间轴的第1关键帧单击鼠标，选择该帧，然后选择变形工具▦，当该工具放到W实例的任一四角时，如图1-45所示，变成双向箭头就可以改变W实例框的宽度与高度，你也可以只改变水平方向的宽度或垂直方向的高度，将第1关键帧中的文字放大。

第2关键帧将文字缩小

在时间轴的第2关键帧单击鼠标，选择该帧，然后选择变形工具▦，将该帧的文字缩小，如图1-46所示。这样一个从画外由大到小旋转飞入文字W的动画就做好了，如图1-47所示。

相反，制作文字由小变大的动画时，只需要将两个关键帧中的文字设置为前小后大即可。

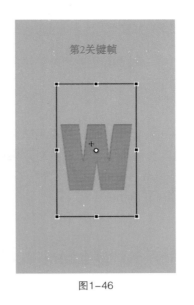

第1关键帧	第2关键帧	
图1-45	图1-46	图1-47

第1关键帧

用变形工具放大后

第2关键帧

提 醒

在进行以上操作时，最容易犯的错误就是不清楚你正在改变大小的W实例是在哪个关键帧上，所以要养成一个习惯：先在时间轴上单击某个关键帧将其选中，然后再操作你在工作区看到的该帧下的文字。

将W实例放大和缩小的方法除了用变形工具外，还可以使用实例的属性面板来设置。

当选择不同的对象时，属性面板会随之显示该对象的属性。例如，当选择了第1关键帧时，属性面板会显示该关键帧的参数设置属性，而当你又单击选择了该帧下的W实例时，属性面板又会显示实例的一些设置参数，如图1-48所示（当在W实例外单击取消选择，即什么都不选时，属性面板中显示该动画文件的属性，此时可设置文件尺寸、背景色、帧频等属性）。

选择W实例，该属性面板显示当前选择的图形元件W的实例，由于场景中的坐标原点是舞台区域的左上角，所以在这里显示的实例坐标是指该实例在场景中的坐标，从（-117.7，180.8）坐标点可以推算出，该W实例在舞台外左侧的居中位置，如图1-49所示。由于是以实例的十字中心为坐标注册点，所以这就是为什么建议大家在创建元件时尽量让其几何中心点与元件窗口中的十字中心点重合的原因。

在实例属性面板中，还可以通过拖曳宽度或高度框中的数字，快速对W实例的大小进行改变。

为了后续的练习，建议文字从大到小飞入画面。

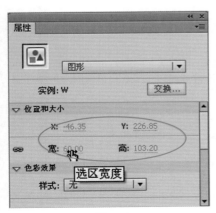

图1-48

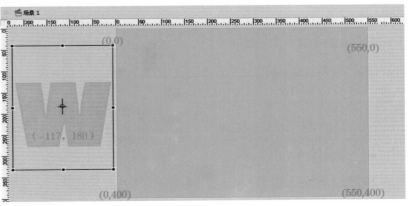

图1-49

▶ 操作步骤1-13：如何制作文字淡入动画

如果希望文字有淡入淡出效果，只需修改两个关键帧中的W实例的alpha值即可。

第1关键帧将文字透明

首先在时间轴的第1关键帧单击，选择该帧，然后用选择工具 选择该帧下的W实例，在实例属性面板中，选择色彩效果样式中的alpha选项，如图1-50所示，用滑块将alpha值设置为0，将第1关键帧中的文字透明，结果如图1-51所示。

这样一个从画外由大到小旋转飞入且逐渐显示的文字W的动画就做好了。

相反，制作文字逐渐消失的动画时，只需要将后一个关键帧中的W实例的alpha值设为0即可。

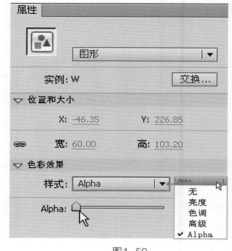

图1-50

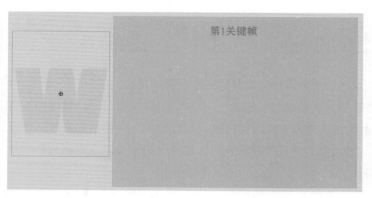 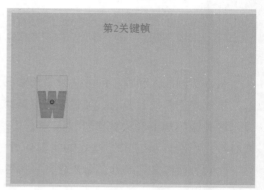

图1-51

> **提醒**
>
> 在进行以上操作时，最容易犯的错误就是找不到属性面板中的色彩效果选项，这是因为你可能只选择了某个关键帧，但是没有用选择工具单击选择该帧下的实例，所以实例属性面板不显示。你只需要在实例区域再单击一次，看看属性面板是否由关键帧的属性改成实例的属性了。

▶ 操作步骤1-14：W文字的其他动画制作

现在，你可以制作文字W飞入、跳跃、放大变色、放大淡出飞走这一段连续动画了，请参考"Lesson01-01end"范例作业。参考操作步骤1-7至1-13的内容，在时间轴上创建后面的几个关键帧，并将每个关键帧的W实例改变位置、大小、色调、透明度等属性，实现飞入、跳跃、变色、淡出的动画效果。

下面参考如图1-52所示的每个关键帧中的W实例在舞台上的位置、大小、色调和透明属性，制作如下动画。

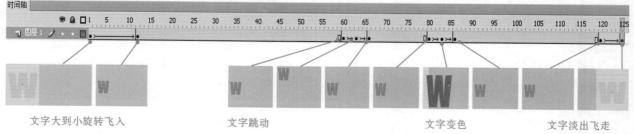

文字大到小旋转飞入　　　　　　　文字跳动　　　　　　　文字变色　　　　　　文字淡出飞走

图1-52

跳跃动画操作提示

（1）分别选择60、63、66帧，按F6键插入3个关键帧。

（2）选择第63帧的关键帧，将该帧下的W实例用移动工具往上方移动一段距离，如图1-53所示。

（3）在第60~63帧之间的帧上右击鼠标，在弹出菜单中选【创建传统补间】，在帧属性面板中设置缓动速度为100。

（4）在第63~66帧之间的帧上右击鼠标，在弹出菜单中选【创建传统补间】，在帧属性面板中设置缓动速度为-100。

在3个关键帧中，只有中间的一帧文字位置上移，产生了向上跳跃的动画。

变色动画操作提示：

（1）分别选择第80、85、90帧，按F6键插入3个关键帧。

（2）选择第85帧的关键帧，选择该帧下的W实例，在实例属性面板中选择色彩效果选项中的色调样式，在如图1-54所示的着色框中选择一种颜色，并将色调值设为100%。

（3）在实例属性面板中，通过改变宽度、高度将85帧的W实例放大，如图1-55所示。

（4）在第80~85帧之间的帧上右击鼠标，在弹出菜单中选【创建传统补间】，在帧属性面板中设置缓动速度为-100。

（5）在第85~90之间的帧上右击鼠标，在弹出菜单中选【创建传统补间】，在帧属性面板中设置缓动速度为100。

在3个关键帧中，只有中间的一帧的大小、色调有改变，产生了放大及逐渐变色的动画。

放大淡出飞走动画操作提示

（1）分别在第120、125帧按F6键插入2个关键帧。

（2）选择第125帧关键帧，将该帧下的W实例用移动工具放置到舞台外面，如图1-56所示，在属性面板中，将其尺寸改大，alpha值设为0。

（3）在第120~125帧之间的帧上右键鼠标，在弹出菜单中选【创建传统补间】，在帧属性面板中设置缓动速度为-100。

两个关键帧中，后一帧的位置、Alpha有改变，产生了淡出飞走的动画。

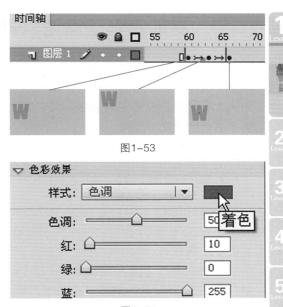

图1-53

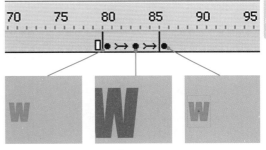

图1-54

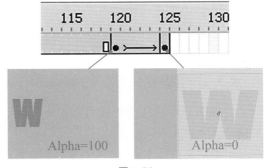

图1-55

图1-56

> **注 意**
>
> 只有在3个关键帧中的W实例属性有变化的前提下，两帧之间才需要创建传统补间，让电脑自动运算产生中间的过渡帧。而在两个关键帧中的W实例属性完全相同的情况下，如图1-52所示的第12~60帧、第66~80帧、第85~120帧之间不用创建传统补间。

▶ 操作步骤1-15：如何保存文件

当新建的文件执行【文件/保存】命令时，会将可编辑文件保存为fla格式。如果执行菜单【控制/测试影片/在Flash Professional中】命令，或按Ctrl+Enter键进行测试，就会自动生成同名的swf格式的可播放文件。

请将练习文件"Lesson1.fla"保存。在熟练掌握以上w文字动画的制作后，再继续下面的练习。

到此阶段完成的范例请参考进度文件夹下的"Lesson01-01end.fla"文件。

▌ 1.2.1 　其他文字元件的创建

W文字的动画制作完成以后，其它文字的动画制作类似于上一节的介绍，首先要创建"welcome"单词中的其他字母文字元件。

下面用不同的方法创建"Welcome"字母中的其他文字元件。

▶ 操作步骤1-16：创建库元件的方法一

该方法就是上一节介绍的操作步骤1-1至1-5的内容。请打开上一节保存的练习文件"Lesson1.fla"（或打开进度文件夹中的"Lesson01-01end.fla文件"）。例如要创建内容为文字"e"，命名为e的图形元件，简单步骤为：

（1）执行菜单【插入/新建元件】命令，或单击如图1-57所示库面板的█新建元件按钮。

（2）在弹出如图1-58所示窗口中选择库"文字"文件夹，元件名称输入"e"，类型选择"图形"，确定后进入元件编辑界面。

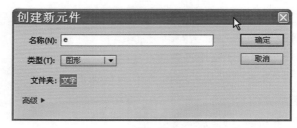

图1-57　　　　　　　　　　　　　　　图1-58

（3）用文本工具输入文字"e"，结合文字属性面板，编辑该文字的字体、大小、颜色等属性。

（4）用移动工具将文本框放置在中心位置，切换到场景编辑界面，现在库里会显示已创建的文字e元件。

（5）用同样的方法创建元件。

▶ 操作步骤1-17：创建库元件的方法二

创建库元件除了用新建的方法外，也可以利用已存在的元件，通过直接复制并修改其内容来创建。

下面利用已存在的w元件。来直接复制c元件：

（1）在库面板中选择w元件，如图1-59所示，在右键菜单中选择【直接复制】命令。

（2）在弹出的如图1-60所示的对话框中将名称由默认的"w副本"改成"c"，类型为"图形"，文件夹为"文字"。

（3）按"确定"按钮后，库面板中已经创建了c元件，由于此元件是复制来的，它的内容还是原来的文本w。

（4）如图1-61所示，双击c元件的█图标位置，进入元件编辑界面，如图1-62所示，用文本工具将原来的文本w改成文本c，同时将其颜色改成其他色。

（5）用移动工具将文本框放置在中心位置，切换到场景编辑界面，现在文字c元件就在库里创建完毕了。

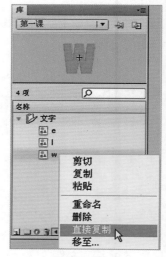

图1-59

（6）继续用该方法创建元件o、m。

（7）创建元件后还可以在如图1-59所示的库窗口中，右击选择的元件，在右键菜单中对元件进行属性修改、编辑、复制、粘贴、重命名、删除等操作。

（8）请将练习文件"Lesson1.fla"保存，到此阶段完成的范例请参考进度文件夹下的"Lesson01-02end.fla"文件。接着跳过下一步，继续操作步骤1-19的练习。

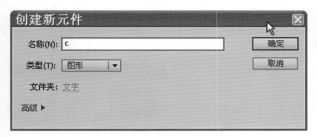

图1-60

图1-61

图1-62

▶ 操作步骤1-18：创建库元件的方法三（选做）

该方法是先在场景的第1关键帧中创建文本，然后将其转换为库里的元件，由于与上面介绍的方法完全不同，建议在本课所有操作掌握后再来练习该步骤。需要新建一个文件练习以下步骤。

（1）新建一个Flash文件。

（2）用文本工具直接在场景中输入单词"welcome"，在文本属性面板中设置合适的字体大小，如图1-63所示。

（3）用文本工具逐个选择每个字母，分别设置不同的颜色，如图1-64所示。

图1-63

图1-64

（4）用选择工具 ![箭头] 单击选择整个文本框，将其放置在舞台的中央。

（5）在文本框内部右击鼠标，在弹出的右键菜单中选择【分离】命令，如图1-65所示，将其分离成几个独立的文本，如图1-66所示。

图1-65

图1-66

（6）在文字外的区域单击鼠标，取消所有文本框的选择，然后再用选择工具 ![箭头] 分别逐个选择每个字母，在其上右击鼠标，在右键菜单中选择【转换为元件】命令，在弹出的对话框中为元件命名，并选择类型为图形元件（选择某个文本后，转换为元件的快捷键是按F8键）。

（7）至此，将场景中的所有文字都依次转换成了元件，如图1-68所示，存在于库中，而且每个元件的内容就是字母本身。

图1-67

（8）由于所有的文字元件都在场景中的第1帧，而Flash要求每个元件的动画都要有自己独立的时间轴图层，所以需要用选择工具 ![选择工具] 将所有文字框选，如图1-69所示，全部框选后在右键菜单中选择【分散到图层】命令。

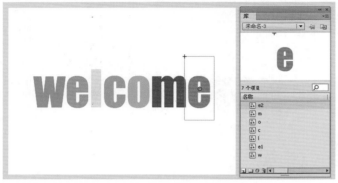

图1-68

图1-69

（9）每个元件被分配到不同的图层中，而图层名也以该元件的名称命名，如图1-70所示，原来的图层1的第1帧变成了空帧，你可以选择图层1，单击时间轴窗口左下方的 ![删除按钮] 删除按钮将图层1删除。

现在的每个图层上的第1关键帧都分别放置了不同的文字元件，每个元件有自己专属的图层，而每个文字的动画制作就是通过在文字元件所在图层的时间轴上创建不同的关键帧动画来实现的。请参考操作步骤1-6至步骤1-15来制作W层动画，其他层动画制作请参考操作步骤1-20至步骤1-31。

分离前

分离后　　　图1-70

▌ 1.2.2　创建各文字图层及第1关键帧

分图层制作动画，便于制作与修改，尤其是针对创建的库元件所做的动画。如果动画已制作完毕，对库元件角色进行修改后，制作好的动画也会自动更新修改。下面练习分图层动画制作。

▶ 操作步骤1-19：创建时间轴图层

请打开操作步骤1-17完成后保存的练习文件"Lesson1.fla"（或打开进度文件夹中的"Lesson01-02end.fla"文件）。当操作步骤1-17完成后，你已经在库里创建了所有的文字元件。首先切换到场景工作界面，此时时间轴只有W文字动画所在的图层1。

请注意，Flash不允许有多于两个的库元件实例在同一个时间轴的关键帧上制作传统补间动画，这是由于传统补间的特点决定的。当两个关键帧中的元件实例为同一库元件时，由于两个实例在两个关键帧中的位置大小颜色等属性不同，电脑会自动算出补间帧的中间画面，这些中间帧的画面元素是同一个元件的延伸，电脑不可能算出从一个元件实例到另一个元件实例的传统补间动画。

1
Lesson

2
Lesson

3
Lesson

4
Lesson

5
Lesson

6
Lesson

基于这个前提，每个元件实例要么有独立的图层，要么在同一图层的某个关键帧上不能同时存在两个以上的元件实例（除非这个帧与下一帧之间不做传统补间）。

如何创建图层

如图1-71所示，单击时间轴窗口左下方的"新建图层"按钮，创建一个新的图层。默认名称为"图层＋数字"，如图1-72所示。

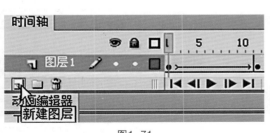

图1-71

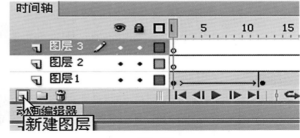

图1-72

如何命名图层

如图1-73所示，在图层的名称位置双击鼠标，输入新的图层名称。用以上方法从下到上依次创建其他字母图层，结果如图1-74所示。

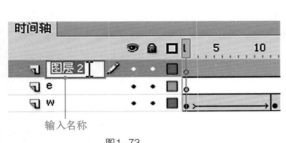

图1-73

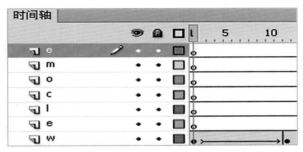

图1-74

▶ 操作步骤1-20：其他文字第1关键帧的创建

在第1帧创建第1关键帧

请先回顾操作步骤1~6，有关w图层的第1关键帧的创建方法。其他图层的第1关键帧的创建也可以用同样的方法。

（1）首先选择图层e的第1帧，即将该图层的空帧选中，如图1-75所示，使其高亮显示，切记这一步一定不要漏掉。

（2）确保上一步已经选择了e层的第1帧，然后从库元件窗口中选择元件e，拖放到场景舞台文字e要出现的起始位置。

（3）注意，此时e图层的第1关键帧由空心关键帧变成实心的关键帧，如图1-76所示。

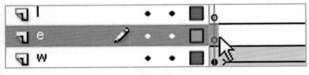

图1-75

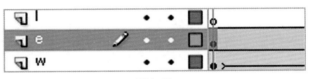

图1-76

（4）如果没有出现如图1-76所示的空心变实心关键帧的结果，说明e元件可能放置到错误的图层或关键帧上了，请按Ctrl+z键撤销。初学者经常犯的错误就是：没有像上面第1步选择e层的空帧，而是直接从库里拖放字母，结果有可能将e字母拖放到当前所处的关键帧上。例如当前w层的某个关键帧上，这将会把w层的动画也破坏了。

（5）图1-77所示是未拖放e字母前的图层显示，图1-78所示是将字母误拖放到w层某个关键帧的显示，如果w层两个已做好补间动画的关键帧之间由带箭头的直线变成点划线，就表示一定出现错误了。这时可立即按Ctrl+Z键撤销，或者先分别选择w层出错的第1帧和第2关键帧，看看该关键帧中是否只有一个W元件，如果某个关键帧中既有w又有e，请将e单独选择后按Delete键删除。切记：一层中两个关键帧之间只能做同一个元件实例的补间动画，不可能做出两个以上的元件实例的补间动画。

| 图1-77 | 图1-78 |

（6）重复以上操作，将l、c字母放入相应的层中。首先选择相应字母层的第1帧，然后将库里的该字母元件拖放到场景舞台的起始位置，创建l、c图层的第1关键帧，如图1-79所示。注意，如果字母都是从画外飞入，就将这些字母元件放置在舞台外。切记做一步观察一下图层，确保字母放在指定的层上，出现错误马上按Ctrl+Z键撤销。

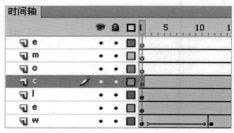

图1-79

在其他帧创建第1关键帧

上面的操作使得每个图层的第1关键帧都创建在第1帧上，表示动画在第1帧起就开始播放，如果需要播放一段时间后，字母o才开始从画外飞入，则需要先选择o图层的某个帧，如图1-80所示，在右键菜单中选择【插入空白关键帧】命令。结果会在指定的帧上创建一个空白关键帧，如图1-81所示。

选择刚才创建的空白关键帧，然后从库元件窗口中选择元件o，将其拖放到场景舞台文字o要出现的起始位置，结果如图1-82所示，在指定的帧上创建了第1关键帧。

 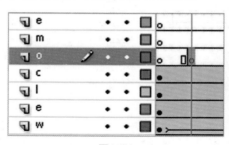 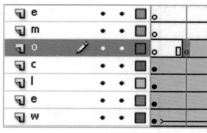

| 图1-80 | 图1-81 | 图1-82 |

上述操作也可以用快捷键方法，例如，选择图层m的第10帧，如图1-83所示，按F6键插入关键帧，在第10帧复制一个空关键帧，如图1-84所示。选择这个空关键帧，把库里的m元件拖放到场景舞台文字m要出现的起始位置，结果如图1-85所示。

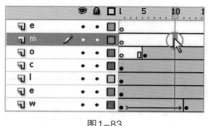 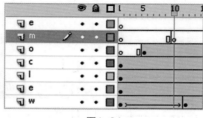 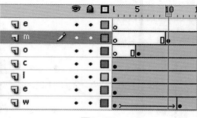

| 图1-83 | 图1-84 | 图1-85 |

▶ 操作步骤1-21：第 1 关键帧的位置调整

到此，我们已经将所有文字图层以及其第1关键帧创建完毕。我们需要单词Welcome里的每个字母按先后次序飞入到舞台中央。组成单词Welcome，首先要调整每个图层的第1关键帧的位置，操作步骤如下。

（1）单击选择e图层的第1关键帧。

（2）用鼠标再次指向该关键帧，当指针变成 ↙ 形状后，如图1-86所示，按下鼠标并在该图层向右侧拖曳，如图1-87所示。

（3）在第5帧上释放鼠标，结果会将第1关键帧从第1帧调整到第5帧，如图1-88所示。

图1-86　　　　　　　　　　　图1-87　　　　　　　　　　　图1-88

提醒

在调整关键帧时，一定要在同层拖曳，出错后可多次按Ctrl+z键撤销到出错前的状态。

（4）用以上方法将l、c、o、m、e图层的第1帧分别调整到第10、15、20、25、30帧上，结果如图1-89所示。

这种在时间轴上阶梯型的关键帧，决定了该图层文字出场的时间顺序。Welcome中每个字母会依次顺序出现，而不会像调整前的那样同时出现。

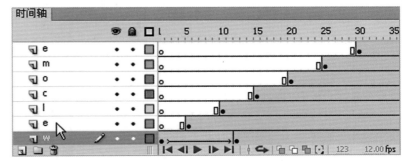

图1-89

▶ 操作步骤1-22：图层叠加顺序的调整

创建多个图层后，需要调整图层的叠加顺序时，可选择要调整的图层，按住鼠标将其在图层面板中上下移动，如图1-90所示，到指定的位置后松开鼠标，原图层就会移动到指定的位置，如图1-91所示。

练习将图层e调整到图层o和c之间的位置，然后再调整回原位。

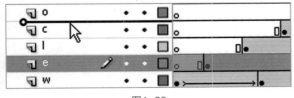 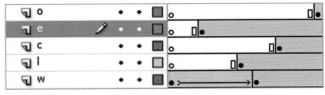

图1-90　　　　　　　　　　　　　　图1-91

▶ 操作步骤1-23：图层的锁定与可见

初学者经常犯的错误就是：不清楚目前到底在哪个图层，这样就容易把本该放在e图层的元件放到了w图层或其他图层。为了防止这样的误操作，在图层面板上可以对指定的图层进行保护，只需要在该图层的 🔒锁定选项下单击选择锁定或解锁。如果该图层有🔒标志，对该图层就不能进行关键帧的编辑，保护了该图层。建议在对某图层操作时，在锁定选项下按住Alt键后单击鼠标可将其他图层锁定，如图1-92所示，只针对该图层进行编辑，这是防止出错的有效办法。

另外，图层面板中的👁选项,表示该图层可见，如果需要，可单击该选项使图层在工作区可见或不可见。但是在按Ctrl+回车键测试影片时，全部图层都是可见的（除非在发布设置中不勾选"包含隐藏图层"）。

请保存练习文件"Lesson1.fla"，到此阶段完成的范例请参考进度文件夹下的"Lesson01-03end.fla"文件。

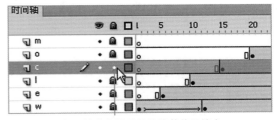

按Alt键单击该层此处将其他层锁定

图1-92

▌ **1.3.1 其他文字动画制作**

请打开上一步完成后保存的练习文件"Lesson1.fla"（或打开进度文件夹的"Lesson01-03end.fla"文件）。

该文件已经将各图层的第1关键帧创建完毕，并调整到时间轴的相应位置，下面要针对每个图层制作文字飞入、跳跃、变色、淡出的动画。

▶ **操作步骤1-24：制作e图层的文字动画**

（1）锁定与隐藏图层：在e图层的锁定选项下按Alt+单击鼠标，将除e以外的所有图层锁定，在除w、e图层外的其他层上单击 👁 选项使其隐藏，如图1-93所示。

（2）第2关键帧创建：由于w文字是用1秒飞入的，希望e文字也用1秒飞入。所以如果e的第1关键帧在第5帧上，则第2关键帧应该在第17帧上。选择e图层的第17帧，按F6键在第17帧创建第2关键帧。

（3）调整第2关键帧中的e文字的位置及大小：将该帧中的e 文字移动到w文字的右边，并在实例e的属性面板中调整e实例的大小（注意在整个舞台区右侧要有足够位置留给其他字母）。

（4）第1～2关键帧之间插入传统补间：在这两个关键帧之间任意的位置单击选择某个帧，右击鼠标，在弹出菜单中选择【创建传统补间】命令。

（5）旋转动画制作：选择这两个关键帧之间的任一帧，在帧属性面板的补间旋转选项中选择顺时针旋转1圈，缓动速度为-100。

（6）调整第1关键帧的e实例的位置、大小和alpha值：为了跟w文字的动画协调，e文字也需要文字旋转淡入，所以先在时间轴选择第1关键帧，然后选择该帧里的e实例，在实例e属性面板中改变其大小，并将色彩效果里的alpha值设置为0，最后用选择工具 ▶ 将e实例放置在画外的合适位置。这两个关键帧中的e实例位置如图1-94所示。

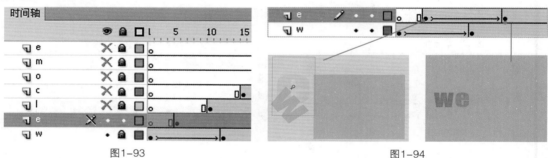

图1-93   图1-94

（7）播放动画测试结果：按Ctrl+Enter键，看是否是文字e旋转淡入到w字的右侧。

（8）e跳跃动画的制作：分别在第61、64、67帧按F6键插入3个关键帧，选择在第64帧的关键帧，将该帧里的e文字位置向上移动。然后在第61～64帧之间和第64～66帧之间创建传统补间动画，第61～64帧的缓动值为100，第64～66帧的缓动值为-100，如图1-95所示。播放测试这一段跳跃动画。

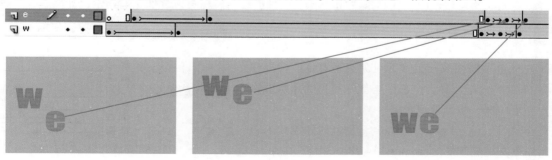

图1-95

1 Lesson

2 Lesson

3 Lesson

4 Lesson

5 Lesson

6 Lesson

（9）e变色动画制作：分别在第81、84、87帧按F6键插入3个关键帧，选择第84帧的关键帧，将该帧里的e文字放大并在实例e的属性面板中调整色彩效果中的色调值，使其变色。然后在第81~84之间和第84~86帧之间创建传统补间动画，第81~84帧的缓动值为-100，第84~87帧的缓动值为100，如图1-96所示。播放测试这一段变色动画。

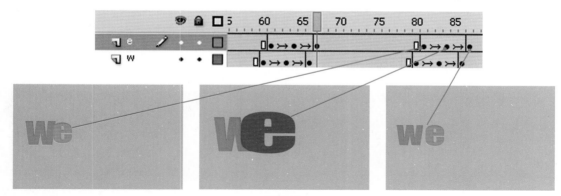

图1-96

（10）e淡出飞走动画制作：分别在第125、130帧按F6键插入2个关键帧，选择第130帧的关键帧，将该帧里的e移动到画外，在实例e属性面板中改变其大小，并将色彩效果里的alpha值设置为0。然后在第125~130帧之间创建传统补间动画，缓动值为-100。播放测试这一段淡出动画。

（如果以上操作有困难，请熟练掌握操作步骤1-6至1-15后再进行以上操作。）

请将练习文件"Lesson1.fla"保存，到此阶段完成的范例请参考进度文件夹下的"Lesson01-04end.fla"文件。

▶ 操作步骤1-25：制作其他图层的文字动画

请打开上一步完成后保存的练习文件"Lesson1.fla"（或打开进度文件夹的"Lesson01-04end.fla"文件）。

其他图层的文字动画制作请参考上一步，需要注意的是编辑哪个图层，就锁定其他层，这样可防止误操作。在多图层的关键帧操作中，一定要清楚你在操作哪个图层的哪个关键帧中的哪个实例。

操作提示

l 图层的关键帧位置：10（画外）、22（画内）、62、65（向上）、68、82、85（放大变色）、88、130、135（放大出画）。

c 图层的关键帧位置：15（画外）、27（画内）、63、66（向上）、69、83、86（放大变色）、89、135、140（放大出画）。

o 图层的关键帧位置：20（画外）、32（画内）、64、67（向上）、70、84、87（放大变色）、90、140、145（放大出画）。

m 图层的关键帧位置：25（画外）、37（画内）、65、68（向上）、71、85、88（放大变色）、91、145、150（放大出画）。

e 图层的关键帧位置：30（画外）、42（画内）、66、69（向上）、72、86、89（放大变色）、92、150、155（放大出画）。

由于Welcome里有两个字母e，在创建库元件时只需创建一个元件e，两个图层e中都使用库元件e，只需将其中第2个图层e的第1关键帧中的e实例改变颜色，就可产生区别，如图1-97所示。

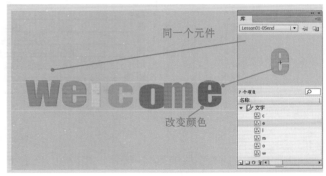

图1-97

最后所有图层动画完成后的时间轴显示如图1-98所示。

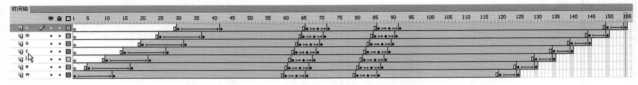

图1-98

所有字母依次飞入、跳动、放大变色及飞出的动画如图1-99所示。

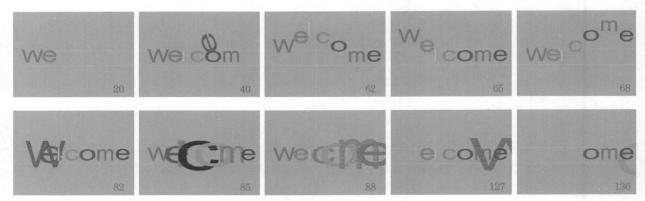

图1-99

请保存练习文件"Lesson1.fla"，到此阶段完成的范例请参考进度文件夹下的"Lesson01-05end.fla"文件。

1.3.2 关键帧的相关操作

在制作完动画后，也许会对播放的动画节奏不太满意，有些地方太慢，有些地方太快，或有段动画需要重复，这时候就需要对已存在的多图层的关键帧进行一些编辑操作，例如删除一些多余的中间帧，复制一段动画帧，移动一段动画帧等。

打开上一步完成后保存的练习文件"Lesson1.fla"(或打开进度文件夹的"Lesson01-05end.fla"文件)。

▶ 操作步骤1-26：插入与删除帧的操作

在本范例中，几个字母飞入画面组成单词welcome后，静止了约1.5秒（第43~59帧之间），就开始后面的依次跳动和放大变色及飞出动画。假如需要静止的时间更长些，可将鼠标拖曳选择所有图层中第43~59帧之间的某段区域（想增加几帧就拖曳选择几格，注意本范例中12格为1秒），除了用拖曳的方法可选择多图层的多个帧外，还可以先选择最上面e层的第44帧，然后按住Shift键，再选择最下面w层的第55帧，也可以选择多图层的多个帧，如图1-100所示。

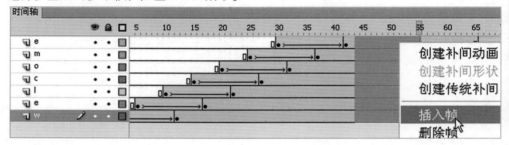

图1-100

上面选择了所有图层的第44~55帧，共12帧，在右键菜单中选择【插入帧】命令（快捷键为F5键）结果，就会增加12个帧，后面的动画帧依次后移，如图1-101所示。重新播放后，单词welcome静止的时间会增加1秒。

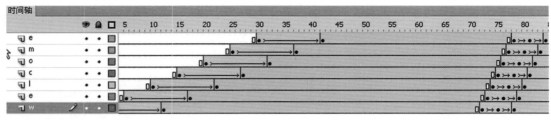

图1-101　　　　　　　　　　　插入帧后

相反，如果需要删除某些帧，使动画时间缩短，可选择要删除的多图层的帧的区域，如图1-102所示。

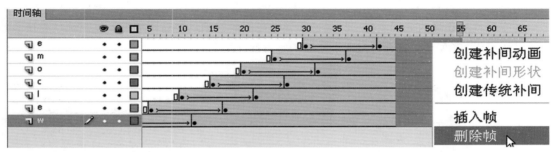

图1-102　　　　　　　　　　　删除帧前

执行右键菜单中的【删除帧】命令，可将这些中间帧删除。后面的动画帧依次前移，如图1-103所示。
对于单个图层的中间帧的插入与删除，方法同上，只选择该图层的某些中间帧进行操作即可。

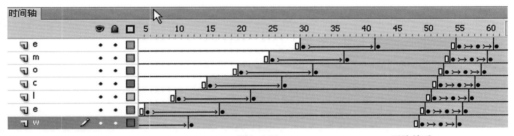

图1-103　　　　　　　　　　　删除帧后

练习将单词Welcome飞入后静止的时间调整为0.5秒左右。
请保存练习文件"Lesson1.fla"，到此阶段完成的范例请参考进度文件夹下的"Lesson01-06end.fla"文件。

▶ **操作步骤1-27：复制粘贴关键帧的操作**

下面练习复制每个字母依次跳动的动画。使得每一层的字母都跳动两次。请打开上一步完成后保存的
练习文件"Lesson1.fla"（或打开进度文件夹中的"Lesson01-06end.fla文件"）。

要复制最上层的e的跳动动画，只要将这一段动画帧框选（先选择第55帧的关键帧，然后按住Shift键选
择第61帧的关键帧），如图1-104所示，选择右键菜单的【复制帧】命令。

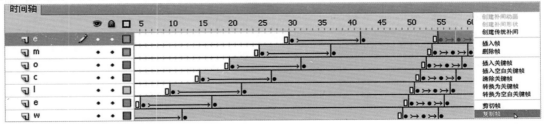

图1-104　　　　　　　在e层将56~62帧选择后执行复制帧命令

然后选择该层第64帧位置，在右键菜单中选择【粘贴帧】命令，即可将这段动画复制一份，如图1-105所示，该图层后面的动画会依次后移。

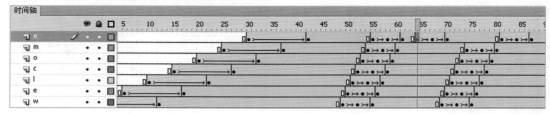

图1-105　　　　　　　　　　　　　　　e层将56~62帧复制后

其他层的字母跳动动画的复制类似，只要选择该字母层的这段跳动动画的帧，复制粘贴到该段动画后面即可，结果如图1-106所示。播放时可看到所有的字母都连续跳动了两次。

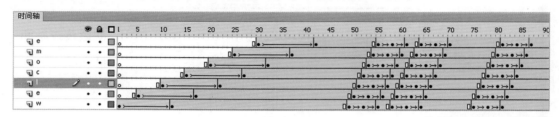

图1-106　　　　　　　　　　　　　　　将所有图层的跳跃动画复制

请保存练习文件"Lesson1.fla"，到此阶段完成的范例请参考进度文件夹下"Lesson01-07end.fla"文件。

▶ 操作步骤1-28：移动帧的操作

如果两段动画之间的时间需要调整，除了上面介绍的在其间插入或删除帧外，还可以将某段关键帧整体进行移动来实现。例如，要将W层的放大变色动画整体后移，如图1-107所示。

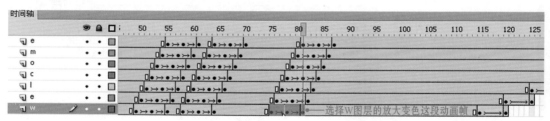

图1-107

首先选择该段的第1个关键帧，然后按Shift键再选择最后一个关键帧，则这段动画帧被整体选中（也可以通过拖曳选择这一段），然后用鼠标拖动这段动画帧向后移动，松手后这段动画会在时间轴上整体后移，如图1-108所示。

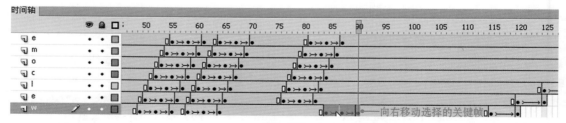

图1-108

<table>
<tr><td>注　意</td></tr>
</table>

粘贴帧与插入帧的操作会在粘贴或插入的位置增加动画帧，使整个动画加长，而移动帧的操作只是将某段动画在时间轴的位置进行了改变，不会影响整个动画的长度。

用以上方法依次将所有其他文字层的放大动画后移，结果如图1-109所示。

请保存练习文件"Lesson1.fla"，到此阶段完成的范例请参考进度文件夹下"Lesson01-08end.fla"文件。

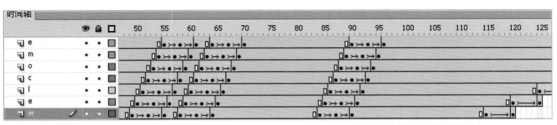

图1-109　　　　　　　　　　　　　所有图层的变色动画都已向右移动

▶ 操作步骤1-29：清除关键帧的操作

　　如果在练习过程中不小心多创建了关键帧，要对多余的关键帧进行删除，首先选中要删除的关键帧，在右键菜单中执行【清除关键帧】命令，就可将该关键帧清除，使该帧变成普通的帧，如图1-110所示。

　　空白关键帧也属于关键帧，如果需要清除，可将该空白关键帧选中后，同样在右键菜单中执行【清除关键帧】命令。

清除该关键帧前

清除该关键帧后

图1-110

▶ 操作步骤1-30：撤销操作

　　如果操作有误，可多次按Ctrl+Z键撤消操作，恢复到错误出现前的状态。

▶ 操作步骤1-31：时间轴上的其他编辑操作

　　请打开上一步完成后保存的练习文件"Lesson1.fla"（或打开进度文件夹中的Lesson01-08end文件）。下面练习在已有的时间轴上增加一段字母依次向右拥挤的动画。

（1）将除W图层以外的其他层锁定。

（2）在W层的第100、105、110帧上，分别按F6键创建3个关键帧，如图1-111所示。

（3）将第105帧的关键帧选中，用选择工具单击选择该帧中的w实例，将其位置向右移动，顶到字母e。

（4）在第100~105帧和第105~110帧之间创建传统补间动画，如图1-112所示。

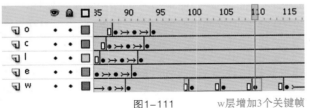

图1-111　　　　　　　　w层增加3个关键帧

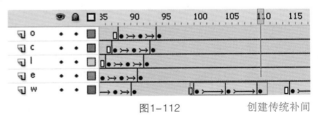

图1-112　　　　　　　　创建传统补间

（5）重复以上几步，分别依次在其他图层增加这段字母右移的动画，如图1-113、图1-114所示。

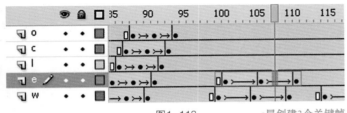

图1-113　　　　　　　　e层创建3个关键帧

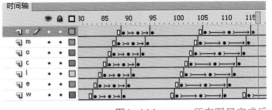

图1-114　　　　　　　　所有图层完成后

　　请将练习文件"Lesson1.fla"保存，到此阶段完成的范例请参考进度文件夹下的"Lesson01-09end.fla"文件。

　　至此，本课介绍的一个完整的文字Welcome依次旋转飞入、跳动、放大、变色、缩小、淡出的动画就制作完成了。动态画面请见随书课件"Lesson1文字动画/课堂范例"的动画展示。

　　如果现在将练习文件库中的w元件内容从w换成"北"字，其他元件内容分别换成"京 欢 迎 你 们 ！"，你会发现这段动画从英文换成了中文，每个中文文字也会飞入、跳动、变色、飞出。

　　类似的练习，请参考随书课件"Lesson1文字动画/学生作业"中的各种文字动画效果。

1.4 操作答疑

下面列举的是在本课的练习中初学者可能会遇到的各种问题。先试着自己解答，然后再看答案。带着问题学习，会使你更快地掌握所学知识。

思考题：

问题1：我的属性面板为什么不显示修改文件背景色和尺寸的信息？

问题2：我打算修改某个文字实例的属性，为什么属性面板显示的是帧属性而不是元件实例的属性？

问题3：我打算设置实例的alpha属性，为什么属性面板中找不到alpha的参数设置？

问题4：有些面板没什么用，我能否关掉？能否按我的习惯创建我的工作区？

问题5：我的w图层的动画出了好多错，除了按Ctrl+Z键撤销外，还有没有更快捷的方法让我从头再来？

问题6：我想把所有图层删除后重做，为什么最后一个图层删不掉？

问题7：多个图层的动画让我眼花缭乱，如何知道我正在操作的是哪个对象？

问题8：为什么打开含有字体的fla文件时，有时会出现缺少字体提示窗？

问题9：时间轴中两个关键帧之间出现点划线是正常的吗？

答疑：

问题1：我的属性面板为什么不显示修改文件背景色和尺寸的信息？

回答1：属性面板是随着当前你的选择而改变的，请用选择工具 ![箭头] 单击某个关键帧，此时观察属性面板，最上面显示的是"帧"，表示当前属性面板可以对你选择的关键帧设置属性。再用选择工具 ![箭头] 单击当前关键帧里舞台区的可视对象，例如w文字实例，此时观察属性面板，最上面显示的是该实例的名称"实例：w"，表示当前属性面板可以对你选择的实例w设置属性。例如它的大小、位置、色彩效果等属性。如果用选择工具 ![箭头] 在灰色工作区的空白区单击，什么都不选，此时观察属性面板，最上面显示的是"当前文档名称"，表示当前属性面板可以对你的文档背景色、尺寸、帧频进行设置。所以要设置文档属性时，只需记住用选择工具 ![箭头] 在空白区单击，文档属性面板就会出现。还有一种办法也可以让你快速修改文档属性，就是执行【修改/文档】命令。

问题2：我打算修改某个文字实例的属性，为什么属性面板显示的是帧属性而不是元件实例的属性？

回答2：同上，因为你当前选择的是文字实例所处的关键帧而不是文字实例，你只需用选择工具 ![箭头] 在文字实例上单击将其选中，属性面板就会显示实例的属性了。

问题3：我打算设置实例的alpha属性，但是为什么属性面板中找不到alpha的参数设置？

回答3：同上，用选择工具 ![箭头] 单击选择实例，在属性面板的色彩效果下拉选项里就有alpha参数选项。

问题4：有些面板没什么用，我能否关掉？能否按我的习惯创建我的工作区？

回答4：在工作区显示的面板组，都是在绘画、编辑、动画制作等方面需要用到的。例如颜色/样本面板组是用来对绘制对象编辑颜色的；而对齐/变形/信息面板组是用来定位对象的；场景、库、属性等面板在动画制作中是必不可少的。如果暂时不用这些面板，只需在面板组右上角单击，选择折叠或关闭就可以。而打开时只需执行【窗口/面板名称】命令即可。按你的习惯保留需要的面板显示，当鼠标放置在面板边框线上指针变成双向箭头时，可以改变面板窗口的大小。执行【窗口/工作区/新建工作区】命令，可以将工作区的当前布局保存，以后就可以用你习惯的方式显示工作区了。

问题5：我的某个图层的动画出了好多错，除了按Ctrl+Z键撤销外，还有没有其他快捷的方法让我从头再来？

回答5：按Ctrl+Z键可以将打开的当前文件的操作撤销到未存盘时的状态。所以在操作中发现错误请立即撤销，除了逐次按Ctrl+Z键撤销到出错前的状态外，如果整个图层都做错不想要了，可先在时间轴将该图层选中，然后单击时间轴左下角的"删除" ![图标] 按钮将整个图层删除。接着单击"新建图层"按钮重新在新图层上制作。

问题6：我想把所有图层删除后重做，为什么最后一个图层删不掉？

回答6：时间轴不允许把图层全部删除。当要删除唯一的图层时，删除前需要先新建一个图层，然后选择要删除的图层，才能将该图层删除。

问题7：多个图层的动画让我眼花缭乱，如何知道我正在操作的是哪个对象？

回答7：初学者在面对多个图层的多关键帧时，往往不注意当前所处的位置是哪个图层的哪个关键帧，请先用选择工具 选择你要操作的图层，此时该图层高亮显示，且该层上的所有帧都被选择（此时属性面板显示文档属性），然后再用选择工具 选择该层的某个关键帧，此时该关键帧高亮显示，且该关键帧中工作区的所有对象被选择（此时属性面板显示帧属性），对于传统补间动画，该关键帧中只会有一个元件实例被选择，再用选择工具 点击该实例，将其选择（属性面板显示实例属性）。用这种层次选择的方法来确定你要操作的对象是图层、关键帧，还是关键帧里的实例。

问题8：为什么打开含有字体的fla文件时，有时会出现缺少字体提示窗？如何保证字体在别处可用？

回答8：这是因为你的系统里没有源文件文本使用的字体，当你制作文字动画时，应尽量使用系统提供的常规字体，以保证你发布的SWF文件以最初选定的字体显示。如果要使用一些特殊字体并希望生成的SWF文件在其他计算机上可见，只需执行【文本/字体嵌入】命令，选择所需字体并添加到嵌入字体库中，并尽量缩小字符范围（嵌入的字符越多，发布的SWF文件越大）。或者在使用文本工具输入文字时，在文本属性窗中单击"嵌入"按钮。这样就使你使用的特殊字体嵌入到当前文档中，在没有这些特殊字体的计算机上也能观看。

问题9：时间轴的两个关键帧之间出现点划线是正常的吗？

回答9：不正常。传统补间动画，两个关键帧之间显示的应该是一条带箭头的直线。内容是相同元件的一对一的关系。也就是说两个关键帧中的实例只能是同一个元件的两个实例（例如同一个w元件的两个实例，其位置、大小、色彩不同，分别处于这两个关键帧上）。对于显示点划线两侧的关键帧来讲，两个关键帧中一定出现了以下错误：要么是不同元件的实例（一个为w，另一个为e），要么是多于一个的实例（一个为w，另一个为w+e甚至更多）。要删除因误操作放置到关键帧的多余实例的操作如下：当选择该关键帧后，该关键帧中的多个元件实例会被选中，你需要在工作区空白区单击取消多个实例的选择，然后用选择工具 单独单击选择多余的实例，然后按Delete键将其删除，最后只留下一个与另一个关键帧相同的元件实例。这时候两个关键帧之间的点划线就变成正常的补间动画的箭头直线了。请在出现点划线的两个关键帧用以上方法检查，改成一对一的正常的带箭头的直线。另外，养成将其他暂时不操作的图层锁定的习惯，这样可减少误操作的可能。

上机作业：

1．参考随书A盘"Lesson1文字动画\01课参考作品"中的作品1，如图1-115所示，制作文字动画。

操作提示：

（1）创建新文件，在场景中的1层1帧，用T工具输入"电脑动画"四个字。

（2）用选择工具选择文本框，在右键菜单中选择【转换为元件】命令，将其转换为图形元件。

（3）用选择工具选中文字元件实例，在属性面板修改位置与大小。

（4）在第25帧按F6键插入关键帧，将该帧中的文字元件放大，并修改Alpha值，使其透明。两帧之间创建传统补间动画，结果图层1产生了文字放大并消失的动画。

（5）将图层1的第1帧选中，在右键菜单中选择【复制帧】命令，新建一个图层，在第5帧位置的右键菜单中选择【粘贴帧】命令，在结果图层2的第5帧创建了一个关键帧，该关键帧与图层1的第1帧完全一样。

图1-115

（6）将图层1的第25帧的关键帧选中，在右键菜单中选择【复制帧】命令，在图层2的第30帧位置，在右键菜单中选择【粘贴帧】命令，在图层2的第30帧创建了一个关键帧，该关键帧与图层1的第25帧完全一样。播放时图层2的动画与图层1的完全一样，都是文字放大并消失，只是时间上错后5帧，如图1-116所示。

（7）其他3层的动画都与图层1的相同，只是时间上都错后5帧。你也可以将图层1的第1~25帧整体都选中，然后在右键菜单中执行【复制帧】命令，接着选择新建的层中的起始帧，在右键菜单中执行【粘贴帧】命令，将整段动画粘贴过来。

（8）如果在执行【粘贴帧】命令后出现了多余的帧，请选择该层第2关键帧后的多余帧，将其删除。

（9）调整图层的叠加顺序，将最先出现的图层1移到最上层，以此类推，如图1-116所示。

（10）详细制作请参考ck01_01.fla文件。

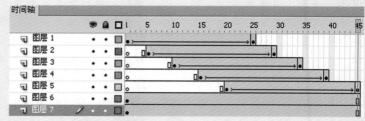

图1-116

2．参考随书A盘"Lesson1文字动画\01课参考作品"中的作品2，如图1-117所示，制作文字动画。

操作提示

（1）创建新文件，在场景中的1层1帧，用T工具输入黑色的文字"WELCOME"。调整其大小，然后将此文本框转换为图形元件。接着选择文字元件实例，在右键菜单中执行【分离】命令两次，将其分离成单独的文字，然后将每个字分别选中后，将其也转换为图形元件，最后库中的元件如图1-118所示。

（2）如图1-119所示，在文字层15帧插入帧，使底层一层的黑色文字"WELCOME"持续到第15帧。

（3）新建W层，在第3帧创建空关键帧，从库中将W元件拖放到舞台上（位于底层W字的左侧）。放大其尺寸，改小其Alpha值。

（4）在W层的第6帧插入空关键帧，从库中将W元件拖放到舞台上（位于底层W字上），改变其颜色为白色，调整其位置大小，与底层的黑色W重合，在第3~6帧之间创建传统补间动画，在第7帧插入空关键帧。一个透明的大W快速飞入变成白色字，与下层的黑色W重叠后消失，如图1-119的W层所示。

（5）新建W1层，将其图层放在W层下，在第4帧插入空关键帧，从库中将W元件拖放到舞台上（位于底层W字上），调整其位置大小，使其与底层的黑色W重合，在第7帧插入关键帧，改变该帧中W的位置向右，并放大，使其透明。在第4~7帧之间创建传统补间动画，在第8帧插入空关键帧。结果该层的动画为黑色W字向右放大后消失，如图1-119的W1层所示。

（6）下面每个字母的动画都分两个层制作，一层是该字飞入消失，另一层是该字飞出消失。方法同上步骤3-5，请参考图1-119所示的各层位置分层制作。如有疑问，可打开文件ck01_02.fla文件参考。

图1-117

图1-118

图1-119

第2课 变形动画

参考学时：4

√ 教学范例：变形动画

　　本范例练习制作太阳的循环变形动画，完成后的播放画面参看右侧的范例展示图。

　　动态画面请见随书B盘课件"Lesson2变形动画\课堂范例"的动画展示。

　　太阳的变形动画是在太阳影片剪辑元件的时间轴上制作的，是一段太阳打瞌睡的动画。首先用绘画工具分层绘制出太阳的各个部分，然后分层制作变形动画，例如太阳光芒的形状与颜色的变形动画，脸部颜色的变色动画，眉毛、鼻子、胡子、闭着的眼睛随着张嘴打哈欠，也随嘴的变大而位置有所改变的变形动画，最后恢复到原位，完成太阳完整的打瞌睡的动作。当把这个太阳元件放在主场景中，就形成了太阳循环打瞌睡的动画。

√ 教学重点：

- 如何使用星形工具
- 如何使用选择工具
- 如何使用椭圆工具
- 如何使用颜料桶工具
- 如何使用墨水瓶工具
- 如何使用渐变变形工具
- 如何使用线条工具
- 如何使用刷子工具

- 如何使用基本椭圆工具
- 如何使用铅笔工具
- 如何使用任意变形工具
- 如何进行绘画模式转换
- 如何分层
- 如何分离、合并
- 如何创建补间形状变形动画
- 如何观看循环动画

√ 教学目的：

　　通过太阳外形的变色变形动画制作，熟练掌握Flash CS6的绘画模式，以及各种绘画编辑工具的使用。利用分层操作，掌握补间形状动画的制作。掌握影片剪辑元件动画与主场景动画的区别。

第2课——变形动画制作及参考范例

本节将重点介绍绘画工具的使用。通过教学范例太阳的绘制，介绍如何使用各种绘画工具及绘画参数的设置。绘画工具名称请参看图1-8所示。

Flash CS6的绘画工具有两种模式，一种是合并绘制模式（工具默认），另一种是对象绘制模式。本节将在合并绘制模式下绘制太阳。

▶ 操作步骤2-1：创建影片剪辑元件 " sun1"

新建一个Flash CS6文件，保存命名为 "Lesson2.fla"。选择工作区视图为动画模式。注意工作区左上角显示为 ▣场景1，表示目前在主场景的编辑界面。然后执行菜单【插入/新建元件】命令，在弹出的如图2-1所示的对话框中，命名元件的名称为 "sun1"，类型为 "影片剪辑"，保存到 "库根目录"文件夹中。

图2-1

接着进入到元件sun1的编辑界面。该界面与主场景编辑界面很像，也有时间轴和工作区，但是工作区窗口左上方显示为 ▣场景1 ▣sun1，表示是 "sun1"影片剪辑元件的编辑界面，并且工作区中心会有一个十字标志。

> **注意**
>
> 还记得上一个范例中，用同样的方法创建w元件吗？只是这一次类型从图形元件变成了影片剪辑元件，而元件的内容从只有一个图层的文字，到多个图层的绘画图形。所以需要注意下面的每步操作都要在新创建的图层上完成。

▶ 操作步骤2-2：如何使用星形工具绘制太阳的光芒

本范例练习用一些绘画工具来分图层绘制太阳的内容。

首先选择工具箱中的多角星形工具 ◯，如图2-2所示，该工具与矩形、椭圆、基本矩形、基本椭圆工具都在一个工具按钮下，按住按钮会出现工具选择，选择你要的工具即可。

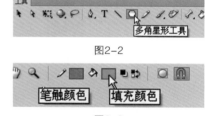

图2-2

在如图2-3所示的工具箱中分别选择笔触颜色和填充颜色，在弹出的颜色样本窗中选择需要的颜色。例如笔触选择绿色，填充选择红色。

此时工作区右上角的属性面板显示的是多角星形工具的属性，请在工具设置选项中选择样式为 "星形"，边数为 "16"，星形顶点大小为 "0.50"，如图2-4所示。

图2-3

另外，在属性面板上也可指定线条的颜色，线条的粗细及填充的颜色。

请注意，此时元件编辑窗口的时间轴上，该图层的第一帧是空帧，表示该元件的内容为空，即该帧画面中此刻没有可视图形。

当工具参数设置好后，在工作区十字标志位置附近用鼠标拖曳画出一个星形图案，注意此时图层1的第1关键帧由空

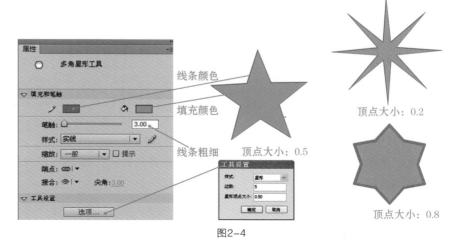

图2-4

帧变成了实心的关键帧，表示该关键帧里有可视图形了。

改变星形工具的一些参数，例如顶点大小，再次在旁边画一个星形，观察顶点大小及边数的设置对绘制星形有何影响。

下面两步操作介绍删除绘制得不满意的图形的方法。

▶ 操作步骤2-3：如何选择绘制好的图形

全选图形

通过以上练习，已经在工作区画出了几个不同样式的星形。如果需要移动或删除某个星形，先选择工具箱中的选择工具，然后在要删除或移动的星形图形内部双击，或用鼠标框选整个图形，该图形会被全选，全选后的图形会以点状色显示，然后将鼠标放在其内部，当指针变成✛形状时可以整体移动它，或按Delete键将它删除。

当然，你也可以用选择工具将工作区中的多个图形框选，如图2-6所示，同时移动或按Delete键删除。

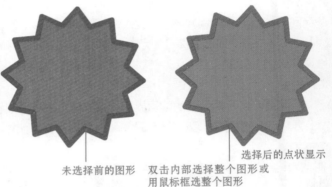

未选择前的图形　双击内部选择整个图形或用鼠标框选整个图形　　选择后的点状显示

图2-5

拖曳出方形范围进行框选

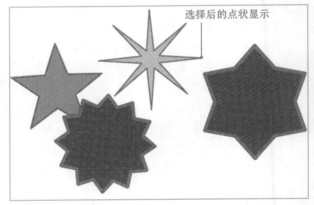

选择后的点状显示

移动选择图形

图2-6

取消选择

如果图形的整体、填充区或线条已经被选中(点状显示)，取消选择的方法就是在图形外的空白区单击，就可取消选择（正常显示）。

选择内部填充：

如果只需要对绘制图形的填充区进行编辑修改，用选择工具在填充区内部单击，选择填充区，如图

2-7所示。该区域会以点状色显示，此后可以参考下一步骤来改变填充色，这种选择法只选择内部填充区，不会选择到边框线条。

选择线条

如果只需要对绘制图形的边框线条进行修改，用选择工具 ▮ 在线条上单击，则只选择了单击处的一条平滑线段；按Shift键+单击可选择多条平滑线段；如果在线条上双击，则选择了所有封闭线条，如图2-8所示。选择后，可参考下一步骤来改变线条的样式和颜色。

单击填充选择内部填充区　　　双击边框线选择整个边框线
图2-7　　　　　　　　　图2-8

部分选择

当用选择工具 ▮ 拖曳一个范围对一个图形部分框选后，如图2-9所示，你会发现，不管是移动，如图2-10所示，还是改色，如图2-11所示，都只针对选择的区域。例如对右侧图形取消选择后再单击选择每段线条（按Shift键+单击可多段选择线条），然后分别改色，或单击选择填充区，改变颜色。

用以上介绍的方法熟悉选择操作，将工作区中所有的多余图形删除，只留下绘制的代表太阳光芒的星形图形。

双击"图层1"的文字处，将该图层命名为"光芒"层。

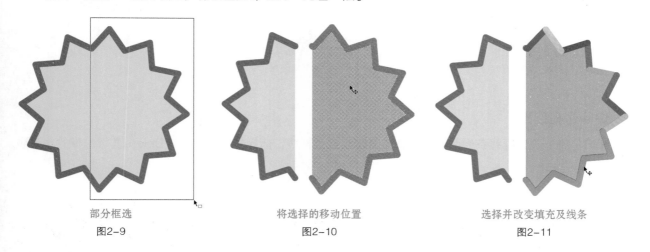

部分框选　　　　　　将选择的移动位置　　　　　选择并改变填充及线条
图2-9　　　　　　　　　图2-10　　　　　　　　　图2-11

▶ 操作步骤2-4：如何改变填充色和线条

改变填充色

练习将星形内部的纯红色改变成渐变色：选择工具箱的选择工具 ▮，在星形图形的内部单击，将填充选中，如图2-12所示。单击工具箱中的填充颜色工具 ▮ 后面的色块，在如图2-13所示的颜色选择面板中选择最下面的径向渐变色，即可将纯色填充改变成渐变色填充，如图2-14所示。最后在图形外面的空白区单击取消选择。

改变边框线颜色和样式

练习将星形的边框线条改变样式和颜色：用选择工具 ▮ 双击边框线，选择外围线条，如图2-15所示。在属性面板中，改变边框线颜色、笔触及样式，如图2-16所示。结果边框线会以选择的参数进行改变，如图2-17所示。最后在图形外面的空白区单击取消选择。

单击选择填充区

图2-12

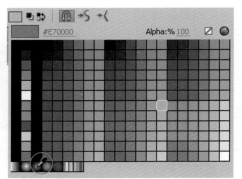

选择径向红黑渐变色

图2-13

填充后

图2-14

双击线条选择边框线

图2-15

在属性面板中选择颜色笔触与样式

图2-16

结果

图2-17

删除边框线条

练习将星形的边框线条删除：用选择工具 📐 双击边框线，选择外围线条，按Delete键将选择的线条删除，如图2-18所示。

单击对象外取消对该对象的选择

双击线条选择边框线

图2-18

按Delete键删除线条后

▶ 操作步骤2-5：如何编辑填充色

练习改变星形的内部渐变色：选择工具箱的选择工具 📐，在星形图形的内部单击，将填充选中，如图2-19所示。在工作区的左上角的颜色面板中，单击按钮 📐 选择颜色填充，然后选择填充方式为径向渐变方式，选择最下面左侧的色标，如图2-20所示，在颜色选择框中单击黄色，设置渐变色起始色为黄色。

1 Lesson
2 Lesson
3 Lesson
4 Lesson
5 Lesson
6 Lesson

选择最右侧的色标，在颜色选择框中单击红色，设置渐变色的结束颜色为红色。

如果渐变色需要多个中间过渡色，只需在色标下面单击就可以添加色标，为新色标设置中间过渡颜色，左右拖移色标的位置可改变颜色的比例分配，多余的色标只需拖离颜色条即可删除。星形的渐变色改变如图2-21所示。

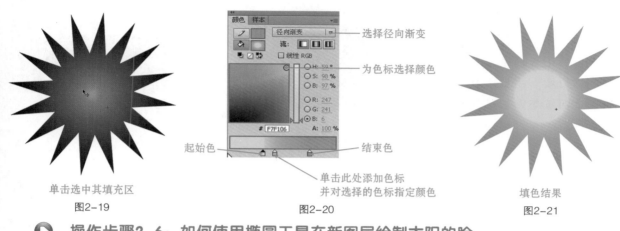

单击选中其填充区
图2-19

起始色　结束色
选择径向渐变
为色标选择颜色
单击此处添加色标
并对选择的色标指定颜色
图2-20

填色结果
图2-21

▶ 操作步骤2-6：如何使用椭圆工具在新图层绘制太阳的脸

通过练习也许会发现，在一个图层中绘制多个图形，尤其当图形互相叠加时，选择其中的图形会很困难。

在第一课的范例中，我们已经了解了每个动画元件都只在自己独立的图层，同一时间，动画的某一层只能对一个动画对象创建传统补间动画。在本范例中，虽然要介绍的是区别于传统补间的补间形状变形动画，但为了避免出现不必要的错误，要求太阳的各部分也需要分图层绘制，这样有利于后边的变形动画的制作，否则，好不容易在一层画了复杂的太阳，做变形时才发现根本没法往下做动画了。

创建新图层

首先在图层面板上创建一个新图层，双击图层名的文字，将其命名为"脸"。切记将光芒层锁定。选择当前图层为脸层，如图2-22所示。

图2-22

椭圆工具的使用

然后选择工具箱中的椭圆工具，在工具箱中的笔触颜色框中将线条色设置为无色，如图2-23所示。在填充颜色框中将填充色设置为已有的径向渐变色，如图2-24所示（颜色不满意可稍后修改）。在工作区拖曳鼠标绘制椭圆形（按Shift键+拖曳绘制的是圆形），一个圆形会出现在图层"脸"的第1关键帧，如图2-25所示。

用选择工具双击圆形将其选中，并移动到合适位置。如果不满意，可随时按Ctrl+Z键撤销，或将其选择后按Delete键删除重画。

选择边框无色
绘制无边径向渐变圆形

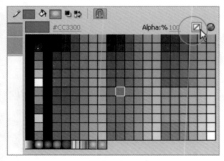
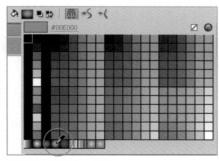

图2-23
选择径向渐变色　图2-24
图2-25

颜料桶工具的使用

参考操作步骤2-5改变圆形的径向渐变的起始、结束、中间颜色，然后选择工具箱中的颜料桶工具，该工具用于给填充区指定颜色，但是对于渐变色来说，工具的单击处表示起始色的位置，用该工具在圆形的各个部位单击，结果如图2-26所示。

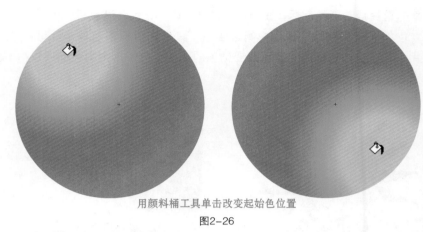

用颜料桶工具单击改变起始色位置

图2-26

▶ 操作步骤2-7：如何使用渐变变形工具编辑渐变色

使用渐变变形工具可对径向渐变的中心、起始点、范围、方向等进行调整。方法是：用渐变变形工具在已填充径向渐变色的图形上单击，会出现圆形的边框，如图2-27所示。

改变渐变中心点

圆形的原点就是渐变中心点，将鼠标移到原点中心，指针变成✛，此时可移动圆形的原点来改变渐变中心点，结果如图2-28所示，渐变是标准的圆形渐变，此时渐变中心点也是渐变起始点。

改变渐变的范围（大小）

圆形的半径就是渐变半径，也就是起始色到结束色会在这个范围内填充，此时将鼠标移到圆形边框◉上，指针变成◎，拖曳鼠标就可以改变渐变范围，如图2-29所示。对于标准的圆形渐变，起始色到结束色会沿相同的半径渐变填充。

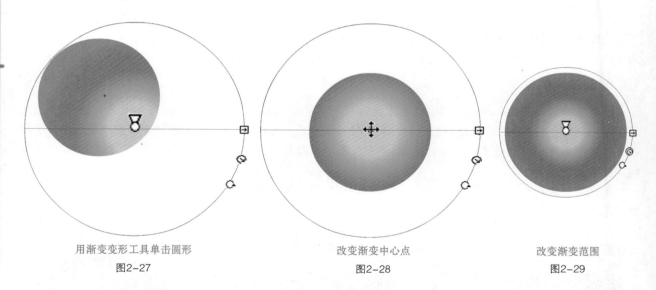

用渐变变形工具单击圆形	改变渐变中心点	改变渐变范围
图2-27	图2-28	图2-29

改变渐变的起始点（焦点）

当把鼠标移到原点上方的倒三角区域，指针变成▽后，拖曳可改变渐变起始点的位置，如图2-30所示。此时渐变的起始点与中心点就不同了。

改变渐变的宽度

当鼠标移到圆形边框的▣上，指针变成↔后，拖曳鼠标就可以将圆形改成椭圆形渐变，如图2-31所示。

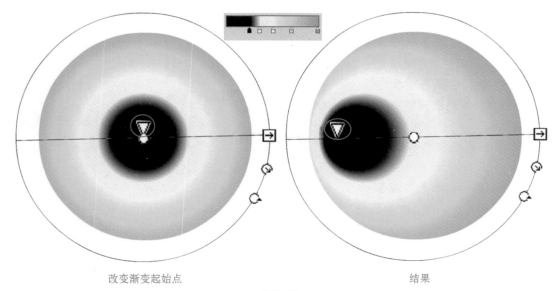

改变渐变起始点   结果

图2-30

改变渐变的方向

当鼠标指针移到圆形边框的 ↻ 上，变成 ↺ 后，拖曳鼠标就可以改变椭圆形渐变的方向，如图2-32所示。

熟悉这些工具后，将脸层用来练习的其他图形选择后删除，只留下圆形作为太阳的脸，将其移动到合适位置，改变其渐变色并编辑渐变填充。最后，与光芒叠加在一起的效果如图2-33所示。

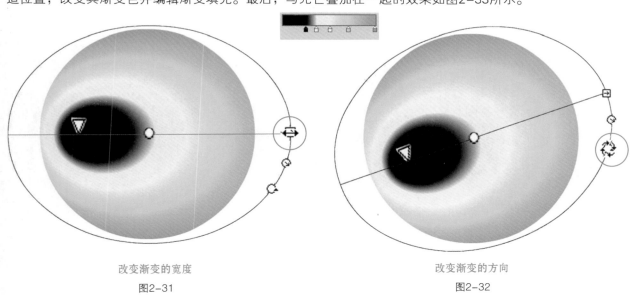

改变渐变的宽度   改变渐变的方向

图2-31   图2-32

▶ 操作步骤2-8：如何用线条工具在新图层绘制太阳的眉毛

创建新图层

首先在图层面板上创建一个新图层，双击图层名的文字，将其重新命名为"眉毛"。切记将光芒和脸层锁定。选择当前图层为眉毛层，如图2-34所示。

图2-33

图2-34

线条工具的使用

选择工具箱中的线条工具 ，除了在工具箱的笔触颜色框 设置线条颜色外，还可以在颜色面板中按笔触颜色按钮 ，然后选择填充方式（纯色、渐变等），还可以在属性面板设置线条的颜色和样式，如图2-35所示。

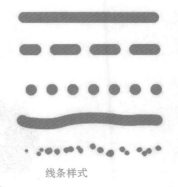

图2-35

线条样式

选择好要画的眉毛的颜色与线条样式后，在脸部区画出一条线，如果颜色、样式、粗细不满意可按Ctrl+Z键撤销，或将其选中后按Delete键删除重画。

画好一条代表眉毛的线条后，用选择工具 选择它，移动到合适位置。执行【编辑/复制】命令（Ctrl+C键），然后再执行【编辑/粘贴】命令（Ctrl+V键），复制另一条眉毛，将其移动到合适的位置，如图2-36所示。

用选择工具改变线条形状

选择工具 不但能选择线条，还可以改变线条的顶点和弧度，使用方法是：在空白处单击取消任何对象的选择，然后用鼠标指向线条，当指针变成 时，拖曳鼠标可改变线条的弧度，如图2-37所示。

如果鼠标指向线条的端点，当指针变成 时，拖曳鼠标还可改变端点的位置。

用线条工具绘制并修改后的眉毛结果如图2-38所示。

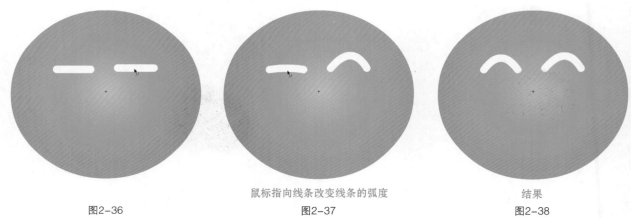

鼠标指向线条改变线条的弧度

结果

图2-36　　　　　　　　　　　图2-37　　　　　　　　　　　图2-38

▶ **操作步骤2-9：如何用椭圆和选择工具绘制太阳的眼睛**

新建一个眼睛图层，双击图层名的文字，将其重新命名为"眼睛"，切记将其他层锁定。

选择椭圆工具 ，指定填充色为黑色，笔触色为无色，在脸部区画一个椭圆，然后用选择工具 指向椭圆边缘，当指针变成 时，如图2-39所示，拖曳鼠标可改变形状，修改后的眼睛如图2-40所示。

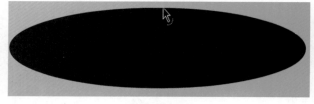

鼠标指向边框线　　　　　　　　　　　改变边框的形状

图2-39　　　　　　　　　　　　　　　　图2-40

画好一侧的眼睛后，双击鼠标将其选中并移动到合适位置。在空白处单击取消选择。再用同样的方法绘制另一侧的眼睛（或者用下面的方法复制）。

如果打算两只眼睛一模一样，可双击选择已画好的眼睛，执行【编辑/复制】命令（Ctrl+C键），然后再执行【编辑/粘贴】命令（Ctrl+V键），复制另一个眼睛，并执行【修改/变形/水平翻转】命令，使其水平翻转，将其移动到合适的位置。这样两个眼睛就左右对称了。

> **提　醒**
>
> 以上的眉毛和眼睛我们都使用了选择工具 来改变形状，注意在使用前一定要取消选择，指向线条边缘时出现 后再改形状。

▶ **操作步骤2-10：如何用椭圆和选择工具绘制太阳的嘴**

新建一个嘴图层，双击图层名的文字，将其重新命名为"嘴"，切记将其他层锁定。

选择椭圆工具 ，指定填充色为黄色，笔触色为黑色，画一个椭圆，用选择工具 双击鼠标将其选中，移动到合适位置，单击空白区取消对椭圆的选择，然后用选择工具 指向椭圆边缘，当指针变成 后，拖曳鼠标改变形状，如图2-41所示为让嘴变小。

通过改变边框线来改变形状

图2-41

▶ **操作步骤2-11：如何用刷子工具绘制太阳的鼻子**

新建一个鼻子图层，双击图层名的文字，将其重新命名为"鼻子"，切记将其他层锁定。

选择工具箱中的刷子工具 ，在填充颜色框 中指定填充颜色，如图2-42所示。在工具箱中选择刷子大小 与刷子形状 ，将鼠标移到工作区，观察刷子的形状与大小，不合适的话再重新选择大小与形状，或者在属性面板中调整笔触的平滑值（0~100）。平滑值越大，所得线条就越平滑。画出鼻子的形状，如图2-43所示。

同样也可用选择工具 指向边缘，轻微调整鼻子的形状，如图2-43所示。双击画好的鼻子，将其选择并移到合适的位置。

图2-42

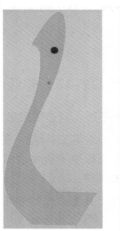 

图2-43

▶ **操作步骤2-12：如何用基本椭圆工具绘制太阳的鼻子泡**

新建一个鼻子泡图层，双击图层名的文字，将其重新命名为"鼻泡"，切记将其他层锁定。

选择工具箱中的基本椭圆工具 ，指定填充颜色为白色，笔触色为黑色，画出一个椭圆形，这个椭圆与用椭圆工具画出的椭圆不同，它四周有矩形的整体外围框线，用选择工具 只能选择整体椭圆，而不能分别选择内部的填充区和线条，如图2-44所示。

在基本椭圆工具的属性面板，通过调整开始与结束角度以及内径值，使基本椭圆改变成不同的扇形，如图2-45所示。

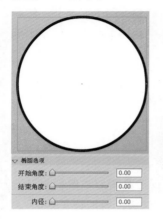   

图2-44　　　　　　　　　　　　　　　　　　　　　图2-45

如果要用选择工具 🔧 继续调整扇形的形状，由于此时该形状是矢量图形元素而不是矢量图形形状（区别在于前者在选择后四周有整体选择边框，后者则是分离的点状显示），前者转换成后者需要分离。

选择矢量图形元素，从右键菜单中选择【分离】命令，如图2-46所示，将图形分离成点状显示，取消选择后就可改变其形状了，如图2-47所示。

 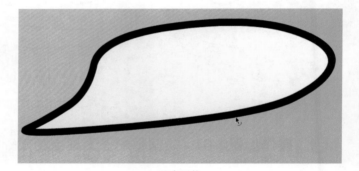

将图元分离　　　　　　　　　　　　　　　　　　　改变形状

图2-46　　　　　　　　　　　　　　　　　　　　　图2-47

▶ **操作步骤2-13：如何用铅笔和颜料桶工具绘制太阳的胡子**

新建一个胡子图层，双击图层名的文字，将其重新命名为"胡子"，切记将其他层锁定。

选择工具箱中的铅笔工具 ✏️，在笔触颜色框中指定填充边框颜色为红色，并在铅笔模式选择 S 中选择平滑选项，在属性面板中调整平滑值，值越大线条越平滑，画出胡子的外围轮廓，最后终点与起点重合使其闭合，如图2-48所示。

还可使用选择工具 🔧 对绘制的曲线进行形状调整，如图2-49所示。

选择颜料桶工具 🪣，填充颜色设置为白色，在刚才的闭合图形内部单击填充上白色，如图2-50所示。

 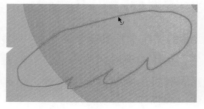 

图2-48　　　　　　　　　　　　图2-49　　　　　　　　　　　　图2-50

如果绘制的外围轮廓没有完全闭合，在使用颜料桶填充内部时会填充不上，此时可在工具箱中选择空隙大小 ⊙ 选项中的封闭大空隙，再次填充，如果还是填充不上，说明空隙太大，如图2-51所示，放大视图后，此时可用选择工具将一侧的端点移到另一端附近或重合，将外围轮廓尽量闭合再填充，如图2-52所示。

1 Lesson
2 Lesson
3 Lesson
4 Lesson
5 Lesson
6 Lesson

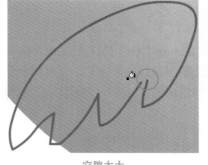

空隙太大　　　　　　　　　　　　尽量将端点闭合

图2-51　　　　　　　　　　　　　图2-52

当一侧的胡子画好后，用选择工具 ➤ 将其双击选择，移动到合适的位置，按Ctrl+C键将其复制，然后再按Ctrl+V键将其粘贴，如图2-53所示。执行菜单【修改/变形/水平翻转】命令，将复制翻转的另一侧胡子移动到合适位置，如图2-54所示。

图2-53

水平翻转后

图2-54

现在，太阳各部分分层绘制基本完毕，如图2-55所示。你可以在图层面板上将最上层的胡子层拖放到鼻子层的下面。注意此时是"sun1"影片剪辑的编辑界面，其时间轴上各图层显示如图2-56所示。

请将练习文件"Lesson2.fla"保存。

到此阶段完成的范例请参考进度文件夹下的"Lesson02-01end.fla"文件。注意要在库窗口双击"sun1"图标才能看到分层绘制的太阳。

熟练以后，你可以用以上方式绘制不同样式的太阳，例如如图2-57所示的太阳光芒是绘制了好几层光芒层后的效果，而图2-58是将每一层的光芒线条弧度改变后再进行变形后的效果。

图2-55

时间轴

　　　　　　　　　　👁 🔒 ▢ |
🔲 鼻泡　　　　　　　· · ▪ |
🔲 鼻子　　　　　　　· · ▪ |
🔲 胡子　　　　　✎ · · ▪ |
🔲 嘴　　　　　　　· · ▪ |
🔲 眼睛　　　　　　· · ▪ |
🔲 眉毛　　　　　　· · ▪ |
🔲 脸　　　　　　　· · ▪ |
🔲 光芒　　　　　　· · ▪ |

图2-56

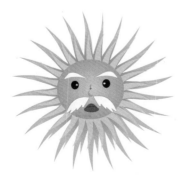

图2-57

图2-58

时间轴

　　　　　　　　　　👁 🔒 ▢ |
🔲 烟斗　　　　　　· 🔒 ▪ |
🔲 眼镜1　　　　　· 🔒 ▪ |
🔲 鼻子　　　　　　· 🔒 ▪ |
🔲 眼睛　　　　　　· 🔒 ▪ |
🔲 眉毛　　　✖ · 🔒 ▪ |
🔲 嘴　　　　　　　· 🔒 ▪ |
🔲 脸　　　　　　　· 🔒 ▪ |
🔲 光芒　　　　　　· 🔒 ▪ |
🔲 光芒2　　　　　· · ▪ |

图2-59

第2课　变形动画　43

请打开上一节保存的练习文件"Lesson2.fla"(或打开进度文件夹中的Lesson02-01end文件)。

上面的范例要求每次要新建一个图层然后绘制图形，这样对后面的动画来说就比较容易制作，新手往往没有这种分层意识，喜欢将所有的绘画形状放在一个图层里，对象绘制模式就是针对习惯使用矢量绘画的人来设置的。

▶ **操作步骤2-14：两种绘制模式的区别**

合并绘制模式

默认情况下，绘画工具使用合并绘制模式，像上面所有（除了鼻子泡之外）的绘画都是在这种模式下完成的。在这种模式下，当在同一层绘制两个重叠形状时，会自动进行合并，也就是移动其中一个图形时，会自动将另一个图形里的重叠区截掉。

例如，在同一层绘制两个椭圆形，移动其中一个后的结果如图2-60所示。如果在同一层绘制脸和嘴，移动嘴后，会将脸上重叠的嘴部区破坏。

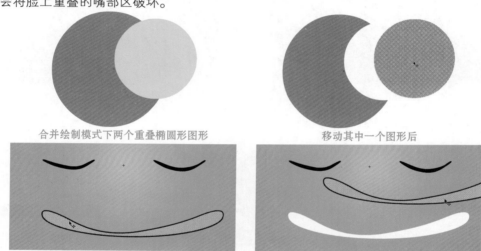

合并绘制模式下两个重叠椭圆形图形　　　　　　　　移动其中一个图形后

图2-60

当在同一图层中绘制多个有重叠区的形状时，这种破坏性的绘制模式不适合多个形状的编辑。这就是为什么绘制太阳时要求每画一个形状都需要分层的原因，否则画在一个层里出错时没法修改（眼睛、眉毛层虽然都是左右两个形状，但由于没有重叠，可以分别选择，所以可以放在一层中）。

对象绘制模式

另一种绘画模式则解决了这个问题。在对象绘制模式下，绘制的每一个形状都是独立的一个图形对象，多个图形对象重叠时，可以分别选择，并排列叠加次序，当编辑其中一个时，不会影响与其重叠的其他对象的形状，如图2-61所示。

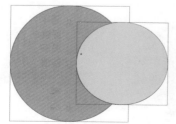

对象绘制模式下两个重叠的椭圆形对象　　　　　　移动其中一个后的结果

图2-61

两种模式的转换

从合并绘制模式转换为对象绘制模式的方法很简单，当选择某个绘画工具后，在工具箱中按下对象绘制按钮 ，该按钮颜色变深为 ◉ 时进入对象绘制模式，此后用各绘画工具绘制的每个形状图形四周会有紫色矩形边框线来标识。在同一层中可以绘制多个重叠图形。

如果双击这样的图形，就会进入绘制对象的编辑界面，此时的图形就跟合并绘制模式下绘制的点状图形一样，注意窗口左上角显示 ⬅场景 1 ⬅ sun1 ⬅ 绘制对象，单击上一级图标处，才会回到双击前的对象绘制界面。线条、填充色的编辑方法与之前介绍的一样。

再次单击工具箱中的对象绘制 ◉ 按钮，又从对象绘制模式转换回合并绘制模式。

对象绘制模式练习

下面练习在对象绘制模式下如何将太阳的各部分绘制在一层，然后分层放置，前面绘制的太阳是在打瞌睡，这次要绘制的太阳我们让它睁开眼睛。

（1）首先新建一个影片剪辑元件，命名为"sun2"，进入到元件sun2的编辑界面。

（2）选择多角星形工具 ◉，在工具箱中单击对象绘制 ◉ 按钮，进入对象绘制模式。

（3）在元件编辑界面的十字原点附近绘制多角星形，此时绘制的星形会有矩形边框标识，如图2-62所示。

（4）接着用椭圆工具绘制圆形的脸，如图2-63所示。

（5）用椭圆工具绘制一侧的眉毛，取消选择后用选择工具 ▶ 调整眉毛的形状，如图2-64所示。

（6）用椭圆工具绘制眼睛，用渐变变形工具调整渐变色，如图2-65所示。

（7）将眉毛、眼睛复制后粘贴，将粘贴后的眉毛、眼睛水平翻转，如图2-66所示。

图2-62　　　　　　　　图2-63

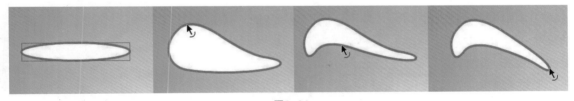

图2-64

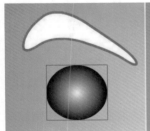
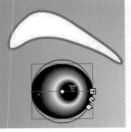
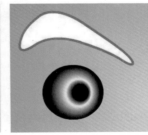
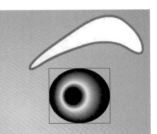

图2-65　　　　　　　　　　　图2-66

（8）同样用铅笔工具绘制胡子的轮廓，然后用颜料桶工具填色，如图2-67所示。然后复制、粘贴、水平翻转另一侧胡子。嘴用两个叠加的椭圆形绘制。

（9）结果在如图2-68所示的图层1上，绘制了太阳的各个部分，如图2-69

图2-67

所示。各部分的叠加次序也可用【修改/排
列】命令来调整上下叠加顺序。

　　请将练习文件"Lesson2.fla"保存。
到此阶段完成的范例请参考进度文件夹下
的"Lesson02-02end.fla"文件。注意要在库窗口双击"sun2"的图标才
能看到只有一层的太阳。

图2-68

分层、分离、联合操作

　　下面练习将只有一层的太阳的各部分分层放置。

　　（1）请打开上一节保存的练习文件"Lesson2.fla"（或打开进度
文件夹中的Lesson02-02end文件）。

图2-69

　　（2）分层：双击库面板中的
"sun2"影片剪辑元件，在"sun2"
影片剪辑的编辑界面，用选择工具
将太阳的所有绘制对象框选择，如图
2-70所示，选择右键菜单中的【分散
到图层】命令，即可将每个对象分别
放置到不同的图层中，原来的图层1
第一帧变成空帧，如图2-71所示。请
命名各图层。选择有空帧的图层1，
单击图层时间轴的删除图标，将该
层删除。

图2-70　　　　　　　　　　　　　　　　图2-71

　　（3）分离：现在
每一层都放置了一个对
象绘制模式下绘制的对
象，选择某一层上的这
种矢量绘制对象，例如
光芒（矩形框显示），
如图2-72所示，在右键
菜单中选择【分离】命
令，会将对象转换成合
并绘制模式下绘制的形
状（点状显示）。如图
2-73所示。

图2-72　　　　　　　　　　　　　　　　图2-73

　　（4）锁定、解锁：为了防止出错，先将所有层锁定，然后只对要操作的层解锁，操作完毕后立刻
锁定该层，这样就不容易出现失误。用上一步的方法，可以将其他层的所有绘画对象都执行【分离】
命令转换成合并绘制模式下的形状。

　　（5）联合：相反，如果将合并绘制模式下绘制的形状选中，然后执行【修改/合并/对象联合】命令，
可将形状转换为对象绘制模式下的矢量对象。

注　意

以上介绍的两个太阳的绘画方法不同，一个是在合并绘制模式下，每次在新层上绘制形状；另一个是在对象绘制模式下，在一层绘制
所有对象，然后再分层、分离。最终，都得到了一个分别在各图层上放置每个独立形状的太阳元件，为下面的变形动画做好了准备。

请将练习文件"Lesson2.fla"保存。到此阶段完成的范例请参考进度文件夹下的"Lesson02-03end.fla"文件。

下面针对影片剪辑"sun1"太阳的每一个图层,分别制作补间形状动画。

补间形状动画的特点就是可在时间轴中的某个关键帧直接用绘画工具绘制一个形状,然后在另一个关键帧中更改该形状或重新绘制另一个形状。然后,在两个关键帧之间创建补间形状动画,Flash 会自动创建各帧的中间变形形状,创建一个形状变形为另一个形状的变形动画。

请打开上一节保存的练习文件"Lesson2.fla"(或打开进度文件夹中的Lesson02-03end文件)。

我们要制作一段太阳打瞌睡的动画。太阳光芒的形状与颜色都在变化,脸部的颜色也在变化,眉毛、鼻子、胡子、闭着的眼睛随着打哈欠时张开并变大的嘴而位置有所改变,最后恢复到原位。

▶ 操作步骤2-15:光芒层的颜色及形状变形动画

锁定

进入"sun1"的编辑界面,按住Alt键并单击光芒层的 🔒 锁定框,将除了光芒层以外的所有图层锁定。

隐藏

也可按住Alt键并单击光芒层的 👁 显示框,将除了光芒层以外的所有图层隐藏显示。

创建第2关键帧

在光芒层的第20帧位置按F6键创建第2关键帧。

改变渐变色

在时间轴上单击选择第2关键帧,并单击选择关键帧中的光芒,在颜色面板的颜色填充窗中拖曳色标来改变该帧中光芒的渐变色位置,使第2个关键帧中的光芒颜色与第1关键帧的有所不同,如图2-74所示。

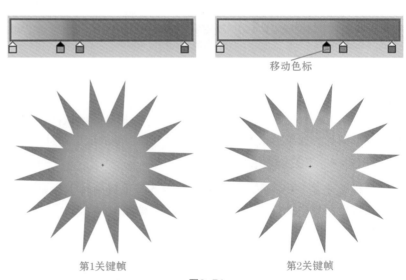

移动色标

第1关键帧   第2关键帧

图2-74

创建补间形状动画

在两帧之间的帧上单击鼠标右键,如图2-75所示,在右键菜单中选择【创建补间形状】命令,千万不要选择【创建传统补间】命令(这两个命令的区别请看第4节思考题5与思考题6)。

两个关键帧之间出现带有黑色箭头的线和淡绿色背景,如图2-76所示,表示创建了补间形状动画。这两个关键帧之间自动产生中间的过渡变形。

按Enter键或沿时间轴拖动数字区的红色滑块来快速观看光芒变色动画,如果不满意,可再次将第2关键帧的光芒选中,调整色标位置,直到渐变色满意为止。

创建补间动画
创建补间形状
创建传统补间

图2-75

图2-76

改变形状

用选择工具![选择工具]在第2帧的光芒图外单击，取消对它的选择后，用鼠标指针指向光芒边缘，变成后改变边缘的形状（轻微改变既可），如图2-77所示。还可用鼠标指针指向顶点，当指针变成后改变顶点的位置。

随时拖动时间轴数字区的红色滑块来快速观看变形动画，一出错请马上按Ctrl+Z键撤销。

最后两个关键帧中的光芒对比如图2-78所示，光芒颜色和形状都有所改变。按Enter键观看这两帧之间的变形动画。第2关键帧的变形完全没有问题后再继续下面的操作。

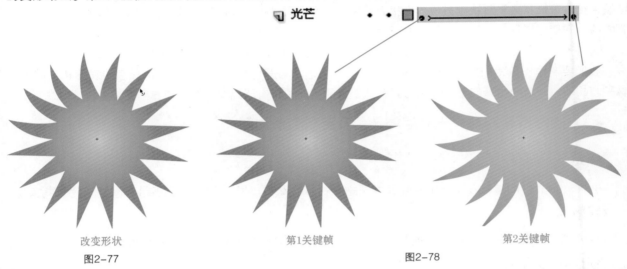

改变形状　　　　　　　　　第1关键帧　　　　　　　　　第2关键帧
图2-77　　　　　　　　　　　　　　　图2-78

> **提　醒**
>
> 在改变光芒的形状和顶点位置时，轻微改变即可，尤其是将直线改成弧线时，不要与另一条边有交叉，否则，动画将不按预期的变形。出现这种情况时，请撤销后重新改变第2关键帧中光芒的形状，并随时播放观看结果。如果出错太多，也可将第2关键帧选中后在右键菜单中选择【清除关键帧】命令，重新创建第2关键帧。

补间形状动画的特点是关键帧中的可视对象可以用绘画工具直接在舞台中创建，两个关键帧中的矢量图形形状既可以相似也可以完全不同，通过填色不同制作变色动画，也可以通过轻微变形制作变形动画，还可以在第2关键帧绘制完全不同的形状制作变形动画。软件会自动创建从第1关键帧的形状到第2关键帧形状的变形动画。如果形状太复杂，会产生不是预期的变形动画。

第3、4、5关键帧的创建

右键单击第1关键帧，在右键菜单中选择【复制帧】命令，然后分别在第40、60、80帧位置右击鼠标，在右键菜单中选择【粘贴帧】命令，创建第3、4、5个关键帧。这几个关键帧完全复制了第1关键帧，也就是说，画面里与第1关键帧的光芒完全一样。

将第4个关键帧选择，按以上改变渐变色、改变形状的方法将其朝另一个方向轻微变形，如图2-79所示。

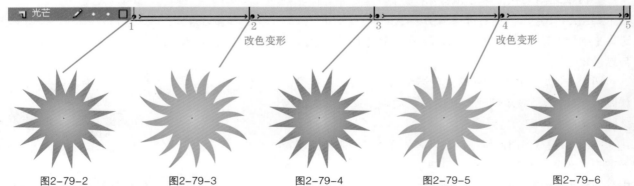

图2-79-2　　　　　图2-79-3　　　　　图2-79-4　　　　　图2-79-5　　　　　图2-79-6

以上第3、5关键帧都与第一关键帧完全相同，不用修改，只改第2、4关键帧中光芒的渐变色与形状，且第2、4关键帧中的形状改变时方向相反。

在每两个关键帧之间的帧上单击鼠标右键，在右键菜单中选择【创建补间形状】命令。

这样一个光芒的简单变形动画就制作完成了。

按Enter键播放时，你会看到光线与光芒形状的变形动画。最后一个关键帧与第一关键帧内容完全相同，这是为了在场景里循环播放影片剪辑太阳的动画时，首尾两帧会平滑过渡，不会产生跳帧的现象。建议以后做循环动画时，所有层的第一帧与最后关键帧要完全相同。

▶ 操作步骤2-16：脸层的颜色变形动画

首先将除脸以外的其他层锁定。

分别在脸层的第20、40、60、80帧按F6键创建第2、3、4、5关键帧。

选择第2关键帧，在颜色面板中调整脸部的渐变色，如图2-80所示。

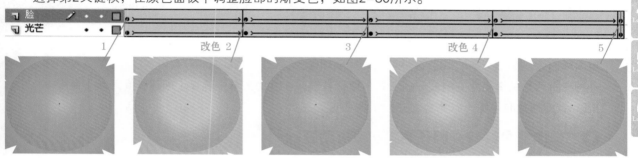

图2-80

选择第4关键帧，用同样的方法调整脸部渐变色。

分别在每两个关键帧之间的任一帧上单击鼠标右键，在右键菜单中选择【创建补间形状】命令。

按Enter键播放时，你会看到脸部的颜色变化的变形动画。

▶ 操作步骤2-17：眉毛、鼻子、眼睛层的位置变形动画

首先将除眉毛以外的其他层锁定。

分别在眉毛层的第20、40、60、80帧按F6键创建第2、3、4、5关键帧。

选择第2关键帧，此时该帧下的眉毛也被选中，用选择工具将眉毛向上移动一段距离，如图2-81所示。

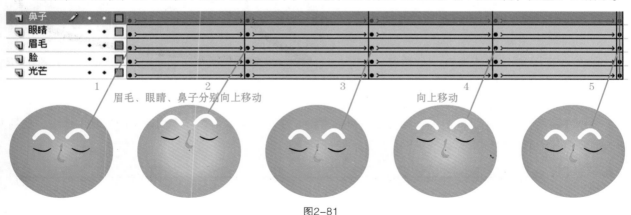

图2-81

选择第4关键帧，也用选择工具将眉毛向上移动。

分别在每两个关键帧之间的任一帧上单击鼠标右键，在右键菜单中选择【创建补间形状】命令。

按Enter键播放时，你会看到眉毛从下到上又从上到下移动的动画。

用同样方法制作眼睛层、鼻子层的动画。切记将其他层锁定。

按Enter键播放时，眼睛、鼻子也随着眉毛的移动而上下移动。

▶ 操作步骤2-18：嘴层的形状变形动画

首先将除嘴以外的其他层锁定。

分别在嘴层的第6、9、20、40、60、80帧按F6键创建第2、3、4、5、6、7关键帧。

选择第2关键帧，此时该帧下的嘴也被选中，注意此时一定要在工作区没有图形的区域单击，先取消对该帧下的嘴图形的选择，然后用选择工具 ![箭头] 移到嘴的边缘线上，当指针变成 ![指针] 后改变嘴的形状，如图2-82所示第2关键帧的嘴型。

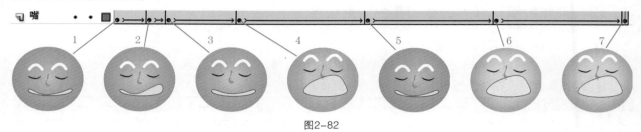

图2-82

用同样的方法分别将第4、6关键帧中的嘴变形到最大。

分别在每两个关键帧之间的任一帧上单击鼠标右键，在右键菜单中选择【创建补间形状】命令。

按Enter键播放时，嘴一张一合的变形动画完成了。

▶ 操作步骤2-19：鼻子泡层的变形动画

首先将除鼻子泡以外的其他层锁定。

分别在鼻子泡层的第6、9、20，40，60，80帧按F6键创建第2、3、4、5、6、7关键帧。

选择第2关键帧，此时该帧下的鼻子泡也被选中，然后选择工具箱中的任意变形工具 ![工具]，此时鼻子泡图形四周出现变形控制框，如图2-83所示，当鼠标移到控制柄上变成双向箭头时可放大或缩小图形，当鼠标指针移到四角控制柄外变成旋转箭头 ↻ 时可旋转图形，旋转轴就是图形中心的小圆点。

注意在使用任意变形工具时，当鼠标指向图形内部变成 ![形状] 形状时，拖曳鼠标可以移动该图形，改变其位置。但是当鼠标指向图形中心的小圆点上，当指针变成 ![形状] 形状后，再拖曳鼠标就只改变旋转轴的位置而不是图形的位置。

练习将鼻子泡放大，并将其旋转轴从中心移动到图形左下角。将其旋转一个角度，并移动到合适位置。

图2-83

用同样的方法将第4、6关键帧中的鼻子泡放大。

分别在每两个关键帧之间的任一帧上单击鼠标右键，在右键菜单中选择【创建补间形状】命令。该层各关键帧的鼻子泡形状与位置如图2-84所示。

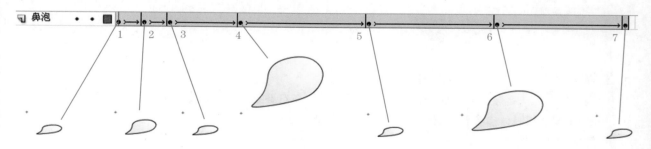

图2-84

操作步骤2-20：胡子层的变形动画

首先将除胡子以外的其他层锁定。

分别在胡子层的第20、40、60、80帧按F6键创建第2、3、4、5关键帧。

选择第2关键帧，用选择工具▶将胡子的位置向上移动，并用任意变形工具稍将胡子尺寸改大一些。

用同样的方法将第4关键帧的胡子也向上移动并改变大小。

分别在每两个关键帧之间的任一帧上单击鼠标右键，在右键菜单中选择【创建补间形状】命令。

该层各关键帧的胡子位置与大小如图2-85所示。

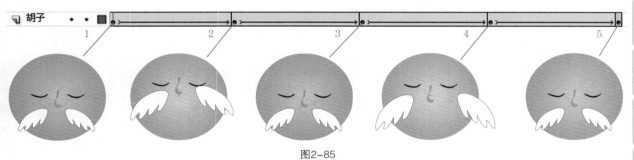

图2-85

按Enter键播放，完成后的太阳打瞌睡的变形动画每一关键帧的画面如图2-86所示。

每层只有两三个关键帧的不同，就能制作出几十帧的变形动画，而且变形过渡很平滑，这就是补间形状动画的特点。其对关键帧里的图形要求是：必须是绘画工具在合并绘制模式下直接在关键帧里绘制的、选择后是点状显示的分离的图形，或是绘画工具在对象绘制模式下直接在关键帧里绘制的、选择后是紫色边框线显示的矢量图形对象。两个关键帧里的形状可以不一样。

回忆第1课介绍的传统补间动画，其对关键帧的图形要求是：必须是已经在库里创建的元件的实例，就是说库里必须先有元件，然后从库里往关键帧放置该元件实例，选择后该实例不是点状显示而是四周有蓝色框线；两个关键帧里的实例是同一个元件。

操作步骤2-21：如何观看循环动画

读者也许会有这样的疑问："我需要的动画是在天空中不停打哈欠的太阳，是不是意味着我应在太阳时间轴上反复多次制作如图2-86所示的动画？"

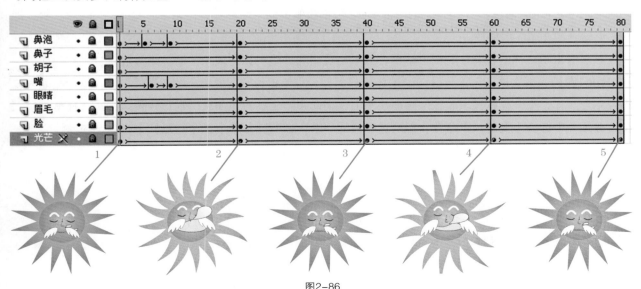

图2-86

实际上在Flash中，像眨眼、走路、飞翔、游动、车轮转动等反复循环的动作，只需要将其动画在影片剪辑元件里制作一次即可，像本课制作的太阳的打瞌睡动画一样。

怎么观看循环动画呢？

在影片剪辑编辑界面时，可在工作区的左上角单击 场景1 按钮，从影片剪辑元件的编辑界面 场景 1 sun1 回到场景1的编辑界面 场景 1 。

确保目前在场景1的编辑界面。目前场景1的时间轴只有一层，且只有一个空帧。

从库面板中将影片剪辑元件"sun1"拖放到场景1的第1帧上，然后用任意变形工具 改变太阳的大小，使其处于舞台的可视区中，如图2-87所示。

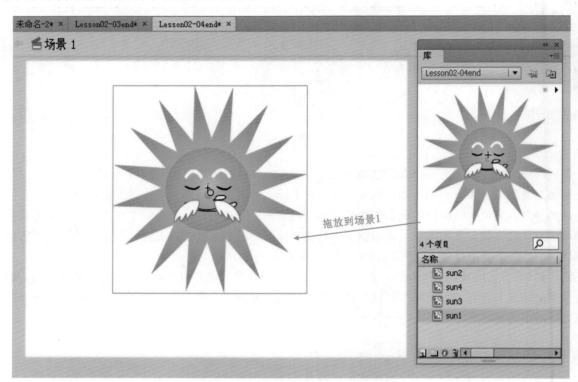

图2-87

按Ctrl+Enter键播放，虽然主场景只有一帧，但是该帧中的太阳影片剪辑元件的实例共长80帧的补间形状变形动画却在循环地播放。

对于像太阳这样的补间形状变形动画，如果出现循环一顿一顿的现象，请关闭播放窗口，在库面板中双击sun1图标，再次进入影片剪辑sun1的编辑界面，分别单击每一层的第一帧与最后一帧，检查画面内容是否完全一样，不一样就代表着该层画面接不上，因此会产生跳帧，如果出现这种情况，请选择第一帧，在右键菜单中选择【复制帧】命令，然后选择最后一帧，在右键菜单中选【粘贴帧】命令，使两帧完全一样，就解决了跳帧现象。

请将练习文件"Lesson2.fla"保存。到此阶段完成的范例请参考进度文件夹下的"Lesson02-04end.fla"文件。

至此，本课介绍的一个完整的太阳循环打瞌睡的动画就制作完成了。

动态画面请见随书课件"Lesson2变形动画/课堂范例"的动画展示。

类似的练习，请参考随书课件"Lesson2变形动画/学生作业"中的各种太阳动画效果。

2.4 操作答疑

1 Lesson
2 Lesson
3 Lesson
4 Lesson
5 Lesson
6 Lesson

思考题:

问题1: 为什么有些工具在工具箱中找不到?

问题2: 颜色填充有哪些类型?

问题3: 笔触颜色有哪些类型?

问题4: 如何确定目前的绘画模式是合并绘画模式还是对象绘画模式?

问题5: 补间形状变形有哪些主要变形类型?

问题6: 补间形状变形动画与传统补间动画有何区别?

问题7: 图形旋转轴的改变对图形的变形有何影响?

问题8: 为什么不能用任意变形工具将图形变得很小?

答疑:

问题1: 为什么有些工具在工具箱中找不到?

回答1: 这是因为Flash 将同类工具放在了一个按钮下,注意观察工具箱按钮,有些右下角带有一个黑色的三角,表示该按钮下还隐藏有其他同类工具,当鼠标指向按钮并按下后,会弹出隐藏的工具选择窗,鼠标移到要选择的工具上单击就可将该工具选中。该工具就会显示在工具箱中。

问题2: 颜色填充有哪些类型?

回答2: 对一个图形内部填充时,可以在颜色面板中按下填充颜色按钮,选择填充的样式为无色、纯色、线性渐变、径向渐变、位图填充这几种类型,其区别如图2-88所示。

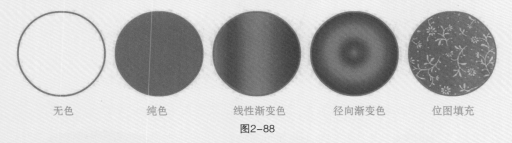

| 无色 | 纯色 | 线性渐变色 | 径向渐变色 | 位图填充 |

图2-88

问题3: 笔触颜色有哪些类型?

回答3: 对线条填色时,可以在颜色面板中按下笔触颜色按钮,选择无色、纯色、线性渐变、径向渐变、位图填充,其区别如图2-89所示。位图填充在后面的课中会涉及到。

| 无色 | 纯色 | 线性渐变色 | 径向渐变色 | 位图填充 |

图2-89

问题4: 如何确定目前的绘画模式是合并绘画模式还是对象绘画模式?

回答4: 仔细观察工具箱中的对象绘制模式按钮,它没有被按下时就是合并绘制模式(显示为),按下后颜色加深就是对象绘制模式(显示为)。单击按钮可在两种模式间切换。

问题5: 补间形状变形有哪些主要变形类型?

回答5: 同一图形的变形:以圆形为例,如图2-90所示为在原图形基础上的变形。

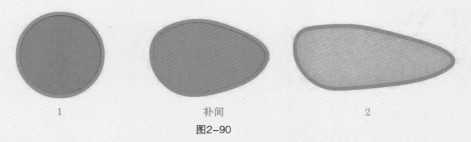

图2-90

不同图形的变形：如图2-91所示为圆形到星形的变形，中间自动产生补间帧。

图2-91

图形到文字的变形：如图2-92所示为圆形到字母B的变形，切记文字要分离成点状显示。

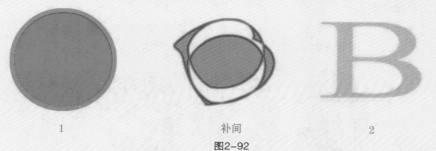

图2-92

文字到文字的变形：如图2-93所示为数字1到2的变形，文字要分离才能做补间形状变形。

图2-93

一图到多图的变形：如图2-94所示为一个图形到多个图形的变形。

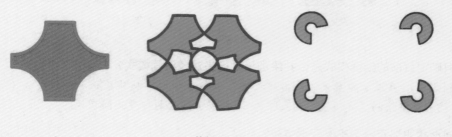

图2-94

多图到一图的变形：如图2-95所示为多个星形到一个星形的变形。

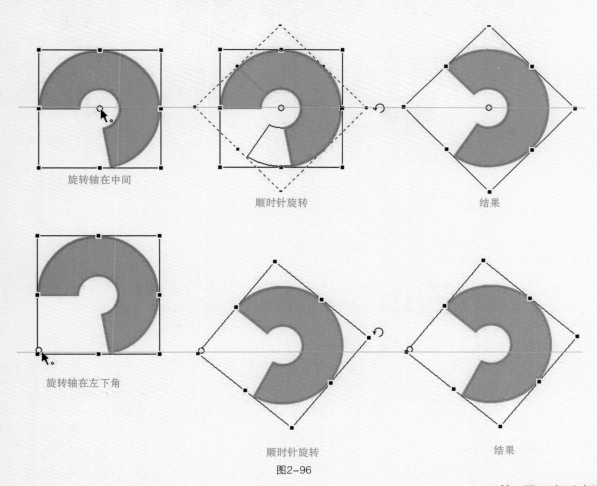

1   补间   2

图2-95

问题6：补间形状变形动画与传统补间动画有何区别？

回答6：从上面的补间形状变形类型就可以看到，补间形状变形动画的两个关键帧里的变形对象既可以完全不一样，也可以实现一到多的变形。而且这些对象是直接用绘画工具在舞台创建的。而传统补间动画必须提前在库里创建元件，然后才是一对一的同一个元件的不同实例的变化，即该元件的颜色、位置、大小等自身属性的变化，不可能从一个元件变成另一个完全不同的元件。如果强制对分别有不同矢量图形的两个关键帧之间创建传统补间，会将两个图形分别转换为库中的补间1和补间2元件，而且动画也会有问题。看看你的库中是否有这样的元件。

问题7：图形旋转轴的改变对图形的变形有何影响？

回答7：在使用任意变形工具时，图形中心都有一个小圆点，表示其旋转轴，当旋转图形时，图形以这个轴为中心转动。图2-96所示为改变旋转轴前后对图形进行旋转操作的对比。

旋转轴在中间   顺时针旋转   结果

旋转轴在左下角   顺时针旋转   结果

图2-96

问题8：为什么不能用任意变形工具将图形变得很小？

回答8：任意变形工具因为四周有定界框，在缩放图形到很小时，定界框上的控制柄就不容易定位了，这时就需要放大视图显示才能继续操作。另外在属性面板上，也可通过调整图形的宽度和高度来将其改小。

上机作业：

1．参考随书A盘"Lesson2变形动画\02课参考作品"中的作品1，制作如图2-97所示的各种太阳变形动画。

太阳绘制参考

图2-97

操作提示

（1）先在新文件中执行菜单【插入/新建元件】命令，创建一个影片剪辑元件后，在元件的编辑窗口中分层绘制太阳的各部分。或者在对象绘制模式下在同层绘制太阳的各部分，然后分散到各图层，再逐层做变形动画。

（2）最好每一层只制作一个色块或线条的变形。

（3）要观看最终循环动画，需要将太阳影片剪辑元件从库里拖放到文件的场景编辑区的当前层第一帧，使其在舞台可视区，然后按Ctrl+Enter键播放swf文件。

（4）详细制作见ck02_01.fla文件。

2．参考随书课件"Lesson2变形动画/参考作品"中的作品2，制作线条变形动画。

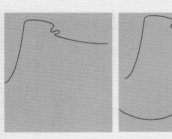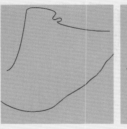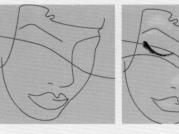

图2-98

操作提示

（1）在新文件场景中的第一层第一帧，先用线条工具在起始位置画出第一条线，然后在后面插入关键帧，可用选择工具调整线条的端点、线条的弧线或线条的位置，使该关键帧的线条形状与前一帧不同，接着在两帧之间创建补间形状动画，如果后一关键帧的线条与前一帧差别太大，也可在后一关键帧中重新绘制新的线条。

（2）切记每个线条的变形动画都各在独自的一层完成。

（3）每层的动画完成后，为了保持该层线条可见，请在片尾插入帧。

（4）按Ctrl+Enter键播放swf文件。

（5）详细制作参考ck02_02.fla文件。

3．参考随书A盘"Lesson2变形动画\02课参考作品"中的作品3，制作颜色块变色动画。

图2-99

操作提示

（1）在新文件中执行菜单【插入/新建元件】命令，创建一个影片剪辑元件，在元件的编辑窗中分层绘制底图、眼睛、嘴层的色块。

（2）创建底图层的多个关键帧，并分别对每个关键帧的底图填充不同颜色，在两个关键帧之间创建补间形状动画，使其颜色依次改变。

（3）眼睛层的两个椭圆可在不同关键帧改变其大小，制作眨眼动画。

（4）嘴层的颜色块在不同关键帧中改变形状，形成嘴部动画。

（5）回到场景编辑窗，将库中的影片剪辑元件拖放到动画可视区，并调整大小。

（6）按Ctrl+Enter键播放swf文件。

（7）详细制作参考ck02_03.fla文件。

4．参考随书A盘"Lesson2变形动画\02课参考作品"中的作品4，制作文字变形动画。

图2-100

操作提示

（1）创建新文件，在场景中的1层第1帧，绘制一个无边框的小圆。

（2）选择1层第10帧，执行【插入空帧】命令，选择此空帧，用文本工具在可视区输入合适大小的"欢"字，然后用移动工具将其选中，移到合适位置，在"欢"字上从右键菜单中选择【分离】命令。

（3）在第1、10两个关键帧之间创建补间形状动画，使小圆变成了一个欢字。

（4）用同样的方法，在2层的第10~20帧，制作"迎"的变形动画。

（5）在3层的第20~30帧制作"观"字的变形动画，在4层的第30~40帧制作看字的变形动画。

（6）选择所有层的第50帧，执行【插入帧】命令，使所有字都保持可见。

（7）执行【文件/导入/导入到库】命令，将青蛙的gif动画导入到库中，此时在库窗口会自动创建一个影片剪辑元件，其动画帧内容就是青蛙gif动画的每个图片。

（8）新建第5层，将库中的青蛙影片剪辑元件拖放到第1帧，由于是库元件，所以制作该层青蛙的运动动画时，两个关键帧之间创建的是传统补间动画而不是补间形状动画，这点一定要清楚。青蛙的运动动画制作请参考第1课的内容，这里的青蛙元件相当于第1课中的文字元件。

（9）青蛙层与每一层的文字配合，制作青蛙坐上去挤压文字的动画。

（10）按Ctrl+Enter键播放swf文件。观察按Enter键播放和按Ctrl+Enter键播放时，青蛙动画的区别。

（11）详细制作参考ck02_04.fla文件。

第3课 逐帧动画

参考学时：8

✓ 教学范例：逐帧动画

本课由4个小范例组成，完成后的播放画面参看右侧的范例展示图。

动态画面请见随书B盘课件"Lesson3逐帧动画\课堂范例"的动画展示。

范例1、月亮的逐帧动画：该动画是在月亮影片剪辑元件的时间轴上制作的，首先分层绘制月亮的各部分，然后分层逐帧制作动画。月亮睁开的眼睛闭上了，头上戴的帽子不断地变色，帽子上挂的小星星也在不停地摆动，脸部的红晕时浅时深。当把这个月亮元件放在主场景中，就形成了月亮的循环动画。

范例2、范例3、人物说话眨眼、头发飘动的逐帧动画：该动画是先在人物头部的影片剪辑元件时间轴上创建各部分子元件，例如眼睛元件，然后在眼睛元件的时间轴上制作眨眼的逐帧动画，在嘴部元件制作说话的逐帧动画，在头发元件制作头发飘动的逐帧动画，当把含有这些子元件的人物头部元件放在主场景时，就形成了人物不停说话、眨眼的循环动画。

范例4、人物的喜怒哀乐表情变换动画：该动画是在以上动画的基础上，针对不同的表情，分别制作相应的子元件动画，例如说话的嘴、笑嘻嘻的嘴、生气的嘴、眨眼、笑眼、生气的眼等逐帧动画，当变换主场景中人物头部元件中的子元件时，就形成了人物表情的变化动画。

✓ 教学重点：

- 如何使用椭圆工具
- 如何使用选择工具
- 如何使用墨水瓶工具
- 如何使用铅笔工具
- 如何使用线条工具

- 如何使用颜料桶工具
- 如何柔化填充边缘
- 如何使用滴管工具
- 如何创建逐帧动画

- 如何复制库元件
- 如何调整动画速度
- 如何播放循环动画
- 如何交换元件

✓ 教学目的：

与太阳的补间形状变形动画不同，月亮的动画制作采用逐帧动画。通过月亮的帽子变色、眨眼等逐帧动画的制作以及人物说话、眨眼等表情动画的制作，熟练掌握绘画模式、绘画编辑工具的使用。掌握元件的分层逐帧动画制作及子元件的逐帧动画制作，掌握元件的交换操作。了解图形元件实例的播放选项与影片剪辑元件实例循环的区别。加深对Flash 补间形状变形动画、逐帧动画以及第1课介绍的传统运动补间动画的区别的了解。

第3课——逐帧动画制作及参考范例

首先请打开第2课保存的练习文件"Lesson2.fla"（或打开进度文件夹中的Lesson03-1-start文件）。此时场景1的第一帧中有上节课结束时用来测试循环动画而放置的太阳。执行【文件/另存为】命令将文件保存，命名为"Lesson3-1"。

月亮的绘制与太阳的绘制方法类似，首先执行菜单【插入/新建元件】命令，在弹出的对话框中，命名元件名称为"moon1"，类型为"影片剪辑"，保存到"库根目录"文件夹中。

接着进入到元件"moon1"的编辑界面。

▶ 操作步骤3-1：如何使用椭圆工具绘制月牙形状

首先选择工具箱中的椭圆工具█，将工具箱中的填充颜色设置为黄色，将笔触颜色设置为无色，在合并绘制模式下，画一个椭圆，如图3-1所示。

注意如果绘制的椭圆四周有紫色矩形边框线，表示目前是对象绘制模式，请按Ctrl+Z键撤销操作，再次单击工具箱中的对象绘制█按钮，从对象绘制模式转换回合并绘制模式后再绘制椭圆。

将工具箱中的填充颜色改为另一种颜色，例如红色，在黄色圆上面偏一侧再画一个小一些的红色椭圆，观察未遮盖的黄色区域是否是月牙形，如图3-2所示，如果不是，可按Ctrl+Z键撤销，重新在合适的位置画红色椭圆，直到未遮盖的黄色区域是所需的月牙形为止。

用工具箱中的选择工具█，双击选择红色椭圆，然后按Delete键将其删除，留下黄色的月牙形，如图3-4所示。

画一个无边黄色圆
图3-1

再画另一种颜色的椭圆
图3-2

选择后画的椭圆将其删除
图3-3

结果
图3-4

▶ 操作步骤3-2：如何修改月牙形状

选择墨水瓶工具█，在属性面板中设置笔触大小及颜色，在月牙形边缘单击，为其边框上色，如图3-5所示。

用选择工具█取消选择，鼠标指向月牙的顶点可改变其位置，指向月牙的弧线可改变其形状，调整月牙的形状，如图3-6所示。

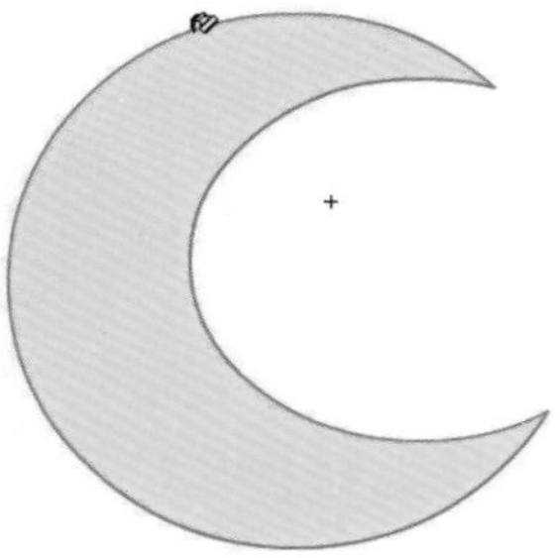

填充边框
图3-5

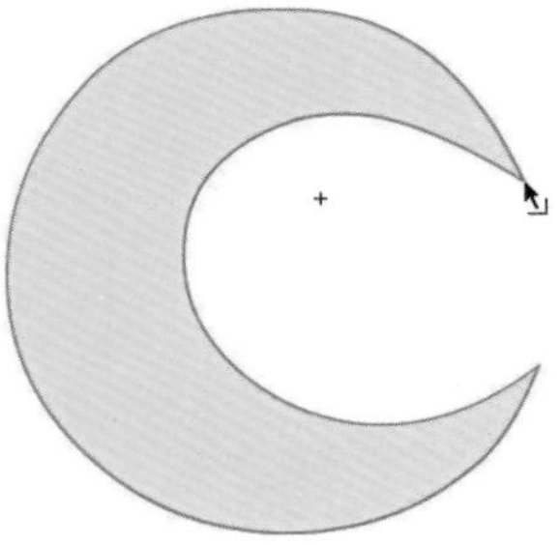

改变形状
图3-6

▶ 操作步骤3-3：绘制鼻子

选择铅笔工具█，选择平滑绘制模式█，用同上相同的颜色和笔触大小，画出鼻子的轮廓线，如图3-7所示。

选择颜料桶工具█，用与月牙相同的黄色填充鼻子的区域，如图3-8所示。

用选择工具█单击选择多余的线条，如图3-9所示，将其删除，结果如图3-10所示。

用铅笔画鼻子的轮廓
图3-7

填充鼻子区域
图3-8

选择线条将其删除
图3-9

结果
图3-10

▶ 操作步骤3-4：绘制嘴

选择铅笔工具 ✎，选择平滑绘制模式 ⑤，画出嘴的轮廓线，如图3-11所示。

用选择工具 ▶，单击选择嘴内部的区域，如图3-12所示，按Delete键将其删除。

再用选择工具 ▶ 单击嘴处的线条，如图3-13所示，按Delete键将其删除，结果如图3-14所示。

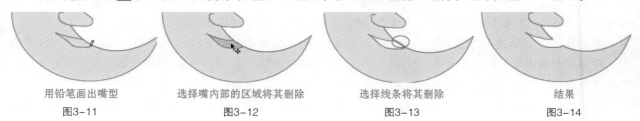

用铅笔画出嘴型
图3-11

选择嘴内部的区域将其删除
图3-12

选择线条将其删除
图3-13

结果
图3-14

▶ 操作步骤3-5：绘制帽子

选择线条工具 ＼，在月牙的上半部画出几条分割线，注意分割线的端点要与弧线交接，如图3-15所示。

选择颜料桶工具 ◿，选择不同的填充色，在分割的每个区域填充上不同的颜色，如图3-16所示。

如果某一区域填不上颜色，请检查线条是否与月牙在一层上，本范例要求在一层上用合并绘制模式绘制。如在一层，请放大视图观看该区域是否没有闭合，用选择工具 ▶ 移动线条端点使组成该区域的线条互相连接，不要留有大空隙，闭合的区域才能填充颜色。如果还是填不上颜色，请检查线条是否不是在合并绘制模式下绘制的，如果是在对象绘制模式下绘制的线条（四周有紫色线框），请选择线条后在右键菜单中执行【分离】命令，使其成为点状选择的图形，底层的月牙也应该为分离的点状选择的图形，这样才能形成闭合的区域。

至此，月牙绘制完毕，如图3-17所示。将该图层命名为"月牙"，请将其图层锁定。

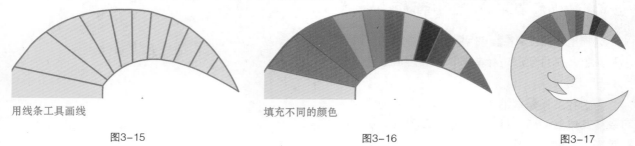

用线条工具画线

图3-15

填充不同的颜色

图3-16

图3-17

▶ 操作步骤3-6：绘制眼睛

新建一个图层，命名为"眼睛1"，选择椭圆工具 ◯，画出一个白色圆形，如图3-18所示。

再新建一个图层，命名为"眼睛2"，在刚才绘制的白色圆形区域再画一个小点的蓝色圆形，如图3-19所示。

再新建一个图层，命名为"眼睛3"，再画一个更小的黑色圆形，如图3-20所示。

再新建一个图层，命名为"眼睛4"，再画一个最小的白色圆形。

再新建一个图层，命名为"睫毛"，用铅笔工具画几条睫毛，如图3-21所示。

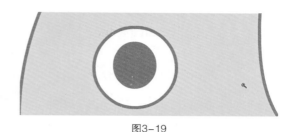

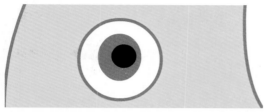

图3-18　　　　　　　　　　　　　　　　图3-19

图3-20　　　　　　　　　　　　　　　　图3-21

操作步骤3-7：绘制红晕

新建一个图层，将该图层命名为"红晕"，将其他图层锁定。用椭圆工具 ⬭ 画出一个无边粉色圆形，如图3-22所示。

用选择工具 ▶ 单击该圆形将其选择，执行【修改/形状/柔滑填充边缘】命令，在弹出的如图3-23所示的设置窗中，设置在指定的像素距离内产生几条柔化的边缘线。该命令会使选择的图形边缘产生柔和羽化效果，如图3-24所示。

图3-22

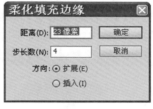
图3-23

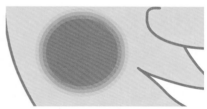
图3-24

操作步骤3-8：绘制小星形

新建一个图层，将该图层命名为"星星"，选择多边形工具 ⬠，在工具属性面板的"工具设置"选项中，参数设置如图3-25所示。画出一个小星星。

用椭圆工具在新层（命名为"星星眼睛"）上画出眼睛和嘴，如图3-26所示。

用线条工具在新层（命名为"线条"）上画出帽子和星星之间的连接线。

最终的月亮绘制完毕，如图3-27所示。

月亮各图层命名及分层如图3-28所示。

将练习文件"Lesson3-1.fla"保存。到此阶段完成的范例请参考进度文件夹下的"Lesson03-1-01end.fla"文件。

图3-25

图3-26

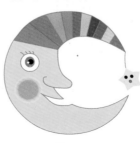
图3-27

图3-28

下面利用逐帧动画制作方法制作月亮的动画，月亮戴的月牙帽子上的颜色块不停变换色彩，月亮眨着眼睛，帽子上挂着的小星星不停地摆动，月亮脸上的红晕忽大忽小。

操作步骤3-9：月亮帽子的逐帧变色动画

首先打开上一节保存的练习文件"Lesson3-1.fla"（或打开进度文件夹中的Lesson03-1-01end文件）。

双击库面板中的"moon1"影片剪辑元件，进入到元件的编辑界面。

（1）在图层面板的月牙层上，按Alt键+🔒选项将除月牙层以外的图层锁定，按Alt键+👁选项将除月牙层以外的图层隐藏。

（2）在月牙层的第2帧上按F6键插入一个关键帧。

（3）取消选择：选择第2关键帧，此时舞台中的月牙全部被选择，在空白处单击取消全选。

（4）取色：选择工具箱中的滴管工具🖊，鼠标移到月牙的右侧第二个色块处，当指针变成🖊时单击取出当前颜色，然后鼠标移到右侧第1个色块中，当指针变成🖊时单击鼠标，将取出的颜色填在了第一色块处。

（5）再次取色：选择工具箱中的滴管工具🖊，鼠标移到月牙的右侧第三个色块处，当指针变成🖊时单击取出当前颜色，然后鼠标移到右侧第二个色块中，当指针变成🖊单击，将取出的颜色填充到第二色块处。

（6）依此类推，将每个色块左侧的颜色填到当前色块中。

（7）最后一个色块填色：最后一个色块要填的颜色，需要从第1关键帧中的最右侧的颜色块中取色，首先用选择工具🖱单击第1关键帧，然后在舞台空白处单击取消全选，接着选择滴管工具在最右侧的色块单击取色，注意工具箱当前填充颜色🖊■变成了所取的颜色，然后用选择工具🖱单击选择第2关键帧，在舞台空白区单击取消全选，接着用颜料桶工具以当前色填充最左侧的色块。

（8）播放检查：到此，拖动时间轴上的红色播放滑块，观察两帧动画是否是色块颜色向右侧移动了一格的效果。请参考如图3-29所示中的第1、2关键帧色块的不同。

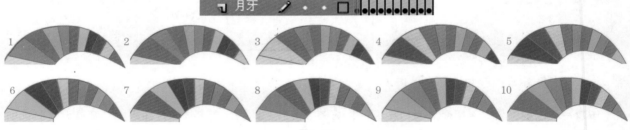

图3-29

（9）参考以上2~8步骤操作，依次创建后面的关键帧并改色。由于此范例的帽子是由10种色块组成的，所以最终的时间轴上共创建了10个关键帧，每个关键帧中色块的颜色都比前一关键帧的右移了一格。按Enter键播放这段十帧逐帧动画，你会发现帽子的颜色像颜色转盘一样变化。图3-29所示是这10个关键帧所对应的帽子的填色画面。逐帧动画就是每一帧都是关键帧，都与前一关键帧有轻微差别，连续播放时，以每秒24帧的速度呈现每一帧的画面。

补间形状、传统补间动画只要指定两个关键帧，其他的都交给软件自动完成。而逐帧动画的工作量要大很多，每一帧都需要手工调整，相同长度的文件容量也会大很多。

▶ 操作步骤3-10：月亮眨眼动画

在以月牙帽子变色的10帧逐帧动画为长度的时间轴上，要表现月牙眨眼的动画，只需在总长的最后两帧将睁眼的画面换成闭眼的画面即可，具体制作如下：

（1）选择多帧：在时间轴上，用选择工具🖱单击"睫毛"层的第8帧将其选择，如图3-30所示。然后按住Shift键单击"眼睛1"层的第8帧，将眼睛的这几层的第8帧全选，结果如图3-31所示。

（2）插入帧：在选择的帧上单击鼠标右键，在弹出的如图3-32所示菜单中选择【插入帧】命令，结果如图3-33所示，这几层的第8帧位置都插入了普通帧。睁眼的长度将持续8帧。即动画在播放时，第1~8帧之间都会播放第1关键帧的画面（即睁眼的画面），如图3-34所示。

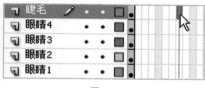
图3-30

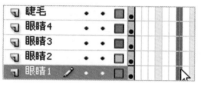
图3-31

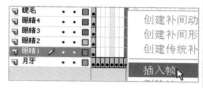
图3-32

（3）闭眼帧制作：将所有图层锁定。选择"睫毛"层为当前层，在其上新建一个图层，命名为"睫毛2"层，选择该层第9帧，按F6键插入空白关键帧。接着在这一关键帧眼睛位置用线条工具画出闭着的眼睛，如图3-35所示。

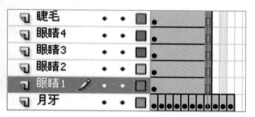
图3-33

图3-34

图3-35

（4）插入帧：将该层第10帧选中，在右键菜单中执行【插入帧】命令，闭眼的长度会持续两帧，结果图层如图2-36所示，该图层的画面只在播放到9~10帧时看到，而1~8帧看到的是睁眼的图层。

（5）播放检查：按Enter键播放，观察睁眼变闭眼的动画。常出现的问题就是闭眼的大小和位置与睁眼的不同，需要调整时请选择闭眼的关键帧，改变该帧闭眼的位置与大小。

图3-36

▶ **操作步骤3-11：月亮眼珠转动的逐帧动画**

要表现月亮眼珠转动的动画，只需在黑眼珠层逐帧做出不同位置的黑眼珠即可。具体制作如下：

（1）选择眼珠层：选择黑眼珠所在的图层，例如"眼睛3"层，将其他层锁定。

（2）创建关键帧：在第2帧按F6键插入关键帧。

（3）改变黑眼珠位置：用选择工具移动该关键帧的黑眼珠，使其与上一关键帧有轻微不同。

（4）播放检查：拖动时间轴的红色播放滑块观察两关键帧的不同。

（5）重复以上2-4步骤，创建后面的关键帧，并使其黑眼珠与前一关键帧的位置有所改变。最后在睁眼的前8帧中，黑眼珠层的逐帧动画如图3-37所示。在这8帧里，黑眼珠在眼眶内转了一圈。动画人物的眼珠转动通常都是用逐帧动画制作的。

图3-37

▶ 操作步骤3-12：月亮脸部红晕变形动画

下面制作月亮脸部的红晕变化动画。操作如下：

（1）选择红晕层：选择红晕所在的图层，将其他层锁定。

（2）插入关键帧：分别选择第5帧、第10帧，按F6键插入两个关键帧。

（3）编辑第2 关键帧：选择第2关键帧，将该帧红晕图形的填充色改为另一种红色。

（4）创建补间形状：在两两关键帧之间的帧上单击鼠标右键，右键菜单中选择【创建补间形状】命令，在如图3-38所示的补间帧属性面板中，可改变变形的缓动值，如果将变形混合模式从默认的分布式改为角形，你会发现软件算法算出的补间帧会不一样。分布式是平滑的，角形是有棱有角的。变形大多默认采用分布式。

（5）播放检查：按Enter键播放，结果红晕变色动画如图3-39所示，从粉到红到粉自然过渡。

图3-38

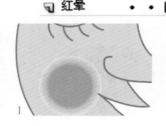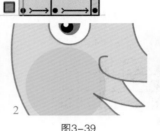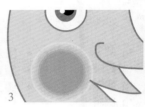

图3-39

▶ 操作步骤3-13：月亮帽子上挂着的小星星的动画

下面制作月亮帽子上挂的小星星摆动动画。操作如下：

（1）选择星星层：选择星星所在的图层，将其他层锁定。

（2）插入关键帧：选择第6帧，按F6键插入第2关键帧。

（3）编辑第2 关键帧：选择第2关键帧，将星星用任意变形工具旋转一个角度，如图3-40所示。

（4）选择星星眼睛层：选择星星眼睛所在的图层，将其他层锁定。

（5）插入关键帧：选择第6帧，按F6键插入第2关键帧。

（6）编辑第2 关键帧：选择第2关键帧，将星星眼睛用任意变形工具旋转一个角度，以配合星星的旋转。

（7）选择线条层：选择线条所在的图层，将其他层锁定。

（8）插入关键帧：选择第6帧，按F6键插入第2关键帧。

（9）编辑第2 关键帧：选择第2关键帧，用选择工具在空白处单击取消对线条的选择，指向线条端点使其与星星相连。完成后的图层与关键帧如图3-41所示。

为了表现星星的跳动，关键帧之间不用加补间形状动画（加了后产生的摆动是平滑摆动）。

月亮所有图层动画完成后的时间轴显示如图3-42所示。月亮的完成动画如图3-43所示。

请保存练习文件"Lesson3-1.fla"，到此阶段完成的范例请参考进度文件夹下的"Lesson03-1-02end.fla"文件。

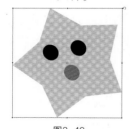

图3-40

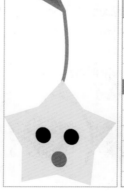

图3-41

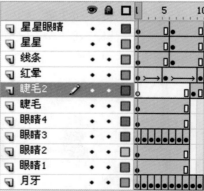

图3-42

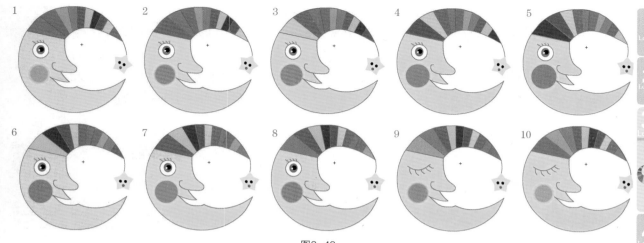

图3-43

1
Lesson

2
Lesson

3
Lesson

4
Lesson

5
Lesson

6
Lesson

▶ 操作步骤3-14：观看循环动画

首先请打开上一节保存的练习文件"Lesson3-1.fla"（或打开进度文件夹中的Lesson03-1-02end文件）。

如果目前在影片剪辑编辑界面，请在工作区的左上角单击 🗏场景1 按钮，从影片剪辑元件的编辑界面回到场景1的编辑界面。确保目前在场景1的编辑界面。

从库面板中将影片剪辑元件"moon1"拖放到场景1的第1帧上，然后用任意变形工具 ▦ 改变月亮的大小，使其在舞台可视区，如图3-44所示。

现在按Ctrl+Enter键播放，虽然主场景只有一帧，但是该帧中的月亮影片剪辑元件的实例共长10帧的逐帧动画却在循环地播放。太阳影片剪辑元件的实例共长80帧的补间形状变形动画也在循环地播放。

观察循环动画，看一个循环与另一个循环之间有没有跳帧现象，即循环是平滑过渡到下一个循环还是一顿一顿的。

如果出现循环一顿一顿的现象，请关闭播放窗口，在库面板中双击moon1图标，再次进入影片剪辑sun1的编辑界面，分别单击每一层的第一帧与最后一帧，检查画面内容是否完全一样，不一样就代表着该层画面接不上产生了跳帧，如果出现这种情况，请选择第一帧，在右键菜单中

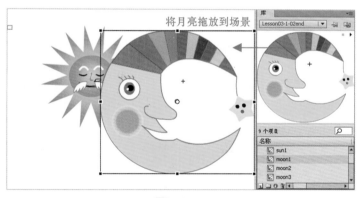

图3-44

选择【复制帧】命令，然后选择最后一帧，在右键菜单中选择【粘贴帧】命令，使两帧完全一样，就解决了跳帧现象。

▶ 操作步骤3-15：调整循环动画的播放速度

由于本课练习文件采用的是每秒24帧的默认设置，对于只有10帧的月亮眨眼动画，循环播放起来就显得太快了。改变动画播放速度的方法有两种。

一种是改变帧频，在空白区单击取消对任何对象的选择，在属性面板中将帧频改为12fps。按Ctrl+Enter键播放，观察此时的月亮、太阳的循环动画是否慢了。

对于动画片来说，帧频最好不要改小，请将帧频还原为24fps。

下面的方法是通过调整影片剪辑元件的关键帧在时间轴上的位置来实现速度的调整。我们打算将原来10帧长度的动画调整为30帧长，这样这段动画在播放时就会比调整前的慢。

（1）复制库元件：请关闭播放窗口，在库面板中右键单击moon1图标，在右键菜单中选择【直接复制】命令，在弹出的命名窗口中将复制的元件命名为"moon1-慢"，结果会在库中复制相同动画内容的影片剪辑元件"moon1-慢"，在库面板中双击该元件图标，进入影片剪辑"moon1-慢"的编辑界面。

（2）如图3-45所示，首先选择月牙的最后一个关键帧，鼠标变成 后将该关键帧拖放到第28帧。

（3）依次将倒数第2、第3等关键帧向后移动，分别放置在第25、22、19、16、13、10、7、4帧处。

（4）最后将每两关键帧之间的距离调整为中间隔两帧，结果如图3-45所示，每个关键帧画面多播放两帧。注意在第30帧上从右键菜单中选择【插入帧】命令，使最后一个关键帧也持续两帧。

（5）选择逐帧转动的黑眼珠层，将每两关键帧之间的距离也调整为中间隔两帧，如图3-46所示，最后一帧也持续两帧到24帧结束。保证眨眼动画到24帧为止。

（6）选择静止的每个眼睛层的第24帧，在右键菜单中选择【插入帧】命令，将这些层的画面持续到第24帧。

（7）选择闭眼层的关键帧，将其向后移动到第25帧，并在30帧上从右键菜单中选择【插入帧】命令，使其闭眼画面持续到第30帧，如图3-47所示。

（8）将红晕层的最后一个关键帧移到第30帧，第2个关键帧移到第15帧。

（9）将星星层、线条层的第2关键帧移动到第15帧。

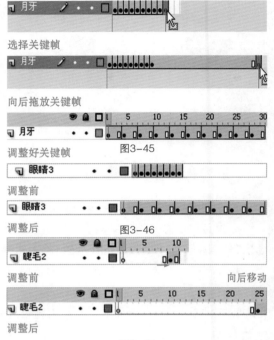

选择关键帧

向后拖放关键帧

调整好关键帧

图3-45

调整前

调整后　　　图3-46

向后移动

调整后

图3-47

最后，库里的原影片剪辑元件"moon1"和复制调整后的影片剪辑元件"moon1-慢"循环动画在时间轴上的对比如图3-48所示。

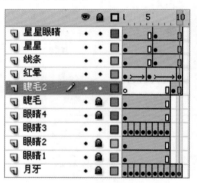

"moon1"的时间轴

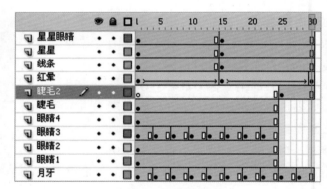

"moon1-慢"的时间轴

图3-48

（10）播放测试：请在工作区的左上角单击 场景1 按钮，从影片剪辑元件"moon1-慢"的编辑界面回到场景1的编辑界面。从库面板中将影片剪辑元件"moon1-慢"也拖放到场景1的第1帧上，改变其大小和位置，使其在舞台可视区中，按Ctrl+Enter键播放，比较调整前后两个元件的循环动画速度。

到此，太阳与月亮的动画制作完毕，请将练习文件"Lesson3-1.fla"保存。到此阶段完成的范例请参考进度文件夹下"Lesson03-1-03end.fla"文件。

动态画面请见随书课件"Lesson3逐帧动画/课堂范例"的动画展示。

下一课将继续在该文件的基础上制作昼夜场景动画。

类似的练习，请参考随书课件"Lesson3逐帧动画/学生作业"中的各种太阳、月亮的动画效果。

1 Lesson
2 Lesson
3 Lesson
4 Lesson
5 Lesson
6 Lesson

3.3 人物逐帧动画制作

像眨眼、皱眉、撇嘴、微笑等人物脸部细微的表情，都是在1~2秒完成的，这样的动画就需要逐帧来制作。而人物的一些细微的动作，也需要逐帧制作。下面针对人物眨眼、说话、头发随风飘动、表情变化等动作，来分别制作逐帧动画。

3.3.1 人物眨眼动画

先制作一个简单的人物眨眼动画。打开进度文件夹下的参考作品"Lesson03-2-end.fla"。场景中有一个"女孩头部"的影片剪辑元件实例，按Ctrl+Enter键测试观看，女孩会每隔两秒左右眨一次眼。

▶ 操作步骤3-16：绘制人物头部

首先新建一个文件，保存命名为"Lesson3-2.fla"。

跟月亮元件类似，女孩的头部应该是影片剪辑元件，下面的方法是先在场景中绘制简单的椭圆图形，然后再转换为元件。

创建"女孩头部"影片剪辑元件

选择工具箱中的椭圆工具 🔘 ，将工具箱中的填充颜色设置为浅黄色，将笔触颜色设置为黑色，在合并绘制模式下，在舞台中央画一个椭圆，作为女孩的头部区域（注意如果绘制的椭圆四周有紫色矩形边框线，表示目前是对象绘制模式，请按Ctrl+Z键撤销操作，再次单击工具箱中的对象绘制 🔲 按钮，从对象绘制模式转换回合并绘制模式后再绘制椭圆）。

绘制好椭圆后，用工具箱中的选择工具 ▶ 双击选择椭圆，如图3-49所示，在右键菜单中执行【转换为元件】命令，在弹出的如图3-50所示的对话框中定义元件名称为"女孩头部"，类型为"影片剪辑"类型。按"确定"按钮后，舞台中的椭圆就从点状选择变成四周有蓝色边框线的元件实例了。

用选择工具 ▶ 双击元件实例，进入"女孩头部"元件的编辑界面。注意文件左上角由 ⬛场景1 变成了 场景1 ⬛女孩头部 。

图3-49　　　　　　　　　　　图3-50

调整脸部形状

此时元件时间轴的图层1上第1帧就是刚才画好的椭圆，双击图层1的名称，将图层1重新命名为"脸部"，如图3-51所示。用选择工具 ▶ 在椭圆外面单击，取消对椭圆的选择，指向椭圆边缘，当指针变成 ▶ 时拖曳鼠标，改变椭圆边缘的弧度，调整成脸部形状。

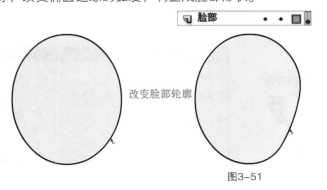
改变脸部轮廓

图3-51

绘制头发

调整好脸部形状后，将该层锁定，接着新建一层，命名为"头发"层，在该层的第1帧上，选择工具箱中的椭圆工具，将填充颜色设置为黑色，笔触颜色设置为无色，绘制一个比脸部稍大一些的无边黑色椭圆，如图3-52所示。

选择矩形工具，选择另一种填充颜色，在合并模式下，如图3-53所示，在椭圆上绘制一个矩形，然后用选择工具双击该矩形将其选中，按Delete键将其删除，留下头发区域。

用选择工具指向边缘，如图3-54所示，当指针变成时拖曳鼠标改变边缘的弧度，或指向端点，当指针变成时调整端点的位置，还可用笔刷工具用黑色来绘制添加头发的细节。最后调整绘制成头发形状，如图3-55所示。

画椭圆　　　　　　　合并模式下画矩形并删除　　　　　　　调整曲线　　　　　　　调整完毕
图3-52　　　　　　　　　　　图3-53　　　　　　　　　　　图3-54　　　　　　　　　　图3-55

一只眼睛绘制

新建一层，命名为"眼睛"层，将其他层锁定。在该层中用笔刷工具绘制如图3-56所示的眼睛形状。

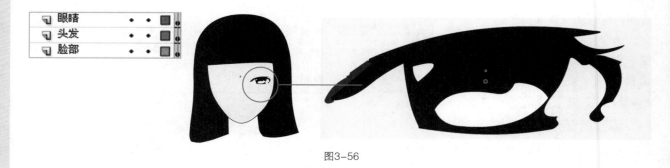

图3-56

用选择工具框选整个眼睛图形，如图3-57所示，在右键菜单中执行【转换为元件】命令，在弹出的如图3-58所示的窗口中命名元件为"眼睛"，设置类型为"影片剪辑"。

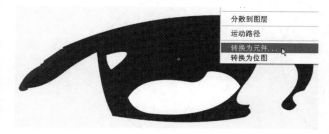

图3-57

图3-58

1 Lesson
2 Lesson
3 Lesson
4 Lesson
5 Lesson
6 Lesson

复制另一只眼睛

用选择工具![箭头]选择已转为元件的眼睛实例，在右键菜单中执行【复制】命令，再在右键菜单中执行【粘贴】命令，将眼睛实例复制。将复制后的眼睛移到合适位置，选择它后，执行菜单【修改/变形水平翻转】命令，另一只眼睛也复制完成了。

眉毛鼻子嘴的绘制

参考图3-59、图5-60所示，在各自新建的层中分别绘制嘴、鼻子、眉毛图形。眉毛也和眼睛一样，只绘制一个，另一个复制粘贴后水平翻转即可。

图3-59

图3-60

> **提醒**
>
> 除了眼睛层的眼睛已转换为影片剪辑元件外，每层中对应的图形都是点状显示的矢量图形，如果需要该层的图形有动画，例如头发飘动、嘴说话等，就需要将该层的图形选择后转换为影片剪辑元件，然后双击该元件进入到元件编辑界面制作动画（参考下一步眼睛动画的制作）。

▶ 操作步骤3-17：眨眼动画制作

将除了眼睛层以外的所有层锁定。注意现在是在女孩头部元件的编辑界面，左上角显示为 `场景 1 ▣ 女孩头部` ，用选择工具双击其中一个眼睛实例，进入眼睛元件的编辑界面，此时左上角显示为 `场景 1 ▣ 女孩头部 ▣ 眼睛` 。

此时眼睛元件的第一帧就是已画好的睁开的眼睛图形。下面将用7帧来表现眼睛闭上又睁开的动画。

制作第2帧

选择第2帧，按F6键插入关键帧后，该帧眼睛与第1帧完全一样，用工具箱中的任意变形工具![任意变形]选择第2帧的眼睛图形，如图3-61所示，将其向下变形，如果此时单击如图3-62所示的"绘图纸外观"按钮![绘图纸外观]，会看到第2帧相对第1帧眼睛高度的变化。

图3-61

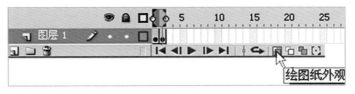

图3-62

在制作逐帧动画时，单击"绘图纸外观"按钮![绘图纸外观]可以观看当前帧与前后帧的画面对比，当前帧可以编辑，前后帧只能半透明显示不能编辑。

制作第3帧

以上第2帧的制作，是通过将高度改变来制作眼睛将要闭上时的一帧画面，当然，你也可以在第3帧按F5键插入空帧，选择该帧，打开绘图纸外观显示，参考前两帧的画面，在第3帧的工作区直接用笔刷工具![笔刷]绘制该帧的将要闭上的眼睛图形，如图3-63所示。

图3-63

制作其他帧

第4帧：在第4帧插入空帧，直接绘制完全闭上的眼睛，如图3-64中的第4帧所示。

图3-64

第5帧：将第3帧选择，在右键菜单中执行【复制帧】命令，然后选择第5帧，在右键菜单中执行【粘贴帧】命令。

第6帧：选择第2帧，复制帧后粘贴到第6帧。

第7帧：选择第1帧，复制帧后粘贴到第7帧。

在每秒24帧的动画文件中，我们用7/24秒完成了眨眼动作，在第48帧位置按F5键插入帧，让睁开眼睛的时间持续不到2秒。

也可以单击绘图纸外观按钮，如图3-65所示，选择当前帧，调整当前帧时间轴红色滑块前后的圆点位置，观看当前帧前后多个帧数的画面。在编辑当前帧的画面时，借助绘图纸外观的显示，可使逐帧动画的画面制作前后有所参考。再次单击绘图纸外观按钮可关闭显示。

图3-65

单击左上角的 场景1 按钮回到主场景，按Ctrl+Enter键测试动画。播放时场景中的"女孩头部"影片剪辑元件的眼睛层中的"眼睛"影片剪辑元件在时间轴上的7帧逐帧+41帧持续帧动画会循环播放，产生了女孩每2秒眨一次眼的循环动画。这种元件里套元件的方法，相比前面课程中介绍的太阳与月亮元件的制作，动画细分到下一级元件，会使动画的制作修改更加方便有效。

在主场景中（左上角显示为 场景1 ）双击"女孩头部"元件实例，就进入到该元件编辑界面（左上角显示为 场景1 女孩头部 ），再双击该界面中的"眼睛"元件，进入到如图3-64所示的眼睛元件的编辑界面（显示为 场景1 女孩头部 眼睛 ），而在此界面想回到上一级，只需在左上角单击 女孩头部 按钮，而单击 场景1 按钮，则直接回到主场景编辑界面。

在工作区双击元件进入其界面后，例如进入"眼睛"元件的界面，只能编辑每帧的眼睛内容，如果此时要编辑头发，则需要回到"眼睛"元件的上一级"女孩头部"这个元件的界面。

▶ 操作步骤3-18：头发飘动动画制作

要制作女孩头发飘动的动画，如果此时在主场景界面，请在主场景中双击"女孩头部"元件实例进入该元件的编辑界面（如果此时在眼睛元件界面，请单击左上角的 女孩头部 按钮）。

在"女孩头部"元件界面，将除头发层的所有层锁定，框选头发图形，如图3-66所示，在右键菜单中执行【转换为元件】命令，将其转换为"头发"影片剪辑元件，如图3-67所示；点状显示的头发变成了蓝色边框线显示的元件，双击"头发"元件，进入到其编辑界面，此时左上角显示为 场景1 女孩头部 头发 。

在头发元件的编辑界面中，在时间轴第5、10、15、20帧处分别按F6键插入4个关键帧。

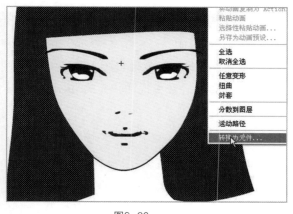

图3-67

图3-66

图3-68

参考图3-68所示，在以上5个关键帧中，选择第2关键帧，单击绘图纸外观按钮，调整时间轴红色滑块前的圆点到第1帧处，使在第2关键帧中能看到第1关键帧的半透明画面，参考如图3-69所示，用选择工具 在头发外单击取消选择，然后指向头发边缘，当指针变成 后拖曳鼠标，稍微改变头发的边缘弧线，使其与第1帧的头发有所区别，例如向左变形。

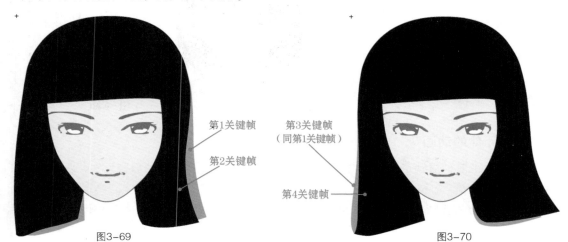

第1关键帧

第2关键帧

第3关键帧
（同第1关键帧）

第4关键帧

图3-69

图3-70

选择第4关键帧，用同样的方法，调整该帧的头发，使其与第3关键帧有所不同，例如向右变形。

第1、3、5关键帧的头发保持不变。这样相隔几帧的5个关键帧动画，就形成了头发左右飘动的动画。

按Ctrl+Enter键测试动画，如果头发飘动得太慢，可适当调整这5帧之间的间隔距离。

如果有读者觉得这种隔几帧变一下的动画画面一跳一跳的不平滑，解决的办法就是尽量制作连续的逐帧动画，每一帧相对前一帧画面有细微的变化，制作连续的20帧逐帧动画来表现头发的飘动，会比上面只有5帧的20帧动画画面要逼真得多，但是工作量无疑加大很多，因为你要绘制20帧有轻微差别的头发画面。这种逐帧动画就像传统动画制作一样，要画出每一帧的画面，一般用来表现细微的动作。

可能有读者会问，既然Flash能通过补间动画来创建两个关键帧之间的补间帧，我在头发的这5个关键帧之间创建补间形状动画，是不是可以既能使动画平滑又能提高效率呢？上一课的太阳光芒不就是这么做的吗？

下面来试一试，选择以上两两关键帧之间的帧，在右键菜单中执行【创建补间形状】命令，然后拖动滑块播放看看，是否头发会按照预期的变形，如果是，恭喜你，但是大多数情况下，头发会乱变形，这是因为计算机是按一定的算法算出两个不同复杂图形之间的图形，除非后一帧是在前一帧基础上轻微变形了一点，变化多的话，产生的补间形状动画很可能不是你想要的结果。出现这种情况时，请在两个关键帧之间，在右键菜单中执行【删除补间】命令，还是采用逐帧动画比较好。

请将练习文件"Lesson3-2.fla"保存。到此阶段，一个女孩眨眼与头发飘动的简单动画就做好了。

完成的范例请参考进度文件夹下的Lesson03-2end文件。

▌3.3.2　复杂人物的说话、眨眼与头发动画

下面利用已经分层绘制好的复杂人物画面，制作更逼真的人物说话、眨眼、头发随风飘动的动画。

打开进度文件夹中的参考作品"Lesson03-3-end.fla"。该文件的帧频是每秒12帧，场景中有一个"女孩"的影片剪辑元件实例，按Ctrl+Enter键测试观看，女孩不仅会眨眼，还会说话，头发的飘动也很自然细腻。

▶ 操作步骤3-19：复杂人物的说话、眨眼与头发动画制作

女孩元件的组成

打开进度文件夹中的"Lesson03-3-start.fla"文件。将文件另存为"Lesson3-3.fla"文件。

场景中已经有一个"女孩"影片剪辑元件实例，如图3-71所示，双击进入"女孩"元件的编辑界面。

如图3-72所示是女孩元件的时间轴的各图层，单击每层的 👁 处，注意观察，每一层第1帧都有对应内容的元件，例如脸层里是"脸"的图形元件，头发层里是"头发"影片剪辑元件，眼睛1层里是"眼睛1"影片剪辑元件，这些都是在该层大致绘制好后转换为元件的，只是要做动画的元件类型选择了"影片剪辑"，而不需做动画的元件类型选择了"图形"。至于元件的画面细节可在元件的图层中继续分层绘制（见头发、脸元件的图层）。

图3-71

	👁	🔒	□	L
眼睛1	•	•	■	
眼睛2	•	•	■	
嘴1 ✏	•	•	■	
眉毛	•	•	■	
鼻子	•	•	■	
头发	•	•	■	
脸	•	•	■	
衣服	•	•	■	

图3-72

"眼睛1"元件的动画

将除眼睛1层外的其他层锁定，该层中第1帧中已经有一个"眼睛1"影片剪辑元件，双击"眼睛1"元件进入其编辑界面。

在第2、3、4帧分别按F6键插入3个关键帧，选择第2关键帧，用工具箱中的任意变形工具 🔲 对眼睛图形进行高度变形，如图3-73第2帧所示。接着选择第3帧，再次对眼睛进行高度变形，使其完全闭上，如图3-73第3帧所示。最后选择第20帧，按F5键插入帧。

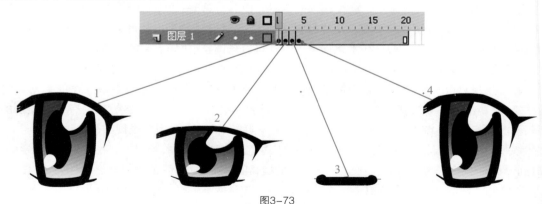
图3-73

按Ctrl+Enter键测试观看眼睛1的眨眼动画。在每秒12帧的动画文件中，眨眼只用了4帧，在4/12秒就完成了，剩余的1秒多的时间一直睁着眼。

"眼睛2"元件的动画

这个练习中，左右眼是两个不同的元件。要制作另一只眼睛的动画，需要单击左上角的 🖼女孩 处，回到上一级"女孩"元件的编辑界面。

将除眼睛2层外的其他层锁定，双击眼睛2层的"眼睛2"影片剪辑元件进入其编辑界面，参考"眼睛1"动画的制作，用同样的方法制作"眼睛2"元件的动画。最后测试播放时女孩眨眼的几帧画面如图3-74所示。

图3-74

"嘴"元件的动画

单击左上角 🖼女孩 处回到上一级"女孩"元件的编辑界面。将除嘴层外的其他层锁定，双击嘴层的"嘴"影片剪辑元件，进入其编辑界面。

在其时间轴第3、5帧处分别按F6键插入两个关键帧，选择第2关键帧，用选择工具 ▶ 框选嘴的上半部图形，将其向上移动一点距离，然后再框选嘴的下半部图形，向下移动，如图3-75的第2帧所示，这样的三帧动画在播放时就产生了嘴一张一合的说话动画效果。

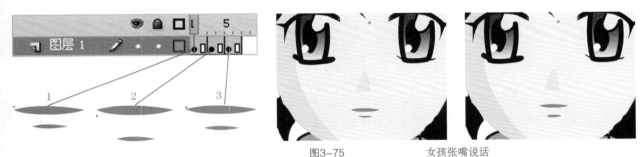

图3-75　　　　女孩张嘴说话

"头发"元件的动画

单击左上角 🖼女孩 处回到上一级"女孩"元件的编辑界面，将除头发层外的其他层锁定，双击头发层的"头发"影片剪辑元件，进入其编辑界面。

"头发"元件的时间轴各层图形如图3-76所示，复杂的头发元件是由黑色头发层，发卡层，头发高光层组成的。

把头发分层后，复杂的头发动画，可通过各层分别做动画来实现。

在头发层的第4、7、10、13帧处分别按F6键插入关键帧，在第14帧按F5键插入帧。

在发卡层的第14帧处按F5键插入帧。

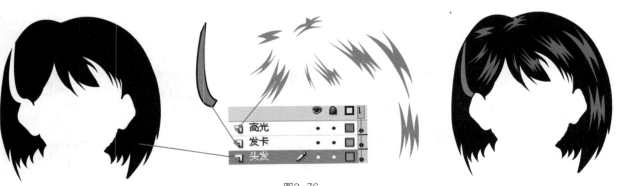

图3-76

在高光层的第4、7、10、13帧分别按F6键插入关键帧，在第14帧按F5键插入帧，图层如图3-77所示。

选择头发层的第2帧，单击绘图纸外观按钮，参考图5-77左图所示，用选择工具指向头发发梢，稍微向左改变每个发梢的弧度。将女孩的头顶和两耳下的发梢都向左变形一点。

选择头发层的第4帧，参考图5-77右图所示，用选择工具指向头发发梢，稍微向右改变每个发梢弧度。请将女孩的头顶和两耳下的发梢都向右变形一点。

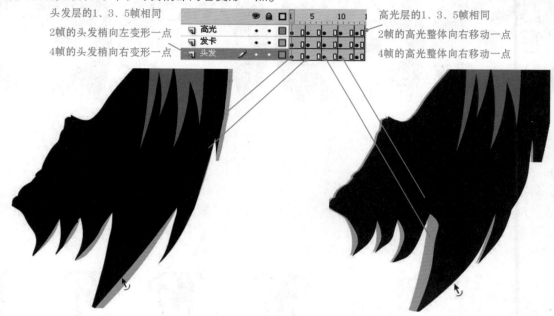

头发层的1、3、5帧相同
2帧的头发梢向左变形一点
4帧的头发梢向右变形一点

高光层的1、3、5帧相同
2帧的高光整体向右移动一点
4帧的高光整体向右移动一点

图3-77

第1、3、5帧保持头发不变，头发层5帧播放时就会产生左右飘动的动画。

选择高光层的第2帧，用选择工具将所有高光图形选择，按键盘上的左箭头键向左移动一点。

选择高光层的第4帧，用选择工具将所有高光图形选择，按键盘上的右箭头键向右移动一点。这样在头发飘动时，头发上的高光也随着左右改变。

按Ctrl+Enter键测试观看女孩眨眼、说话、头发飘动的动画。

通过这个练习，使读者了解复杂动画角色的结构。把动画角色的各部分分别转换为元件，在下一级元件中制作动画，可以大大提高制作与编辑的效率。例如，要制作女孩咧嘴笑或撇嘴哭的动画，只需要再创建两个嘴元件，分别制作嘴裂开笑的几帧动画，或制作向下撇嘴的几帧动画，把女孩元件中的说话嘴元件换成笑嘴或哭嘴元件，就可以快速制作出同一角色的三种表情动画。

请将练习文件"Lesson3-3.fla"保存。到此阶段，一个较复杂的女孩眨眼、说话与头发飘动的动画就做好了。

到此阶段完成的范例请参考进度文件夹下的Lesson03-3end文件。

提 醒

由于本范例的"女孩"元件是由各层的子元件构成的，如果你要制作自己感兴趣的人物角色，可参考"女孩"元件的结构组成，自己创建自己的角色。或者利用"女孩"元件，修改其中的子元件，例如将原来的头发元件内容删除后绘制你感兴趣的头发画面，就会改变女孩的形象，如图3-78所示。

图3-78

1 Lesson
2 Lesson
3 Lesson
4 Lesson
5 Lesson
6 Lesson

3.3.3 　制作人物喜、怒、哀、乐表情动画

　　下面利用上述方法创建的人物各部分元件的不同动画，制作人物在场景中的喜怒哀乐等表情变化动画。

　　首先打开进度文件夹中的参考作品"Lesson03-4-end.fla"。该文件的帧频是每秒12帧，时间轴上每隔60帧有个关键帧，每个关键帧中组成女孩的元件不同（例如嘴元件、眼睛元件、眉毛元件）。按Ctrl+Enter键测试观看，隔5秒女孩的表情变化一次。

操作步骤3-20：人物喜、怒、哀、乐表情动画制作

　　请打开进度文件夹中的"Lesson03-4-start.fla"文件。将文件另存为"Lesson3-4.fla"。

　　文件场景中的第1帧已经有一个"女孩"影片剪辑元件实例，如图3-79所示，双击进入"女孩"元件的编辑界面。该元件的时间轴如图3-80所示。组成女孩的各部分元件分别是：头部-静、嘴、眼、眉四个图形元件。双击其中的某个元件（例如眼）进入其编辑界面，其时间轴上只有一帧静止画面。同样，其他几个元件都是静止的图形。所以最初这个女孩是没有动画的。

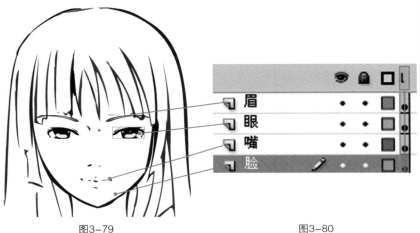

图3-79　　　　　　　　　　　　　　图3-80

女孩元件的分离

　　单击左上角的 ⬚场景1 按钮回到主场景。在了解了"女孩"影片剪辑元件的结构组成后，在主场景中，需要的时候可以把元件分离。

　　选择"女孩"元件，如图3-81所示，在右键菜单中执行【分离】命令，整体的女孩元件分离成组成她的各部分元件，如图3-82所示。此时，各元件分别对应库中的图形元件。

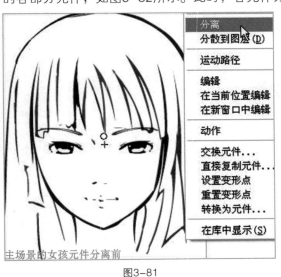

主场景的女孩元件分离前

图3-81

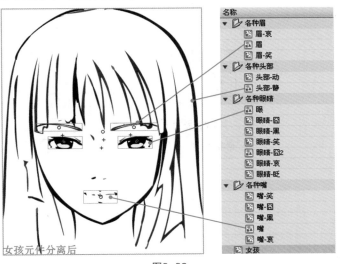

女孩元件分离后

图3-82

　　观察库窗口，在这里已经把创建好的所有动画元件分别归类放置，例如"各种眼睛"文件夹中有静止的眼睛元件，眨眼动画元件、笑眼动画元件、哀眼动画元件等。"各种嘴"文件夹有对应的静止嘴、笑嘴、哀嘴等元件。建议读者在创建自己的动画角色元件时，也同样归类放置，这样在制作复杂的动画片时，方便查找库元件。

观察主场景时间轴可以看到，分离后，图层1的第1帧上的女孩由一个整体元件分解成组成她的几个元件。

如果按Ctrl+Enter键测试观看，此时女孩没有动画，这是因为女孩的各组成部分是静止的图形元件。

第60帧头发飘动

选择主场景图层1的第60帧，按F6键插入关键帧，选择第120帧，按F5键插入帧。

选择第60帧的关键帧，此时场景中所有元件都被选择，用选择工具 在工作区空白处单击，取消对所有元件的选择，然后单击头部，选择"头部-静"图形元件，在如图3-83所示的属性面板中单击交换按钮，在弹出的如图3-84所示的窗口中选择"头部-动"元件，按"确定"按钮后，不动的头部元件就换成了头发飘动的头部元件。

图3-83　　　　　　　　　　　图3-84

按Ctrl+Enter键测试观看，前5秒（1~60帧）女孩丝毫不动，到第5秒后（60~120帧），女孩的头发开始随风飘动。

双击第60帧的"头部-动"元件，进入其编辑界面，由于其时间轴上是12帧头发飘动动画，所以在主场景的60-120帧这段60帧播放长度中，头发飘动会循环刚好5次。

第120帧眨眼

单击左上角的 场景1 按钮回到主场景，选择主场景图层1的第120帧，按F6键插入关键帧，接着选择第180帧，按F5键插入帧。

选择第120帧的关键帧，此时场景中所有元件都被选择，用选择工具 在工作区空白处单击，取消对所有元件的选择，然后单击其中一个"眼"元件，在如图3-85所示的属性面板中单击交换按钮，在弹出的如图3-86所示的窗口中选择"眼睛-眨"元件，按"确定"按钮后，其中一个不动的眼睛换成了能眨的眼睛。

图3-85　　　　　　　　　　　图3-86

选择场景中的另一个"眼"元件，用同样的方法交换成"眼睛-眨"元件。

按Ctrl+Enter键测试观看，第120秒（120~180帧）开始，女孩开始眨眼。

双击第120帧的"眼睛-眨"元件，进入其编辑界面，由于它时间轴上是20帧眼睛闭上又睁开的动画，所以在主场景的第120~180帧这段60帧播放长度中，眨眼动作会循环3次。

第180帧笑

单击左上角的 场景1 按钮回到主场景，选择主场景图层1的第180帧，按F6键插入关键帧，接着选择第240帧，按F5键插入帧。

选择第180帧的关键帧，此时场景中所有元件都被选择，用选择工具 在空白处单击，取消选择。

参考上面的做法，单击"嘴"元件，交换成"嘴–笑"元件。

分别将两个"眼睛–眨"元件选中后，交换成"眼睛–笑"元件。

再分别将两个"眉"元件实例交换成"眉–笑"元件。

按Ctrl+Enter键测试观看，第15秒（180~240帧）开始，女孩开始笑。笑一次的动画如图3-87所示。

图3-87

双击第180帧的"眼睛–笑"元件，进入其编辑界面，由于其时间轴上是15帧眼睛笑眯眯的动画，所以在主场景的第180~240帧这段60帧播放长度中，女孩笑的动作会循环4次。

选择第180帧中的一个"眼睛–笑"元件实例，观察它的属性窗口，如图3-88所示。

当属性窗口最顶端显示该元件是图形元件实例时，可以在窗口下方的循环选项中选择其中一种循环方式。

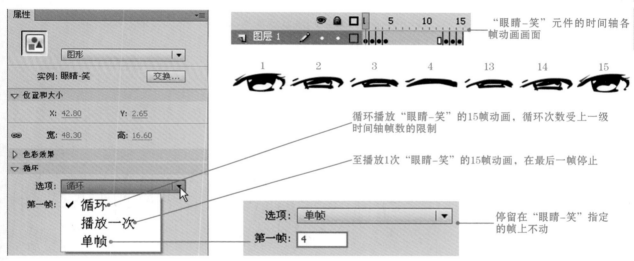

图3-88

循环： 默认的循环方式，在此方式下，如果"眼睛–笑"元件所在的上一级时间轴（主场景时间轴）的长度足够长，就会循环播放该元件的15帧动画直到长度结束。例如第180~240帧之间的60帧长度，循环播放了"眼睛–笑"15帧动画4次。这种图形元件的循环方式会受上一级时间轴长度的限制，如果上一级时间轴只有10帧，就只播放元件的1~10帧动画，如果上一级时间轴只有1帧，就只播元件的第1帧。所以只有1帧的主场景是看不到它所含的图形元件的循环动画，除非将主场景时间轴帧数加长，或者将元件类型从图形改为影片剪辑类型。另外，循环播放方式下的第一帧文本框中的数字为1，表示从元件的第1帧开始循环播放，如果输入其他数字，就从指定的帧开始循环播放。

播放一次： 上一级时间轴只要够长，都只播放"眼睛–笑"元件的15帧动画一次（不够长的话，就只播前几帧动画），注意此时第一帧选项文本框中指定的数字默认是1，表示从第1帧开始播放一次然后停在最后一帧。请将场景中其中一个"眼睛–笑"元件的循环方式改成播放一次，然后按Ctrl+Enter键测试观看，是否这只眼只笑了一次就停止了？

单帧： 选择单帧方式，然后在第一帧选项文本框中指定帧数，将只停在元件的指定帧数的画面上不动，请将场景中另一个"眼睛–笑"元件的循环方式改成单帧，指定4帧，然后按Ctrl+Enter键测试观看，是否这只眼一开始就以笑眯成一条缝的画面不动了？

动画角色表情的变化，可通过指定关键帧上角色的组成元件的三种循环方式来实现，这种方法是不是比传统的逐帧画动画角色表情要简单得多？

虽然库中的"眼睛-笑"元件是影片剪辑类型的元件，但由于最初主场景1帧的眼睛元件是"眼"图形类型元件，所以交换过来时，如果不特意改动，会一直使用交换前的元件类型。

场景中库元件的实例，都可以在属性面板中改变类型，例如从图形改成影片剪辑或从影片剪辑改成图形。如图3-89所示。如果此时将"眼睛-笑"元件实例类型从图形改成影片剪辑类型的话，就没有循环方式的选项了，影片剪辑默认是无限循环，不受上一级时间轴长度的限制，哪怕只有1帧也能在测试窗口中循环播放。

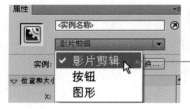

循环播放"眼睛-笑"的15帧动画，哪怕上一级时间轴只有1帧也能循环播放

图3-89

提 醒

前面课中介绍的太阳、月亮等就是因此选择影片剪辑类型的。当然，你也可把拖放到场景中的太阳、月亮元件实例按上面介绍的方法改成图形类型，然后设置不同的循环方式。让它该动就动，不该动就停。呈现不同的动画状态。

第240帧哀

选择主场景图层1的第240帧，按F6键插入关键帧，接着选择第300帧，按F5键插入帧。

选择第240帧的关键帧，选择"嘴-笑"元件，交换成"嘴-哀"元件。

分别将两个"眼睛-笑"元件交换成"眼睛-哀"元件。

再分别将两个"眉-笑"元件实例交换成"眉-哀"元件。

按Ctrl+Enter键测试观看，第20秒（240~300帧）开始，女孩的表情从笑变成哀，如图3-90所示。并循环了4次。

图3-90

分别将第240帧的"眼睛-哀"、"眉-哀"、"嘴-哀"元件实例的循环方式改为播放一次。再测试观看。注意最后会停在这些元件的最后一帧画面。

如果需要保持哀的画面不变，可在循环一次后的某帧，例如第255帧处按F6键插入关键帧，将该关键帧中的"眼睛-哀"、"眉-哀"、"嘴-哀"元件实例的循环方式改为单帧，并都选择单帧停在第4帧，结果从第255帧开始，女孩的皱眉表情一直持续到第300帧。

用同样的方法在300帧将女孩的表情改为"囧"，如图3-91所示。

在第360帧将女孩的表情改为"黑"，如图3-92所示。

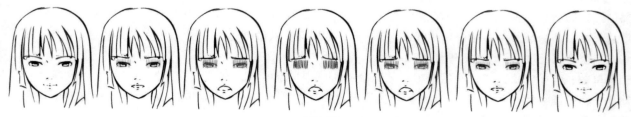

图3-91

图3-92

在第420帧将女孩的表情改为左右眼分别一睁一闭,眉毛也分别一上一下地动,如图3-93所示。

图3-93

420帧提示:用同样的"眼睛-笑"("眉-笑")元件,将左右眼(眉)的循环开始帧分别设为第1、8帧,在循环时,由于左右眼(眉)开始帧的不同,形成了左右眼睛分别一睁一闭的循环动画效果。

总长480帧的女孩表情动画完成后。新建一层,分别在第60、120、180、240、300、360、420帧按F6键插入关键帧,在这些关键帧中用文本工具**T**输入对应的表情文字。

至此,本范例介绍的女孩喜怒哀乐各种表情变换的动画就制作完成了。熟练掌握后,你可以参考该范例,制作自己的动画人物表情动画。

请将练习文件Lesson3-4.fla保存。到此阶段完成的范例请参考进度文件夹下的Lesson03-4-end文件。

动态画面请见随书课件"Lesson3逐帧动画/课堂范例"的动画展示。

类似的练习,请参考随书课件"Lesson3逐帧动画/学生作业"中的各种表情动画。

3.4 操作答疑

思考题:

问题1:创建库元件的原则是什么?库元件的优点有哪些?
问题2:绘制逐帧动画时,有没有标尺或参考线供绘画时定位参考?
问题3:什么时候要执行分离操作?
问题4:选择工具 ▶ 功能太多了,如何快速掌握它的使用?
问题5:如何从时间轴帧颜色的显示判断动画的类型?
问题6:普通帧、插入空白关键帧、插入关键帧、插入帧、复制粘贴帧操作的区别是什么?
问题7:删除帧、插入帧和清除关键帧操作的区别是什么?
问题8:属性面板中可以交换哪些元素?

答疑:

问题1:创建库元件的原则是什么?库元件的优点有哪些?

回答1:如果要制作图形的淡出淡入、转圈、亮度变化等效果,这个图形必须先要创建成图形元件或绘制完成后转换为图形元件。对于循环动画,最好创建成影片剪辑元件,在影片剪辑元件的时间轴制作一遍循环动画,将其拖放到场景里就会循环播放。库元件的时间轴上可以拖放入另一个库元件,即元件可以嵌套。对于已完成的场景动画,任何时候编辑嵌套的元件内容,都会自动在场景动画中体现这个改变。可将循环动画创建在库元件里,这样可以提高效率,也可将人物的每个表情制作成库元件,方便交换。制作动画时,可以为元件实例添加不同的色彩效果、显示叠加效果以及阴影、模糊、发光等滤镜效果。另外,影片剪辑元件还可以用脚本来控制。

问题2：绘制逐帧动画时，有没有标尺或参考线供绘画时定位参考？

回答2：在绘制动画时，为了定位准确，你可执行【视图/标尺】命令显示标尺。用选择工具 ![arrow] 移到横向或纵向标尺上，按下鼠标往工作区拖曳，就会出现横向或纵向参考线，移动参考线到指定位置，用几条参考线就可以划定绘画的范围。当不需要参考线时，把参考线拖移到标尺上，参考线就会消失。另外还可以执行【视图/网格/显示网格】命令让舞台区显示坐标纸似的网格，绘画对象占几格大小一目了然。执行【视图/网格/编辑网格】命令可设定网格的大小。配合工作区左侧的信息面板，或右侧的属性面板，就可以精确定位绘画对象的大小和位置。

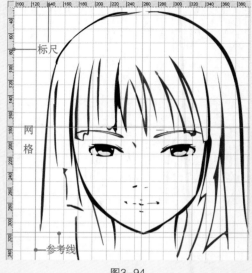

图3-94

问题3：什么时候要执行分离操作？

问题3：在做形状补间动画之前，两个关键帧中的可视对象必须是矢量对象，例如象在合并绘制模式下绘制的矢量图形或在对象绘制模式下绘制的矢量对象。矢量对象用分离命令就变成了矢量绘制图形。而双击矢量对象就进入到绘制对象的界面，此界面的图形就像是在合并绘制模式下绘制的（返回时需要点击窗口左上角的上一级按钮）。如果要做文字从"1"到"2"的形状补间变形动画，这两个关键帧里用文字工具创建的文字"1"、"2"就需要执行分离操作。位图图像在分离后呈点状显示，可以局部选择。库里的元件的实例也可以分离，文字元件的实例分离请参考操作步骤1-18。

问题4：选择工具 ![arrow] 功能太多了，如何快速掌握它的使用？

回答4：用选择工具 ![arrow] 既可以选择场景、图层，也可以选择图层的关键帧与普通帧，还可以选择关键帧中的元件、所有图形、部分图形、某个图形的内部填充、边框线条等。读者要熟练掌握它的每个用法。

场景选择：单击工作区右上角的编辑场景按钮 ![icon] 可选择不同的场景。

元件选择：单击工作区右上角的编辑元件按钮 ![icon] 可选择不同的元件并进入其编辑界面（与双击库中该元件图标一样）。

图层选择：在时间轴上单击某图层名称处可选择该层；按Ctrl键+单击可选择多个不相邻图层；按Shift键+单击可选择多个相邻图层。

选择帧：单击时间轴上的某层某帧可将其选择；按Shift键+单击该层其他帧可选择该层多个帧；Shift键+单击其他层的其他帧可选择多层多个帧。

全选图形：如果是一个闭合图形，则在图形内部双击全选它；如果是多个图形，则用鼠标全部框选整个图形。

部分选择：拖曳一个矩形范围可对一个图形部分框选。

取消选择：在图形外空白区单击。

选择填充：在填充区内部单击。

选择线条：在线条上单击，只选择一条平滑线段；按Shift键+单击其他线段可选择多个平滑线段；如果在线条上双击鼠标，则选择了所有线条。

改变线条：选择工具 ![arrow] 取消任何选择后，可指向线条改变其弧线，指向线条端点改变其位置。

问题5：如何从时间轴帧颜色的显示判断动画的类型？

回答5：逐帧动画：

![frames] 连续的黑色关键帧表示逐帧动画。

补间形状动画：

![frame] 补间形状动画表现为淡绿色背景，两个关键帧之间有黑色带箭头的直线。

![frame] 出错，虚线表示补间形状动画不完整，需要加入后一个关键帧或删除补间。

![frame] 出错，虚线表示两关键帧中存在未分离的图形，应都为点状选择的图形。

传统补间动画：

传统补间动画表现为淡紫色背景，两个关键帧之间有黑色带箭头的直线。

出错，虚线表示传统补间不完整，需要加入后一个关键帧或删除补间。

出错，虚线表示两关键帧中的实例不是同一个元件的同一个实例。

静止画面帧：

静止画面帧表现为某个关键帧后面的浅灰色帧，其将持续保持关键帧的画面。

空画面帧：

空画面帧帧表现为空关键帧后面的白色帧，其中没有可视画面。

问题6：普通帧、插入空白关键帧、插入关键帧、插入帧、复制粘贴帧操作的区别是什么？

回答6：普通帧：只能选择它，但它的内容是不能编辑的，除非把它变成关键帧。表现在时间轴上就是空白关键帧后面的白色格（它的内容为空）和关键帧后面的灰色格（它的内容为前面一个关键帧的内容）。

插入空白关键帧：插入空白关键帧的操作会把当前选择的普通帧创建成一个空关键帧，该关键帧里没有任何可选对象。从该帧以后的可视内容也都为空，直到该帧后面出现另一个关键帧为止。创建空白关键帧的目的就是打算往该关键帧上放入可视对象和其他可选对象，或者只加帧动作脚本。

插入关键帧：插入关键帧的操作，会把当前选择的普通帧创建成一个关键帧，该关键帧与同层前一个关键帧完全一样，即前一关键帧里的可视对象，会完全复制到当前关键帧的相同位置。利用插入关键帧操作，使其后一个关键帧的可视内容有所改变，就能制作出动画效果。对于已经创建了传统补间动画的两个关键帧之间的帧，插入关键帧的操作会将该帧创建为关键帧，内容为补间动画创建的在当前帧的元件实例。

插入帧：插入帧的操作，使当前帧持续显示之前关键帧的画面。

复制、粘贴帧：复制粘贴帧与插入关键帧的区别就是前者完全复制一个关键帧，然后粘贴在另一个位置处成为关键帧，不但复制了可视内容，也复制了该帧上的动作、补间设置等帧属性，另外还可以进行多图层多关键帧复制粘贴帧。

问题7：删除帧、插入帧和清除关键帧操作的区别是什么？

回答7：删除帧：删除帧的操作是针对普通帧的，当选择某个普通帧后，删除的操作就把该帧在时间轴上删除了，后面的帧自动前移。

插入帧：插入帧是在当前位置增加一个普通帧。后面的帧自动后移。

清除关键帧：清除关键帧的操作是针对关键帧的，当选择某个关键帧后，清除关键帧的操作就把当前关键帧变成了普通帧。

问题8：属性面板中可以交换哪些元素？

回答8：库里的元素，不管是图形元件、影片剪辑元件或位图等，如果在制作完的场景动画中某帧存在这个元素，即使动画已经完成，也可将关键帧中的某元素选择后，在属性面板中按"交换"按钮交换成另一个元素，完成的动画会自动更新。如图3-95所示为元件坐标点不同时交换后的位置。

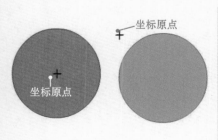
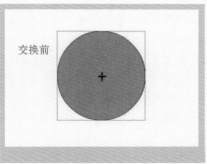
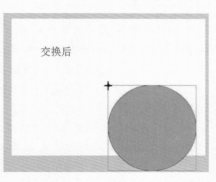

图3-95

上机作业:

1.参考随书A盘"Lesson3逐帧动画\03课参考作品"中的作品1,制作多层眼睛眨眼动画元件。

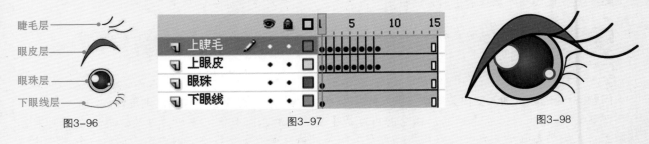

图3-96   图3-97   图3-98

操作提示:

(1)在新文件中创建一个影片剪辑元件,在元件的编辑界面分层绘制睁眼的各部分,如图3-96所示。

(2)下眼线与眼珠层在第15帧按F5键插入帧,这两层不用做逐帧动画,如图3-97所示。

(3)眼皮层在第2帧插入关键帧后,用选择工具改变图形的弧线,使其较前一帧眼皮闭上一点,参考图3-99所示的第2帧。然后在第3帧插入关键帧,再次改变弧线。逐帧改变眼皮的形状,使其在第8帧中闭上再睁开,在第15帧插入帧使其睁开的时间持续。

图3-99

(4)上睫毛层的几条睫毛线条,也配合眼皮的位置逐帧绘制。该层也持续到第15帧。

(5)最后从库中拖入两个眼睛到主场景,其中一个眼睛执行【修改/变形/水平翻转】命令,完成一双眼睛的眨眼动画。详细制作参考ck03_01.fla文件。

2.参考随书A盘"Lesson3逐帧动画\03课参考作品"中的作品2,制作螃蟹逐帧动画

图3-100   图3-101

操作提示:

(1)在新文件的主场景中绘制一个椭圆作为螃蟹的壳,选择该椭圆后,在右键菜单中执行【转换为元件】命令,将其创建为螃蟹影片剪辑元件。

(2)在元件的编辑界面,在椭圆的螃蟹壳图形上继续绘制壳上的纹路。

(3)新建钳子图层,绘制螃蟹的一只钳子,然后复制粘贴另一只钳子,将另一只执行【修改/变形/水平翻转】命令,调整两个钳子的位置,将该层放置在螃蟹壳的下层。

(4)新建眼睛图层,绘制螃蟹的一只眼睛,然后复制粘贴另一只眼睛,水平翻转后,调整两个眼睛的位置,将该层放置在螃蟹壳的下层。

(5)新建腿图层,绘制一条腿,然后选择腿图形,在右键菜单中执行【转换为元件】命令,将其转换为图形元件"腿"。

（6）将库中的腿元件拖放到腿层，如图3-102所示，用任意变形工具 将其旋转中心点移到腿的根部，然后旋转变形腿元件实例，使其与其他腿有所不同。重复多次，用同一个腿元件制作出螃蟹的八条腿。

（7）多层螃蟹绘制完成后，在身体层第15帧按F5键插入帧，该层无动画。

（8）其他层都在第5、9、13帧处按F6键插入关键帧。将第5帧的两个钳子分别向身体外侧旋转一点；将第13帧处的两个钳子分别向身体内侧旋转一点。完成钳子层的动画，眼睛层的眼睛也用相同方法制作。

（9）将腿层第5帧的八条腿分别按不同方向绕根部旋转一点；接着将第13帧的八条腿分别按与第5帧相反的方向绕根部旋转一点。完成腿部的动画，如图3-103所示。按Ctrl+Enter键测试观看。

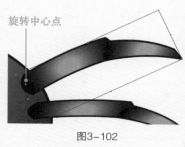

图3-102

图3-103

（10）为了使螃蟹有立体感，回到主场景界面，将螃蟹元件选择后，执行复制、粘贴命令，将原来的那只螃蟹选择后，在属性面板中将色彩效果的亮度调低，并调整其位置。两层螃蟹叠加后的效果如图3-104所示。详细制作参考ck03_02.fla文件。

图3-104

3．参考随书A盘"Lesson3逐帧动画\03课参考作品"中的作品3，制作女孩全身逐帧动画。

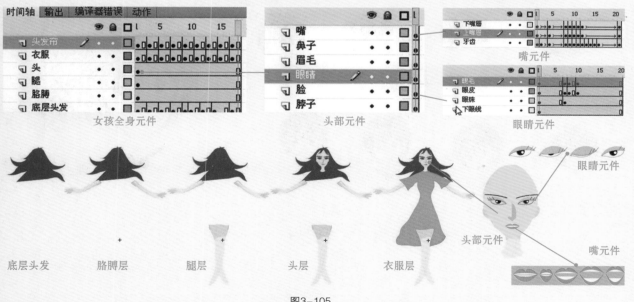

图3-105

操作提示：

（1）在新文件中创建女孩全身影片剪辑元件，在元件界面的第1帧分层绘制女孩各部分，如图3-105所示。

（2）在头层简单绘制一个椭圆，然后将其转换为一个头部影片剪辑元件，进入元件界面，参考头部元件的图层，绘制女孩头部的各个部分。注意在眼睛层与嘴层分别画一个简单的图形，然后转换为眼睛元件或嘴元件，眼睛元件的界面中再分层绘制眼睛各细节部分，并逐层做眼睛眨眼动画。在嘴元件中，分层绘制上下嘴唇与牙齿，然后分层制作说话时嘴部的变形动画，如图3-106所示。

图3-106

（3）在女孩全身元件界面，制作底层头发飘动的逐帧动画。胳膊、腿、头三层只需保持第1帧画面到结束帧。衣服层也制作衣裙摆动的逐帧动画，最后制作头部上层头发帘的头发飘动逐帧动画。完成后的女孩动画为：头发、衣裙随风飘动，女孩不时眨眼、说话，详细制作参考ck03_03.fla文件。

4．参考随书A盘"Lesson3逐帧动画\03课参考作品"中的作品4，制作转身逐帧动画。

操作提示：

（1）在新文件的背景层中先绘制背景层，然后创建新层，用来绘制男孩，如图3-107所示，男孩层中共有8个关键帧，每个关键帧分别绘制男孩逐渐从背对镜头到面对镜头的画面。

（2）为了精确定位，可将标尺与网格显示，也可将绘图纸外观按钮打开，绘画当前帧画面时可显示当前帧与前一帧画面的区别。

（3）以上8个关键帧画面在逐帧播放时，就产生了男孩转身的动画。详细制作参考ck03_04.fla文件。

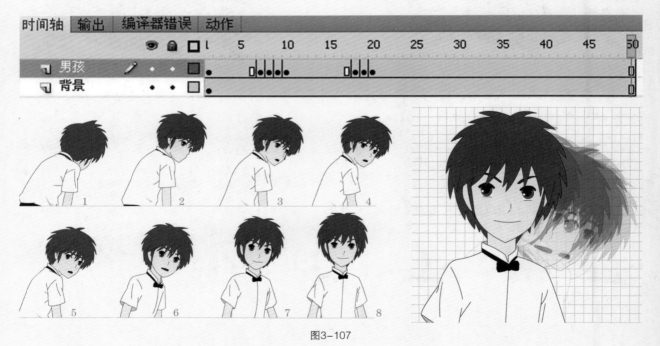

图3-107

第4课 昼夜场景

参考学时：8

√ 教学范例：昼夜场景

本范例昼夜场景动画完成后，播放画面参看右侧的范例展示图。

动态画面请见随书B盘课件"Lesson4昼夜场景\课堂范例"的动画展示。

在白天的场景中，懒洋洋的太阳慢慢从天边升起，天空逐渐变亮，远处漂浮着不同形状的云彩，太阳藏在云朵后面打着瞌睡，照射着大地，然后落下，天逐渐变黑。接着转入黑夜的场景，月亮出来了，楼里的灯光也亮了，远处的星星眨着眼，到了深夜，楼里灯光依次熄灭，剩下月亮和星星还挂在夜空，天快亮时，月亮与星星也逐渐消失，等待着又一天的来临。

√ 教学重点：

- 如何制作太阳升起落下的补间动画
- 如何调整补间动画范围
- 如何插入编辑补间动画的属性关键帧
- 如何调整补间动画的运动路径
- 如何制作天空光线变化的补间形状动画
- 如何将绘制的图形转换为库里的元件
- 如何制作地面亮度变化的传统补间动画
- 如何为地面库元件添加楼房树丛等细节画面
- 如何对图形进行封套变形

- 如何柔化图形的边缘
- 如何创建新场景
- 如何创建传统运动引导层
- 如何调整引导层的引导线
- 如何使运动对象沿引导线运动
- 如何复制帧、粘贴帧
- 如何制作繁星效果动画
- 如何制作灯光效果动画
- 如何掌握补间形状、传统补间、补间动画的特点

√ 教学目的：

通过在场景关键帧中直接绘画图形形状，或将库里已经绘制好的元件拖放到关键帧，来制作三种不同类型的补间动画：补间形状动画、传统补间动画、补间动画。掌握这三种动画的特点及制作要求。范例中的太阳和月亮的升落，天空地面光线的变化，云彩、星星、灯光等都是利用这三种类型的动画来实现的。

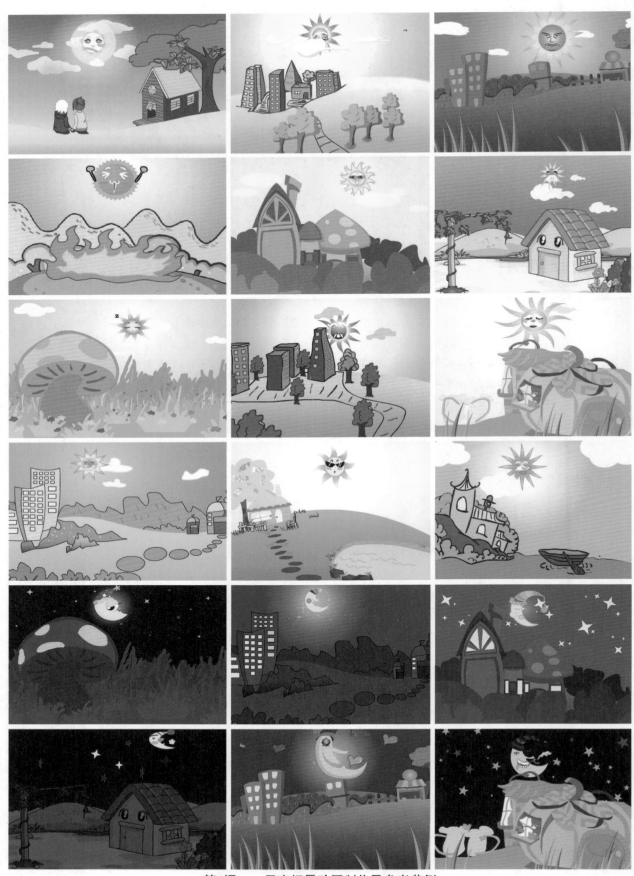

第4课——昼夜场景动画制作及参考范例

4.1 **太阳升起动画制作**

1 Lesson
2 Lesson
3 Lesson
4 Lesson
5 Lesson
6 Lesson

第2、3课中已经制作了太阳、月亮影片剪辑元件的动画，并在场景中已经测试了动画的循环播放。这一节中，将制作太阳在场景中升起、停留、落下的动画。将利用补间动画来完成。

▶ 操作步骤4-1：创建场景第1关键帧

首先打开第3课保存的进度文件"Lesson3-1.fla"（或打开本课进度文件夹中的Lesson04-start文件）。此时场景1的第一帧中有上节课结束时用来测试循环动画而放置的1个太阳和2个月亮的实例，请用选择工具框选工作区所有的可视对象，按Delete键将其删除，保证场景1第1帧是空帧。

执行【文件/存储为】命令将文件保存，命名为"Lesson4"。

从库面板中将影片剪辑元件"sun1"拖放到场景1图层1的第1帧上。由于后面还要加入天空、地面的场景，所以太阳在场景中的尺寸不要太大，请用任意变形工具改变太阳的大小。

按Ctrl+Enter键播放，虽然主场景只有一帧，但是该帧中的太阳影片剪辑元件的全长80帧变形动画却在循环地播放，观察循环动画，如果有问题，请关闭播放窗口，在库面板中双击sun1图标，再次进入影片剪辑sun1的编辑界面，对出现问题的图层关键帧中的图形进行修改。

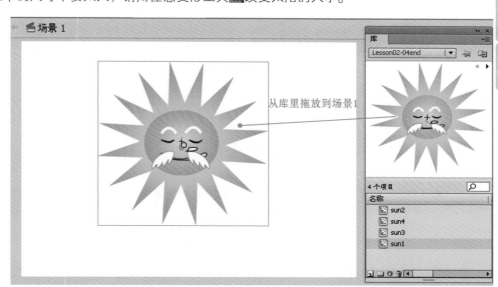

图4-1

▶ 操作步骤4-2：太阳升起落下补间动画制作

Flash CS6提供了多种方法来创建动画和特殊效果，除了我们在太阳和月亮影片剪辑元件的动画制作中采用的补间形状动画、逐帧动画以及在第1课介绍的传统补间动画外，还有下面要介绍的补间动画。太阳在主场景中的升起与落下将采用补间动画的制作方法来完成。

首先在工作区的左上角单击 场景1 按钮，确认从影片剪辑的编辑界面回到主场景编辑界面，此时主场景的图层1的第1帧中有从库中拖放到舞台的"sun1"影片剪辑实例，将该太阳实例调整大小并放置在舞台外侧，如图4-2所示。

创建补间动画

选择第1关键帧，执行菜单【插入/补间动画】命令，或如图4-3所示在该关键帧的右键菜单中选择【创建补间动画】命令，在图层1上创建一个如图4-4所示的长度为24帧的补间范围。

调整补间范围

将鼠标移到补间范围的最后一帧的边框上，变成如图4-4所示的双向箭头后，在时间轴中往后拖动补间范

将太阳放在舞台
外并调整大小

图4-2

围的一端，按太阳升起落下所需长度缩短或延长范围。例如延长到200帧(不到9秒)。

创建属性关键帧

将时间轴的红色播放滑块拖动定位在最后一帧，然后将工作区中的太阳从左侧移动到舞台右侧，如图4-5所示。

结果会在补间范围的最后一帧创建属性关键帧，属性关键帧是以实心菱形表示的，如图4-6所示。

图4-3

图4-4

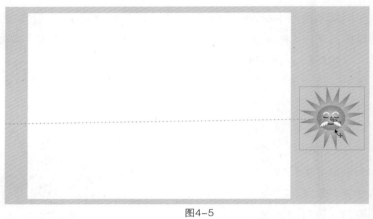

图4-5

图4-6

补间以补间范围的第1帧中的属性值开始，第1帧始终是属性关键帧。

按Enter键在工作区播放场景1的动画，看太阳是否从舞台左侧运动到右侧。太阳本身的循环动画在这种播放模式下不会动，只有在测试影片时按Ctrl+Enter键才能看到太阳的循环动画及主场景动画。

调整路径

用选择工具➤指向路径线段，当指针变成➤后调整运动路径的形状，将从左到右的直线路径调整为弧线，如图4-7所示。

再次按Enter键播放动画，观察太阳是否从左侧沿弧线运动至右侧落下。

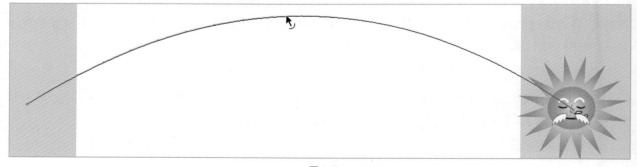

图4-7

按Crtl+Enter键在播放器窗口播放动画，播放器窗口只能看到可视区的太阳沿着弧形路径匀速升降的动画。

如果弧线太靠上而使太阳高出画面了，可再次用选择工具 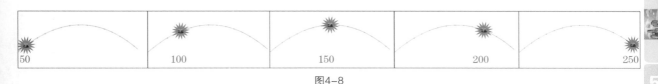 调整太阳的运动路径的弧度和两头端点的位置。

如果太阳大小需要调整，可选择第1关键帧，用任意变形工具 改变太阳的大小。再次观看，太阳在整个运动过程中尺寸都改变了。

调整动画长度

如果觉得动画时间太短，可再次指向时间轴的最后一帧边框，鼠标变成双向箭头后调整补间范围的长度，例如延长到300帧。

如图4-8所示为总长300帧的太阳沿弧线路径升起落下的匀速动画。

图4-8

插入属性关键帧

如果希望太阳上升与下降的速度稍快一些，在天空停留的时间长一些，可通过添加属性关键帧来实现。

例如总长300帧的补间动画，希望在第80帧时太阳已经升到接近最高点，在第80~220帧时在最高点附近缓慢移动，从第220~300帧开始又快速下降。我们只需在第80、220帧添加两个属性关键帧。

将时间轴的红色播放滑块移动到第80帧，当选择工具 指向太阳指针变成 后，将太阳沿着路径移动到接近顶部左侧，此时在第80帧创建了一个属性关键帧，如图4-9所示。

将时间轴的红色播放滑块移动到第220帧，当选择工具 指向太阳指针变成 后，将太阳沿着路径移动到接近顶部右侧，此时在第220帧创建了一个属性关键帧，如图4-10所示。

至此会发现，太阳的运动路径不平滑了。

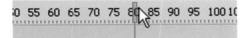
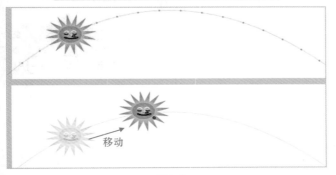

图4-9

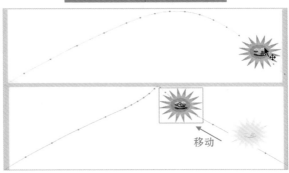

图4-10

调整路径的形状

选择工具箱中的部分选取工具 ，在路径的顶部附近，单击其中一个锚点将其选中，该锚点上会出现两个方向线，按如图4-11所示方向调整方向线上的控制柄，使路径的顶部形成平滑的圆弧形。

按Crtl+Enter键播放动画。太阳会在升起阶段减速运动，落下阶段加速运动，中间段缓慢运动。

编辑属性关键帧

在属性关键帧上，除了可以编辑位置属性外，还可以编辑大小、颜色等属性。

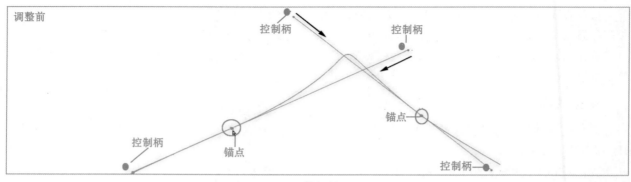

图4-11

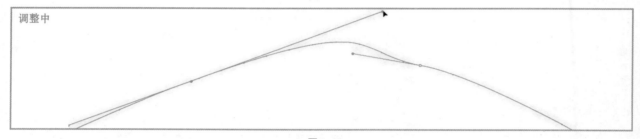

图4-12

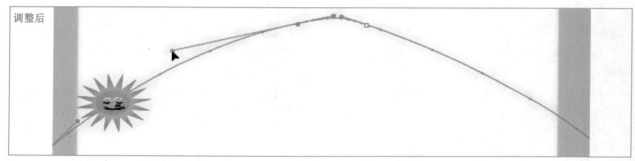

图4-13

太阳变大动画

在时间轴上选择第80帧的属性关键帧，用选择工具 🔖 单击舞台区的太阳实例，在属性面板中将太阳的宽度、高度稍改大一些，按下"宽高锁定"按钮，如图4-14所示，改变大小时会宽高同时改变。

图4-14

修改后这一属性关键帧以及后面所有属性关键帧的太阳的宽高属性都变大了。播放时从第1关键帧到第2属性关键帧，这段时间太阳在升起过程中会慢慢变大。

太阳变小动画

在时间轴上选择最后在第300帧的属性关键帧，然后用选择工具 🔖 单击舞台区的太阳实例，在属性面板中将太阳的宽度、高度改小。

太阳升起时慢慢变大，在天空停留一段时间后，落下时慢慢变小。

同样，如果要制作补间动画的淡出淡入或变色效果，可通过改变太阳属性的色彩效果样式属性来实现。

删除属性关键帧

要删除属性关键帧，可找到该关键帧在路径上对应的锚点，用删除锚点工具 🔖 单击锚点将其删除。时间轴上的该属性关键帧也被删除。

最后将场景1制作完毕的图层1命名为"太阳"层。

请将练习文件"Lesson4"保存。到此阶段完成的范例请参考进度文件夹下的"Lesson04-01end.fla"文件。

1 Lesson
2 Lesson
3 Lesson
4 Lesson
5 Lesson
6 Lesson

4.2 白天场景动画制作

请打开保存的练习文件"Lesson4.fla"（或打开进度文件夹中的"Lesson04-01end.fla"文件）。该文件已做好太阳升起落下的动画，这一节，随太阳升落将加入白天天空变色、地面变亮的动画。

▶ 操作步骤4-3：白天天空背景动画制作

下面制作的白天天空背景将利用补间形状动画来完成。

创建天空层

在场景1的时间轴图层面板中新建一个图层，命名为"天空"层，将其拖放到太阳层的下面，如图4-15所示。并将已完成好动画的太阳层锁定。

图4-15

创建第1关键帧

选择工具箱中的矩形工具 ▭，在工具箱中选择笔触颜色为无色，填充颜色为颜色框中最下面一排的蓝色径向渐变色，接着在工作区舞台的左上角开始拖曳出一个矩形作为天空的区域，如图4-16所示。

调整矩形的大小与位置

先用选择工具 ▶ 单击选择该矩形，然后在属性面板中将其x,y值设为（0，0），宽度设为与文档宽度相同的550，高度可随意（后面要画的地面背景会将天空的下半部遮挡）。

调整矩形的填充色

选择渐变变形工具 ▣，在矩形上单击，会出现径向渐变调整框（参考操作步骤2-7），将径向渐变的中心移动到画外太阳的中心，如图4-17所示，将圆形范围缩小到比太阳大一点。渐变起始色为白色，结束色为深蓝色。结果天空矩形区基本上全用深蓝色填满了。

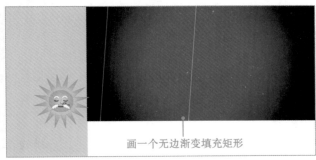

画一个无边渐变填充矩形

图4-16

改变渐变色、填充中心点及范围

图4-17

创建第2关键帧

配合上面太阳的升起，在天空层的第80帧，按F6键，创建天空的第2关键帧。

同样用渐变变形工具，将渐变色调整为如图4-18所示的颜色，将渐变中心点移到太阳的中心，范围适当调大，使天空中太阳的附近较亮，四周围为浅蓝色。

创建补间形状动画

在时间轴上选择天空层两个关键帧之间的任一帧，执行【插入/补间形状】命令，创建补间形状动画。

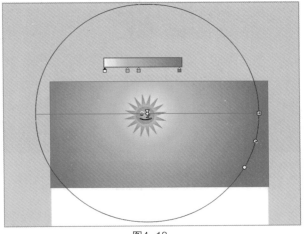

图4-18

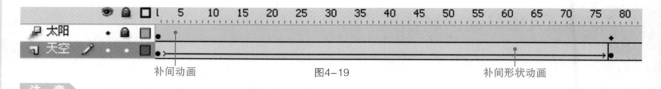

补间动画　　　　　　　　　图4-19　　　　　　　　补间形状动画

> **注意**
>
> 如图4-19所示，补间形状动画在时间轴上是淡绿色显示，两个关键帧为黑色实心圆，补间形状动画为两关键帧之间的带箭头的直线。而补间动画在时间轴上显示为淡蓝色，创建的属性关键帧为黑色小菱形。两个属性关键帧之间根据属性的变化自动产生补间动画。

创建天空第3、4关键帧

配合太阳的升起与落下，分别在天空层的第220、300帧按F6键，创建天空的第3、4关键帧。

用以上方法，分别调整第3、4关键帧中天空的渐变色与中心点、范围，然后两两关键帧之间创建补间形状动画。

按Crtl+Enter键播放动画。最后完成的天空与太阳动画播放如图4-20所示。天空的径向渐变的中心点跟随着太阳的中心而移动，由于起始色为亮色，感觉就像太阳的光辉。虽然关键帧中的天空矩形形状没有变化，但由于填色不同产生了色彩改变的动画，用来模仿天空的变化。

图4-20

将"Lesson4.fla"文件保存。到此阶段完成的范例请参考进度文件夹下的"Lesson04-02end.fla"文件。

▶ 操作步骤4-4：白天地面背景动画制作

请打开保存的练习文件"Lesson4.fla"（或打开进度文件夹中的"Lesson04-02end.fla"文件）。下面制作的白天地面背景将利用传统补间动画来完成。

创建地面层

在场景1的时间轴图层面板中新建一个图层，命名为"地面"层，使其位于太阳层的上面，并将已完成好动画的太阳层、天空层锁定。

创建第1关键帧

选择工具箱中的矩形工具 ，在工具箱中选择笔触颜色为无色，填充颜色为颜色框中最下面一排的彩虹线性渐变色，接着在工作区舞台下方拖曳出一个矩形作为地面的区域，如图4-21所示。

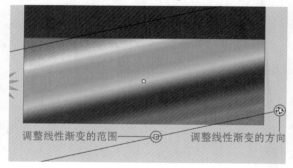

调整线性渐变的范围　　　调整线性渐变的方向

绘制线性渐变矩形　　　　图4-21　　　　　　　　　　　　　　　图4-22

调整矩形的大小与位置

选择任意变形工具 ，在矩形上单击鼠标，四周出现控制柄后可调整矩形大小，使其宽度大于等于舞台宽度，上边要超过天空的下边，下边与舞台下边对齐。

1 Lesson
2 Lesson
3 Lesson
4 Lesson
5 Lesson
6 Lesson

调整矩形的填充色方向

选择渐变变形工具 ，在矩形上单击，会出现线性渐变调整框，如图4-22所示，将鼠标移到一侧的边框 上，当指针变成 时，拖曳鼠标可以改变渐变方向，本例中请将线性渐变的方向从水平变成垂直。

调整矩形的填充色范围

两条控制线框之间的距离就是起始色到结束色的范围，将鼠标移到线的中心 上，当指针变成 时拖曳鼠标可以改变线性渐变的范围。

调整矩形渐变色

在颜色面板上分别将起始色与结束色设置为如图4-23所示的颜色（其他色标请直接离色条删除）。按图示调整线性渐变的方向与范围。

为了在练习中掌握Flash的几种类型的动画特点，地面的动画将采用传统补间动画来完成。

将形状转换为元件

传统补间动画的关键帧中，动画对象必须是库里的元件，刚在舞台中绘制的矩形地面，需要把它转换为元件。用选择工具 将矩形地面选中，执行【修改/转换为元件】命令，或按F8键，在弹出的如图4-24所示的窗口中，定义元件的名称为"地面"，类型为"图形元件"后，即可将合并绘制或对象绘制模式下绘制的矩形形状转换成库里的元件，当选择它时，不再是点状（合并绘制下）或紫色边框（对象绘制下）显示，而是蓝色边框显示。

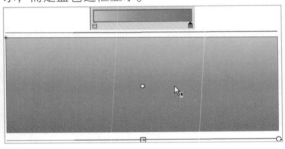

图4-23

图4-24

此时，地面层的第1关键帧中有一个"地面"元件实例，具备了下面要制作传统补间动画的条件。

创建其余关键帧

在时间轴地面层的第80、220、300帧，分别按F6键创建第2、3、4关键帧。

分别选择第1、4关键帧，然后用选择工具 单击该关键帧中的地面实例将其选中，在实例属性面板中将其亮度调暗，如图4-25所示。

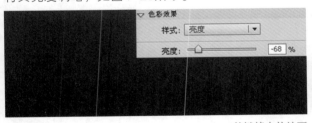

图4-25　　　　1、4关键帧中的地面

图4-26　　　　2、3关键帧中的地面

选择时间轴第1~2关键帧之间的任一帧，执行【插入/传统补间】命令。

选择时间轴第3~4关键帧之间的任一帧，执行【插入/传统补间】命令。

按Crtl+Enter键播放动画。最后完成的天空、地面、太阳动画播放如图4-27所示。

现在观察时间轴，Flash的三种最常见的动画就体现在这三层中，如图4-28所示。

传统补间动画特点

地面层的动画是传统补间动画，特点是关键帧中的动画对象必须是库里的元件（影片剪辑或图形元件

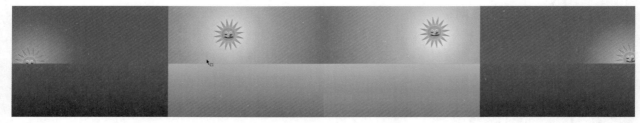

图4-27

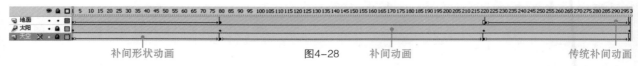

补间形状动画　　　　图4-28　　　　补间动画　　　　　传统补间动画

甚至是按钮都可），并且必须是同一个元件。两关键帧中的元件实例通过实例的属性窗设置不同的属性来生成动画。传统补间动画在时间轴上是以淡紫色显示，两关键帧之间有带箭头的直线。

补间动画特点

太阳层的动画是补间动画，特点是第1关键帧中的对象必须是库里的影片剪辑元件，补间以补间范围的第一帧中的属性值开始，第一帧始终是属性关键帧。通过设置该对象不同的属性关键帧，根据属性的变化自动产生动画。补间动画在时间轴上显示为淡蓝色，创建的属性关键帧为黑色小菱形。

补间形状动画特点

天空层的动画是补间形状动画，特点是关键帧中的动画对象是直接绘制的图形，两个关键帧中可以是完全不同的矢量图形，所以也称为变形动画。在时间轴上是淡绿色显示，两个关键帧为黑色实心圆，补间形状动画为两关键帧之间的带箭头的直线。

将"Lesson4.fla"文件保存。到此阶段完成的范例请参考进度文件夹下的"Lesson04-03end.fla"文件。

▶ 操作步骤4-5：地面元件的修改

请打开保存的练习文件"Lesson4.fla"（或打开进度文件夹中的"Lesson04-03end.fla"文件）。
绘制的四方地面看起来太单调了，下面对它进行修改，也就是直接编辑库中的"地面"图形元件。

进入元件编辑界面

在库面板中双击该元件的图标，进入元件编辑界面，或者在工作区窗口右上角单击编辑元件按钮，选择列表中的"地面"图形元件进入元件编辑界面。界面中只显示该元件的内容，如图4-29所示。

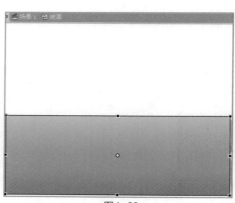

图4-29

图4-30

还可以用选择工具 ▶ 选择场景中地面图层的某个关键帧，然后双击该关键帧中的地面实例，从场景进入到元件编辑界面，这种方式下的元件编辑界面，工作区中还会隐约显示场景中其他层的画面，作为编辑元件时的显示参考，如图4-30所示。

> **注意**
> 以上两种元件编辑界面都会在工作区左上角显示当前元件的名称，所以一定要明确目前的界面是场景还是元件编辑界面。由于两种界面下都有时间轴，初学者特别容易混淆。

1 Lesson
2 Lesson
3 Lesson
4 Lesson
5 Lesson
6 Lesson

修改地面形状

地面元件的时间轴上，图层1的第1帧就是已绘制的矩形地面，命名该层为"地面"层，然后用选择工具  指向地面的边缘，当指针变成 后，如图4-32所示，将地面的水平线改变为弧线。

图4-31　　　　　　　　　　　　　　　　　　图4-32

在工作区的左上角单击 场景1 按钮，从图形元件"地面"的编辑界面回到场景1的编辑界面。按Ctrl+Enter键播放动画，此时场景1地面层所有关键帧的地面实例的形状全部随元件的改变而改变了。

添加地面近处的树丛

再次在库面板中双击"地面"元件的图标，进入地面元件的编辑界面，这次在地面前景处添加树丛。

将地面元件时间轴的地面层锁定，新建一个图层，在新图层上选择铅笔工具 ，选择平滑 S 绘制，在地面下半部绘制如图4-33所示的闭合区。

图4-33

用颜料桶工具对闭合区填充绿色，如图4-34所示。

图4-34

用刷子工具画出树杈等颜色区，如图4-35所示。

图4-35

添加地面远处的楼房

还可以在新建的楼房层用我们介绍过的绘画工具画出如图4-36所示的楼房。

另外，在新建的窗户图层用矩形工具画出楼房中的窗户。

图4-36

回到场景1编辑界面，现在按Crtl+Enter键播放动画。天空、太阳、地面三层动画播放如图4-37所示。将"Lesson4.fla"文件保存。到此阶段完成的范例请参考进度文件夹下的"Lesson04-04end.fla"文件。

图4-37

▶ 操作步骤4-6：云彩补间形状变形动画制作

请打开保存的练习文件"Lesson4.fla"（或打开进度文件夹中的"Lesson04-04end.fla"文件）。

创建新图层

在主场景的"地面"图层上面新建一个图层，命名为"变形云彩"层。在这一层，将用补间形状动画制作云彩变形的动画：太阳在升起的过程中，一朵云彩从一小朵慢慢变大成另一个形状，最后又慢慢变小消失。

第1关键帧制作

首先将其他图层锁定，然后选择"云彩变形"层的第40帧，按F6键插入一个空关键帧，在工具箱选择椭圆工具，设置边框为无色，填充色为白色，在这一帧画出白色椭圆，如图4-38所示。

用选择工具 将椭圆选中，执行菜单【修改/变形/封套】命令，椭圆四周会出现变形控制柄，如图4-39所示。

如图4-39所示调整控制柄上的方向点和方向线，使椭圆变形，让椭圆形状改变成云彩的形状，如图4-40所示。

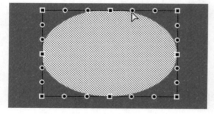
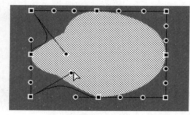
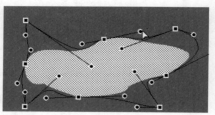

图4-38　　　　　　　　　　　　图4-39　　　　　　　　　　　　图4-40

用选择工具 选择云彩，执行【修改/形状/柔化填充边缘】命令，如图4-41所示，在如图4-42所示的窗口中输入要在多长的距离内增加几条柔化边的值。

云彩的四周会出现几条颜色逐渐减淡的填充线条，看起来边缘柔化了，如图4-44所示。

选择任意变形工具 ，将云彩变小，如图4-45所示。由于要制作云彩从无到有的效果，所以还可以在属性面板中将其宽高改小，直到改小成画面里特别小的白点为止。

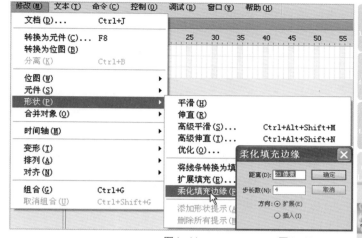

图4-41　　　　　　图4-42

第2关键帧制作

选择该层的第160帧，在右键菜单中选择【插入空白关键帧】命令，参考上面第1关键帧的制作方法，用椭圆工具画一个白色椭圆后，将其封套变形成另一种云彩形状，然后柔化填充边缘。

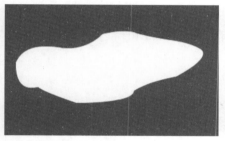
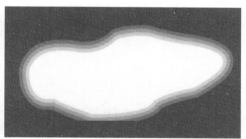
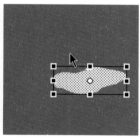

柔化前的云彩　图4-43　　　　　柔化填充边缘后　图4-44　　　　改小尺寸　图4-45

在两个关键帧之间的任一帧上单击鼠标右键，在右键菜单中选择【创建补间形状】命令。按Enter键播放，两个关键帧之间产生了一个从小到大变形的云彩动画，如图4-46所示。

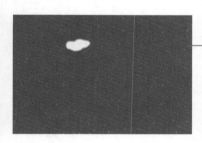
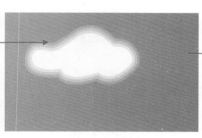
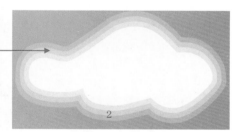

图4-46

由于云彩的第1关键帧是在第40帧出现的，在播放时如果第40帧出现的云彩太突然，说明尺寸太大了，可将40帧的第1关键帧选择后，单击选择云彩，在属性面板中将其尺寸尽量改小。

第3关键帧制作

为了让第2关键帧的云彩在画面里停留一段时间，选择第200帧，按F6键插入第3关键帧，第2、3关键帧之间不要加补间形状。

第4关键帧制作

选择300帧，在右键菜单中选择【插入空白关键帧】命令，插入一个空帧，再次参考上面第1关键帧的制作方法，用椭圆工具画一个小白色椭圆后，将其封套变形成另一种小云彩图形，然后柔化填充边缘。并在属性面板将其改小尺寸。在第3、4关键帧任一帧上点击鼠标右键，在右键菜单中选择【创建补间形状】命令。

图4-47

播放结果为：云彩从小变大，停留一会儿，再变小消失。这种变化除了大小改变外，在形状上也改变很大。甚至可以制作一片云彩分成几片的变形动画。

将"Lesson4.fla"文件保存。到此阶段完成的范例请参考进度文件夹下的"Lesson04-05end.fla"文件。

▶ 操作步骤4-7：云彩传统补间动画制作

请打开保存的练习文件"Lesson4.fla"（或打开进度文件夹中的"Lesson04-05end.fla"文件）。

创建新图层

新建一个图层，命名为"多个云彩"层。在这一层将用传统补间动画制作云彩的动画：随着太阳的升起，一片云彩群慢慢淡入，在天空忽隐忽现地漂浮着，然后随着太阳的落下，也逐渐消失。

创建图形元件

首先执行【插入/新建元件】命令，创建一个图形类型的元件，命名为"云彩"，进入到元件编辑界面，此时文件的默认白色背景不适合在上面绘制白色云彩，所以需要先在属性面板中将文件的背景色改成其他颜色。接着用绘画工具（例如椭圆、刷子等）画出几朵不同形状的云彩，如图4-48所示。

图4-48

创建第1关键帧

在工作区的左上角单击 场景1 按钮，从图形元件的编辑界面回到场景1的编辑界面。

将其他层锁定，选择时间轴新建的"多个云彩"层，将库面板中的图形元件"云彩"拖放到场景1的"多个云彩"层的第一帧，如图4-49所示。

用任意变形工具改变云彩实例的大小，并在属性面板中选择色彩效果样式下的Alpha，将其值设置为0%，云彩完全透明看不见了。

创建第2、3、4、5关键帧

分别在第50、170、235、300帧按F6键插入关键帧，创建第2、3、4、5关键帧。

图4-49

分别将第2、3、4、5关键帧的云彩实例的Alpha值设置为36%、100%、100%、0%，如图4-50所示。

图4-50

改变第2、3、4、5关键帧中云彩的位置大小

分别选择第2、3、4、5关键帧，然后用选择工具 轻微改变云彩的位置，用任意变形工具轻微改变大小，使每个关键帧中的云彩除了Alpha透明值不同外，位置大小也与前一关键帧稍有不同。

创建传统补间动画

在每两个关键帧之间的任一帧上单击鼠标右键，在右键菜单中选择【创建传统补间】命令。

按Ctrl+Enter键观看结果，该层的云彩淡入后在天空飘动最后消失。飘动效果不满意时可再次选择关键帧中的云彩，调整位置、大小和Alpha属性值。

与"变形云彩"层的变形动画不同，"多个云彩"层的传统补间动画，在整个动画过程中，云彩的基本形状不变，都是库里的"云彩"元件的不同实例之间的动画。

为了表现云彩在远处楼房的后面，可将"多个云彩"图层拖放到地面层的下面，如图4-51所示。

图4-51

到此为止，白天场景的天空、太阳、地面、变形云彩、多个云彩五层动画播放的画面如图4-52所示。

图4-52

请将"Lesson4.fla"文件保存。到此阶段完成的范例请参考进度文件夹下的"Lesson04-06end.fla"文件。

请打开保存的练习文件"Lesson4.fla"（或打开进度文件夹中的"Lesson04-06end.fla"文件）。该文件场景1中是白天太阳升起落下、云彩飘动的动画。这一节，将在另一个场景中制作黑夜里月亮、星星、灯光的动画。

4.3.1 月亮升起落下动画制作

▶ **操作步骤4-8**：月亮升起落下动画制作

插入场景

首先在如图4-53所示的菜单执行【插入/场景】命令，进入新建的场景2的工作界面。请注意此时工作区左上角从显示 🎬场景1 变成 🎬场景2 。

创建第1关键帧

将场景2的图层1命名为"月亮"层，此时该层第1帧是空帧。

从库面板中将影片剪辑元件"moon1慢"拖放到场景2月亮层的第一帧上，如图4-54所示。请用任意变形工具 ✥ 改变月亮的大小。

如果打算月亮也从画外左侧升起并从右侧落下，请将月亮移动到画外左侧。

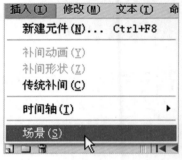

图4-53

创建传统补间动画

月亮的升起落下可以参考第一节中太阳的升起落下的制作方法，利用补间动画来完成。也可以用下面介绍的利用传统补间动画的引导线的方法。

选择时间轴的第60帧，按F6键插入第2关键帧，用鼠标选择两关键帧之间的任一帧，在右键菜单中执行【创建传统补间动画】命令，如图4-55所示，选择第2关键帧，将该帧中的月亮移到舞台右侧。

图4-54

调整传统补间动画长度

按Ctrl+Alt+Enter键观看当前场景的测试结果，月亮在60帧的长度内从左到右运动，速度太快了。可将时间轴第2关键帧选中，将其拖放到第300帧处，调整动画的长度。

创建运动引导线层

如图4-56所示，在月亮层上，在右键菜单中执行【添加传统运动引导层】命令，在月亮层之上创建月亮层的引导层。

选择引导层的第1帧（空帧），用线条工具 ◥ 在舞台中绘制出一条水平线，时间轴显示如图4-57所示。注意该层只有第1帧是关键帧。

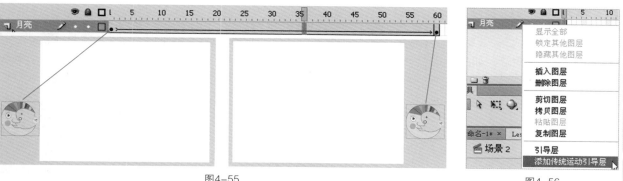

图4-55

图4-56

图4-57

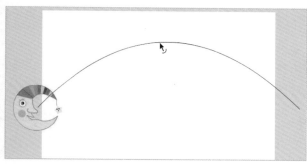

图4-58

调整引导线

用选择工具 ↖ 指向线条，当指针变成 ↜ 后调整线条的形状，将从左到右的直线路径调整为弧线，如图4-58所示。用选择工具 ↖ 指向线条的端点，当指针变成 ↖ 后可调整端点的位置，将线条的两个端点放置在舞台外侧。

对齐引导线起始端点

引导线是月亮将要运动的路径，线条的端点是月亮的起始位置与结束位置。所以当把引导线的形状与端点调整完毕后，请将引导线层锁定，下面将针对月亮层进行调整。

选择月亮层，选择第1关键帧，用选择工具 ↖ 指向月亮中心的圆点，当指针变成 ✛ 后将月亮移动到引导路径的起始端点附近，如图4-59所示。尽量将月亮中心的圆点与端点重合，如果按下工具箱中的 ⬀ 贴紧至对象按钮，会在移到端点附近自动吸附在路径端点处，如图4-60所示。此时月亮沿引导线运动的起始位置就设置好了。

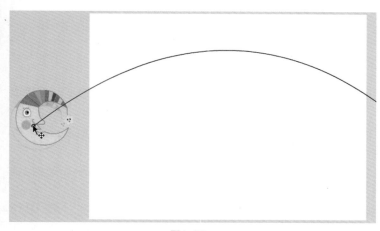

图4-59

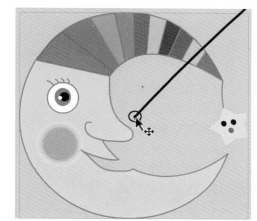

图4-60

提 醒

只需在引导层的起始帧（此范例是第1帧）上用线条、铅笔等工具绘制运动引导线即可。该关键帧的画面一直持续到运动结束帧，（如果未自动设置到结束帧，可在结束帧处按F5键插入帧）。记住千万不要再为该层添加其他关键帧以及补间动画。

对齐引导线结束端点

选择月亮层的第2关键帧，然后用选择工具 ▶ 指向月亮中心的圆点，当指针变成 ✥ 后将月亮移动到引导线的结束端点附近，如图4-61所示。尽量将月亮中心的圆点与端点重合，使其吸附在线条端点处，如图4-62所示。此时月亮沿引导线运动的结束位置就设置好了。

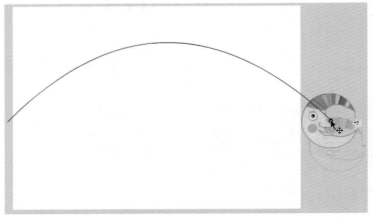

图4-61

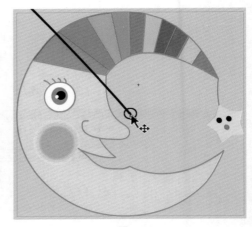

图4-62

沿时间轴拖动红色播放滑块进行检查，看月亮是否沿着引导线的路径运动，如果不成功，说明月亮的起始位置或结束位置与端点未重合，请再次分别选择前后两个关键帧中的月亮，重新调整其位置，使圆点与线条端点重合。

插入关键帧

如果希望月亮上升与下降的速度稍快一些，在天空停留的时间长一些，可通过添加关键帧来实现。

分别选择月亮层的第60、240帧，按F6键插入两个关键帧。

选择第60帧的关键帧，用选择工具 ▶ 指向月亮，当指针变成 ✥ 后将月亮沿着引导线路径移动到接近的顶部左侧，如图4-63所示。

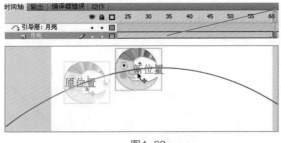

图4-63

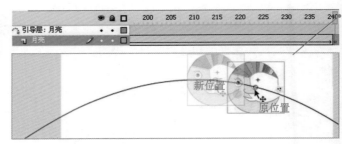

图4-64

选择第240帧的关键帧，用选择工具 ▶ 指向月亮，当指针变成 ✥ 后将月亮沿着引导线路径移动到接近顶部右侧，如图4-64所示。

选择第1~60帧之间的任一帧，在属性面板中将传统补间动画的缓动值设置为+100，代表减速运动。选择第240~300帧之间的任一帧，将缓动值设置为-100，代表加速运动。

按Ctrl+Alt+Enter键播放场景2动画。月亮会在升起阶段减速运动，落下阶段加速运动，中间段缓慢地匀速运动。

沿引导线运动的月亮动画完成后，单击引导层的 👁 按钮将该层隐藏。

利用传统补间动画的传统运动引导层方法，与补间动画的调整路径方法，都能制作运动对象沿运动路径的动画，两者的差别，相信读者在制作太阳与月亮升起落下的过程中有所体会。

将"Lesson4.fla"文件保存。到此阶段完成的范例请参考进度文件夹下的"Lesson04-07end.fla"文件。

1 Lesson
2 Lesson
3 Lesson
4 Lesson
5 Lesson
6 Lesson

▌4.3.2　黑夜场景动画制作

请打开保存的练习文件"Lesson4.fla"（或打开进度文件夹中的"Lesson04-07end.fla文件"）。

▶ 操作步骤4-9：地面背景制作

在含有多个场景的动画文件中，按Ctrl+Alt+Enter键是播放当前场景，按Ctrl+Enter键是播放所有场景。当播放所有场景时，为了从场景1切换到场景2的过程中天空地面的画面能平滑过渡，场景2的地面层、天空层第1帧最好与场景1的地面层、天空层最后一帧完全一样。

创建地面层第1关键帧

在场景2中新建一个图层，命名为"地面"层。

单击工作区右上角的编辑场景按钮▣，选择场景1，切换到场景1的编辑界面，选择地面层的最后一个关键帧，在右键菜单中选择【复制帧】命令，将地面层最后一帧的画面复制。

再次单击工作区右上角的编辑场景按钮▣，选择场景2，切换到场景2的编辑界面，选择地面层的第1帧，在右键菜单中选择【粘贴帧】命令，将地面层画面粘贴到第1帧。

插入帧

由于地面的亮度已经是黑夜的效果，所以地面层不再制作动画，只需在第300帧的位置在右键菜单中执行【插入帧】命令，让第1关键帧的画面一直持续到第300帧结束。

按Ctrl+Enter键播放，观察两个场景交界处地面是否平滑过渡，月亮升起落下过程中地面是否一直保持不变。

▶ 操作步骤4-10：天空背景变形动画制作

创建天空层第1关键帧

在场景2中新建一个图层，命名为"天空"层。将其在图层面板中拖放到最下层，另将其他层锁定。

单击工作区右上角的编辑场景按钮▣，选择场景1，切换到场景1的编辑界面，选择天空层的最后一个关键帧，在右键菜单中选择【复制帧】命令，将天空层最后一帧的画面复制。

再次单击工作区右上角的编辑场景按钮▣，选择场景2，切换到场景2的编辑界面，选择天空层的第1帧，在右键菜单中选择【粘贴帧】命令，将天空层画面粘贴到第1帧（此操作也是为了白天到黑夜场景切换时天空画面平滑过渡）。

选择渐变变形工具▣，在天空的矩形区单击鼠标，将径向渐变的中心点从原来的画外右侧移动到画外左侧月亮的中心位置，如图4-65所示，径向渐变的范围也调整为比月亮大一点的圆形，如图4-66所示。

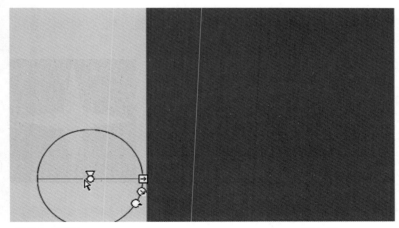

1帧天空矩形区　　　　　　　　　　　　　　　图4-65

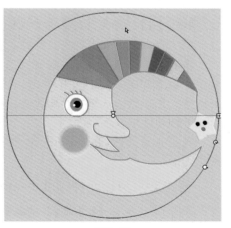

图4-66

图4-67

创建天空层第2关键帧

在天空层的第60帧的位置在右键菜单中执行【插入关键帧】命令，然后选择渐变变形工具，在天空的矩形区单击鼠标，将径向渐变的中心点移动到画面月亮的中心位置，径向渐变的范围也调整为比月亮大一点的圆形，渐变的结束色设置为黑色，如图4-67所示。这样就作出了天空的月亮附近的光晕效果。

创建天空层的其他关键帧

分别在天空层的第150、240帧的位置在右键菜单中执行【插入关键帧】命令，然后选择渐变变形工具，在天空的矩形区单击鼠标，将径向渐变的中心点移动到画面月亮的中心位置，颜色不变。

选择第1关键帧，在右键菜单中执行【复制帧】命令，然后选择第300帧，在右键菜单中执行【粘贴帧】命令，然后用渐变变形工具在天空的矩形区单击，将径向渐变的中心点移到右侧画外月亮的中心位置。

创建补间形状动画

在时间轴上选择天空层的任两个关键帧之间的任一帧，执行【插入/补间形状】命令，在两两关键帧之间创建补间形状动画。

按Enter键在工作区播放动画，或按Ctrl+Alt+Enter键在播放器窗口播放场景2，观察天空的光晕是否随月亮起落。

因为月亮升起时是减速运动，落下时是加速运动，所以在升起或落下时，匀速运动的天空的光晕与月亮位置有偏差，出现这种情况时，可在天空的第20、40与第260、280帧再分别插入关键帧，将这几个关键帧中的光晕中心调整到与月亮中心重合。直到测试满意为止。

将"Lesson4.fla"文件保存。到此阶段完成的范例请参考进度文件夹下的"Lesson04-08end.fla文件"。

▌ 4.3.3　星星动画制作

请打开保存的练习文件"Lesson4.fla"（或打开进度文件夹中的"Lesson04-08end.fla文件"）。

制作星星动画时，并不是在场景中画出许多个星星，而是在库里制作一个星星动画的影片剪辑元件，然后在场景里放入多个该元件的实例。

操作步骤4-11星星动画制作

创建图形元件"star1"

执行【插入/新建元件】命令，创建一个类型为图形的元件，命名为"star1"。进入到元件编辑界面。因为要画白色或浅黄色的星星，所以在属性面板中最好将文件的背景色改成黑色。

选择多角形工具，在属性面板的工具设置选项中，设置如图4-68所示的参数，将笔触色设置为无色，填充色设置为浅黄色，画出如图4-69所示星星形状，并移动到中心点位置。

注意，该元件的时间轴只有一帧，画面是静止的星星图形。

图4-68　　　　　　　　图4-69

创建影片剪辑元件"star-move"

执行【插入/新建元件】命令，创建一个类型为影片剪辑的元件，命名为"star-move"。进入到元件编辑界面。

注意，在该元件时间轴上，我们要利用上面创建的图形元件"star1"来制作星星淡出淡入的动画。

星星1淡出淡入动画制作

从库面板中将图形元件"star1"拖放到"star-move"影片剪辑元件的舞台中心，此时图层1的第1帧变成关键帧，调整星星大小并移动到中心点附近。

在时间轴的第20、40帧分别按F6键插入关键帧。

选择第2关键帧，然后用选择工具 单击选择星星（"star1"的元件实例），在实例的属性面板中将色彩效果样式中的Alpha值设为0%。

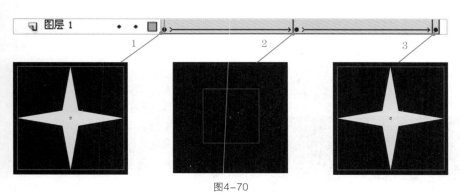

分别在每两个关键帧之间选择任一帧，在右键菜单中选择【创建传统补间】命令创建传统补间动画。

完成后的时间轴与画面显示如图4-70所示。

这样一个总长为40帧的星星在原处逐渐消失又逐渐显示的动画就做好了。

图4-70

> **注 意**
>
> 因为传统补间动画的关键帧中的对象必须是库里的元件，所以在制作某个图形的淡出淡入传统补间动画前，这个图形必须已经是库里的图形元件，这就是为什么我们要先创建"star1"，然后再创建"star-move"的原因。在这个范例中，一个图形元件拖放到了另一个影片剪辑元件中，叫做元件的嵌套。静止的星星为图形元件，动画的星星为影片剪辑元件，下面将把影片剪辑元件拖放到场景中（场景里嵌套元件），场景中影片剪辑元件的动画会循环播放。

将"star-move"元件放置到场景中

单击工作区右上角的编辑场景按钮 ，选择场景2，切换到场景2的编辑界面，在黑夜的天空层上面新建一个图层，命名为"星星"层，将其他层锁定，选择"星星"层的第1帧，然后将库里的影片剪辑元件"star-move"拖放到星星层，并调整大小，反复多次拖放多个"star-move"的实例，分别调整大小、角度和位置，让它们分散在天空的不同角落，如图4-71所示。

按Enter键在工作区播放动画，你会发现其他层都动，只有星星不动。这是什么原因呢？

这是因为星星元件是有自己的时间轴动画的影片剪辑元件。当将其放入场景后，Enter键播放的是场景的主时间轴动

图4-71

画，对于场景里嵌套的影片剪辑元件，必须在播放器窗口中才能既播放场景的主时间轴动画，也播放场景里嵌套的影片剪辑的动画。

现在按Ctrl+Alt+Enter键在播放器窗口播放场景2动画。观看同一个"star-move"影片剪辑元件在场景中不同实例的动画。尽管实例的大小、角度、位置不同，但由于是同一个影片剪辑元件的实例，星星动画的循环时长都为40帧，感觉所有星星动画的步调太一致了。

为了解决这个问题，我们让"star-move"影片剪辑元件的动画有一些变化。

操作步骤4-12："star-move" 星星动画修改

在库面板中双击影片剪辑元件"star-move"的图标，进入该元件的编辑界面，新建一个图层2，将图层1锁定。

注意，在总长为40帧的时间轴上，我们还利用上面创建的图形元件"star1"来制作星星转动的动画。只是这次星星出现的时间和总长有所不同。

星星1转动动画制作

从库面板中将图形元件"star1"拖放到"star-move"影片剪辑元件的工作区，用任意变形工具改变其大小，并旋转一个角度。此时图层2的第1帧成为关键帧。

为了使该帧动画稍晚一些出现，请用选择工具 选择该帧，当指针变成 形状后拖放该帧到第5帧位置。如图4-72的第1关键帧所示。

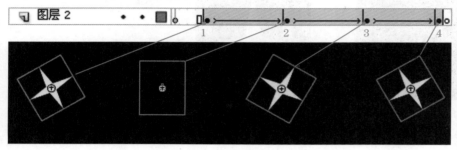

分别在第15、25、35帧按F6键插入关键帧，选择第2关键帧中的星星，将其Alpha值改为0%，并用任意变形工具转动一个角度，如图4-72所示的第2关键帧。第3关键帧中的星星也转动一个角度，如图4-72所示的第3关键帧。

图4-72

分别在每两个关键帧之间选择任一帧，在右键菜单中选择【创建传统补间】命令，创建传统补间动画。

在第36帧的右键菜单中选择【插入空白关键帧】命令，使动画到此帧结束。

这样一个星星转动消失又出现的动画就做好了。跟原来的图层1的动画相比，节奏上不一样了。

单击工作区右上角的编辑场景按钮 ，选择场景2，再次回到场景2的界面，测试播放观看效果。现在的星星动画节奏不是那么一致了。但是星星有点单调，因为都是"star1"的形状。下面再加入另一个形状的星星。

创建另一个图形元件"star2"

执行【插入/新建元件】命令，创建一个类型为图形的元件，命名为"star2"。进入到元件编辑界面。

选择多角形工具 ，在属性面板的工具设置选项中，设置如图4-73所示的参数，将笔触色设置为无色，填充色设置为白色，画出如图4-74所示的星星的形状，并移动到中心点位置。

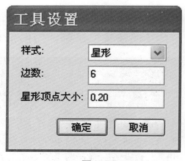

图4-73

图4-74

星星2转圈动画制作

双击库面板中的影片剪辑元件"star-move"，进入到该元件编辑界面。

新建一个图层，将其他层锁定。

从库面板中将图形元件"star2"拖放到"star-move"影片剪辑元件的舞台，与其他层的星星相隔一段距离，并调整星星大小。

在时间轴的第20、40帧分别按F6键插入关键帧。

选择第2关键帧，然后用选择工具 单击选择星星（"star2"的元件实例），将其尺寸调大一些，如图4-75的第2关键帧。

分别选择第1、第3关键帧，然后用选择工具 单击选择星星，在实例的属性面板中将色彩效果样式中的Alpha值设为0%，如图4-75的第1、3关键帧所示。

分别在每两个关键帧之间选择任一帧，右键菜单中选择【创建传统补间】命令，并且在补间帧属性面板设置顺时针旋转1圈。

完成后的时间轴与画面显示如图4-75所示。该层星星动画与图层1的动画虽然总长一样，但是由于形状颜色不一样，此起彼伏，使星星的动画更生动。

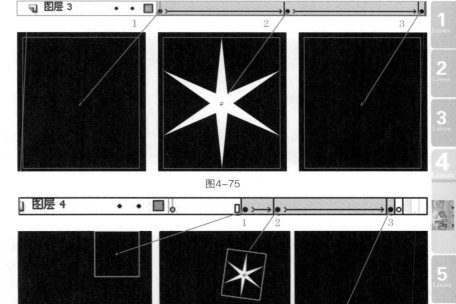

图4-75

星星2陨落动画制作

再新建一个图层，将其他层锁定。

从库面板中将图形元件"star2"拖放到舞台中，与其他层的星星相隔一段距离，并调整星星大小。

为了使该帧动画再晚一些出现，用选择工具 [选择该帧，

图4-76

当指针变成 形状后拖放该帧到第10帧位置，如图4-76的第1关键帧所示。

在时间轴的第14、28帧分别按F6键插入关键帧。

选择第1关键帧，然后用选择工具 单击选择星星，在实例的属性面板中将色彩效果样式中的Alpha值设为0%。如图4-76的第1关键帧所示。

选择第2关键帧，然后用选择工具 单击选择星星，将其向下稍移动并旋转一个角度，如图4-76的第2关键帧所示。

选择第3关键帧，然后用选择工具 单击选择星星，将其向下移动并缩小，将其Alpha设置为0%，如图4-76的第3关键帧所示。

选择第29帧，在右键菜单中选择【插入空白关键帧】命令，使动画到此帧结束。

分别在每两个关键帧之间选择任一帧，在右键菜单中选择【创建传统补间】命令。

这段动画完成后表现的是星星陨落的效果。

单击工作区右上角的编辑场景按钮 ，选择场景2，切换到场景2的编辑界面。

现在按Ctrl+Alt+Enter键播放场景2动画。由于"star-move"影片剪辑元件中有四种不同的星星动画，虽然场景中都是它的大小位置角度不同的实例（注意尽量将实例大小改小一些），但由于其时间轴每层时长不一样，样式也稍有差别，使天空看起来繁星点点。如图4-77所示。

在场景2的星星层的第280帧上，在右键菜单中选择【插入空白关键帧】命令，天快亮了，星星到此帧消失。

再次按Ctrl+Enter键播放全片动画，此时白天黑夜两个场景会依次播放。

将"Lesson4.fla"文件保存。到此阶段完成的范例请参考进度文件夹下的"Lesson04-09end.fla"文件。

图4-77

1 Lesson
2 Lesson
3 Lesson
4 Lesson
5 Lesson
6 Lesson

操作步骤4-13: 窗户灯光动画制作

请打开保存的练习文件"Lesson4.fla"(或打开进度文件夹中的"Lesson04-09end.fla文件")。

为了表现夜幕降临来临,各个楼房窗户中的灯光依次由暗到明再到暗的效果,下面将对窗户部分制作动画。

创建窗户元件

双击库面板中的"地面"元件,进入其编辑界面,选择地面元件窗户所在的图层,将其他层锁定。

选择窗户层的第1关键帧,如图4-78所示,用选择工具 ▶ 在工作区空白处单击,取消对所有窗户的选择。

用选择工具 ▶ 框选中间楼房的所有窗户色块,在右键菜单中选择【转换为元件】命令,如图4-79所示,在弹出的元件创建窗口中将元件命名为"窗户1",类型为"图形元件"。

用选择工具 ▶ 框选左边楼房的所有窗户色块,在右键菜单中选择【转换为元件】命令,在弹出的元件创建窗口将元件命名为"窗户2",类型为"图形元件"。

用选择工具 ▶ 框选右边楼房的所有窗户色块,在右键菜单中选择【转换为元件】命令,在弹出的元件创建窗口中将元件命名为"窗户3",类型为"图形元件"。

单击工作区右上角的编辑场景按钮 ,选择场景2,切换到场景2的编辑界面。

图4-78　　　　　　　　　　图4-79

场景2"窗户层1"的动画

在场景2的地面层上面新建一个图层,命名为"窗户1"层。将其他层锁定。

将库面板中的"窗户1"元件拖放到该层,移动位置,使其尽量与原先的窗户位置吻合。

用选择工具 ▶ 单击选择该窗户1的实例,在属性面板中将Alpha值设置为0%,如图4-80第1帧所示。

在第15帧按F6键插入关键帧,单击选择该帧的窗户1实例,在属性面板的色彩效果中选择色调样式,并将颜色设置为黄色,如图4-80第2关键帧所示。

图4-80

在两关键帧之间的任意帧上右击鼠标,在右键菜单中选择【创建传统补间】命令。

分别在第100、110帧按F6键插入关键帧,选择第110帧的关键帧,用选择工具 ▶ 单击选择窗户1的实例,在属性面板中将其Alpha值设置为0%。在这两个关键帧之间的任意帧上右击鼠标,在右键菜单中选择【创建传统补间】命令。

结果产生了中间楼房的灯光在夜晚开启变亮,过了一会儿后又熄灭的动画效果。

场景2"窗户层2"的动画

再新建一个图层,命名为"窗户2"层,将其他层锁定。

将库面板中的"窗户2"元件拖放到该层,移动位置,使其尽量与原先的窗户位置吻合。

用选择工具 ▶ 单击选择该窗户2的实例,在属性面板中将其Alpha值设置为0%。

在第15帧按F6键插入关键帧,单击选择该帧的窗户2实例,在属性面板的色彩效果中选择色调样式,并将颜色设置为黄色。

在两关键帧之间的任意帧上右击鼠标,在右键菜单中选择【创建传统补间】命令。

为了产生先后开启灯光的效果，如图4-81所示将两个关键帧之间的帧全选（先用选择工具选择第1帧后，再按Shift键单击选择第2关键帧），然后沿时间轴向后拖动几帧，如图4-82所示。窗户2的灯光会比窗户1的灯光晚开一会儿。

分别在第90、100帧按F6键插入关键帧，选择第100帧的关键帧，用选择工具单击选择窗户2的实例，

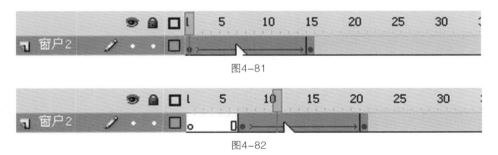

图4-81

图4-82

在属性面板中将其Alpha值设置为0%。在这两个关键帧之间，在右键菜单中选择【创建传统补间】命令。

场景2"窗户层3"的动画

再新建一个图层，命名为"窗户3"层，将其他层锁定。

在第15帧按F6键插入一个空关键帧，将库面板中的"窗户3"元件拖放到该帧，移动位置，使其尽量与原先的窗户位置吻合，在属性面板中将其Alpha值设置0%。

在第25帧按F6键插入一个关键帧，将窗户的颜色设置为淡黄色。

在1、2两个关键帧之间，在右键菜单中选择【创建传统补间】命令，创建传统补间。

分别在第110、120帧按F6键插入关键帧，将120帧关键帧的Alpha值设置0%。

在后两个关键帧之间的右键菜单中选择【创建传统补间】命令，创建传统补间。

这三层的动画制作完后，按Enter键播放，各楼房窗户会依次变亮，然后又依次变暗。

到此为止，黑夜场景动画制作完毕，结果如图4-83所示。

请将练习文件"Lesson4.fla"保存。到此阶段完成的范例请参考进度文件夹下"Lesson04-10end.fla"文件。

至此，本课介绍的含有两个场景的昼夜动画制作完毕。

动态画面请见随书A盘"Lesson4昼夜场景\04课教学进度"的动画展示。

类似的练习，请参考随书A盘"Lesson4昼夜场景\04课学生作业"中的各种昼夜场景动画。

图4-83

思考题:

问题1: 补间动画与传统补间动画在制作上有何区别? 图层显示上有何区别?

问题2: 能否用动画文件的背景色代替天空的背景色?

问题3: 场景的时间轴与影片剪辑元件的时间轴有什么不同?

问题4: 当动画制作完成后,再改变文件的尺寸,已做的动画画面会随之改变吗?

问题5: 复制帧、粘贴帧操作可以复制粘贴哪些帧?

问题6: 能用补间形状变形动画制作简单的春夏秋冬四个季节的场景变化动画吗?

答疑:

问题1: 补间动画与传统补间动画在制作上有何区别? 图层显示上有何区别?

回答1: 两者在第1关键帧都拖放了库里的元件,传统补间是通过其他关键帧中元件实例的属性不同而制作的动画,补间动画则是通过创建其他的属性关键帧来制作的动画。

补间动画在时间轴上是以浅蓝色背景显示,属性关键帧是实心菱形。

在创建了第1关键帧的基础上,执行【插入/补间动画】命令,将默认的补间范围进行调整,然后在该范围内通过对指定的帧上的元件实例的属性改变来创建属性关键帧。属性关键帧之间自动产生补间动画。

传统补间动画表现为淡紫色背景,两个关键帧之间有黑色带箭头的直线。

在创建了第1关键帧的基础上,按F6键创建其他关键帧,通过对关键帧中的元件实例的属性改变来产生差异,然后两关键帧之间执行【插入传统补间】命令来创建自动过渡。

问题2: 能否用动画文件的背景色代替天空的背景色?

回答2: 动画文件的背景色是所有场景的背景色,一旦确定,所有场景都会使用这个背景色。由于白天、黑夜的天空颜色不同,不能用一种背景色来代替。如果要制作天空变色效果动画,就必须用绘制的矩形图形来代表天空。除非整个动画背景从始至终都是一种颜色,否则,都要用绘画工具自己绘制背景。

问题3: 场景的时间轴与影片剪辑元件的时间轴有什么不同?

回答3: 场景的时间轴是整个动画文件的主时间轴,它是最顶级的父级,而场景里某个元件的时间轴是专属于它自己的,嵌套在文件的主时间轴内,两者是父级与子级关系。影片剪辑元件时间轴里还可以嵌套另一个影片剪辑元件,两者也是父级与子级关系。对父级所做的更改会影响子级。对子级所做的修改也会体现在父级。执行【窗口/影片浏览器】命令,可以在影片浏览器中看到影片中主时间轴里嵌套的影片剪辑元件的层次关系。举例来讲: 一个在马路上从左到右行走的人,边走边左右转动头,而且眼睛还不停地眨。体现在Flash里,不断眨的眼睛作为一个影片剪辑元件(它的时间轴上是一次眨眼的动画)嵌套在左右转动的头的影片剪辑元件里(它的时间轴上是一次左右转动的动画),该头部元件再嵌套在主时间轴从左到右行走的人上(顶级父级时间轴上是从左到右的动画)。这种层次关系特别利于动画的编辑。你只要修改处于子级的影片剪辑元件的时间轴上的动画,父级上会自动体现这个改变。一旦你对父级时间轴动画进行了修改,子级会自动跟着改变。

问题4: 当动画制作完成后,再改变文件的尺寸,已做的动画画面能随之改变吗?

回答4: 文件尺寸的改变,实际上就是舞台可视区域大小的改变,而动画内容能否改变要看软件的版本,在CS6版本中,执行【修改/文档】命令,在"文档设置"对话框中,改变可视区的高度和宽度,这是舞台大小。选择"以舞台大小缩放内容"选项,确定后,缩放将应用到所有帧中的全部内容。而低于CS5.5版本的则动画内容不能随文件尺寸的改变而改变,所以,在低版本的Flash中要在动画制作之初,依据该动画的最终用途,设置动画的尺寸,不要等大量的动画制作完后,才发现尺寸需要调整,这时需要调整动画的所有层的所有关键帧上的可视对象,无疑增加了工作难度。如果在【文件/发布设置】里将HTML文件的尺寸按百分比放大,文件发布后,在IE浏览器窗口中会将动画文件播放尺寸放大,对于矢量动画来讲,画面质量不会下降。

问题5: 复制帧、粘贴帧操作可以复制粘贴哪些帧?

回答5: 复制帧与粘贴帧操作,可针对以下几种情况:

1
Lesson

2
Lesson

3
Lesson

4
Lesson

5
Lesson

6
Lesson

复制一个关键帧：当选择一个关键帧后，在右键菜单中执行【复制帧】命令，然后选择目标层的目标帧，在右键菜单中执行【粘贴帧】命令，可将该关键帧中的所有内容完全复制到目标帧。

复制同层多帧：在一层中先选择起始帧，然后按住Shift键再选择结束帧，可将这两帧之间的一段帧选择，然后在右键菜单中执行【复制帧】命令，再选择目标层的目标帧，在右键菜单中执行【粘贴帧】命令，可将这一段帧的内容完全复制到目标帧，目标帧后面的帧自动后移。

复制多层多帧：选择起始层的某帧，然后按住Shift键再选择结束层的某帧，可将多层多帧选中，在右键菜单中执行【复制帧】命令，然后选择目标帧，在右键菜单中执行【粘贴帧】命令，可将多层多帧复制，如果目标层只有一层，会自动创建多层。

复制整层帧：在图层名位置单击选择该图层，然后将鼠标移到时间轴帧的位置，在右键菜单中执行【复制帧】命令，选择目标层目标帧，在右键菜单中执行【粘贴帧】命令，可将整层的帧都复制。

复制整个场景帧：选择第1层，然后按住Shift键再选择最后一层，可将整个场景层选择，然后将鼠标移到时间轴帧的位置，在右键菜单中执行【复制帧】命令，选择目标层的某帧，在右键菜单中执行【粘贴帧】命令，可将整个场景中的所有帧复制（有时复制帧命令不可用，是因为选择的多层的帧不一样长）。

问题6：能用补间形状变形动画制作简单的春夏秋冬四个季节的场景变化动画吗？

回答6：可以，只要在几个关键帧中将代表地面的图形填充不同的颜色即可。分层绘制每一个场景色块，在不同关键帧中改变填色并制作补间形状变形动画。多层叠加效果如图4-84所示。这是用补间形状制作季节转换的动画方法，还有一种用传统补间动画的方法，请见下面上机作业4的操作。

图4-84

上机作业：

1、参考随书A盘"Lesson4昼夜场景动画\04课参考作品"中的作品1，制作自己感兴趣的动画背景。

图4-85

操作提示：

　　如果创作的动画片针对场景的镜头有推拉摇移运动，则建议场景背景中各部分不要在主场景分层中绘制，而是新建一个"背景"影片剪辑元件，在元件的图层分层绘制场景的各部分，最后将"背景"元件拖放到主场景中，调整大小覆盖整个可视区。完成场景背景的绘制。

　　2．参考随书A盘"Lesson4昼夜场景\04课参考作品"中的作品2，制作太阳光芒、草丛、树丛动画。

图4-86

操作提示：

　　（1）先将上一练习中完成的场景文件打开，确保主场景图层1中为"背景"元件。

　　（2）新建一个图层，命名为"光芒1"层，锁定背景层。如图4-87所示在天空区域绘制黄色径向渐变的圆形，起始色为透明值Alpha是80%的黄色，结束色为Alpha是0%的无色。然后将此圆形选择后转换为"光芒1"影片剪辑元件，在该元件的时间轴上，制作光芒变大、变小、恢复原状的补间形状动画。

　　（3）在主场景新建图层，命名为"光芒2"层，锁定其他层。如图4-88所示在天空区域绘制一个梯形作为"光芒2"的一束光柱，起始色为透明值Alpha是80%的橘黄色，结束色为Alpha是0%的无色。将此梯形选择后转换为元件，命名为"光芒2"影片剪辑元件，在该元件的时间轴的第1帧，复制粘贴多个该梯形，旋转后调整角度位置，制作成如图4-90所示的光芒2图形。然后框选整个光芒图形，将其转换为图形元件，命名为"静止光芒2"。在时间轴的第300帧插入关键帧，两帧之间创建传统补间，在属性面板中选顺时针旋转1圈。完成光芒2缓慢旋转的动画。

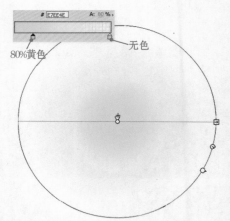

太阳光芒1：圆形径向渐变填充
图4-87

太阳光芒2：每个T型
单独上渐变色
图4-88

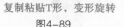

复制粘贴T形，变形旋转
图4-89

太阳光芒2
图4-90

（4）新建一层，命名为太阳层，执行【文件/导入/打开外部库】命令，打开第2课完成后的太阳文件的库，将该库中的太阳影片剪辑元件拖放到太阳层。到此，主场景时间轴各层如图4-91所示。太阳与两层光芒叠加后的效果如图4-92所示。

（5）如图4-94所示，场景中光芒1层的"光芒1"元件，默认与下层的显示混合模式为"一般"，如果在如图4-93所示的属性面板中将该元件的混合模式改成"叠加"，叠加效果会更好些。同样，"光芒2"元件的叠加模式由"一般"改为"叠加"的对比也如图4-94所示。最后按Ctrl+Enter键测试，完成场景中的太阳光芒动画。

图4-91

太阳与两层光芒的叠加

图4-92

图4-93

图4-94

（6）场景中草丛摇动动画制作：先进入"场景"元件的编辑界面，如果在场景元件中已绘制了一层草丛的图形，请将所有草丛图形选中，然后转换为"摇动的草"影片剪辑元件，进入该元件编辑界面，再次将所有草丛图形选中，转换为"静止的草"图形元件，然后在时间轴插入两个关键帧，如图4-95所示，将中间关键帧的"静止的草"元件实例轻微旋转一个角度，两两关键帧之间创建传统补间动画，一个草丛轻微晃动的动画就完成了。测试时，场景中的草丛会循环地晃动。

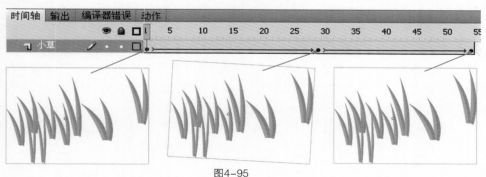

图4-95

（7）场景中树枝晃动动画制作：先创建一个"静止的树"的图形元件，在该元件界面，分层绘制树的各个部分。然后再创建一个"摇动的树"的影片剪辑元件，在该元件界面中，将库中刚创建的"静止的树"元件拖放到场景中，在时间轴中插入多个关键帧，对除第1帧和最后一帧的每一关键帧中的"静止的树"元件实例进行轻微的旋转等变形操作，关键帧之间创建传统补间动画。如图4-96所示。完成一个树的摇动动画后，将库中"摇动的树"影片剪辑元件拖放到场景中的树层多次，分别调整大小角度及色彩效果等属性，形成一片树林的效果。树枝晃动动画请参考ck04_02.fla文件。

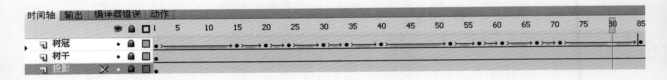

图4-96

3. 参考随书A盘"Lesson4昼夜场景\04课参考作品"中的作品3，制作地球旋转一圈及太阳的动画。

图4-97

操作提示：

（1）首先创建一个"地球"图形元件，在其界面中分层绘制地球上的各元素，如图4-97所示。

（2）在主场景背景层，绘制无边矩形填满整个背景区，然后在后面的时间轴中插入几个关键帧，分别填充代表早晨、中午、下午、黄昏等天空的背景色，制作矩形变色补间形状动画来代表一天中天空背景的颜色变化。

（3）在主场景地球层，将库中创建的"地球"元件拖入到场景，然后在场景最后一帧插入关键帧，制作地球元件旋转一周的传统补间动画。

（4）执行【文件/导入/打开外部库】命令，将前面课中制作的太阳拖入到主场景太阳层，制作太阳升起、落下的传统补间动画，也可制作太阳沿其运动引导层中的运动路径运动的动画。

（5）详细制作参考ck04_03.fla文件。

4．参考随书A盘"Lesson4昼夜场景动画\04课参考作品"中的作品4，制作春夏秋冬换季动画。

1 Lesson
2 Lesson
3 Lesson
4 Lesson
5 Lesson
6 Lesson

图4-98

操作提示：

（1）打开参考作品文件夹中的"ck04_04-start"文件，该文件场景中已经有"春天"元件，双击进入其界面，图层的各部分分层绘制如图4-99所示。读者可用此文件进行练习，也可用前面上机作业1已完成的自己绘制的背景元件进行练习。

时间轴　输出　编译器错误　动

- 河
- 房子
- 云
- 树2
- 树1
- 地面色块5
- 地面色块4
- 地面色块3
- 地面色块2
- 地面色块1
- 天空

图4-99　　　　　　　　　　　　图4-100

（2）在库窗口，单击鼠标右键选择"春天"元件，在右键菜单中执行【直接复制】命令三次，将复制后的库元件分别命名为"夏天"、"秋天"和"冬天"。然后双击"秋天"元件，进入其界面后，分别将每层的背景色块重新填充为秋天季节的颜色，并在新建的层中绘制落叶等该季节特有的画面。夏天、冬天元件中除了改变色块颜色外，还可添加绘制如夏天的树冠，冬天的雪景等层。将代表四个季节的元件中的画面内容修改完成。参考ck04_04_end1.fla文件中的四个库元件的内容。

（3）执行【文件/导入/打开外部库】命令，将第2课完成后的太阳文件的库打开，将该库中的太阳影片剪辑元件拖放到上面四季的每个元件中。

（4）在主场景创建春天、夏天、秋天、冬天四个图层，如图4-100所示，将库中的"春天"元件拖放到春天第1帧，分别在第50、70帧按F6键插入关键帧，在这两帧之间制作春天逐渐消失的传统补间动画（设置后一帧的春天元件的Alph1值为0%）。在夏天层的第50帧，按F5键插入空帧，然后将库中的"夏天"元件拖放到第50帧，在第70帧按F6键创建关键帧，在这两帧之间制作夏天逐渐出现的传统补间动画（设置前一帧的夏天元件的Alph1值为0%）。结果第50~70帧的动画是春天慢慢变成夏天的画面。

（5）参考上一步，在夏天层的第120~140帧之间制作夏天消失的动画。在秋天层的第120~140帧之间，制作秋天出现的动画。参考图4-102所示，完成春夏秋冬四季的转换动画。详细制作过程请参考ck04_04.fla文件。

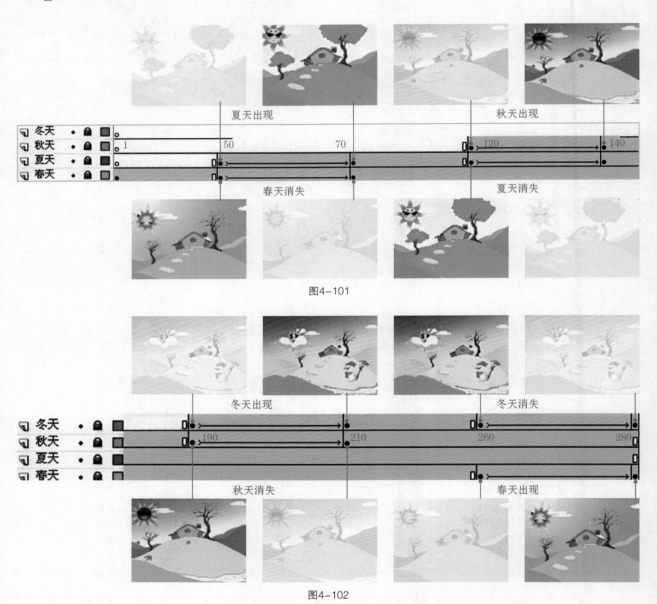

图4-101

图4-102

第5课 汽车动画

参考学时：4

✓ 教学范例：汽车动画

本范例的汽车动画逐步完成画面参看右侧的范例展示图。

动态画面请见随书B盘课件"Lesson5汽车动画\课堂范例"的动画展示。

本课将介绍用Flash的绘画与编辑工具制作汽车的动画：从最基本的车轮绘制开始，制作车轮的转动动画，然后绘制矢量车身，装配上转动的车轮，绘制汽车的细节，完成一个完全用Flash创建的汽车动画。另外介绍用导入矢量图形的方法创建摩托车、矢量车动画，为下一课马路场景准备不同的车辆。

✓ 教学重点：

- 如何使用信息面板
- 如何使用对齐面板
- 如何改变图形的叠加顺序
- 如何对齐图形
- 旋转轴心对旋转的影响
- 如何使用钢笔工具绘制车身路径
- 如何使用部分选取工具修改路径
- 锚点的三种类型

- 如何使用转换锚点工具
- 如何使用添加或减少锚点工具
- 如何使用滴管工具
- 图层叠加顺序的调整
- 如何导入矢量图形
- 如何使用矢量图形
- 如何将图形转换为元件

✓ 教学目的：

通过汽车车轮的制作，了解信息、对齐、变形面板的使用；通过汽车车身的绘制，掌握矢量路径绘画及编辑的方法；通过摩托车与矢量车动画的制作，掌握矢量图形的导入与应用，以及图形转换为元件的操作。

第5课——汽车动画制作及参考范例

5.1 汽车车轮动画制作

1 Lesson
2 Lesson
3 Lesson
4 Lesson
5 Lesson
6 Lesson

本节将用Flash的绘画与编辑工具制作汽车的车轮动画：一个车轮转动一圈的动画。

▌ 5.1.1 静止车轮制作

汽车车轮动画制作分为两个步骤：静止车轮的制作与转动车轮的制作。以后所有涉及的车轮动画都要经过这两步完成。

▶ 操作步骤5-1：静止车轮制作

新建一个Flash CS6文件（ActionScript2.0），保存命名为"Lesson5.fla"。选择工作区视图为动画模式。

创建图形元件"wheel1"

执行菜单【插入/新建元件】命令，如图5-1所示，命名元件名称为"wheel1"，类型为"图形"，保存到"库根目录"文件夹中。

此时从场景1编辑界面进入图形元件"wheel1"的编辑界面。下面将以对象绘制模式绘制元件的内容。

图5-1

绘制圆形车轮

选择工具箱中的椭圆工具⬭，在工具箱中的笔触颜色框✏️▱将线条色设置为无色，在填充颜色框🪣■将填充色设置为黑色。仔细观察工具箱的对象绘制模式按钮，它没有被按下时就是合并绘制模式（显示为◙），按下后就进入了对象绘制模式（显示为◙，此后用各绘画工具绘制的每个形状图形四周会有紫色矩形边框线标识）。在对象绘制模式下，在工作区按Shift键+拖曳鼠标绘制圆形，一个黑色圆形会出现在图层1的第1关键帧的工作区。

图5-2

用选择工具▶单击圆形，将其选择（如果此时圆形内部显示是点状的，表示没有进入到对象绘制模式，请删除这个圆形，重新进入对象绘制模式再画），它四周应该是紫色矩形标志线。

此时移动圆形，注意如图5-2所示的信息面板，除了图形的颜色、大小数据外，还显示图形的坐标值。当单击信息面板中的方框显示🔳时，x y的数据表示的是图形中心变形点的坐标值，再次单击显示🔳后，x y的数据表示的是图形左上角的坐标值，坐标原点是工作区的十字中心。

如图5-3所示为工作区中圆形的中心点的坐标，图5-4所示为在信息面板设置x y的值，使圆形左上角与坐标原点重合。最后在如图5-5所示的信息面板中设置x y的值，将圆形中心点与坐标原点重合。

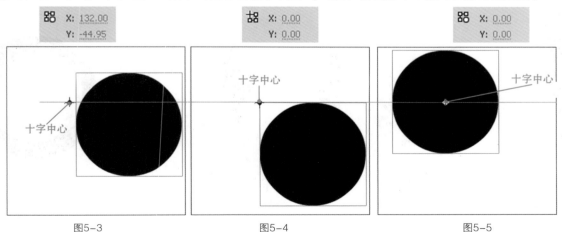

图5-3   图5-4   图5-5

在空白处单击鼠标，取消对黑色圆形的选择，接着选择椭圆型工具⬭，在填充颜色框 🖋■ 将填充色设置为灰色，再画一个圆形，用选择工具 ▶ 把它移动到黑色圆的上面，在信息面板中将圆形中心点与坐标原点重合。参考图5-6所示，画出第2、3、4个圆形（后几个圆形请先不要对齐原点，后面用另一种方法对齐）。

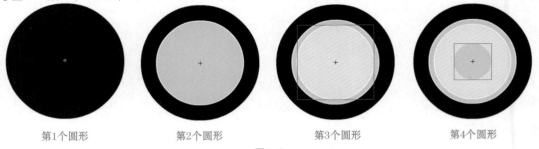

第1个圆形　　　　　　第2个圆形　　　　　　第3个圆形　　　　　　第4个圆形

图5-6

由于在对象绘制模式下，绘制的每一个圆形都是独立的图形对象，在一个图层上多个图形对象重叠时，可以分别选择，当编辑其中一个时，不会影响与其重叠的对象的形状。

多个图形的排列与对齐操作

因为图形是按照绘制的先后顺序叠加的，如果有些后画好的图形需要调整叠加顺序，放置在先画好的图形下面，用选择工具 ▶ 单击选择该图形，然后执行【修改/排列/下移一层】命令，或在图形上右击，从右键菜单中选择【排列/下移一层】命令，改变其叠加顺序，如图5-7所示。

调整叠加排列顺序　　　　　　　　　　　　　顺序调整后

图5-7

工作区视图为动画模式下，单击左侧与信息面板一组的对齐面板标签使其高亮显示（或执行【窗口/对齐】命令），该面板是用来对多个图形进行对齐、分布操作的。现在用选择工具 ▶ 框选所有的圆形，如图5-8所示，然后在对齐面板中单击"水平中齐"图标，所有图形的中心会在垂直方向上对齐，图形对齐结果如图5-9所示。再单击"垂直中齐"图标，所有图形的中心会在水平方向上对齐，图形对齐结果如图5-10所示。

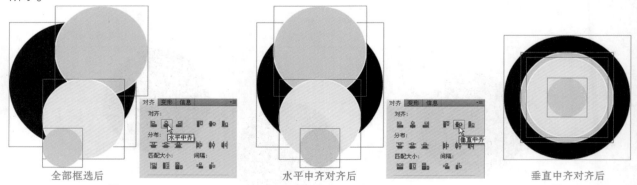

全部框选后　　　　　　　　　　水平中齐对齐后　　　　　　　　垂直中齐对齐后

图5-8　　　　　　　　　　　　图5-9　　　　　　　　　　　　图5-10

至于多个图形的分布操作，指的是多个图形之间的分布调整，即在水平或垂直方向上图形以平均间隔距离来分布。

到此，车轮的这几个圆形由大到小依次排列，所有圆形的中心点与十字坐标原点重合。如果这样的车轮制作转动动画，会根本看不到变化，所以需要为车轮添加一些细节。

绘制车轮的细节

选择工具箱中的基本椭圆工具，画出一个椭圆，并在属性面板中调整椭圆选项，改成一个小扇形，如图5-11所示。

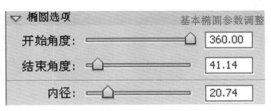
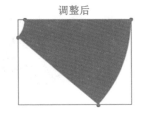

图5-11

用选择工具 将扇形移动到圆形车轮上，用任意变形工具 将其缩放、旋转并移动到合适位置，如图5-12所示。

在扇形上右击，从右键菜单中选择【复制】命令，然后再选择【粘贴】命令6次，复制其他6个扇形。默认复制后的图形会放置在十字中心，将每一个旋转并移到合适位置，如图5-13所示。最后完成后的效果如图5-14。

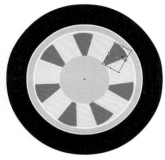

图5-12   图5-13   图5-14

选择刷子工具 ，选择合适的笔刷大小与形状，在对象绘制模式下，在空白区画出如图5-15所示的色块，由于每画一笔都是一个图形对象，所以当用选择工具 框选全部色块时，你会发现简单的一个色块区包含了大量的图形对象，如图5-16所示，为了编辑方便，全部框选后执行【修改/合并对象/联合】命令，将其合并成一个图形对象，如图5-17所示。最后将这个图形移动到车轮上，作为它的高光区色块，如图5-18所示。

对象绘制模式下用刷子绘画   用选择工具框选所有对象   对象合并联合成一个对象   车轮上的高光色块

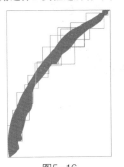

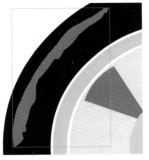

图5-15   图5-16   图5-17   图5-18

> **注意**
>
> 你也许会在合并绘制模式下直接在车轮上画出这个色块区，但是，绘制的填充色块会自动置于最底层，被车轮图形遮挡住，此时只要先将圆形车轮移开，就会看到最下层的色块，将这个色块选择后，执行【修改/合并对象/联合】命令，将其转换为图形对象，并移至顶层。

同样的方法，直接在车轮上画出另一侧的色块区，最后画好的静止车轮形状如图5-19所示。
也可以参考图5-20，画出不同风格的车轮。

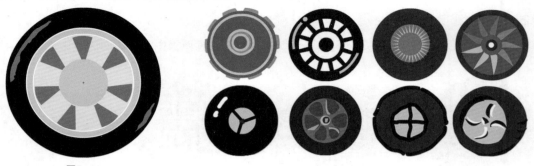

图5-19 　　　　　　　　　　　　　　　　　　　　　　图5-20

到此为止，一个静止的车轮就画好了。
请将文件"Lesson5.fla"保存。到此阶段完成的范例请参考进度文件夹下的"Lesson05-01end.fla"文件。

▌ 5.1.2　转动车轮动画制作

请打开上一步骤保存的文件"Lesson5.fla"（或打开进度文件夹中的"Lesson05-01end.fla"文件）。
下面将利用已经画好的静止车轮图形元件"wheel1"来制作转动车轮的动画。

▶ 操作步骤5-2：转动车轮动画制作

创建影片剪辑元件"wheel1-move"

执行菜单【插入/新建元件】命令，命名元件名称为"wheel1-move"，类型为"影片剪辑"，保存到
"库根目录"文件夹中。
此时进入到影片剪辑元件"wheel1-move"的编辑界面。

转动车轮动画制作

从库面板中将静止车轮"wheel1"拖放在工作区中，并在信息面板中将x y坐标值改为"0，0"，使
车轮中心点与十字原点重合，如图5-21所示。

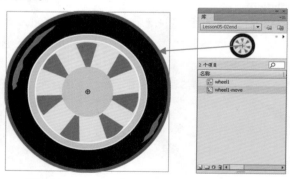

图5-21

此时影片剪辑元件"wheel1-move"的时间轴第1帧成为关键帧，选择时间轴的第25帧，按F6键插入
关键帧，然后在这两个关键帧之间的任一帧单击鼠标右键，如图5-22所示，选择【创建传统补间】命令。
选择两个关键帧之间的任一帧后，在如图5-23所示的帧属性面板中选择顺时针旋转（车朝右开）或逆时针
旋转（车朝左开）1圈。
按Enter键播放，车轮转动一圈的动画就做好了。注意这个动画是在"wheel1-move"影片剪辑元件
的时间轴上制作的，两个关键帧中的图形元件"wheel1"实例的大小、位置、角度等完全相同，只是在传
统补间帧属性上改动了旋转值，产生了转动一圈的动画。

图5-22

图5-23

初学者容易犯的错误是：当用任意变形工具 修改第1关键帧中的车轮大小并移动位置时，如图5-24所示，鼠标指向中心变成 后移动，容易将旋转轴心从中心移动到车轮外，此后插入关键帧再做旋转一周的动画后，就会如图5-25所示绕着车轮外的旋转轴心旋转。如果在制作过程中出现旋转不正常的情况，请用任意变形工具 分别单击两个关键帧中的车轮元件实例，看它的轴心是否改变了，请改回到车轮的中心。另外注意在用该工具移动车轮时，一定要在鼠标指针显示为 后再移动，如果显示为 时移动就是改变轴心位置了。

　　以上方法是用制作两个关键帧之间的传统补间动画的方法制作的转动车轮。由于前后轮都一样，所以我们只做1个车轮就可以了。

旋转轴心在实例中心

旋转轴心移动到实例外

图5-24

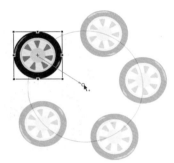

旋转轴心的改变对旋转的影响

图5-25

选作：

　　用户还可以采用补间动画的方法制作转动车轮：首先执行菜单【插入/新建元件】命令，创建另一个转动车轮元件，命名元件名称为"wheel1-move-1"，类型为"影片剪辑"，保存到"库根目录"文件夹中。此时进入到影片剪辑元件"wheel1-move-1"的编辑界面。

　　从库面板中将静止车轮"wheel1"拖放在工作区中，并在信息面板中将x y坐标值改为0,0，使车轮中心点与十字原点重合。

　　选择第1关键帧，执行【插入/补间动画】命令，创建默认24帧的补间动画，将时间轴的红色滑块定位在第24帧，然后再如图5-26所示的帧属性面板中将旋转次数设置为1次，结果也是车轮转动1圈的动画。

　　如图5-27所示的传统补间动画与图5-26所示的补间动画在时间轴上的显示是不一样的，虽然做出的动画都是车轮转动一圈，但是建议采用传统补间动画的方法，因为在以后的练习中，可在车轮最后一个关键帧上加动作控制是否继续转动，而在属性关键帧上不能加动作。

　　请将文件"Lesson5.fla"保存。到此阶段完成的范例请参考进度文件夹下的"Lesson05-02end.fla"文件。

图5-26

图5-27

请打开上面步骤保存的文件"Lesson5.fla"（或打开进度文件夹中的"Lesson05-02end.fla"文件）。本节将用Flash的绘画工具绘制车身。这一节将重点介绍矢量路径绘画。

█ 5.2.1　创建汽车元件

请注意，每个汽车动画都是在影片剪辑元件中完成的，所以需要先创建影片剪辑元件。

▶ 操作步骤5-3：创建影片剪辑元件"car1"

执行菜单【插入/新建元件】命令，命名元件名称为"car1"，类型为"影片剪辑"，保存到"库根目录"文件夹中。进入到影片剪辑元件"car1"的编辑界面。我们要在此界面组装完成如图5-28所示的汽车。

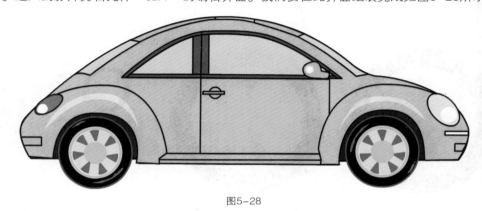

图5-28

█ 5.2.2　绘制车体

下面将采用矢量绘制方法绘制车体。

▶ 操作步骤5-4：使用钢笔工具绘制车身闭合路径

选择工具箱中的钢笔工具，选择合并绘制模式，在属性面板选择笔触的颜色与粗细，然后参考图5-29所示，在工作区将钢笔光标移到要开始的位置，单击创建第1个锚点，光标移动到下一个位置再单击创建第2个锚点，此时该锚点保持被选状态（实心显示），第1个锚点取消选择（空心显示）。两个锚点之间自动形成一条路径线段。依次单点击创建第3、4、5锚点，在创建过程中，最后一个锚点始终保持被选状态，如果该锚点刚创建就觉得位置不满意，可立即按Del键删除锚点（再按一次Del键可删除整个路径），继续在新位置上创建。最后当光标移到起始锚点上变成后单击形成一个闭合路径。

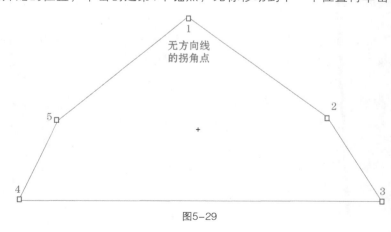

图5-29

1
Lesson
2
Lesson
3
Lesson
4
Lesson
5
Lesson
6
Lesson

如果对5个锚点形成的闭合路径的形状不满意，一种方法是按 Ctrl+Z键全部撤销重来，另一种方法就是用下面的方法编辑路径上的锚点进行修改。

如果一个路径上的锚点与前后两个锚点之间形成的曲线不是平滑弧线而是有角度的直线，这个锚点就叫做无方向线的拐角点，如图5-30所示。图5-29中的所有锚点都是无方向线的拐角点。

如果某个锚点与前后两个锚点之间形成的曲线是平滑过渡的弧线，它有两个方向线，如图5-31所示，调整一侧的方向线时，另一侧也受影响，该锚点就叫做平滑点。

如果某个锚点与前后两个锚点之间形成的曲线不是平滑过渡的弧线，它有一个或两个方向线，如图5-32所示，调整一侧方向线时，另一侧不受影响，该锚点就叫做有方向线的拐角点。

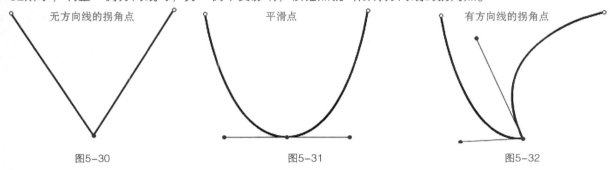

无方向线的拐角点	平滑点	有方向线的拐角点
图5-30	图5-31	图5-32

掌握了锚点的三种类型特点后，下面我们通过调整路径上的锚点来达到调整路径形状的目的。

▶ 操作步骤5-5：使用部分选取工具改变路径锚点位置：

选择工具箱中的部分选取工具，在路径的锚点上单击选择该锚点（实心显示），将锚点移动到合适的位置，最后将5个锚点形成的路径形状调整成如图5-29所示的形状。该工具还可以框选整个路径，其上的所有锚点也都被选择，当光标变成后可将整个路径移动到合适的位置（例如将路径移动到工作区十字坐标原点处）。该工具在路径之外的空白处单击就会取消对路径的选择，此时路径位置只显示路径形成的笔触线条，再次在线条上单击可以看到路径。

▶ 操作步骤5-6：使用转换锚点工具改变锚点类型

转换锚点工具可以将路径上的拐角点转换为平滑点，也可以将平滑点转换为有方向线的拐角点，还可以将这两类点转换为无方向线的拐角点。

具体操作：选择工具箱中的转换锚点工具，指向如图5-29所示的锚点1上，单击并拖曳出该锚点的两个方向线（注意在拖曳时不要让路径线交叉，如果出现这种情况，请向相反方向拖曳）。结果如图5-33所示，一个无方向线的拐角点转换成了有方向线的平滑点，经过这一点两侧的路径线平滑过渡。

当上述操作完成后，如果用转换锚点工具再次指向平滑点方向线上的方向点（一端的实心圆点），单击并拖曳鼠标，如图5-34所示，会将平滑点转换为有方向线的拐角点，调整某一侧方向线的方向点，只影响这一侧的路径线段的形状。

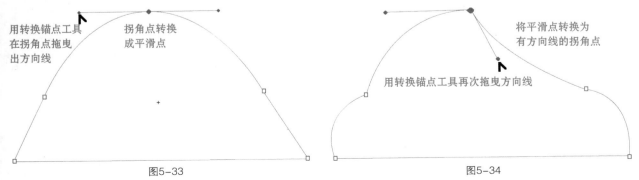

用转换锚点工具在拐角点拖曳出方向线 拐角点转换成平滑点	将平滑点转换为有方向线的拐角点 用转换锚点工具再次拖曳方向线
图5-33	图5-34

无论是平滑点还是有方向线的拐角点，如果用转换锚点工具，点击这类点（如图5-33与图5-34的顶点），会立刻将它们转换成无方向线的拐角点，如图5-35所示。

请在锚点1上反复练习拖曳、单击，拖曳、拖曳方向点、最后单击，熟悉这三种类型锚点的转换操作。

▶ 操作步骤5-7：使用部分选取工具调整车体顶部弧线

部分选取工具除了能改变锚点的位置外，也可以将拐角点转换为平滑点，并且可以调整平滑点的方向线，还可以调整有方向线的拐角点的方向线，甚至将其转换为平滑点，具体操作如下：

用部分选取工具指向拐角点，例如如图5-35所示的锚点1，当光标变成后按住Alt键+拖曳出该锚点的两个方向线（同样注意在拖曳时不要让路径线交叉）。结果如图5-36所示，拐角点转换成平滑点。

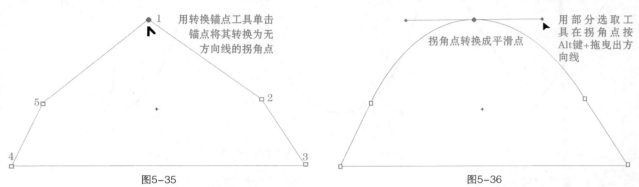

图5-35　　　　　　　　　　　　　　　　图5-36

继续用部分选取工具指向平滑点方向线上的方向点，单击并拖曳，可调整这一侧方向线的方向，另一侧也会受影响（请注意再次拖曳平滑点的方向点时该工具与转换锚点工具的区别）。

用部分选取工具将顶部曲线调整成车体的弧形。

▶ 操作步骤5-8：使用转换锚点工具调整车体前后弧线

用转换锚点工具调整最右侧的第3个锚点。先在锚点上拖曳鼠标，将其转换为平滑点，如图5-37所示，接着向左上方拖曳方向点，如图5-38所示，尽量使这一侧的路径线为水平线。调整另一侧的方向点，使车体前部的弧形满意为止。

继续用转换锚点工具调整最左侧的第4个锚点。先在锚点上拖曳鼠标，将其转换为平滑点，如图5-39所示，接着向右上方拖曳方向点，如图5-40所示，尽量使这一侧的路径线为水平线。调整另一侧的方向点使车体后部的弧形满意为止。

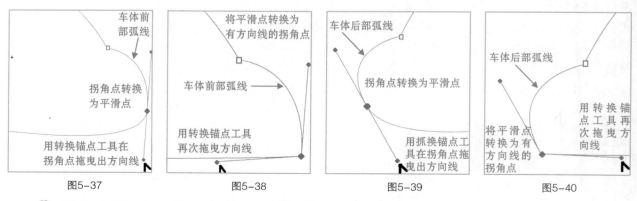

图5-37　　　　　　　图5-38　　　　　　　图5-39　　　　　　　图5-40

▶ 操作步骤5-9：使用部分选取工具调整各弧线方向点

对于平滑点两侧的方向点来说，只有用部分选取工具调整方向点时才不会改变平滑点的类型。用部分选取工具指向平滑点的方向点并拖曳它，尽管这一侧的路径曲线有变化，但是会与另一侧曲线保持平滑过渡。

部分选取工具 ▶ 也可以调整有方向的拐角点上的方向线，在调整时如果两个方向线成一条直线，就将该点转换为平滑点了。

请用该工具选择车身路径上的每个锚点，调整锚点上的每个方向点。最后使车身的轮廓路径如图5-41所示。即使绘画不熟练，用这种方法也能很快调整出想要的路径线。最后框选所有锚点，将车体路径置于中心。

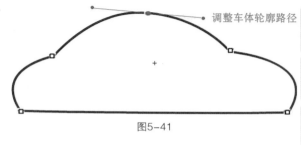

调整车体轮廓路径

图5-41

▶ 操作步骤5-10：使用添加锚点和部分选取工具调整车轮轮廓

选择添加锚点工具 ▶，在前后车轮位置的路径上单击鼠标，添加锚点，如图5-42所示，每个车轮位添加3个锚点。多添加的锚点可以用删除锚点工具 ▶ 进行删除。

在此处添加3个锚点　　　　　在此处添加1个锚点

图5-42

选择部分选取工具 ▶，将中间的点向上移动，调整两边的点的位置，与其形成等边三角形，如图5-43中的后轮廓所示，按住Alt键的同时拖曳出中间锚点的两个方向线，调整两侧方向点，后轮廓路径调整完毕，如图5-44所示。

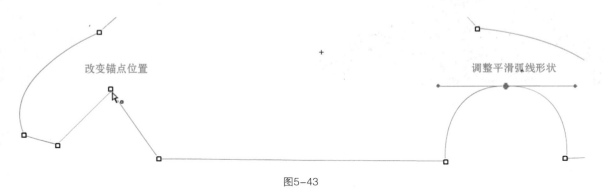

改变锚点位置　　　　　调整平滑弧线形状

图5-43

前轮的轮廓路径调整方法同上。最后完成如图5-44所示的车身路径。

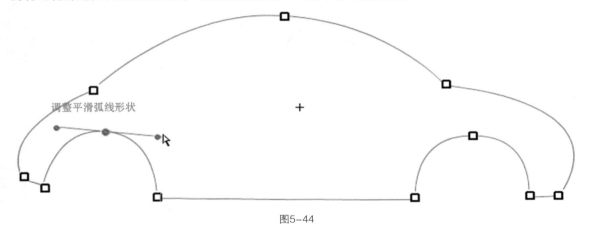

调整平滑弧线形状

图5-44

▶ 操作步骤5-11：车身路径上色

底层上黑色：

选择工具箱的颜料桶工具 ，选择黑色，在车身闭合路径内单击，为其填充颜色，如图5-45所示。尽管钢笔工具绘制路径时已经使用了钢笔的笔触和轮廓线颜色，如果需要修改，请选择工具箱的墨水瓶工具 ，选择合适的颜色与笔触大小，在车身闭合路径线上单击，为其重新描边。

与画笔绘画相比，矢量路径的引入使得绘画修改变得容易多了，即使你绘画不太熟练，但是通过反复调整路径曲线，觉得合适后再对其上色，上完色还可以用上述方法调整路径形状，所以建议一定要熟练掌握路径的绘制编辑方法。

第二层上黄色

将当前图层命名为"车身黑"，在时间轴新建一个图层，命名为"车身黄"。

选择"车身黑"的第1关键帧，鼠标右击该关键帧，在右键菜单中执行【复制帧】命令。

选择"车身黄"的第1帧，鼠标右击该空关键帧，在右键菜单中执行【粘贴帧】命令。

结果"车身黄"的图层完全复制了"车身黑"图层中的黑色车体的图形。将底层锁定，如图5-46所示。

选择"车身黄"图层的第1关键帧，选择黄色为填充色，用颜料桶工具 在车体内部单击上色，该层的图层效果如图5-47所示。由于两层图形完全叠加在一起，单击 按钮隐藏该层才能看到下层的黑色车。

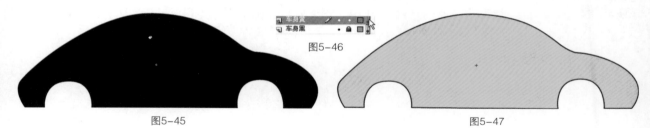

图5-45　　　　　　　　　　　　　　　　　图5-46　　　　　　　　　　　　　图5-47

第二层车轮轮廓的调整

切记将底层锁定，选择"车身黄"图层的第1关键帧，用部分选取工具 单击后车轮顶部的锚点，向上移动，并将两侧的锚点也向两边移动，如图5-48所示，这样使黄色车的后车轮轮廓大一圈，就露出来下一层的黑色车轮了，前车轮也同样调大一圈。

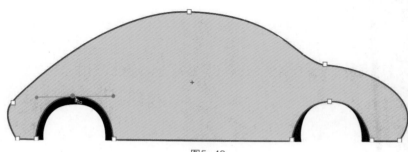

图5-48

▍ 5.2.3　装配车轮

车体绘制完成后，可将前面制作的转动车轮的影片剪辑元件添加进来。

▶ 操作步骤5-12：装配转动车轮

如图5-49所示新建一个图层，命名为"车轮"，将其他两层锁定，从

图5-49

库窗口中将已完成的转动车轮 "wheel1-move" 影片剪辑元件拖放到后车轮的位置，在属性面板中将其 🔗 宽高锁定比例后调整大小，使其与车身的车轮轮廓吻合，位置大小调整完成后，选择该车轮实例，按Ctrl+C键复制，再按Ctrl+V键粘贴，将另一个同样大的车轮放置在前车轮位置，结果如图5-50所示。

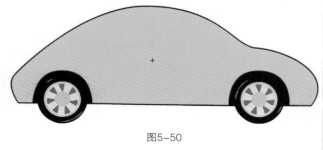

图5-50

5.2.4　车体其他部位的绘制

下面将绘制汽车的车窗、车灯等部位。

▶ **操作步骤5-13：后车窗绘制**

新建一个图层，命名为"后窗"，将其他三层锁定。下面还是利用路径绘制方法绘制车窗。

选择工具箱中的钢笔工具 🖊，选择合并绘制模式，在属性面板中选择笔触的颜色与粗细，然后参考图5-51所示，在后车窗位置附近创建3个锚点，形成三角形闭合路径。选择添加锚点工具 🖊，在三角形斜边中心单击添加锚点。

选择部分选取工具 🔍，将斜边中间的点向左上移动，如图5-52所示。

按住Alt键+拖曳出中间锚点的两个方向线，继续用该工具调整平滑点的方向点，及各锚点的位置，最后后窗轮廓路径如图5-53所示。

用颜料桶工具 🪣 为其内部填充车窗色，如图5-54所示。

选择直线工具 ╲ 画出一条直线，如图5-55所示。注意两头的端点要与其他两条线接触上。

选择工具 �, 指向该线条，当光标变成 ↳ 时拖曳改变线条的形状，直到如图5-56所示的两条线弧线之间的距离相等后松手。

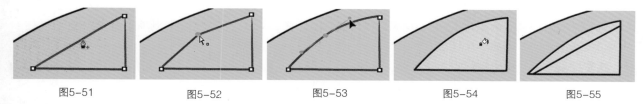

图5-51　　　　图5-52　　　　图5-53　　　　图5-54　　　　图5-55

选择直线工具 ╲，如图5-57所示按住Shift键画出一条水平直线。注意两头的端点要与其他两条线接触上。

继续用直线工具 ╲，如图5-58所示按住Shift键画出一条垂直线。

用颜料桶工具 🪣，为车窗边缘区域内部填充稍深的颜色，如图5-59所示（如果颜色填充不上，是因为该区域闭合，请选择工具栏中的封闭大空隙 ⭕ 选项，如果还填充不上，请放大视图，检查该区域的端点是否闭合，用选择工具 ▸ 指向端点，当光标变成 ↳ 时将线与线的端点重合）。

最后完成后车窗绘制，结果如图5-60所示。

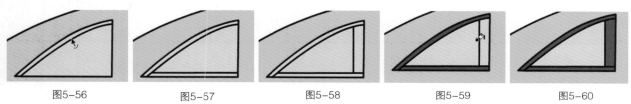

图5-56　　　　图5-57　　　　图5-58　　　　图5-59　　　　图5-60

▶ **操作步骤5-14：前车窗绘制**

新建一个图层，命名为"车左门窗"（司机的左边门），将其他几层锁定。

选择工具箱中的钢笔工具 🖊，选择合并绘制模式，在属性面板中选择笔触的颜色与粗细，然后参考图

5-61所示，在前车窗位置附近创建5个锚点，形成一个闭合路径。

选择部分选取工具 ↖，如图5-62所示按住Alt键+拖曳出锚点的两个方向线，继续用该工具调整平滑点的方向点及各锚点的位置，最后为前窗轮廓路径区域填充颜色，如图5-63所示。

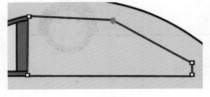
图5-61

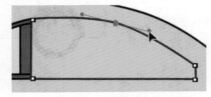
图5-62

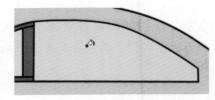
图5-63

选择直线工具 ＼，如图5-64所示画出一条直线。注意两头的端点要与其他两条线接触上。

选择工具 ↖ 指向该线条，当光标变成 ↘ 时拖曳改变线条的形状（或为该线添加锚点，调整锚点及方向点），直到如图5-65所示的两条线弧线之间的距离相等为止。接着用线条工具 ＼ 画出横线与竖线。最后为前窗边框区填充较深的颜色，如图5-64所示。

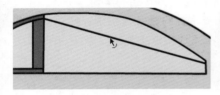
图5-64

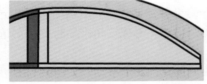
图5-65

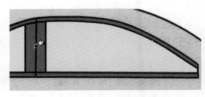
图5-66

▶ 操作步骤5-15：车门、把手、踏板绘制

车门、把手绘制

继续在"车左门窗"层上绘制三条直线，形成门框，如图5-67所示，并为车门填充颜色，如图5-68所示（这是司机旁边左车门内部的颜色）。

选择"车左门窗"的第1关键帧，鼠标右击该关键帧，在右键菜单中执行【复制帧】命令。

将所有层锁定，新建一个图层，命名为"车右门窗及把手"层，选择它的第1帧，用鼠标右击该空关键帧，在右键菜单中执行【粘贴帧】命令。

结果"车右门窗及把手"的图层完全复制了"车左门窗"图层中的门窗图形。

选择工具箱的滴管工具 ✐，在车身上单击取出车身的颜色，此时鼠标指针变成 ◢，在门框的内部单击，如图5-69所示，将右门框填上与车身一样的黄色。

用椭圆工具和矩形工具画出门把手，如图5-70所示。

图5-67

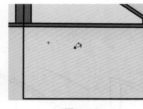
图5-68

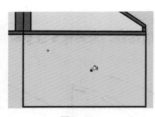
图5-69

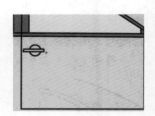
图5-70

踏板绘制

新建一个图层，命名为"踏板"层，用直线工具在门框下方的车体上画出如图5-71所示的几条闭合直线，在内部也填充与车身一样的黄色。在图层上将该层向下拖放一层，此时图层的顺序显示如图5-72所示。

图5-71

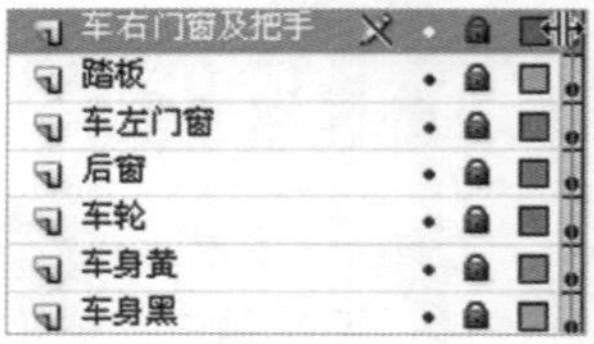

图5-72

1 Lesson
2 Lesson
3 Lesson
4 Lesson
5 Lesson
6 Lesson

▶ 操作步骤5-16：车轮罩绘制

前车轮罩绘制

在图层最上层新建一个图层，命名为"前车轮罩"层，将其他层锁定，用钢笔工具 ![钢笔] 创建锚点，如图5-73 所示，用直接选取工具 ![选取] 调整平滑点的方向点，最后在这个闭合区域填充与车身一样的黄色，如图5-74所示。

先暂时将"车身黄"图层的 ![眼睛] 显示关闭，如图5-75所示，再次用直接选取工具 ![选取] 调整各锚点及平滑点的方向来调整闭合路径形状，最后结果如图5-76所示。

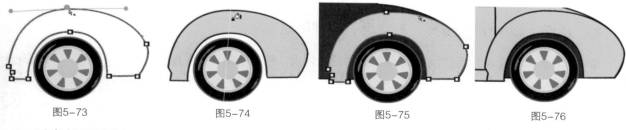

图5-73　　　　　　　图5-74　　　　　　　图5-75　　　　　　　图5-76

后车轮罩绘制

在图层最上层新建一个图层，命名为"后车轮罩"层，将其他层锁定。同样用钢笔工具 ![钢笔] 创建锚点，如图5-77 所示，用直接选取工具 ![选取] 调整平滑点的方向点，最后在这个闭合区域填充与车身一样的黄色，如图5-80所示。

还可以在各自的车轮罩上面画出如图5-81所示的高光区。

图5-77　　　　　图5-78　　　　　图5-79　　　　　图5-80　　　　　图5-81

▶ 操作步骤5-17：车顶绘制

在图层最上层新建一个图层，命名为"顶部"层，将其他层锁定，如图5-82所示，用钢笔工具创建闭合路径，然后调整路径，使其与车顶弧线吻合，用直线工具在内部画出分割线，如图5-83所示，分别在各区域填充颜色，如图5-84所示。

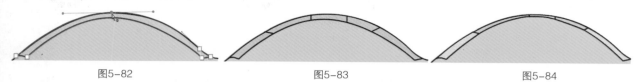

图5-82　　　　　　　　图5-83　　　　　　　　图5-84

▶ 操作步骤5-18：车灯、后视镜绘制

前车灯绘制

新建一个图层，命名为"前车灯"层，将其他层锁定，用椭圆工具画出椭圆形的车灯，用任意变形工具旋转车灯并移动到合适位置，如图5-85所示，接着用椭圆工具在车灯内部再画一个高光椭圆。用矩形工具画出车前部的装饰。

后车灯绘制

新建一个图层，命名为"后车灯"层，将其他层锁定，用椭圆工具画出椭圆形的车灯，用任意变形工具旋转车灯并移动到合适位置，如图5-86所示，并画出车后部的装饰。

图5-85

后视镜绘制

新建一个图层，命名为"后视镜"层，将其他层锁定，用钢笔工具创建如图5-87所示的闭合路径，为其填色，并绘制高光。

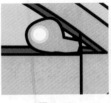

图5-86　　　　　　图5-87

┃ 5.2.5　汽车内部绘制

为了在后面课程中制作汽车的开关门、摇车窗的动画，需要绘制驾驶员等车内部分。

▶ 操作步骤5-19：座椅、方向盘、驾驶员绘制

请参考图5-88所示的图层顺序，利用所学的绘画知识，创建座椅、方向盘、驾驶员的图层，并分别绘制相应的图形，完成后的汽车在后续的动画练习中，可以打开车门或摇下车窗看到驾驶员，如图5-89所示。通常情况下车的右门在上层，看不到下层车内的驾驶员。

图5-88

关闭车右门窗及把手层的显示

打开车右门窗及把手层的显示

对右车门扭曲变形后的显示

图5-89

你也可以参考图5-90所示，画出不同风格的汽车。

图5-90

最后，单击工作区左上角的按钮 ⬛场景1 回到场景1编辑界面，将"car1"元件拖放到场景可视区，调整汽车的大小，按Ctrl+Enter键观看影片剪辑元件"car1"实例的动画，此时场景中一个车轮在原地循环转动的汽车就制作完成了。

请将文件"Lesson5.fla"保存。到此阶段完成的范例请参考进度文件夹的"Lesson05-03end.fla"文件。

除了在Flash中用钢笔类工具绘制矢量图外，还可以将矢量绘画软件例如Adobe Illustrator等绘制的文件直接导入到Flash里，该软件的绘画功能强大，你可以用它来创建复杂的矢量图形。然后应用到Flash中。本节将利用已经完成的矢量摩托车和矢量汽车图形制作矢量摩托车动画和矢量汽车动画。

5.3.1 矢量摩托车图形的应用

请打开上个步骤保存的文件"Lesson5.fla"（或打开进度文件夹中的"Lesson05-03end.fla"文件）。下面练习将一个矢量摩托车导入到Flash中并制作车轮转动动画。

▶ 操作步骤5-20：如何导入矢量图形

执行【文件/导入/导入到库】命令，出现如图5-91所示的导入选项窗，在底部选择"将图层转换为：Flash 图层"，将"摩托车.ai"文件导入到库中，类型为图形元件。

如果源文件是分层放置的，在导入时选择"将图层转换为Flash 图层"，结果各图层会分别转换为Flash的各图层。如果选择"将图层转换为单一Flash 图层"，导入后会放置在一个图层上，如果选择"将图层转换为关键帧"，则会将矢量图形放在一个关键帧上。

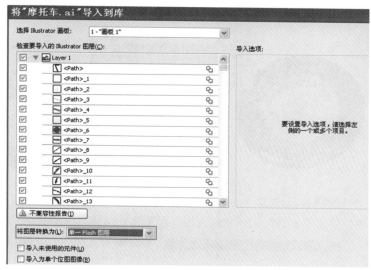

图5-91

▶ 操作步骤5-21：如何使用矢量图形

有些导入到库的矢量元件，如果作为静止的背景图，可直接将其拖放到场景中的关键帧，但是，大多数情况下，会将其拖放到元件里。

执行菜单【插入/新建元件】命令，命名元件名称为"摩托车"，类型为"影片剪辑"，保存到"库根目录"文件夹中，此时从场景1编辑界面进入影片剪辑元件"摩托车"的编辑界面。

如图5-92所示，将矢量图形元件"摩托车.ai"从库中拖放到工作区。此时该图形四周以蓝色标志框显示。

在摩托车图形上双击鼠标，进入"摩托车.ai"图形元件的界面（注意工作区左上角的元件嵌套层级显示），此时整体图形分离成组成它的各个图形，如图5-93所示。

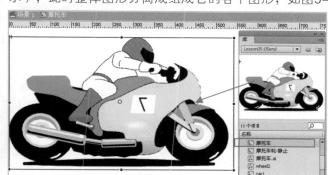

图5-92

图5-93

▶ 操作步骤 5-22：如何制作车轮动画

转换为影片剪辑元件

转换元件：选择工具在空白处单击，取消对所有图形的选择，然后按Shift键+单击选择后车轮的各组成图形，将其移动位置，会看到还未选择的其他图形，将所有后车轮图形都移出来，定位并全部选择，如图5-94所示，在右键菜单中执行【转换为元件】命令，将其命名为"摩托车轮-运动"，类型为"影片剪辑"，保存到"库根目录"文件夹中。该操作的结果，将已经存在的分离的矢量图形转换成一个整体影片剪辑元件。

删除前车轮：用选择工具在空白处单击，取消对所有图形的选择，然后按Shift键+单击选择前车轮的各组成图形，将其移动位置，会看到还未选择的其他图形，将所有前车轮图形移出来，选择后按Delete键删除。

复制后车轮：将后车轮重新移动放置在后轮位置。选择后车轮，按Ctrl+C键复制，再按Ctrl+V键将其粘贴，将粘贴的车轮放置在前车轮位置，如图5-95所示（前后轮将用同一个转动动画元件）。

图5-94

图5-95

排列叠放位置：分别将前后轮选择后，如图5-96所示，在右键菜单中执行【排列/移至最底层】命令，将车轮的叠加次序从最上层移到底层，结果如图5-97所示。

图5-96

图5-97

转换为图形元件

在库窗口双击"摩托车轮-运动"元件的图标（或直接在摩托车元件的界面双击后车轮），进入转动车轮"摩托车轮-运动"的编辑界面（注意工作区左上角的元件嵌套层级显示）。

我们要在时间轴上制作车轮转动一周的动画，但是目前第1帧的车轮图形还不是库里的元件，所以需要再次将车轮的所有图形框选后执行右键菜单中的【转换为元件】命令，如图5-98所示，将新元件命名为"摩托车轮-静止"，类型为"图形"。保存到"库根目录"文件夹中，结果如图5-99所示，将分离的矢量图形转换成一个整体图形元件。

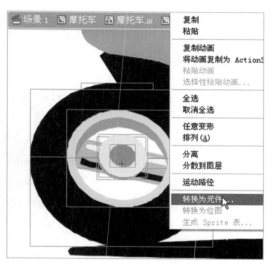
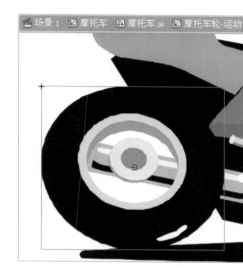

图5-98

图5-99

转动一圈的动画

在时间轴第8帧按F6键插入关键帧，在两帧之间任一帧上右击，在右键菜单中选择【创建传统补间】命令，在帧属性面板中选择顺时针转动一圈，如图5-100所示。车轮转动一圈的动画就做好了，由于车轮不是圆形，所以转动似乎有点摇晃。不过对于场景马路上的很小的车轮来讲，问题不是很大。

图5-100

修改静止车轮

为了让转动看起来更明显，在库窗口双击"摩托车轮–静止"元件的图标（或直接双击转动车轮的时间轴某个关键帧上的车轮），进入静止车轮"摩托车轮–静止"的编辑界面。请注意此时工作区左上角显示的是如图5-101所示的摩托车影片剪辑元件的嵌套层级关系。

在静止车轮的第一帧，用笔刷画一笔高光区，如图5-102所示，这样摩托车在场景中的车轮转动就会很明显。最后从工作区左上角单击摩托车影片剪辑元件回到它的编辑界面，摩托车元件的车轮动画制作完毕，如图5-103所示。

到此为止，库里新建的几个元件如图5-104所示。

图5-101

图5-102

图5-103

图5-104

回到场景1的界面，将摩托车拖放在场景1的第1帧，按Ctrl+Enter键播放动画。

将文件"Lesson5.fla"保存。到此阶段完成的范例请参考进度文件夹下的"Lesson05-04end.fla"文件。

▌ 5.3.2　矢量汽车图形的应用

操作步骤5-23：另一辆矢量汽车动画

请打开上一节结束时保存的文件"Lesson5.fla"（或打开进度文件夹中的"Lesson05-04end.fla"文件）。下面将把另一辆矢量车导入到Flash文件库里。

请用上述方法导入另一辆矢量汽车"car2.ai"到库里，然后创建"car2"影片剪辑元件，将导入的图形元件"car2.ai"拖放到"car2"影片剪辑元件的工作区，如图5-105所示，双击汽车进入到"car2.ai"图形元件的矢量车界面，如图5-106所示，将其前轮全选后，如图5-107所示执行【转换为元件】命令，转换为"wheel2-move"影片剪辑元件，将后轮全选后删除，将前轮复制粘贴到后轮并调整位置。双击前轮进入该"wheel2-move"影片剪辑元件界面，如图5-108所示，再次将车轮图形全选后转换为"wheel2"图形元件，然后创建第2关键帧，两个关键帧之间创建传统补间，逆时针旋转1圈。

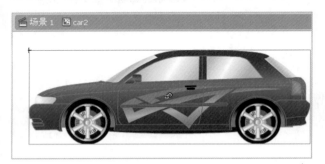

图5-105　　　　　　　　　　　　　　　　　图5-106

图5-107

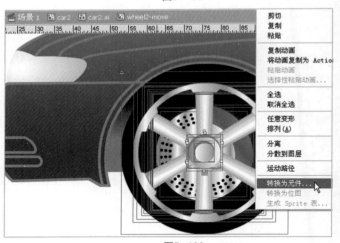

图5-108

回到场景1的界面，将car2拖放在场景1的第1帧，按Ctrl+回车键播放动画。

> **注意**
>
> car1是先创建的图形元件，在里面绘制静止车轮，再创建影片剪辑元件，然后用图形元件制作转动的车轮。这是从无到有的制作过程。而上面摩托车和car2车轮早已经绘制好了，是分离的矢量图形，所以需要先将其车轮转换为影片剪辑元件，然后进入到元件编辑界面，再次将分离的图形转换为图形元件，才可以制作转动动画。

到此为止，三辆车的车轮转动动画制作完成。为下一课汽车场景动画做好准备。

请将练习文件"Lesson5.fla"保存。到此阶段完成的范例请参考进度文件夹下的"Lesson05-05end.fla"文件。

动态画面请见随书课件"Lesson5汽车动画/课堂范例"的动画展示。

类似的练习，请参考随书课件"Lesson5场景动画/学生作业"中的各种汽车动画。

1
Lesson

2
Lesson

3
Lesson

4
Lesson

5
Lesson

6
Lesson

思考题：

问题1：怎样使绘制的路径曲线很平滑？能否用钢笔工具边单击边拖曳创建路径？

问题2：在复制图形或元件时，【粘贴】与【粘贴到当前位置】命令的执行结果有何不同？

问题3：为什么我的库元件内容被莫名其妙地替换了？

问题4：为什么在创建传统补间动画时，在库里总是会出现补间的元件？

答疑：

问题1：怎样使绘制的路径曲线很平滑？能否用钢笔工具边单击边拖曳创建路径？

回答1：在创建路径时，在关键的转折点创建锚点，路径上的锚点越少路径越平滑，如果锚点太多，用删除锚点工具删除一些锚点。在使用钢笔工具时，也可以边单击创建锚点边拖曳鼠标，就会创建平滑曲线，当要与前一锚点之间绘制C形曲线时，请以上一方向线相反的方向单击并拖动鼠标，然后松开鼠标，结果两点之间的曲线如图5-109所示；当要与前一锚点之间绘制S形曲线时，请以上一方向线相同的方向单击并拖动鼠标，然后松开鼠标，结果两点之间的曲线如图5-110所示。

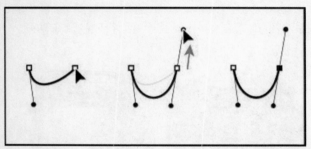

图5-109

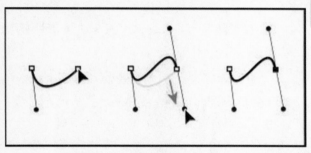

图5-110

问题2：在复制图形或元件时，【粘贴】与【粘贴到当前位置】命令的执行结果有何不同？

回答2：如果选择一个图形或元件，执行【复制】命令，再执行【粘贴】命令，会将该图形或元件粘贴到场景或元件的中心，而执行【粘贴到当前位置】命令，会将图形或元件在其原坐标位置粘贴。

问题3：为什么我的库元件内容被莫名其妙地替换了？

回答3：库里的元件不能同名，如果在导入其他文件的库元件时，有跟当前库元件重名的，会提示"文件中已存在一个或多个库项目"，如果你选择了替换现有项目，就会把你的库元件内容换成其他文件的同名库元件内容。建议在创建库元件时，一定要像本课创建元件那样为元件起一个有元件特点的有归属的名称（不要起默认的元件1、元件2这样的名字）。并把同一类元件放在相同的文件夹下。对于团队合作制作动画来讲，元件的起名更应该规范。

问题4：为什么在创建传统补间动画时，在库里总是会自动出现补间的元件？

回答4：创建传统补间动画时，两个关键帧中的动画对象必须是库里同一元件的实例。如果两个关键帧中的动画对象还不是库里的元件，假如此时在两帧之间创建传统补间，Flash就会自动将两帧中的对象分别创建名称为补间1、补间2的元件（尽管已是元件了，但因是两个不同名的元件，传统补间动画也会出错）。如果之前这两帧中已经是同一个元件的实例，就不会出现这种情况。建议一定要确保两关键帧中是库里同一元件的不同实例，再创建传统补间动画。

1．参考随书A盘"Lesson5汽车动画\05课参考作品"中的作品1，制作风车或摩天轮动画。

操作提示：

（1）任何不停转动的动画，例如风车动画，都先创建"静止的风车"图形元件，绘制静止风车图形，然后再创建"转动的风车"影片剪辑元件，在该元件界面，将库中的"静止的风车"拖放到第1帧，然后在时间轴创建第2关键帧，两帧之间创建传统补间动画，在属性面板中选择旋转1周。将库中的"转动的风车"元件拖放到场景，最后测试播放。

（2）详细制作请参考ck05_01.fla文件。

图5-111

2．参考随书A盘"Lesson5汽车动画\05课参考作品"中的作品2，制作正面或背面行驶的汽车动画。

操作提示：

（1）制作正面或背面行驶的汽车动画，就不能像制作侧面汽车那样绘制旋转一周的车轮动画，因为正面或背面的车轮只能看到一部分，所以只能借助车体的摇晃或颠簸来体现汽车的运动。如图5-113所示，在汽车的影片剪辑元件时间轴上创建几个关键帧，这几帧中每帧汽车的角度不同，把汽车元件放到场景中，测试播放，就产生了循环颠簸摇晃的动画效果。

（2）详细制作请参考ck05_02.fla文件。

图5-112

3．参考随书A盘"Lesson5汽车动画\05课参考作品"中的作品3，制作45度行驶的汽车动画。

图5-113

图5-114

操作提示：

（1）45度侧面行驶的汽车，最常见的车轮动画，是逐帧绘制车轮转动一周的每帧车轮画面，也就是说椭圆车轮不变，改变的是车轮内部轮毂的位置。更简单的做法是在车轮位置，，制作几帧车轮印记（高光点）旋转一周的动画，如图5-115所示。

图5-115

（2）详细制作请参考ck05_03.fla文件。

图5-116

4．参考随书A盘"Lesson5汽车动画\05课参考作品"中的作品4，制作飞机动画。

操作提示：

（1）在绘制直升机影片剪辑元件时，将绘制的后翼图形转换为影片剪辑元件，然后进入到元件界面，如果是后翼，则再次将其转换为图形元件，如图5-117所示，制作旋转一周的传统补间动画。当直升机元件放入场景测试时，后翼会循环转动。

（2）在直升机元件中，把绘制的螺旋桨图形转换为影片剪辑元件，进入其界面，因为要在平面中体现水平旋转一周的动画效果，所以先将螺旋桨转换为图形元件，制作从水平方向（螺旋桨最长）到垂直方向（螺旋桨最短），再回到水平方向（最长）的长度变化补间动画，这样在直升机测试播放时，螺旋桨会水平循环旋转。

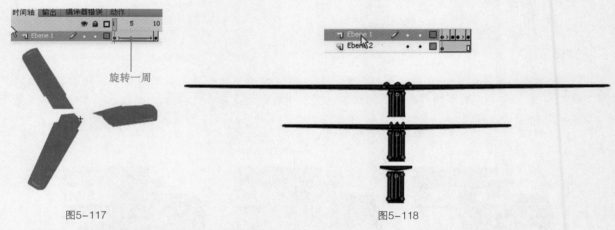

图5-117　　　　　　　　　　　　　　　　　　　图5-118

（3）详细制作请参考ck05_04.fla文件。

5．参考随书A盘"Lesson5汽车动画\05课参考作品"中的作品5、6，制作火车或坦克动画。

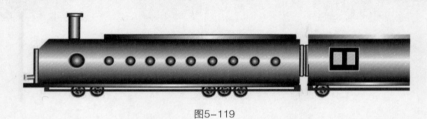

图5-119

操作提示：

（1）在制作火车或坦克的车轮时，只需制作一个转动的车轮即可，然后如图5-120所示拖放到坦克元件中形成多个车轮，再绘制坦克的其他部分，当坦克元件在场景中测试播放时，所有的车轮都循环转动。

图5-120

（2）详细制作请参考ck05_05.fla、ck05_06.fla文件。

第6课 马路场景

参考学时：4

√ 教学范例：马路场景

本范例的马路场景动画完成后，播放画面参看右侧的范例展示图。

动态画面请见随书B盘课件"Lesson6马路场景\课堂范例"的动画展示。

先利用上一课制作的汽车，换成另一种颜色，制作平滑行驶与颠簸行驶的汽车动画，再将汽车尾气动画嵌套到汽车中，然后利用已有的场景元件，为场景添加天空、街道、马路动画，接着制作汽车的启动和在不同路面的行驶动画，汽车在站牌处停车、摇下车窗、开车门、关车门、摇上车窗、启动等动画，另外，在场景中制作摩托车超车动画以及对面行驶的另一辆汽车的动画。

√ 教学重点：

- 如何复制元件
- 如何转换元件
- 如何分离元件
- 元件的嵌套关系
- 如何用平滑汽车制作颠簸汽车动画
- 如何导入外部库元件
- 分层背景动画

- 场景中如何交换元件
- 补间动画的创建
- 设置属性关键帧
- 补间动画的范围调整
- 补间动画的速度调整
- 补间动画的路径调整

√ 教学目的：

通过汽车元件的创建和复制、元件的转换、元件的嵌套，了解场景的时间轴与元件时间轴的关系及元件的层层嵌套关系；通过元件的导入、元件的交换和分离等操作，掌握如何以最方便最省时的方法来制作场景动画，通过场景中同款汽车不同状态的动画，逐步掌握复杂分层动画的制作方法。

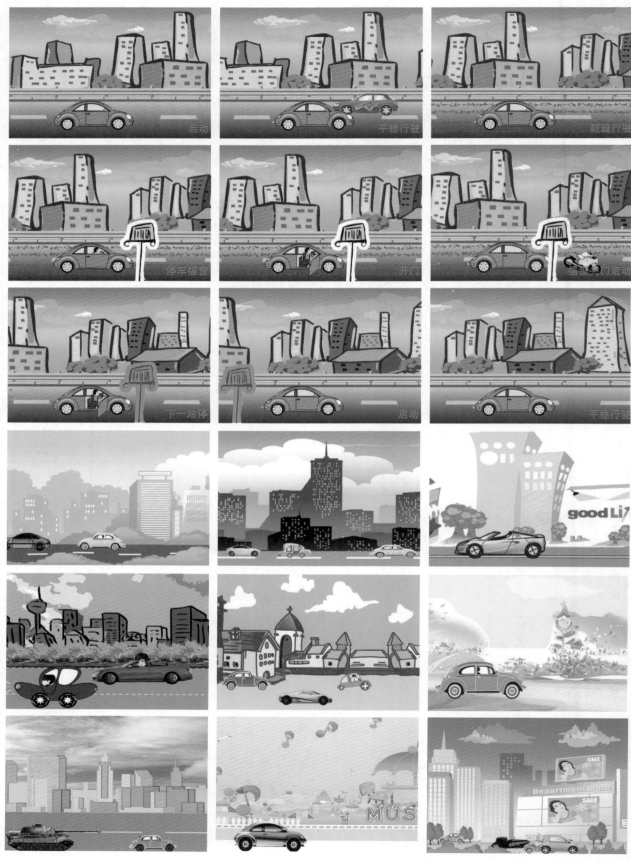

第6课——马路场景动画制作及参考范例

6.1 汽车行驶动画制作

请打开上一课保存的文件“Lesson5.fla”(或打开进度文件夹中的Lesson06-start文件)。

这一节将利用复制和转换元件操作来介绍汽车元件的嵌套关系，以及有嵌套关系的元件的分离操作，利用元件的嵌套，介绍怎样从一个平滑行驶的汽车，制作一个颠簸行驶的汽车。

请先将场景1中的摩托车与矢量车删除，只留下汽车。将文件保存命名为“Lesson6.fla”。

6.1.1 汽车元件的相关操作

下面将利用已经创建好的汽车元件“car1”，介绍元件的复制、转换、编辑及嵌套。制作一辆汽车在场景中颠簸行驶的动画。

存放在库里的元件可以进行复制、删除等常规的编辑操作。元件的内容也可以反复编辑修改直到满意为止。下面利用已创建的黄色汽车“car1”影片剪辑元件，来复制制作同款不同色的车。

操作步骤6-1：复制元件操作

在库面板中，选择“car1”元件，在右键菜单中选择【直接复制】命令，如图6-1所示，在弹出的如图6-2所示的窗口中单击“确定”，在库中复制了另一个“car1”的元件，名称默认为“car1副本”，如图6-3所示。这两个元件内容完全一样，都是黄色车。

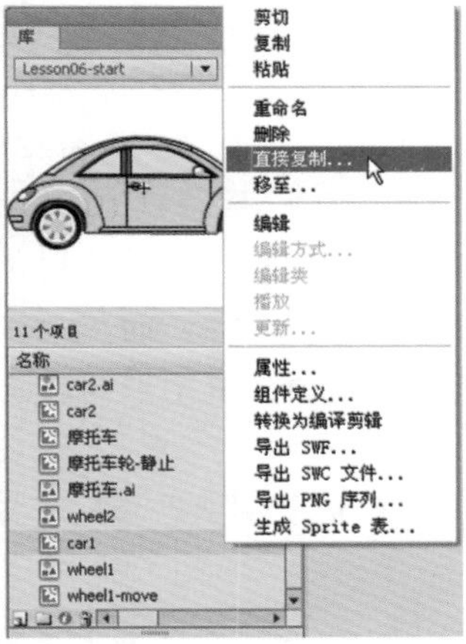

图6-1

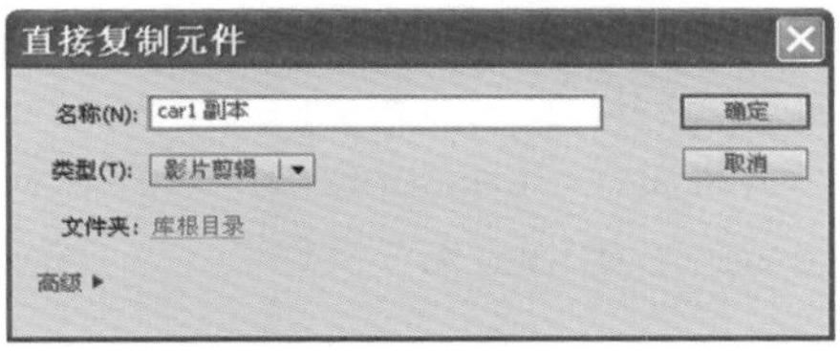

图6-2

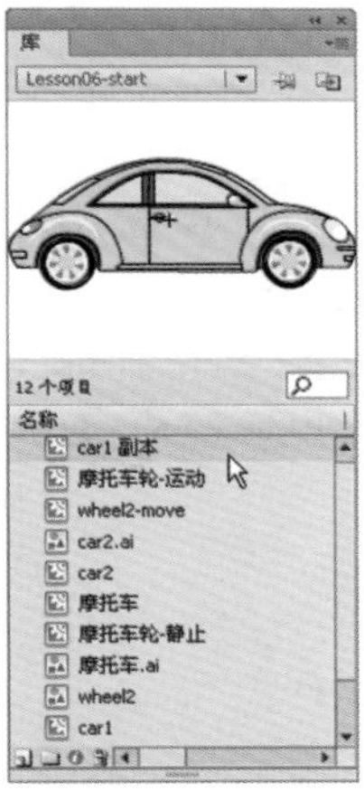

图6-3

操作步骤6-2：转换为元件操作

下面将“car1副本”元件内的每个图层的图形转换为图形元件。

双击库面板中的“car1副本”影片剪辑元件，进入元件编辑界面。

在图层面板中，选择最底层的“车身黑”图层，按Alt键+单击该图层的显示选项处，将只显示该层图形而将其他层隐藏，按Alt键+单击该图层的锁定选项处，将只打开该层的锁定而将其他层锁定。用选择工具在车身上双击将其全选，然后在其上右击鼠标，如图6-4所示，在右键菜单中执行【转换为元件】命令，在弹出的如图6-5所示的窗口中，命名该元件为“car1–车身黑”，类型为“图形”，单击“库根目录”，在弹出的对话框中选择“新建文件夹”，输入新文件夹名：“car1–组件”，单击“确定”按钮。

结果会在库面板创建一个新文件夹“car1–组件”，里面有转换为图形元件的“车身黑”，如图6-6所示（单击文件夹前面的倒三角可以折叠文件夹）。

在图层面板中，选择 “车身黄”图层，按Alt键+单击该图层的显示选项处，将只显示该层图形而将其他层隐藏，Alt键+单击该图层的锁定选项处，将只打开该层的锁定而将其他层锁定。用选择工具

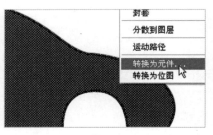

图6-4　　　　　　　　　　　　　　　　图6-5　　　　　　　　　　　　　　　　图6-6

双击选择该层的全部图形（车身图形），并在车身上右击，在右键菜单中执行【转换为元件】命令，在弹出的如图6-7所示的窗口中，命名该元件为"car1-车身颜色"，类型为"图形"，文件夹选前面新建的"car1-组件"。一个分离的图形（点状显示）就转换成库里的元件（蓝色边框线显示），库里"car1-组件"文件夹中又多了一个元件。

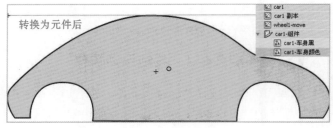

图6-7　　　　　　　　　　　　　　　　　　　　　　图6-8

　　　请参考上面的方法，逐层将"car1副本"元件的每个图层中的图形都转换为图形元件。并存放在库文件夹"car1-组件"中，库面板显示如图6-9所示。

图6-9

　　　单击工作区左上角的按钮 🎬场景1回到场景1编辑界面，将"car1副本"元件拖放到场景可视区，调整汽车的大小，如图6-10所示。按Ctrl+Enter键观看动画，此时舞台中的"car1"和"car1副本"两者的实例都是黄色汽车，但是两者的组成不同，"car1"是直接由矢量图形组成的，而"car1副本"是由库中的图形元件组成的，而这些图形元件则是由矢量图形组成。后面将介绍两者的区别。

　　　请将文件"Lesson6.fla"保存。到此阶段完成的范例请参考进度文件夹的"Lesson06-01end.fla"文件。

图6-10

> **提　醒**
>
> 注意给元件命名时尽量不要用默认的"元件1、元件2"等顺序名称，因为库元件有时会不方便查找，后面还要制作其他汽车，所以最好相同汽车的元件都带有相同的前缀名，并放入同一个文件夹中。

1 Lesson
2 Lesson
3 Lesson
4 Lesson
5 Lesson
6 Lesson

▶ 操作步骤6-3：元件在舞台中的分离操作

请打开上个步骤保存的文件"Lesson6.fla"（或打开进度文件夹中的"Lesson06-01end.fla"文件）。

"car1"实例的分离

拖放到场景中的元件实例还可以分离。确保在场景1的编辑界面，再从库里拖放一个"car1"元件到场景，选择这个"car1"元件实例右击鼠标，在右键菜单中执行【分离】命令，可使除了车轮外的所有图形都点状分离显示并保持选择，如图6-11所示，用选择工具 ▶ 在空白处单击取消选择，此时可以用颜料桶工具对车身的各区域进行上色，而库里的"car1"元件及场景中未分离的"car1"元件实例却不受影响。

car1元件　　　　　car1元件分离后　　　　　car1元件分离后
上色不影响car1

图6-11

这是因为组成"car1"车身的都是最基本的矢量图形，当car1"执行一次分离命令后，就进入到组成它的各矢量图形的这一级。当分离场景中的"car1"实例时，实际上分离操作就断开了与"car1"元件的链接。所以场景中的另一个"car1"实例的颜色不会跟着改变。

提醒

如果从库里拖放到场景的"car1"的实例尺寸大小没有改变过，它分离后就不会出现像图中所示边框线条变粗的现象，如果改小过该实例的尺寸大小，分离时默认的线条粗细还是原始值，所以边框线变粗了。要避免线条变粗，请先分离未改大小的car1实例，分离完再全选汽车的所有图形后改整体大小。

"car1副本"实例的分离

请将库里的"car1副本"元件再拖放一个到场景，选择这个"car1副本"元件实例，在右键菜单中执行【分离】命令，结果如图6-12所示，分离后显示的是组成车身的每个元件，都是蓝色边框显示，在空白处单击取消所有元件的选择，然后单独单击某个元件（例如车身颜色部位）将该元件选中，而双击该元件，可进入"car1-车身颜色"图形元件的编辑界面（注意观察此时左上角显示为 ⇦ 🏠场景 1 🔲 car1-车身颜色 ），用颜料桶工具为车身上另一种颜色，然后单击工作区左上角的 🏠场景 1（或右上角 ⬔。）按钮回到场景编辑界面，结果车身改变颜色了，而未分离的另一个"car1副本"实例的车身也跟着改变了。

car1副本　　　　　car1副本分离后　　　　　car1副本分离后上
色会影响car1副本

图6-12

这是因为组成"car1副本"车身的都是库里的图形元件，当分离场景中的"car1副本"实例时，会将组成它的每个元件独立显示出来，这些元件也存在于库中，而这些元件的改变，会直接影响库里的"car1副本"及其在场景中的实例。

请用上述方法，在场景中依次选择并双击分离后的"car1副本"实例的某个组成元件，进入到元件编辑界面后改变颜色，最后将车改成你喜欢的颜色，此时注意库里的"car1副本"元件也完全改变了颜色。

当然，也可以直接在库面板中，选择 "car1-组件"文件夹下的所有涉及到车体颜色的图形元件，双击其图标位置进入元件编辑界面，然后进行改色。最后，观察库里"car1副本"元件的颜色以及场景中它的实例的颜色是否跟着改变。一个新颜色的车就产生了。

提 醒

当场景中的“car1副本”元件实例执行一次分离命令后，进入到组成它的各元件一级，如果再执行一次分离命令，就进入到矢量图形一级，分离一次改色会影响到库里的元件“car1副本”及其实例，分离两次再改色就不会影响到库里的元件“car1副本”。

如果把场景中已分离的车的车轮元件分离，直到选择车轮时，属性面板显示“wheel1”图形实例（“wheel1-move”分离一次就成“wheel1”），结果，会将这一侧的转动车轮分离成它下一级的静止车轮。播放时，这一侧车轮将停止转动。

按Ctrl+Enter键观看动画，注意场景中几辆车的区别。

请将文件“Lesson6.fla”保存。到此阶段完成的范例请参考进度文件夹的“Lesson06-02end.fla”文件。

6.1.2　颠簸行驶的汽车动画

操作步骤6-4：元件的嵌套——颠簸汽车动画制作

打开上个步骤保存的文件“Lesson6.fla”(或打开进度文件夹中的“Lesson06-02end.fla”文件)。

利用元件的嵌套，下面制作颠簸汽车动画。

创建影片剪辑元件“car1-颠簸”

执行菜单【插入/新建元件】命令，命名元件名称为“car1-颠簸”，类型为“影片剪辑”，保存到“库根目录”文件夹中。进入到影片剪辑元件“car1-颠簸”的编辑界面。

“car1-颠簸”时间轴三帧动画：

从库里将“car1副本”元件拖放到工作区中心，创建“car1-颠簸”元件的第1关键帧，在第6帧、10帧分别按F6键插入两个关键帧，如图6-13所示，用选择工具选择第2关键帧中的“car1副本”实例，垂直向上移动一点距离。简单的颠簸汽车动画就做好了。

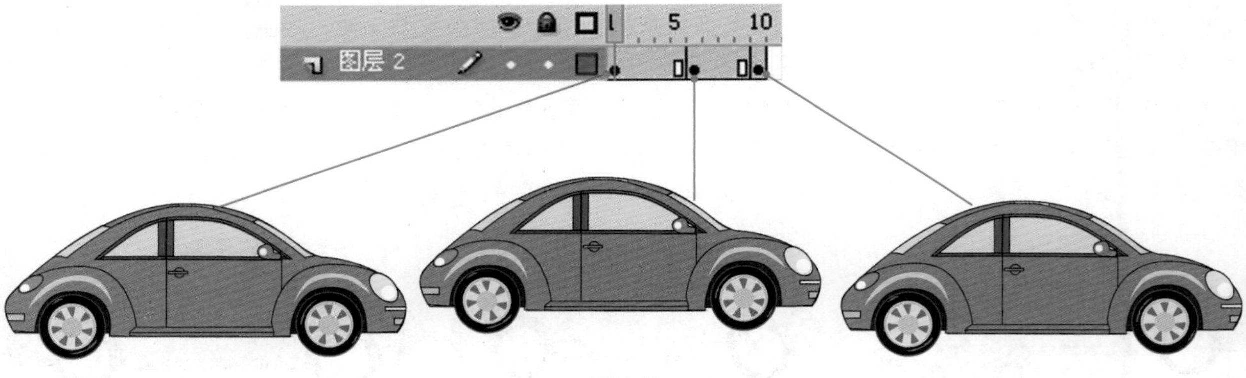

图6-13

单击工作区左上角的场景 1按钮，回到场景1编辑界面，从库面板中将“car1-颠簸”元件拖放在舞台可视区，改变大小，按Ctrl+Enter键观看动画，此时一个上下颠簸的汽车动画就完成了。

“car1-颠簸”元件的嵌套关系

最高级别的场景的时间轴上，有一个影片剪辑元件“car1颠簸”，而对“car1颠簸”影片剪辑元件来讲，它的时间轴上含有“car1副本”元件的三帧动画，如图6-14所示。而“car1副本”影片剪辑元件的时间轴上含有一帧车身、车门、车灯、车轮罩等多个图形元件，这些图形元件的时间轴上就是最初期的矢量绘制图形，只要改动了这些矢量图形，所有上级元件都会自动改变。而两个车轮元件中含有两个转动车轮“wheel1-move”影片剪辑元件，而转动车轮“wheel1-move”的时间轴上，还含有“wheel1”图形元件的动画，而“wheel1”的时间轴中，才是最基本的静止车轮矢量图形。

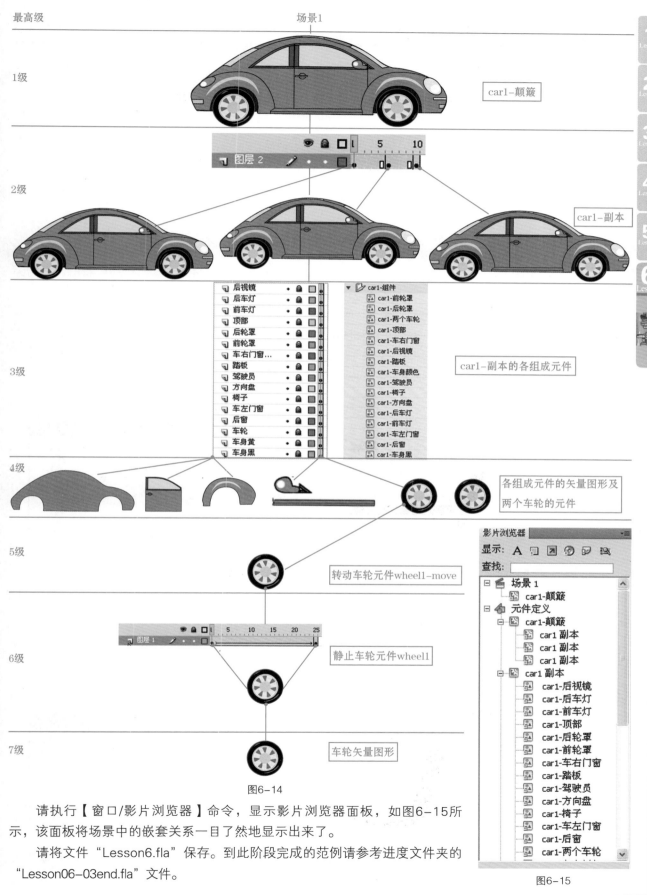

最高级　　　　　　　　　　　　　　　　场景1

1级　　　　　　　　　　　　　　　　　　car1-颠簸

2级　　　　　　　　　　　　　　　　　　car1-副本

3级　　　　　　　　　　　　　　　　　　car1-副本的各组成元件

4级　　　　　　　　　　　　　　　　　　各组成元件的矢量图形及两个车轮的元件

5级　　　　　　　　　　　　　　　　　　转动车轮元件wheel1-move

6级　　　　　　　　　　　　　　　　　　静止车轮元件wheel1

7级　　　　　　　　　　　　　　　　　　车轮矢量图形

图6-14

　　请执行【窗口/影片浏览器】命令，显示影片浏览器面板，如图6-15所示，该面板将场景中的嵌套关系一目了然地显示出来了。

　　请将文件"Lesson6.fla"保存。到此阶段完成的范例请参考进度文件夹的"Lesson06-03end.fla"文件。

图6-15

请打开上个步骤保存的文件"Lesson6.fla"（或打开进度文件夹中的"Lesson06-03end.fla"文件）。

对于已完成的汽车动画，在后续制作过程中可以逐步完善，例如加上行驶中排出的尾气动画，或夜晚行驶中车灯闪烁的动画，以及背景等等。

▌ 6.2.1　汽车尾气动画制作

由于组成"car1副本"车身的都是库里的图形元件，所以在后面的动画制作中，这个含有各组成元件的汽车元件非常方便编辑，下面就针对"car1副本"元件，对其添加汽车尾气的动画元件。

▶ 操作步骤6-5：添加"尾气-move"影片剪辑元件

双击库面板中的"car1副本"元件，进入到它的编辑界面，在图层的最上层创建一个新层，命名为"尾气"层，将其他层锁定。

然后用已介绍过的绘画工具画出尾气图案，如图6-16所示，画好后，用选择工具 ![箭头] 全选该图案，在右键菜单中执行【转换为元件】命令，在弹出的如图6-17所示的窗口中命名元件名称为"尾气-move"，类型为"影片剪辑"，保存文件夹为"car1-组件"，按"确定"按钮后，该点状显示的图案就变成蓝色边框显示的元件。到此，在"car1副本"元件的时间轴上创建了一个"尾气-move"影片剪辑元件。

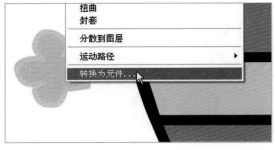

图6-16　　　　　　　　　　　　　　　　　　　　图6-17

▶ 操作步骤6-6：制作"尾气-move"影片剪辑元件的时间轴动画

双击该元件，进入"尾气-move"影片剪辑元件的时间轴编辑界面，我们要在它的时间轴上制作一些尾气图案变大消失的动画。

由于该元件第1帧上还是原始的矢量尾气图，要制作淡出淡入的动画时，关键帧上必须是库里的元件，所以需要如图6-18所示的全选图形后再次执行右键菜单【转换为元件】命令，如图6-19所示，创建图形元件"尾气"。

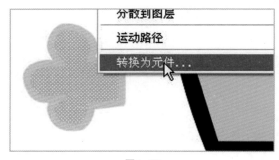

图6-18　　　　　　　　　　　　　　　　　　　　图6-19

现在第1关键帧上点状显示的尾气图案变成了有蓝色边框的图形元件，如图6-20所示，在时间轴第10帧上按F6键创建第2关键帧，将第2关键帧上的元件选择后，在属性面板中改变大小及Alpha值，并向排气方向改变其位置。选择两个关键帧之间的任一帧，在右键菜单中执行【创建传统补间】命令，一个废气图案逐渐变大向后消失的时间轴动画就做好了。

1 Lesson
2 Lesson
3 Lesson
4 Lesson
5 Lesson
6 Lesson

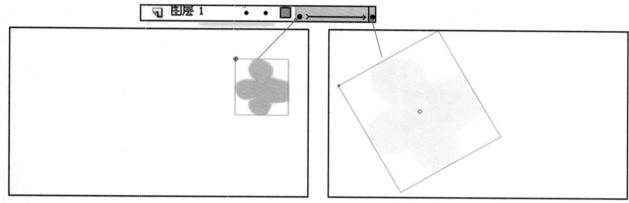

图6-20

▶ 操作步骤6-7：复制粘贴多层动画

为了表现一系列的废气被排出，下面利用图层1的两帧动画来复制粘贴多层动画。

在图层1名称处单击选择图层1，则该层所有的关键帧都被选择，鼠标移到时间轴帧的位置上，在右键菜单中选择【复制帧】命令，将这两个关键帧之间的传统补间动画复制。

新建一个图层2，在该层的第3帧位置右键单击鼠标，在右键菜单中选择【粘贴帧】命令，结果图层2从第3帧开始复制了图层1的动画。

重复新建图层并向后粘贴帧，每次粘贴帧后，第2关键帧后面会多出许多持续帧，将每层第2关键帧后面的持续帧选择后，在右键菜单中执行【删除帧】命令将它们删除，最后时间轴上的显示结果如图6-21所示。

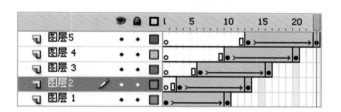

图6-21

由于是复制同样的尾气向后变大消失的动画，只是时间上有先后不同，所以看起来动画太整齐了。为了使每层动画稍有不同，请将每层的第2关键帧中的尾气元件实例位置、大小、角度稍作改变，产生错开的不断排出的废气动画。

单击工作区左上角的 场景 1 按钮，回到场景1编辑界面，按Ctrl+Enter键观看动画，此时场景里一个上下颠簸的汽车和没有颠簸的汽车后面都带有废气动画。这是因为在"car1副本"的汽车中添加了尾气动画元件，而"car1颠簸"的汽车里嵌套了"car1副本"汽车。所以底层元件的改变会反映到上一层。

用这种添加元件或编辑已有元件的方法，你可以将最上级的汽车元件打造得越来越精致，为它的各组件例如车身添加装饰图案，或车灯闪烁的动画等。

请将文件"Lesson6.fla"保存。到此阶段完成的范例请参考进度文件夹的"Lesson06-04end.fla"文件。

▌6.2.2　背景动画制作

请打开上个步骤保存的文件"Lesson6.fla"（或打开进度文件夹中的"Lesson06-04end.fla"文件）。

下面将为汽车制作天空、街道、马路的背景。当然你可以自己在库里创建这些背景元件，还可以用下面介绍的利用其他文件已创建好的库中的背景元件。

▶ 操作步骤6-8：使用其它文件的库元件

请将场景1的图层1命名为"汽车"层，第一帧只保留一个"car1副本"的元件实例，将其他车及可视对象选择后删除。

打开外部库：

场景的天空街道马路中将利用已经提供的"Lesson06-background"文件里的元件。

执行【文件/导入/打开外部库】命令，选择"Lesson06-background.fla"文件，该文件的库窗口会显示出来。

新建图层并拖入元件

在"图层"面板新建一个图层，命名为"天空层"，将其他层锁定，将库里的"天空"元件拖放到该层第1帧。

在"图层"面板新建一个"街道层"，将其他层锁定，将库里的"街道"元件拖放到该层第1帧。

如图6-22所示，在图层面板中新建一个"马路层"，将其他层锁定，将库里的"马路"元件拖放到该层第1帧。

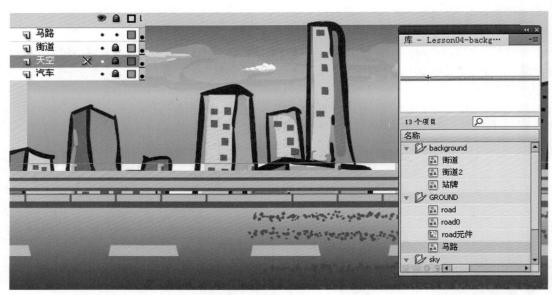

图6-22

调整每层的元件实例大小及位置

由于刚才新建的几个图层都在汽车层之上，所以汽车看不到了，请在图层面板中将汽车层选择后拖放在最上层。

如图6-23所示，在图层面板中单击轮廓显示□，观察舞台可视区和每层元件实例的大小与位置。

选择天空层，并将其他层锁定，用任意变形工具选择该层第1帧的舞台中的天空元件实例，单击该层的□选项，不断切换轮廓或实图显示，将其大小位置调整为如图6-23所示，让其左边框与舞台左侧对齐，右边框比舞台右侧长出1/3，在轮廓线显示时，天空元件的左、上边框线确保要盖住舞台区。

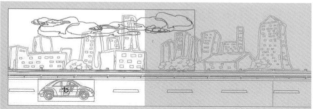

图6-23

选择街道层，将其他层锁定，将该层第1帧的街道实例选中，同样将街道调整位置大小，将其左边框对齐舞台左侧，宽度至少超出舞台右边界一倍的宽度。

选择马路层，将其他层锁定，选择马路元件实例，用任意变形工具宽高成比例地调整大小，并将其左边框与舞台左边界对齐。以上各层左对齐舞台左侧后，宽度大小依次是马路>街道>天空。

最后选择汽车层的"car1副本"元件实例，调整其大小，将其放置在马路右侧的道路上，舞台偏左下角的位置。

现在第1帧各层的元件已经调整完毕，按Ctrl+Enter键观看动画，此时场景里带有背景的汽车尾气、车轮的动画循环播放着，只是汽车还没有往前开动。下面会逐层介绍汽车在马路开动起来的动画。

为了后面练习的规范，请统一马路尺寸为（6374.95,155.65），街道为（1172.1,263.7），天空为（750,255）。
请将文件"Lesson6.fla"保存。到此阶段完成的范例请参考进度文件夹的"Lesson06-05end.fla"文件。

▶ 操作步骤6-9：马路层动画制作

请打开上个步骤保存的文件"Lesson6.fla"（或打开进度文件夹中的"Lesson06-05end.fla"文件）。

下面将制作汽车在场景1马路上开动起来的动画，该动画实际上是制作马路元件从右到左的运动，而汽车在舞台区的位置不变，所以看起来汽车好像是往右开动的效果。

选择马路层，将其他层锁定，也可将其他层暂时隐藏，选择工具 选择第1帧的马路元件并移动它，将其左边对齐舞台的左侧，如图6-24所示。

在马路层时间轴第600帧位置按F6键插入关键帧，用选择工具 将该帧的马路元件朝左侧移动（按住Shift键+移动会保持水平移动），将马路元件实例的右边框对齐舞台右侧，如图6-25所示。

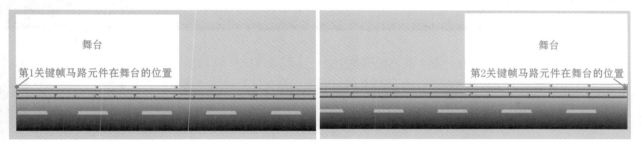

图6-24　　　　　　　　　　　　　　　　　　　　　　图6-25

选择两个关键帧之间的任一帧，在右键菜单中执行【创建传统补间】命令，按Ctrl+Enter键观看动画，马路元件快速向左运动的动画就完成了。

选择汽车层的第600帧位置，在右键菜单中执行【插入帧】命令，虽然汽车元件在原地位置没有改变，但相对于马路的运动，汽车看起来向右开动起来了。

▶ 操作步骤6-10：街道层动画制作

选择街道层，将其他层锁定，用选择工具 选择第1帧的街道元件并移动它，将其左边对齐舞台左侧，如图6-26所示。

在街道层时间轴600帧的位置按F6键插入关键帧，用选择工具 将该帧的街道元件朝左侧移动（按Shift键+移动会水平移动），将街道元件实例的右边框对齐舞台右侧，如图6-27所示。

图6-26   图6-27

选择两个关键帧之间的任一帧，在右键菜单中执行【创建传统补间】命令，按Ctrl+Enter键观看动画，街道元件也向左运动了。只是由于它离镜头远一些，所以速度会比马路的运动速度低。

▶ 操作步骤6-11：天空层动画制作

选择天空层，将其他层锁定，用选择工具 选择第1帧的天空元件并移动它，将其左边对齐舞台左侧，如图6-28所示。

在天空层时间轴第600帧的位置按F6键插入关键帧，用选择工具 将该帧的天空元件朝左侧移动（按Shift键+移动会水平移动），将天空元件实例的右边框对齐舞台右侧，如图6-29所示。

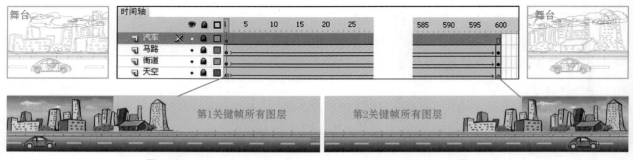

图6-28   图6-29

选择两个关键帧之间的任一帧，在右键菜单中执行【创建传统补间】命令，按Ctrl+Enter键观看动画，天空元件向左运动的动画就完成了。在同样长的时间里，最长的马路运动速度最快，最短的天空运动速度最慢，这样在我们的可视镜头里，就看到了远处的天空缓慢运动，而近处的马路高速向后的动画。

在动画制作中，分层运动一定要遵循远慢近快的原则。

将文件"Lesson6.fla"保存。到此阶段完成的范例请参考进度文件夹的"Lesson06-06end.fla"文件。

6.3 场景汽车动画制作

1 Lesson
2 Lesson
3 Lesson
4 Lesson
5 Lesson
6 Lesson

▌6.3.1 汽车的走停颠簸开门窗动画制作

请打开上个步骤保存的文件"Lesson6.fla"（或打开进度文件夹中的"Lesson06-06end.fla"文件）。

该文件已经做好了全程600帧镜头跟随汽车往前走的动画，下面将逐步介绍制作汽车在场景中停、走、摇车窗、开关车门、颠簸开动起来的动画。具体场景动画内容如下。

汽车刚开始在场景中停着，过了一会开动起来，刚开始很平稳，接着颠簸驶入不平坦的马路，到了第1个站牌处停了下来，摇下车窗开门等待乘客上车，然后关门关窗开始启动，接着到了第2个站牌处，停车、开门、乘客下车后，关门启动，完成共600帧的场景动画。

为了讲解方便，请参考图6-30所示全程动画的关键时间点，红色表示汽车在该帧停驶，紫色表示行驶，颠簸路段位于马路全程中部附近。

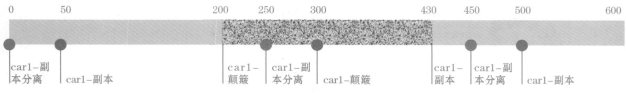

图6-30

▶ 操作步骤6-12：汽车停驶制作

计划在完成的动画中，汽车要在第0、250、450帧停驶，停留50帧后，在第50、300、500帧开始行驶。实际上两者的区别就是车轮的转与不转，每个停止关键帧的汽车用不转的车轮组成，而行驶关键帧的汽车用转动的车轮组成。这就要用到操作步骤6-3中介绍的元件在舞台中的分离操作。

（1）插入关键帧：在时间轴中选择汽车层，将其他层锁定，分别选择时间轴的第50、250、300、450、500帧，按F6键插入关键帧。在这些帧中复制第1关键帧中的行驶的汽车"car1副本"的元件实例。

（2）选择停驶关键帧：选择第1关键帧（或第250、450帧的关键帧）。

（3）第1次分离元件：将该关键帧选中，用选择工具单击舞台的汽车元件将其选择，在右键菜单中选择【分离】命令，如图6-31所示，结果会将"car1副本"的元件实例分离成各组成元件。

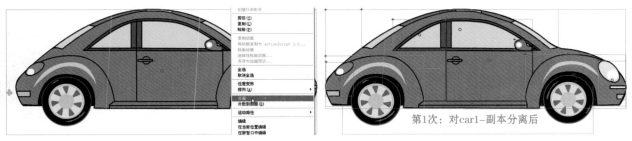

图6-31

（4）第2次分离元件：用选择工具在舞台空白区单击，取消选择，然后单击车轮，将两个组合车轮元件选择，再次在右键菜单中选择【分离】命令，如图6-32所示，结果会将两个组合车轮元件分离成两个独立的转动车轮。

（5）第3次分离元件：用选择工具在舞台空白区单击，取消选择，然后单击前车轮，再次在右键菜单中选择【分离】命令，如图6-33所示，结果会将转动车轮分离成静止车轮。当再次选择前车轮时，注意属性面板中显示如图6-35所示的静止车轮元件名称wheel1时，就表示确实将车轮分离成不转动的静止车轮了（如果属性面板显示元件名称为wheel1-move，表示是转动车轮，还需要分离一次）。后车轮也同样采用该步骤分离一次。

第2次：对两个车轮元件分离后

图6-32

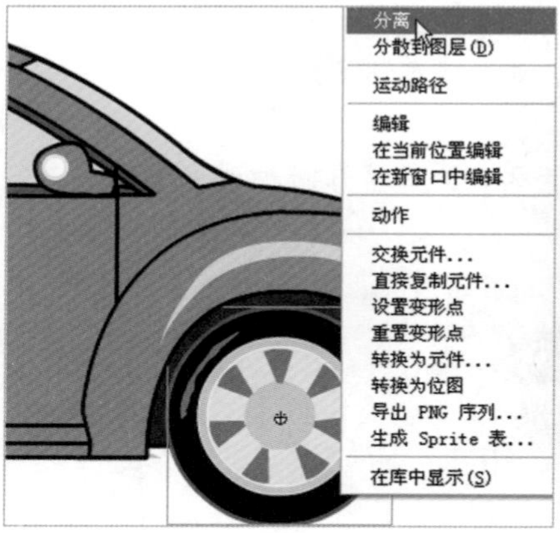

图6-33

图6-34

图6-35

（6）删除尾气：停驶时尾气不应该有，所以用选择工具单击选择尾气元件，按Delete键将其删除。

（7）还有两次停驶是在第250、450这两个关键帧上，依次选择该关键帧，重复以上2~6步操作。

（8）播放：按Ctrl+Enter键观看动画，重点观察汽车是否在这三个时间点上车轮停止转动、尾气消失。（如果某个停止关键帧中的车轮还在转动，请选择该关键帧中的车轮，再次进行分离）。

▶ 操作步骤6-13：背景配合汽车的停驶动画

第一次停止

（1）将其他层锁定，解锁马路层，选择马路层的第1关键帧，用鼠标右键单击该帧，在右键菜单中执行【复制帧】命令，然后选择马路层的第50帧，在右键菜单中执行【粘贴帧】命令，接着在两关键帧之间任一帧执行右键菜单中的【删除补间】命令。

（2）将其他层锁定，解锁街道层，选择街道层的第1关键帧，用鼠标右键单击该帧，在右键菜单中执行【复制帧】命令，然后选择街道层的第50帧，在右键菜单中执行【粘贴帧】命令，接着在两关键帧之间任一帧执行右键菜单中的【删除补间】命令，原来从第1帧开始的街道动画改为从第50帧开始，第1~50帧之间街道保持动画开始时的静止画面。

（3）将其他层锁定，解锁天空层，选择天空层的第1关键帧，同样复制第1关键帧，在第50帧粘贴关键帧，并删除1~50帧之间的补间动画，如图6-36所示。

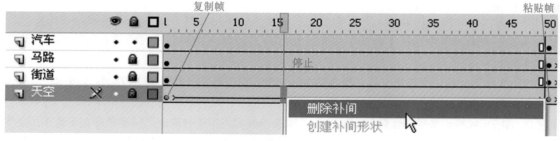

图6-36

（4）按Ctrl+Enter键播放观察，结果原来从第一帧开始的背景动画从第50帧开始了，第1帧到50帧之间背景保持动画开始时的静止画面。

第二次停止

（1）将其他层锁定，解锁马路层，选择马路层的第300帧，按F6键插入关键帧，用鼠标右键单击该帧，在右键菜单中执行【复制帧】命令，然后选择马路层的第250帧，在右键菜单中执行【粘贴帧】命令，在两关键帧之间任一帧执行右键菜单中的【删除补间】命令，如图6-37所示。

（2）将其他层锁定，解锁街道层，选择街道层的第300帧，按F6键插入关键帧，用鼠标右键单击该帧，在右键菜单中执行【复制帧】命令，然后选择街道层的第250帧，在右键菜单中执行【粘贴帧】命令，在两关键帧之间任一帧执行右键菜单中的【删除补间】命令。

（3）将其他层锁定，解锁天空层，选择天空层的第300帧，按F6键插入关键帧，同样复制该关键帧，在第250帧粘贴关键帧，并删除之间的补间动画。

图6-37

（4）按Ctrl+Enter键播放，观察背景是否在汽车第二次停驶时停止。

第三次停止

（1）将其他层锁定，解锁马路层，选择马路层的第450帧，按F6键插入关键帧，用鼠标右键单击该帧，在右键菜单中执行【复制帧】命令，然后选择马路层的第500帧，在右键菜单中执行【粘贴帧】命令，接着在两关键帧之间任一帧执行右键菜单中的【删除补间】命令。

（2）将其他层锁定，解锁街道层，选择街道层的450帧，按F6键插入关键帧，然后复制该关键帧，在500帧上粘贴关键帧，删除之间的补间。

（3）选择天空层的第450帧，按F6键插入关键帧，然后复制该关键帧，在第500帧上粘贴关键帧，删除之间的补间。

（4）将其他层锁定，解锁天空层，按Ctrl+Enter键播放，观察背景是否在汽车每次停驶时停止。

现在一个完整的镜头跟随汽车停止、运动的场景动画就完成了。

请将文件"Lesson6.fla"保存。到此阶段完成的范例请参考进度文件夹的"Lesson06-07end.fla"文件。

▶ 操作步骤6-14：站牌动画

请打开上个步骤保存的文件"Lesson6.fla"（或打开进度文件夹中的"Lesson06-10end.fla"文件）。下面将为汽车停止处制作站牌的动画。

（1）新建层：在场景最上层新建一个图层，命名为"站牌"层。将其他层锁定。

（2）拖入站牌元件：在站牌层的第235帧，按F6键插入空关键帧，执行【文件/导入/打开外部库】命令，选择"Lesson06-background.fla"文件，该文件的库窗口会显示出来。从库里将站牌元件拖放到第235帧舞台，调整大小，将其放置在舞台右侧的外面，如图6-38所示。

（3）调整停车时站牌的位置：在第250帧按F6键插入关键帧，然后将站牌移动到车头位置，如图6-39所示。

（4）调整启动后站牌位置：在第300、320帧也按F6键插入关键帧，将第320帧的站牌移出舞台，如图6-40所示。

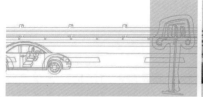

| 图6-38 | 图6-39 | 图6-40 |

（5）创建传统补间：在第235-250、300-320帧之间的任一帧上右击鼠标，在右键菜单中执行【创建传统补间】命令。

（6）删除多余的帧：在第321帧上的右键菜单中执行【插入空白关键帧】命令，将后面的持续帧都删除。因为站牌已经不在可视区了，所以没必要让它的帧画面继续保留。

（7）复制这段动画：选择第235帧，按住Shift键再选择第321帧，将第235~321帧全部选中，在右键菜单中执行【复制帧】命令。

（8）粘贴动画到下个停车处：选择第435帧，在右键菜单中执行【粘贴帧】命令，将站牌的动画全部复制到下个停车处。

（9）改变站牌色调：为了跟第1个站牌有所区别，将第435、450、500、520这4个关键帧的站牌元件选择后，在如图6-41所示的属性面板中改变其色调。

图6-41

（10）按Ctrl+Enter键播放，观察这两个停车处，站牌是否也运动进入、停止、出去。前后两个站牌的颜色是否不同。

到此，完成了汽车两次行驶中都在站牌处停驶的动画。

▶ 操作步骤6-15：交换颠簸汽车

现在场景里行驶的汽车都是"car1-副本"实例。下面需要将场景中颠簸路面中的"car1-副本"实例换成"car1-颠簸"实例，具体操作如下。

（1）开始颠簸位置插入关键帧：将其他层锁定，只打开汽车层，拖曳时间轴上的红色播放滑块，观察路面的变化，找到汽车层汽车开向颠簸马路的那一帧（第200帧左右），先选择该帧，然后按F6键在该帧插入关键帧。

（2）交换元件：选择该关键帧中的汽车元件，在如图6-42所示的属性面板上，可以看到该实例的名称是"car1-副本"，单击"交换"按钮，在如图6-43所示的"交换元件"窗口，选择"car1-颠簸"，单击"确定"按钮后，场景中的汽车实例就从平滑行驶的"car1-副本"换成了颠簸行驶的"car1-颠簸"。

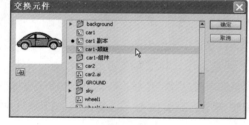

| 图6-42 | 图6-43 |

（3）在结束颠簸位置插入关键帧：拖曳时间轴上的红色播放滑块，找到汽车驶出颠簸马路的那一帧（第430帧左右），先选择该帧，然后按F6键在该帧插入关键帧。注意插入的关键帧的实例仍然是"car1-副本"。

（4）交换元件：参考图6-30所示，选择汽车在颠簸路面停驶后再次启动的那一帧，即第300帧的关键帧，同样将该帧汽车元件选择，将"car1-副本"交换成"car1-颠簸"。

（5）按Ctrl+Enter键播放，观察汽车是否在正确的位置开始颠簸并结束颠簸。

将文件"Lesson6.fla"保存。到此阶段完成的范例请参考进度文件夹的"Lesson06-08end.fla"文件。

▶ 操作步骤6-16：摇车窗动画

请打开上个步骤保存的文件"Lesson6.fla"（或打开进度文件夹中的"Lesson06-08end.fla"文件）。下面将制作汽车停驶后摇下车窗的动画。

（1）选择汽车第1次停驶的那一帧：将其他层锁定，选择汽车层第250帧，该帧上是已分离一次的汽车。

（2）剪切右车门实例：在空白处单击取消全选，然后单击选择右车门实例，如图6-44所示在右键菜单中选择【剪切】命令。结果车门被剪切掉了，汽车如图6-45所示。

（3）将右车门粘贴到新层上：在场景的汽车层上新建一个图层，命名为"右车门"层，在新层第250帧按F6键插入空帧，选择该空帧，鼠标在舞台空白的右键菜单中选择【粘贴到当前位置】命令，将右车门实例从汽车层剪切粘贴到新层原位置处，如图6-46所示。

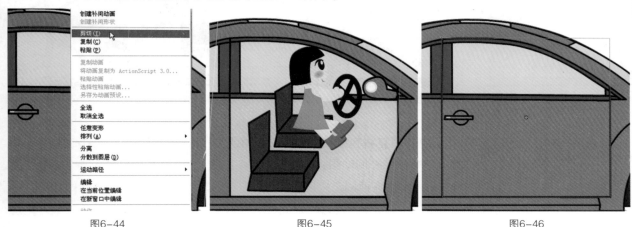

| 图6-44 | 图6-45 | 图6-46 |

（4）分离右车门：将其他层锁定，选择右车门层的第250帧，用选择工具选择该帧舞台的车门实例，在右键菜单中执行【分离】命令，分离后的边框线很粗，如图6-47所示，用墨水瓶工具重新为边框描边，使其粗细与分离前差不多，如图6-48所示。

（5）修改右车门图形：以前前车轮罩的下层是车门，现在的车门在汽车所有元件上层后，右下角的直角区就显示出来了，如图6-49所示。此时需要用添加锚点工具🖊与部分选取工具🔍修改车门右下角的弧线，如图6-50所示。

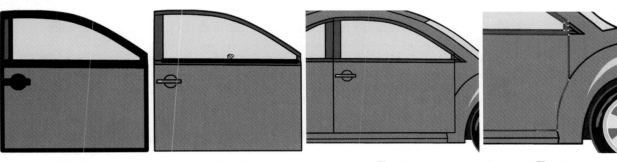

| 图6-47 | 图6-48 | 图6-49 | 图6-50 |

（6）剪切粘贴车窗到新层：单击车窗内部选择填充区，如图6-51所示，在右键菜单中选择【剪切】命令，结果如图6-52所示。在"右车门"图层上面再创建一个新层，命名为"车窗"层，在新层的第250帧按F6键插入空帧，选择该空帧，在舞台空白区右击鼠标，在右键菜单中选择【粘贴到当前位置】命令，将车窗图形粘贴到新层原位置，如图6-53所示，如果你选择的是粘贴命令，则要将车窗的坐标设置为它剪切前的坐标。

图6-51

图6-52

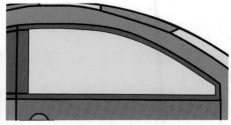
图6-53

（7）车窗摇下动画：选择车窗层的第258帧（将其他层锁定），按F6键插入关键帧，用任意变形工具将该帧的车窗图形向下压缩高度，变形如图6-54所示，最后变形结果如图6-55所示。在第250~258之间任一帧上右击鼠标，在右键菜单中选择【创建补间形状】命令，创建补间形状变形动画。车窗自动摇下的动画就做好了。

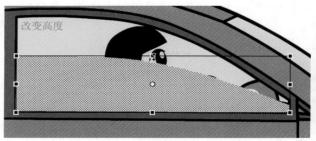
图6-54

图6-55

（8）车窗摇上动画：将车窗层258帧复制到第291帧，第250帧复制到第299帧，然后在第291~299帧之间创建补间形状动画，第300帧以后删除补间动画，并在第300帧上插入空帧结束该层的动画（如果不插入空帧结束，会在第300帧后的汽车行驶中有两层窗户显示）。车窗在开车前自动摇上的动画也做好了。

（9）剪切后视镜到新层：拖动红色滑块观察这段动画，你会发现后视镜突然在第250帧消失了，这是因为车门在上层遮挡住了它。先隐藏车窗层的显示，然后选择汽车层第250帧的后视镜实例，在右键菜单中执行【剪切】命令将其剪切，然后在车窗层上面新建一个后视镜层，在该层第250帧按F6键插入空帧，选择该空帧，在舞台空白区从右键菜单中选择【粘贴到当前位置】命令。将后视镜在这段时间以后都置于车门之上，选择后视镜层的第300帧，插入空帧，结束它从此后的显示。到此为止，时间轴上第250~300帧各层的关键帧及补间动画如图6-56所示。

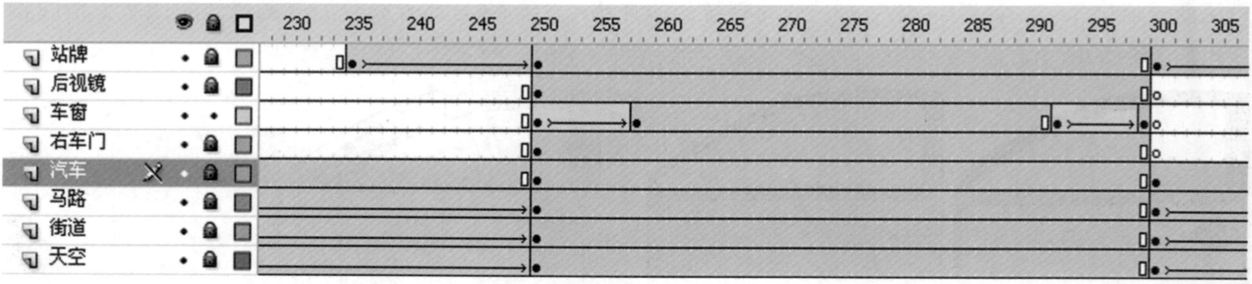

图6-56

请将文件"Lesson6.fla"保存。到此阶段完成的范例请参考进度文件夹的"Lesson06-09end.fla"文件。

1
Lesson

2
Lesson

3
Lesson

4
Lesson

5
Lesson

6
Lesson

▶ 操作步骤6-17：开门动画

请打开上个步骤保存的文件"Lesson6.fla"（或打开进度文件夹中的"Lesson06-09end.fla"文件）。

下面将制作汽车开门、关门动画。由于车门形状比较复杂，不适合做补间形状变形动画，所以我们用三个帧画面来表现车门的三种状态。

（1）插入3个关键帧：选择"右车门"层，将其他层锁定。参考图6-57所示，分别选择该层的第261、265、269帧，按F6键插入关键帧。

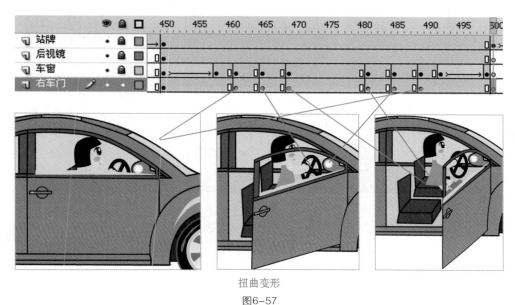

扭曲变形

图6-57

（2）半开车门：选择第265帧的关键帧，执行【修改/变形/扭曲】命令，拖曳车门左上与左下角的控制柄进行变形，使车门呈半开的状态。

（3）全开车门：选择第269帧的关键帧，执行【修改/变形/扭曲】命令，拖曳车门左上与左下角的控制柄进行变形，使车门呈全开的状态。

（4）播放：拖动时间轴的红色滑块，观察车门连续播放时是否从关闭到半开到全开。

（5）关门：关门的动画过程也可以用全开、半开、关闭三个帧来表现，分别将第269帧复制粘贴到第281帧，第265帧复制粘贴到第285帧，第261帧复制粘贴到第289帧即可。

（6）车窗的变形：由于车窗在另一层上，应该也随着车门开启跟随车门移动位置，所以选择车窗层，将其他层锁定，选择车窗层的第261、265、269帧，分别按F6键插入关键帧。将第265、268帧的车窗也用扭曲变形命令来变形。同样，将第269、265、261帧复制粘贴到第281、285、289帧上。

（7）按Ctrl+Enter键播放，观察车门和车窗是否在这几帧上正确地开关。

（8）将开关门动画复制到第二次停车处：如果第250~300帧之间车门、车窗、后视镜三层的动画无误后，先选择车门层第250帧，按Shift键+单击选择第300帧，将第250~300之间的开关门动画帧全部选择，在右键菜单中执行【复制帧】命令，然后选择该层下一个停车点第450帧，在右键菜单中执行【粘贴帧】命令，将车门层的开关门动画复制到第二次停车时段。同样，车窗和后视镜层的第250~301之间的帧也复制粘贴到同层第450帧处。

（9）按Ctrl+Enter键播放，如果第二次开门摇下车窗后看不到司机，是因为第450帧上的汽车中还有一个车门门元件，将汽车层的第450帧汽车上的车门选择后删除即可。执行粘贴帧后，图层自动会长出粘贴帧的长度。最后检查一下时间轴上600帧以后是否还有其他多余的帧，若有选择后删除。

至此，本课关键画面如图6-58所示。

图6-58

请将文件"Lesson6.fla"保存。到此阶段完成的范例请参考进度文件夹的"Lesson06-10end.fla"文件。

6.3.2 摩托车超车动画

请打开上个步骤保存的文件"Lesson6.fla"(或打开进度文件夹中的"Lesson06-10end.fla"文件)。下面将制作在场景中,汽车在马路上将要停车时,后面的摩托车追上来并从左侧超车的动画。

操作步骤:6-18:如何制作摩托车超车动画

在场景中新建一个图层,命名为"摩托车"层,将其他层锁定,并将摩托车层拖放到汽车层下面,如图6-59所示。

创建补间动画:

汽车第一次停车在第250帧,所以我们让摩托车在停车前就开始在汽车后面追赶它。在摩托车层的第155帧按F6键插入一个空关键帧,选择这一帧,从库里将摩托车影片剪辑元件拖放到场景中的该帧上,如图6-60所示。在属性面板中调整摩托车实例的大小,并将其移动到舞台外左侧。

图6-59

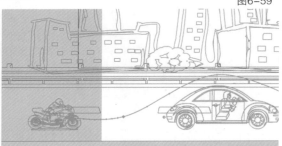

图6-60

选择摩托车层的第1关键帧,如图6-61所示,在右键菜单中执行【创建补间动画】命令,创建与其他层一样长度(600帧)的补间范围,如图6-62所示。

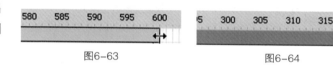

图6-61 图6-62

调整补间范围

鼠标移到摩托层最后一帧的边框，出现双向箭头时沿时间轴向左拖动鼠标，如图6-63所示，将补间范围调整到第320帧。

图6-63 图6-64

创建属性关键帧

先确保目前摩托车的大小已经调整好。

将时间轴第1关键帧选中，然后单击选择摩托车，将其位置调整到如图6-65所示的标志1处，在舞台外左侧与汽车同一个车道位置。

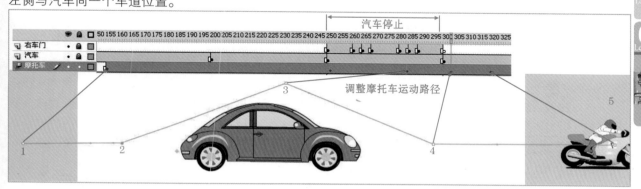

图6-65

时间轴滑块移动到第320帧，选择摩托车，将其移动到舞台右侧。创建了一个属性关键帧，如图6-65中5标志处。

时间轴滑块移动到第302帧，选择摩托车，将其移动到舞台中汽车的前面，如图6-65中4标志处。

时间轴滑块移动到第283帧，选择摩托车，将其移动到舞台中与汽车并排，如图6-65中3标志处。

时间轴滑块移动到第250帧，选择摩托车，将其移动到舞台中汽车的后面，如图6-65中2标志处。

除了第1关键帧外，后面创建的都是属性关键帧，由于位置属性的改变，摩托车就会沿这几个位置关键点形成的路径运动。

调整运动路径

为了使路径平滑，下面将使用部分选取工具 ![工具] 来调整路径锚点，使其平滑。

为了更方便观看路径，请按住Alt键单击摩托车层的 ![眼睛] 按钮，只显示该层。

选择部分选取工具 ![工具] ，分别选择第2、3、4三个锚点，如图6-66所示，按住Alt键+拖曳该点，将拐角点转换为平滑点，并调整平滑点的方向点，使摩托车经过这3个点的运动路径很平滑。

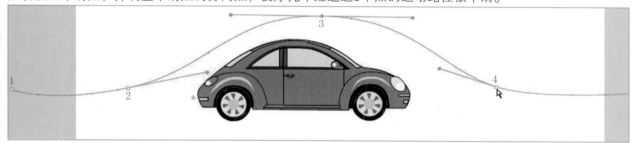

图6-66

调整属性关键帧的属性

除了位置属性，还可以调整属性关键帧上摩托车的其他属性，例如旋转属性。下面将对摩托车运动路径上的第2、3、4、5属性关键帧的摩托车进行旋转调整，如图6-67所示。

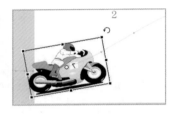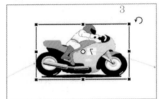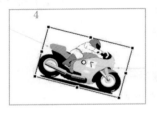

图6-67

时间轴滑块移动到第250帧处的属性关键帧位置，用任意变形工具█旋转摩托车，使其车头向上。拖动滑块播放动画，你会发现摩托车在此帧后一直保持车头向上的状态。

时间轴滑块移动到第283帧的属性关键帧位置，用任意变形工具█旋转摩托车，使其车身保持水平。

时间轴滑块移动到第302帧的属性关键帧位置，用任意变形工具█旋转摩托车，使其车头向下。

时间轴滑块移动到第320帧的属性关键帧位置，用任意变形工具█旋转摩托车，使其车头向上。

拖动滑块进行播放时，你会发现随着路径的变化，摩托车车身会基本保持与路径垂直的状态。

摩托车在第155~300帧之间从汽车后超过汽车驶出画外，如图6-68所示。

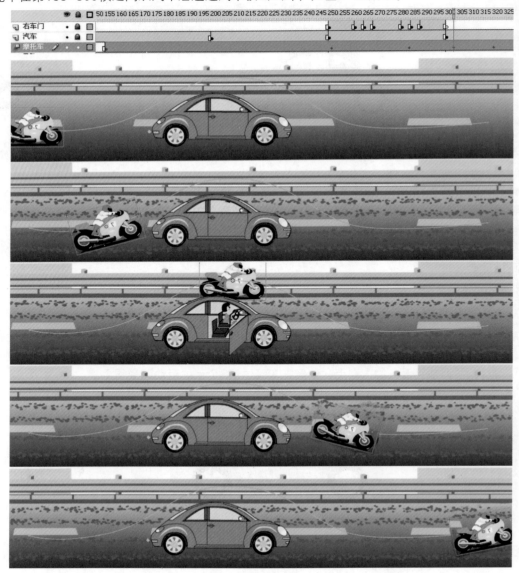

图6-68

修改路径与删除属性关键帧

补间动画的最大特点是：一旦改变了摩托车的属性，就会在当前帧上创建一个属性关键帧。

在以上练习中，最容易犯的错误是：没有把每个属性关键帧与路径上的锚点对应起来，在操作中随意改变摩托车的位置属性，结果就在路径上产生了多余的锚点，在时间轴上对应的就产生了多余的属性关键帧，有时候路径曲线也变得很奇怪。

修改路径的起始与结束锚点

首先用部分选取工具 在路径上单击选择路径，观察路径上的方形锚点，每个锚点都对应一个属性关键帧。先用部分选取工具 将起始锚点选中，移动到舞台动画的起始位置，再用部分选取工具 将结束锚点选中，移动到舞台动画的结束位置。

将时间轴滑块移动到补间动画的第1关键帧，此时摩托车位置应该在路径起始锚点的位置，如果需要修改摩托车的其他属性，可将摩托车选择后在属性面板中改变位置、大小、样式、滤镜等属性。

将时间轴滑块移动到补间动画的最后一个属性关键帧位置，此时摩托车位置应该在路径结束锚点的位置，如果需要修改摩托车的其他属性，可将摩托车选择后在属性面板改变位置、大小、样式、滤镜等属性。

删除与添加属性关键帧

路径上的锚点对应的都是属性关键帧，时间轴滑块移动到某个属性关键帧上时，如果需要删除该属性关键帧，只需用删除锚点工具 ，单击该锚点，就将该属性关键帧删除了。

如果需要在起始与结束锚点之间添加锚点（即属性关键帧），只需将时间轴滑块移动到指定的帧上，改变摩托车的位置或其他属性，即可创建属性关键帧。属性关键帧并不是越多越好，还是要根据运动路径来调整路径上的锚点，尽量以最少的锚点创建平滑的运动路径。

请将文件"Lesson6.fla"保存。到此阶段完成的范例请参考进度文件夹下的"Lesson06-11end.fla"文件。

▌6.3.3　对面驶来的汽车动画

下面将利用库中已创建的car2汽车，制作对面驶来的汽车动画，这次也是用补间动画的方法。

操作步骤6-19：如何制作对面驶过汽车动画

首先在场景1中创建"汽车2"图层，将其置于"汽车"图层下面，如图6-69所示，在第100帧按F6键插入空帧，将"car2"影片剪辑元件拖放到舞台右侧并调整大小与位置，选择该关键帧，在右键菜单中执行【创建补间动画】命令，将补间范围调整到第140帧，时间轴滑块移动到第140帧，将汽车移动到舞台外左侧，结果创建了这段时间汽车从右到左运动的动画。播放时，场景中 car2 从 car1 对面驶过。

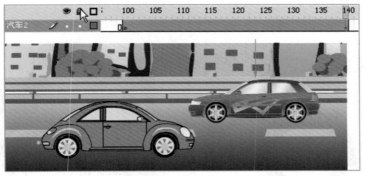

图6-69

请将文件"Lesson6.fla"保存。到此阶段完成的范例请参考进度文件夹下的"Lesson06-12end.fla"文件。

动态画面请见随书课件"Lesson6马路场景/课堂范例"的动画展示。

6.4 操作答疑

思考题：

问题1：在元件的编辑界面，为什么在绘制图形时尽量要中心点与坐标原点重合？

问题2：为什么有些元件分离后看不见了？

问题3：补间动画的速度如何调整？

问题4：补间动画属性设置中的"调整到路径"对动画有何影响？

答疑：

问题1：在元件的编辑界面，为什么在绘制图形时尽量要中心点与坐标原点重合？

回答1：如果所有元件的图形中心点与坐标原点重合，在场景中做动画时，对于元件的定位编辑会方便很多，比如场景中已经做好一段红色车元件的动画，如图6-70所示，该元件坐标原点就在车体中心，需要交换成黄色车，但黄色车车体中心离元件的坐标原点很远，交换时会以两者的坐标原点位置定位，结果会在位置上变化很大。

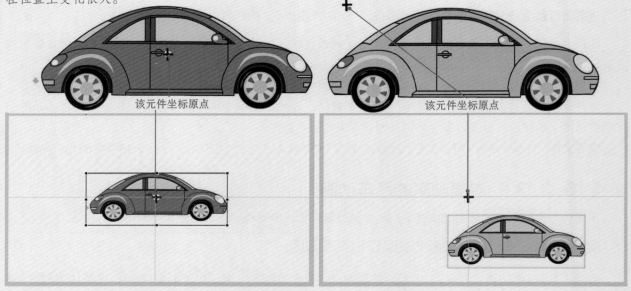

图6-70

问题2：为什么有些元件分离后看不见了？

回答2：如图6-71所示的分离后的"car1副本"元件，它由车身、右车门、左车门、前轮罩等元件组成，如果单独选择前轮罩元件并将其再次分离，则会看不到前轮罩的图形了，这是因为分离后会将其自动放置于最低层的缘故，如图6-72所示，将它上面的元件移开，就可看到最底层已经分离的前轮罩的图形。

图6-71

图6-72

问题3：补间动画的速度如何调整？

回答3：如果要制作时间轴上总长为10帧的补间动画，如图6-73所示，默认的是起始与结束两个锚点之间的匀速运动，如果在中间某些帧上创建了属性关键帧，请先用删除锚点工具 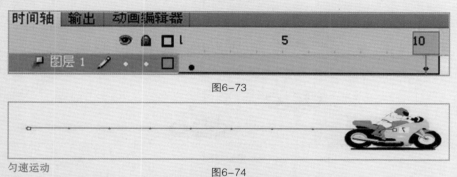 将两点之间的其余锚点单击后删除，这样将删除中间的属性关键帧，只留下起始与结束两个锚点，如图6-74所示。起始锚点代表运动元件实例的起点位置关键帧，结束锚点代表实例的结束位置属性关键帧，路径上的其他小圆点代表时间轴的每个帧。这时的补间动画表现的是匀速运动。

图6-73

匀速运动

图6-74

如果要制作起始与结束两个锚点之间的减速运动，先用选择工具选择时间轴上的这段补间范围，属性面板会显示补间动画的属性设置，在属性面板中选择缓动值为正值，如图6-75所示为减速运动的路径显示。在相同的时间帧间隔内，开始的运动距离长、速度快，结束的运动距离短、速度慢，产生了减速的运动效果。

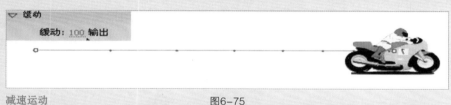

减速运动

图6-75

当缓动值为负值时，如图6-76所示为加速运动的路径显示。在相同的时间帧间隔内，开始的运动距离短、速度慢，结束的运动距离长、速度快，产生了加速的运动效果。

加速运动

图6-76

问题4：补间动画属性设置中的"调整到路径"选项对动画有何影响？

回答4：补间动画创建后，你可以调整路径的形状，例如V形路径，此时摩托车虽然沿着路径运动，但是车头方向不管是下行还是上行都会保持初始关键帧的设置，这显然不符合实际的运动规律。如果将第1关键帧中的摩托车旋转使其垂直于路面，然后选择补间动画时间轴的任一帧，在如图6-78所示的补间属性面板中将"调整到路径"选项勾选，则摩托车沿路径运动的同时，车身会始终垂直于路面，如图6-79所示，这样就产生了实际下坡上坡时的动画效果。

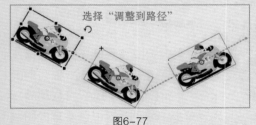

选择"调整到路径"

图6-77

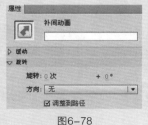

图6-78

未选"调整到路径"

图6-79

如果要制作沿圆形旋转一周的动画，常规的做法是先创建运动对象的补间动画，然后设置几个属性关键帧，调整位置与路径，完成沿圆形路径的动画。如图6-80所示为时间轴动画。

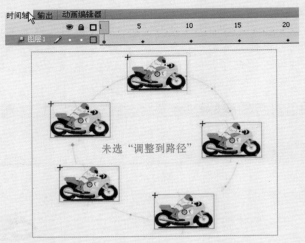

图6-80

但是像汽车摩托车等沿圆形运动的动画，就必须先调整路径为圆形，然后将第1关键帧的车体旋转使其垂直于路径，然后选择属性面板中的"调整到路径"选项，这时沿圆形运动的动画就如图6-81所示。另外，沿圆形运动的汽车动画，也可用创建传统补间动画的传统运动引导层来制作。

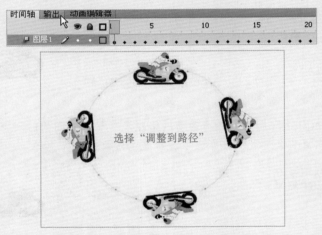

图6-81

上机作业：

1．参考随书A盘"Lesson6汽车动画\06课参考作品"中的作品1，为汽车制作车灯闪烁与尾气动画。

图6-82

操作提示：

（1）创建一个"车灯"影片剪辑元件，在元件界面绘制车灯形状，如图6-83第1帧所示，填充黄色到透明色(颜色面板中的A:0%)的渐变色，接着在时间轴按F6键插入两个关键帧，将中间关键帧的车灯形状放大一些，两两帧之间创建补间形状动画。最后将该元件拖放到汽车元件的车灯位置。

图6-83

（2）在新建的"尾气"元件中，绘制尾气图形，如图6-84第1帧所示，然后插入多个关键帧，逐帧将尾气图形依次放大并逐渐变小，两两关键帧之间创建补间形状动画，形成尾气排出、放大、消失的动画。最后将该元件拖放到汽车元件的车后。详细制作请参考ck06_01.fla文件。

图6-84

2．参考随书A盘"Lesson6汽车动画\06课参考作品"中的作品2，制作房子的炊烟动画。

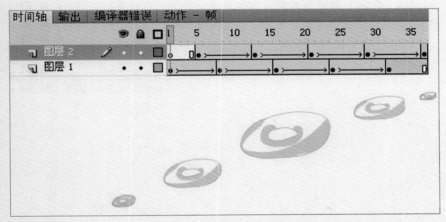

图6-85　　　　　　　　　　　　　　　　　　　图6-86

1 Lesson
2 Lesson
3 Lesson
4 Lesson
5 Lesson
6 Lesson

操作提示：

创建"炊烟"影片剪辑元件，在其界面中制作如图6-85所示的烟圈图形的变形动画，在另一层时间错后一点制作另一个烟圈的变形动画，产生炊烟依次向上运动并消失的动画效果。最后将"炊烟"元件拖放到场景中的房子烟囱处，如图6-86所示。详细制作参考ck06_02.fla文件。

3．参考随书A盘"Lesson6汽车动画\06课参考作品"中的作品3，制作汽车沿地球表面运动的动画。

图6-87

操作提示：

（1）创建一个"背景"图形元件，在其界面分层绘制天空、地球及地球上的房子。太阳、月亮可导入前面课中制作的动画太阳和月亮。

（2）在主场景背景层的第1~300帧，制作"背景"图形元件顺时针旋转2周的传统补间动画。

（3）在主场景新建"车1"图层，将第5课创建的汽车影片剪辑元件导入到库中，将库中的汽车1拖放到第1帧，在第90帧插入关键帧，创建传统补间动画，接着为车1层创建传统运动引导层，在该层绘制一个半圆线条，端点都在画外，将汽车1的起始与结束位置分别与两个端点重合，让汽车1沿线条路径运动，为了使汽车与地面垂直，可在车1层前后两个关键帧之间再插入2~3个关键帧，将关键帧中的汽车旋转，使其与地面垂直。最后隐藏引导线，结果动画为汽车1沿地球表面行驶一大圈的动画。

（4）另外两辆车的动画制作类似于车1层，只是出现的时间不同（汽车2在第100~200帧出现，汽车3在第200~300帧之间出现）。主场景的图层如图6-88所示。详细制作参考ck06_03.fla文件。

图6-88

第7课 图像声音

参考学时：8

✓ 教学范例：图像声音

本课由两个范例组成：侧面行车场景中的小女孩上下车动画及场景声音的添加制作；正面行车场景的动画制作。完成后，播放画面参看右侧范例展示图。

动态画面请见随书B盘课件"Lesson7图像声音\课堂范例"的动画展示。

范例1的场景中，汽车在不同的路面向前行驶，对面也驶来由静止图片制作的图片汽车。一个小女孩在站牌处等车，汽车在站牌处停车，小女孩走向车、转身开门，进去坐下、关门、车窗摇上准备启动，汽车在下一站停车后，小女孩开门下车、挥手再见，汽车启动。汽车在启动、行驶、停车时都配有相应的声音。

范例2的场景制作中，先由Photoshop提前制作出路面元素的分层图像，然后导入到场景中，制作动态效果，例如斑马线的动画、护栏的动画、远处背景的动画，人车动画，天桥、路牌的动画以及马路两侧楼房路牌的动画。

✓ 教学重点：

- 如何为Flash准备透明图片
- 如何为Flash准备多图层图片
- 如何导入多图层图片
- 如何导入gif图片
- 如何整理库元件
- 如何对图片分离、选择、删除

- 如何利用多图层图片制作动画
- 场景中元件如何交换
- 如何使用声音
- 如何使用Deco工具绘制建筑物
- 如何使用Deco工具绘制植物

✓ 教学目的：

为Flash提前准备位图图像。通过制作图片车来掌握如何在Flash中使用位图图像。如何在Flash中使用gif动画图像。如何将女孩的多图层图像导入后制作女孩走路、转身、上下车、挥手等动画。如何将静止的马路场景图像导入后制作动画效果。通过侧面行车场景与背面行车场景的动画制作，掌握图像与声音在Flash中的应用。

范例1　走向汽车

打开车门　转身进车　转身关门

坐下关窗　开门下车　挥手再见

范例2

导入图片　楼房背景　导入太阳

斑马线动画　人车动画　路牌动画

天桥动画　楼房动画　其他车动画

第7课——图像声音的使用及参考范例

7.1 位图图像的使用

7
Lesson

8
Lesson

9
Lesson

10
Lesson

11
Lesson

12

图像处理软件例如Adobe Photoshop的文件也可以直接导入到Flash里，该软件能将图像保存在不同的图层上，或将图片背景透明，应用到Flash中后，会使动画画面具有真实的效果。本节将利用树木的图片为场景马路添加沿街树木；利用人物的图片为场景添加乘客等车、开门上车、坐下、开门下车、挥手再见的动画；利用真实的汽车和人物图片为场景再添加一辆人驾驶敞篷车的动画；利用gif动画图片为场景添加在马路上行走的动画。

▌7.1.1 图片的前期处理

下面将在Adobe Photoshop中将图片进行动画前期处理。

▶ **操作步骤7-1：图片的裁剪处理**

Flash中导入的图片，应该尽量裁剪掉多余的背景，并将图片尺寸调整为合适的大小，否则大容量的位图图片会使Flash文件变得很大。所以在Photoshop中打开一张图片后，例如原始文件夹下的"植物素材.jpg"文件，首先要用裁剪工具 🔲 进行裁剪，如图7-1所示，保留要使用的区域，如图7-2所示。

图7-1

图7-2

▶ **操作步骤7-2：图片的透明处理**

把要使用的图片区从背景里选择出来，如图7-3所示，执行【图层/新建/通过剪切的图层】命令，将其放置在新的图层中，将背景层隐藏或删除，如图7-4所示，然后执行【文件/存储为】命令，将文件存储为PNG格式的透明背景图片，透明与不透明图片在Flash里的区别如图7-5所示。

图7-3

图7-4

图7-5

▶ **操作步骤7-3：图片的尺寸处理**

为了不使Flash的文件容量过大，有些大尺寸的图片还需要执行【图像/图像大小】命令，如图7-6所示，将其宽度、高度成比例缩小到将在Flash里使用的最大尺寸。

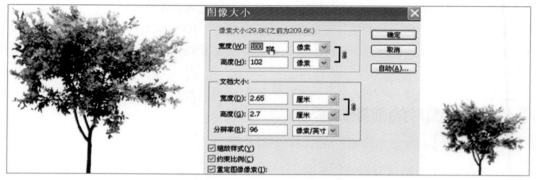

图7-6

▶ **操作步骤7-4：图片的分层处理**

在图片背景透明化及尺寸处理后，如果该图片还要在Flash里有简单的动画，例如图7-7所示的小女孩胳膊及腿的运动的动画，就需要提前在Photoshop里将胳膊、腿分别选择后，执行【图层/新建/通过剪切的图层】命令，将其放置在新的图层中，如图7-9中的图层面板所示，将胳膊剪切到新层并暂时隐藏。

当从人物层将胳膊选出放入新层后，原来的身体部位的胳膊减去了一块，如图7-8所示，所以需要用绘画工具将该部位填补成同色，如图7-9所示，否则后面在做胳膊摆动的动画时身体部位会有空白区。

图7-7

图7-8

图7-9

请将该人物的正、侧、背面三张图片分别由最初的一层修改为胳膊、腿都在不同的层上，如图7-10、图7-11、图7-12所示。将这三个文件都保存为PSD格式。

图7-10

图7-11

图7-12

7
Lesson

8
Lesson

9
Lesson

10
Lesson

11
Lesson

12
Lesson

其他图片在Photoshop中都要进行以上处理，例如场景中将要制作一辆真实敞篷车的动画，先裁剪图片如图7-13所示，再将车体从背景中选出放入新层，并删除背景，如图7-14所示，图片中要做动画的部位如车轮也要放入新层，如图7-15所示，修改图片尺寸后，保存成PSD格式。

到此，处理好的图片就可以导入到Flash中了。

图7-13

图7-14

图7-15

▌ 7.1.2　使用位图图像

请打开上一课结束时保存的文件"Lesson6.fla"（或打开进度文件夹中的Lesson07-1-start文件），将文件换名保存为"Lesson7-1"。

下面将把已处理好的图片导入到Flash文件库里（已分层或透明的图片也可以在原始文件夹下找到）。

▶ 操作步骤7-5：如何导入图片

导入单层的透明图片

执行【文件/导入/导入到库】命令，将单层的图片导入到Flash库中，导入后的库中显示如图7-16所示，■图标表示该库元素是原始位图图片，单击库窗口左下角的新建元件图标■，新建图形元件"树1"，将导入的第1个树的位图图片拖放到该元件的十字中心，用同样的方法创建图形元件"树2"、"树3"，分别拖放入另两张树的图片。在库面板最下角单击□创建新文件夹，把所有同类的元件都放入如图7-17所示的植物文件夹中。切记■图标的原始文件不要删除，否则引用它的图形元件内容也会被删除。

图7-16

图7-17

导入多层的透明图片

执行【文件/导入/导入到库】命令，将多层的图片（人正面已分层.psd）导入到Flash库中，在如图7-18所示的窗口中，选择"将图层转换为Flash图层"选项，导入图片后，库中如图7-19所示，会自动创建一个同名的图形元件，和一个同名的资源文件夹。同名图形元件的图层中，对应放置了psd格式中每层的位图，而且这些位图已自动转换为影片剪辑元件，元件名称为图层名，内容为最初的位图，如图7-20所示。这些元件及资源位图都放置在同名的资源文件夹中，而原始位图（显示为 <img> 图标的）会放置在该文件夹中的资源文件夹中，如图7-20所示。

用以上导入方法分别将人物侧面、背面已分层的PSD文件导入到库中。

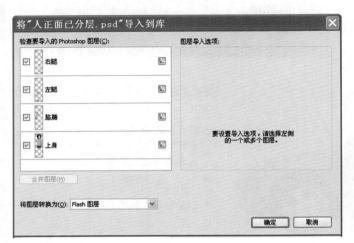

图7-18

图7-19

各影片剪辑元件分层放置

图7-20

导入gif动画图片

gif动画一般尺寸比较小，有些背景也是透明的，可直接执行【文件/导入/导入到库】命令，结果如图7-21所示，库里会导入gif动画每帧的图片，以及自动创建的一个影片剪辑元件，该元件的时间轴上放置了gif的每帧图片，如图7-22所示。另外，也可以在一个影片剪辑元件的编辑界面中，用导入到舞台命令直接将gif动画的图片导入到影片剪辑元件时间轴的各帧上。

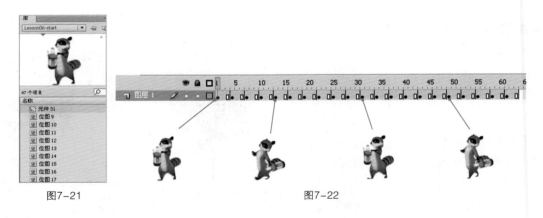

图7-21

图7-22

库元件的整理

当库里有大量的元件后，建议要将元件分类存放，参考图7-23所示的库结构来整理库元件，在库面板左下角单击新建文件夹图标 <img>，将文件夹命名，将同类的文件或文件夹拖放到该文件夹下，元件名要规范，尽量不要使用"元件n"命名。整理库元件的好处是方便元件的查找和编辑，另外对多人合作制作的动画文件，互相之间使用库元件时不会因为重名而破坏已完成的动画。

▶ 操作步骤7-6：如何使用图片

图片导入到库中后，就可以在场景或元件中使用图片元件。在库面板中双击"马路"图形元件，新建一个图层，将库里的几个树木图形元件拖放到马路元件的工作区（不要拖位图原始图片），调整每个树木实例的大小，使得一排树木高低大小都不同，如图7-24所示。

整理元件

7
Lesson

8
Lesson

9
Lesson

10
Lesson

11
Lesson

12
Lesson

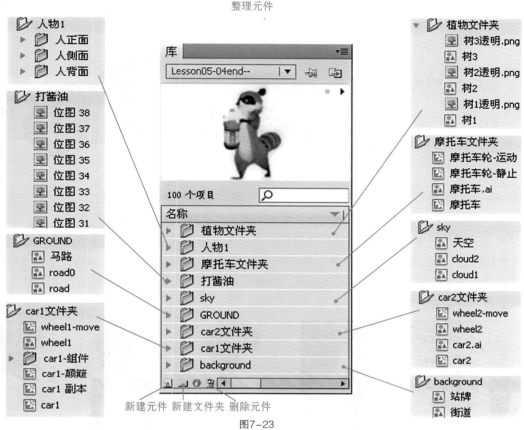

图7-23

新建元件　新建文件夹　删除元件

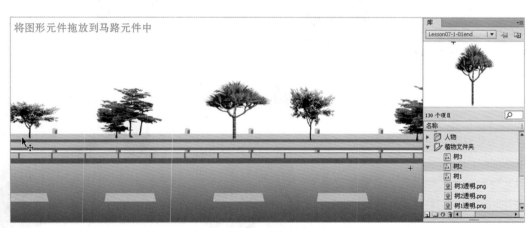

图7-24

回到场景1的编辑界面，播放动画观察，此时马路上会自动多出一排树来。树木大小不合适可再次双击库里的"马路"图形元件进行修改。

下面将为一辆图片车制作车轮动画，然后添加驾驶员。

首先将分层的图片车导入到库中，在库中将其中的所有元件存放在"car3"文件夹中，如图7-25所示，接着新建一个"car3"影片剪辑元件，将导入的车的图形元件拖放到"car3"的工作区，双击汽车，进入汽车图形元件界面，此时时间轴上的分层显示如图7-26所示，选择后车轮，将其转换为影片剪辑元件"wheel31-move"，双击进入转动车轮编辑界面，再次将车轮转换为图形元件"wheel31"，然后在转动车轮时间轴上做旋转一周的传统补间动画。前轮的动画制作也类似，只是需要如图7-27所示在工作区左上角单击图形元件名称，返回到分层汽车的编辑界面。注意观察操作时左上角的元件名称显示，要清楚你现在是在元件的层层嵌套关系中的哪一层元件的工作界面。

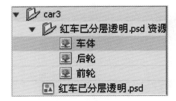

图7-25

图7-26

图7-27

两个车轮动画做好后，如图7-27所示，单击回到分层汽车图形元件编辑界面，在如图7-26所示的图层上新建一层，然后将库里的人物侧面的资源文件夹中的上身原始位图图片拖放到工作区中，如图7-28所示。因为只需要人物的头部区域，所以先单击选择上身位图，在右键菜单中执行【分离】命令，结果如图7-29所示，位图分离为点状显示，在空白处单击取消选择，现在就可以用套索工具或选择工具局部选择人物区域了，例如用选择工具将头部以下区域框选，如图7-30所示，选择后的区域如图7-31所示，按Delete键将选择区删除，结果如图7-32所示。

图7-28

图7-29

选择工具框选

图7-30

图7-31

图7-32

将人物头部全部框选后，执行【修改/变形/水平翻转】命令，使其面向右，拖放到汽车驾驶员位置。结果如图7-33所示。

注意，如果要对图片进行局部裁剪，可以从库里直接拖放位图到工作区，一般情况下，只拖放图形元件到工作区中，因为只有图形元件才能创建补间动画，而且也可以对元件多次分离成点状显示来裁剪位图。

到此为止，库里的元件编辑全部完成了。

图7-33

▶ **操作步骤7-7：制作场景中car3的动画**

切换到场景1编辑界面。

在场景1中"汽车2"层的下层创建一个新图层，如图7-34所示，命名为"汽车3"层，将其他层锁定，在该层的第450帧按F6键插入空帧，从库里将上面创建的"car3"影片剪辑元件拖放到舞台右侧外，在属性面板中改变汽车的大小，并执行【修改/变形/水平翻转】命令将汽车车头方向改成向左，在第500帧按F6键插入关键帧，将该帧的汽车移动到舞台左侧外。选择两帧之间任一帧，在右键菜单中执行【创建传统补间】命令，选择第501帧，在右键菜单中执行【插入空白关键帧】命令，用空白帧结束该层的动画，结果制作出了有驾驶员头像的car3从舞台右侧驶入从左侧驶出的动画。

7
Lesson

8
Lesson

9
Lesson

10
Lesson

11
Lesson

12
Lesson

操作步骤7-8：gif动画在场景中的应用

在场景中"汽车3"层的下层创建一个图层，命名为"打酱油"层，如图7-35所示，将其他层锁定，从库里将上面创建的gif动画的动物打酱油影片剪辑元件拖放到第1帧舞台中部，在第50帧按F6键插入关键帧，将该帧的动物移动到舞台左侧外。选择两帧之间任一帧，在右键菜单中执行【创建传统补间】命令，选择第51帧，在右键菜单中执行【插入空白关键帧】命令，用空白帧结束该层的动画，结果制作出了刚开始有动物从舞台往左走的打酱油动画。

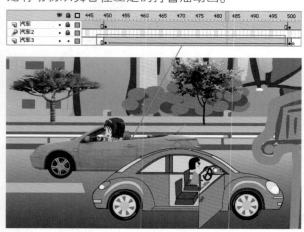

图7-34 图7-35

请将文件"Lesson7-1.fla"保存。到此阶段完成的范例请参考进度文件夹下的"Lesson07-1-01end.fla"文件。

7.1.3　人物上车动画

请打开上一节结束时保存的文件"Lesson7-1.fla"（或打开进度文件夹中的Lesson07-1-01end文件）。

本节将制作小女孩在站牌处等车，然后走向车、转身开门，进去坐下、关门以及在下一站开门下车、挥手再见的动画。

操作步骤7-9：等车动画制作

在场景1的时间轴新建一个图层，命名为"人站立"层，将其置于"站牌"层的下面，如图7-36所示，将其他层锁定。

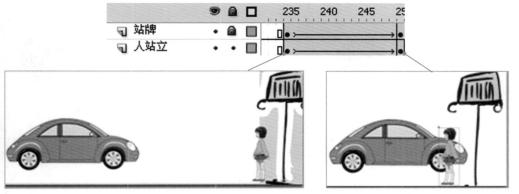

图7-36

选择该层第235帧（与站牌动画第1帧相同的帧），按F6键插入空帧，从库里将"人侧面已分层"图形元件拖放到舞台右侧外站牌左侧，在属性面板中改变人物的大小，在第250帧按F6键插入关键帧，将该帧的人物移动到舞台中站牌左侧。选择两帧之间任一帧，在右键菜单中执行【创建传统补间】命令，结果制作出了人物等车开近的动画。

▶ 操作步骤7-10：走向车动画制作

下面将用4个关键帧组成人物行走4步的动画。

第1帧：在第251帧按 F6键插入关键帧，选择该帧中的人物实例，如图7-37所示，在右键菜单中执行【分离】命令，将其分离成各元件，如图7-38所示。

图7-37　　　　　　　　　　　　　　　　　图7-38

在空白处单击取消对所有元件的选择，用任意变形工具只选择人物的左胳膊，如图7-39所示，将旋转轴心从中心移动到肩部位置，接着旋转左胳膊，如图7-40所示。

由于右胳膊在最底层，不容易选择，可先单击上身，在右键菜单中执行【排列/移至底层】命令，此时再单击右胳膊区就容易选择了。同样，将右胳膊的旋转轴心移到肩部，将其绕肩旋转向后，如图7-41所示。接着选择右胳膊，在右键菜单中执行【排列/移至底层】命令，将其置于上身下面。

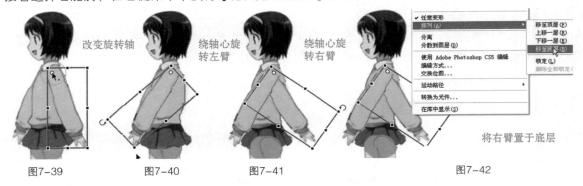

改变旋转轴　　绕轴心旋转左臂　　绕轴心旋转右臂　　将右臂置于底层

图7-39　　　　　图7-40　　　　　图7-41　　　　　图7-42

选择左腿，将旋转轴心移到胯部，将其旋转向后，如图7-43所示。也使其移至底层。

选择右腿，将旋转轴心移到胯部，将其旋转向前，如图7-44所示。也使其移至底层。

接着全选人物，使人物整体往前移动一点距离。

第2帧：选择第255帧，按F6键插入关键帧，将人物整体前移一段距离，用同上方法将人物左胳膊与右腿旋转向后，右胳膊与左腿旋转向前。

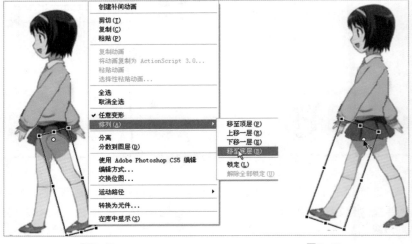

图7-43　　　　　　　　　　　　　　　　　图7-44

第3、4帧：参考图7-45所示，分别在第259、263帧按F6插入关键帧，将人物前移一段距离，并改变胳膊腿的旋转方向。制作第3、第4步的动画。注意第4步的右胳膊旋转高度调整到与汽车门把手一样高，看起来好像在开车门。这4个关键帧从车头走向车门的距离均等，如图7-46中的1、2、3、4帧画面所示。

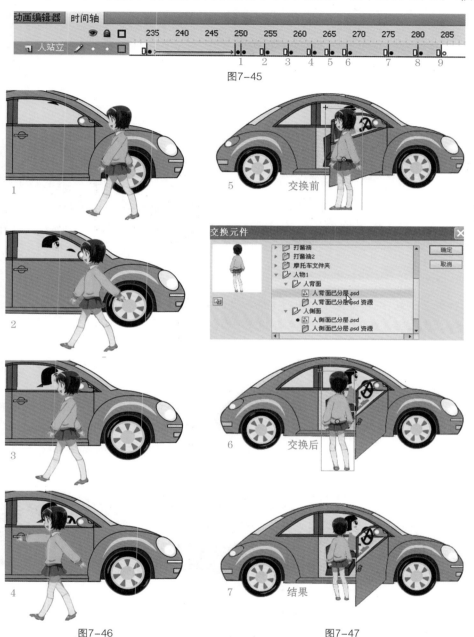

图7-45

图7-46   图7-47

▶ 操作步骤7-11：开门转身动画制作

下面将用4个关键帧组成人物开门转身走进车内并转身的动画。

第5帧：选择第250帧，在右键菜单中执行【复制帧】命令，然后选择第266帧，在右键菜单中执行【粘贴帧】命令，将侧面的人物实例粘贴过来，此时车门是半开的，将该帧人物移到车门位置，如图7-47所示5帧的画面。

第6帧：选择第269帧，按F6键插入关键帧，选择该帧人物侧面实例，在属性面板中单击"交换"按钮，在弹出的交换窗中将图形元件"人侧面已分离"换成"人背面已分离"，结果如图7-47的6帧画面所示。

▶ 操作步骤7-12：走向车门动画制作

第7帧：选择第275帧，按F6键插入关键帧，选择该帧人物背面实例，在属性面板中将人物稍缩小一些，并向车里移动，结果如图7-47的7帧画面所示。

▶ 操作步骤7-13：转身上车关门动画制作

第8帧：选择第280帧，按F6键插入关键帧，选择该帧人物背面实例，在属性面板中单击"交换"按钮，在弹出的交换窗中将图形元件"人背面已分离"换成"人侧面已分离"，结果如图7-48所示。

执行【修改/变形/水平翻转】命令，将侧面向左的人物侧面向右，如图7-49所示。

图7-48　　　　　　　　　　　　　　　　　　　　图7-49

第9帧：选择第285帧，在右键菜单中执行【插入空白关键帧】命令，将"人站立"这一层的动画结束。（因为该层位于车门的上层，当车门从第285帧开始关闭后，人物动画不应该出现在车门上层而应该出现在车门的下层。所以要结束"人站立"层的动画）。需要重新建立一个新层放置人物动画，该层应该在车门的下层。

创建"人坐下"层：新建一个图层，命名为"人坐下"层，并将该层拖放到汽车层之上右车门层之下，如图7-50所示。将其他层锁定。

因为关上车门后，透过车窗要看到人物的上身，所以需要将"人站立"层的第280帧选择，在右键菜单中执行【复制帧】命令，然后选择"人坐下"层的第285帧，在右键菜单中执行【粘贴帧】命令，如图7-51所示，将同样面向右侧的站立的人物粘贴过来，并用选择工具选择人物，使其后稍向下移动一些，像是坐下的动作，此时门关上后都可以看见门下层的人物，如图7-52所示。

图7-50　　　　　　　　　图7-51　　　　　　　　　图7-52

如果拖动时间轴上的红色播放滑块观看这段动画，你会发现车门关上后虽然能看到车窗里的人物，但是人物下身未被车门遮挡的部分却露在车外，这时需要先将"右车门"层隐藏显示，然后选择人物，在右键菜单中执行【分离】命令，将人物分离成组成她的各元件，然后取消选择，选择人物的左右腿，将其删除，如图7-53所示，取消选择后，框选人物的下半身，如图7-54所示，按Del键将其删除，结果如图7-55所示。将"右车门"层取消隐藏，结果关门后看到的车窗里的画面如图7-56所示。

图7-53　　　　图7-54　　　　图7-55　　　　图7-56

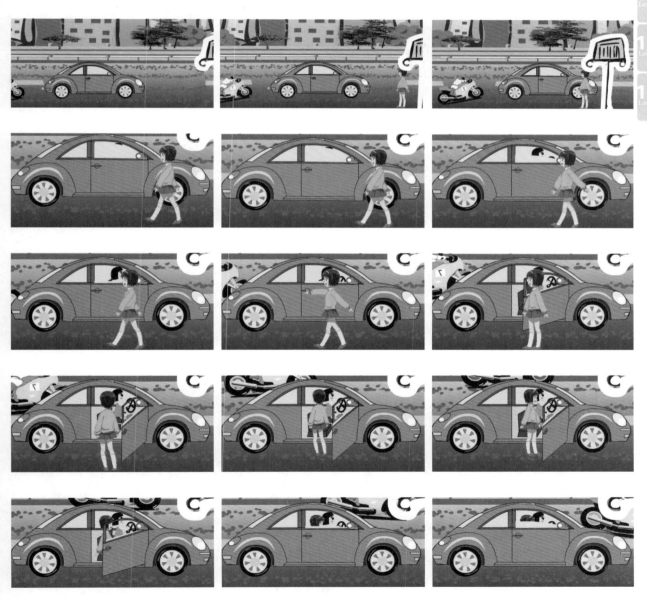

図7-57

再次拖放红色播放滑块，你会发现在车窗摇上后，第300帧以后不应该再看到"人坐下"这一层的画面，所以选择该层第300帧，在右键菜单中执行【插入空白关键帧】命令结束该层的动画。

到此，汽车第一次停下后，人物上车的动画就完成了，在时间轴上，"人站立"与"人坐下"两层的关键帧如图7-57所示。这段动画画面如图7-58所示。

图7-58

请将文件"Lesson7-1.fla"保存。到此阶段完成的范例请参考进度文件夹的"Lesson07-1-02end.fla"文件。

7.1.4 人物下车动画

▶ 操作步骤7-14：开门下车动画制作

汽车第二次停车是在第450~500帧之间，在摇下车窗前，人物一直保持坐下的状态，所以，先选择"人坐下"层的第285帧，在右键菜单中执行【复制帧】命令，然后选择该层的第450帧，在右键菜单中执行【粘贴帧】命令，将人物坐下的画面粘贴到第450帧，如图7-59所示。

在车门半开时，人物应该从车上下来了。所以选择"人站立"层的第280帧，在右键菜单中执行【复制帧】命令，然后选择"人坐下"层的第465帧，在右键菜单中执行【粘贴帧】命令，将人物站立的画面粘贴到第465帧，如图7-60所示。

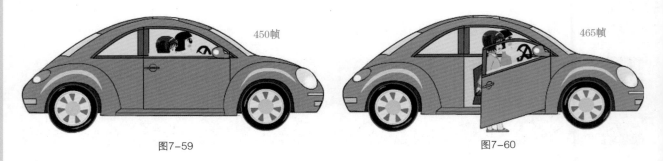

图7-59　　　　　　　　　　　　　　图7-60

拖放时间轴上的红色播放滑块，观看车门半开时，人物从坐下到站立的动画。

▶ 操作步骤7-15：开门转身动画制作

在第469帧车门大开时，人物应该转身走离车门。所以先选择"人坐下"层的第469帧，在右键菜单中执行【插入空白关键帧】命令，结束该层的动画，如图7-61所示。

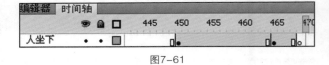

图7-61

选择"人坐下"层的第465帧，在右键菜单中执行【复制帧】命令，然后选择"人站立"层的第469帧，在右键菜单中执行【粘贴帧】命令，将人物站立的画面粘贴到第469帧，如图7-62所示。

选择人物，单击属性面板中的交换按钮，将侧面的人物换成正面人物，如图7-63所示。对应的是如图7-64所示的第1关键帧。

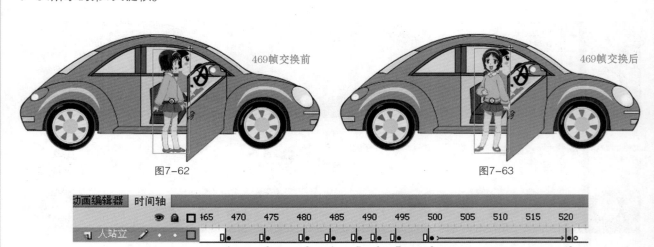

图7-62　　　　　　　　　　　　　　图7-63

图7-64

7
Lesson

8
Lesson

9
Lesson

10
Lesson

11
Lesson

12
Lesson

图7-65

▶ 操作步骤7-16：走离车门的动画制作

第2帧：选择"人坐下"层的第475帧，按F6键插入关键帧，在属性面板中将正面人物稍放大一点，然后移动使其离车门稍远一些，结果如图7-65的第2关键帧所示。

第3帧：选择第481帧，按F6键插入关键帧，在属性面板将正面人物再稍放大一点，然后移动使其离车门更远一些，结果如图7-65的第3关键帧所示（有时间的话以上两帧也可以将人物分离后制作胳膊腿摆动走离车门的动画，请参考操作步骤7-10的方法）。到此，前三个关键帧就代表了人物走离车门的动画。

▶ 操作步骤7-17：转身再见挥手动画制作

第4帧：选择第485帧，按F6键插入关键帧，选择正面的人物，单击属性面板中的交换按钮，将正面的人物换成背面人物，如图7-65所示的第4帧画面。

第5帧：选择第489帧，按F6键插入关键帧，选择背面人物后将其分离，如图7-65所示第5帧的画面，用任意变形工具将人物右胳膊绕着肩头旋转向上。

第6帧：选择第492帧，按F6键插入关键帧，如图7-65所示第6帧的画面，用任意变形工具将人物右胳膊绕着肩头旋转向下。

第7帧：选择第495帧，按F6键插入关键帧，如图7-65所示第7帧的画面，用任意变形工具将人物右胳膊绕着肩头旋转向上。

第8帧：选择第500帧，按F6键插入关键帧，然后全选人物，在右键菜单中执行【转换为元件】命令，将挥手的背面人物转换为图形元件，命名为"挥手再见"，如图7-66所示。

第9帧：选择第521帧，按F6键插入关键帧，将"挥手再见"实例移动到舞台左侧外，如图7-67所示。

第10帧：选择第522帧，在右键菜单中执行【插入空白关键帧】命令，结束该层的动画。

拖动时间轴上的红色滑块，播放这段动画。

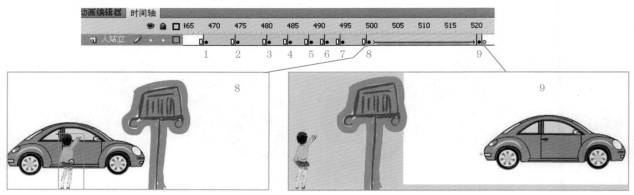

图7-66　　　　　　　　　　　　　　　　　　　　　　图7-67

到此，汽车第二次停下后，人物下车的动画就完成了，在时间轴上"人站立"与"人坐下"两层的关键帧如图7-68所示。这段动画画面如图7-69所示。

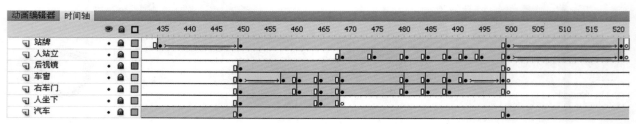

图7-68

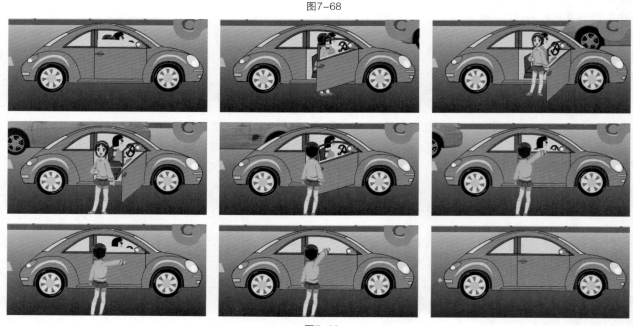

图7-69

请将文件"Lesson7-1.fla"保存。到此阶段完成的范例请参考进度文件夹下的"Lesson07-1-03end.fla"文件。

请打开上一节结束时保存的文件"Lesson7-1.fla"(或打开进度文件夹中的Lesson07-03end文件)。下面将为汽车的启动、行驶、刹车等动画配上相应的声音。

▶ 操作步骤7-18：添加汽车启动的声音

在场景1的时间轴上新建一个图层，命名为"汽车1声音"层，将其置于最上层，将其他层锁定。

执行【文件/导入/打开外部库】命令，将进度文件夹下的"各种汽车声"文件的库打开，选择库中的某个声音，在库预览窗口中单击播放按钮，可听到不同的汽车声。

例如选择"START3.wav"声音文件，将它作为汽车1启动的声音。

选择"汽车1声音"层的第43帧，按F6键插入空白关键帧，然后将"各种汽车声"库窗口中的"START3.wav"声音文件拖放到舞台区，如图7-70所示，结果会在时间轴的第43帧以后显示该音频，波形的长度就是声音播放一次的长度，如图7-71所示。

单击时间轴第43帧后的波形区任一帧，在属性面板中会显示当前使用的声音信息，如图7-72所示。

按Ctrl+Enter键播放，你可以听到在汽车启动前的启动声。

▶ 操作步骤7-19：添加汽车行驶的声音

选择上面汽车启动声结束后的第80帧，在右键菜单中执行【插入空白关键帧】命令，插入一个空帧，将声音库中的"VWBUG..WAV"行驶声拖放到舞台区，然后选择第80帧后的任一帧，在属性面板中的设置如图7-73所示。

图7-70

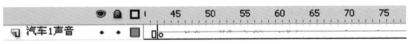

图7-71

图7-72

图7-73

因为该声音不够长（约50帧播放一次），所以设置其重复3次,刚好到要刹车时结束。效果选择自定义，会出现如图7-74所示的左右声道音量设置窗，将左右声道的行驶音量整体调低一些，否则噪音太大。当然如果需要，还可以自定义起始音量逐渐升高。

▶ 操作步骤7-20：添加矢量汽车行驶的声音

在一个关键帧上只能添加一个声音，所以要为对面驶来的矢量汽车添加喇叭鸣叫而过的声音时，就需要如图7-75所示新建一个"其他声音"层，在该层第100帧按F6键插入空白关键帧，然后将"HORN6.WAV"声音拖放到舞台中，选择该层时间轴上第100帧后的任一帧，在属性面板中设置如图7-76所示的声音效果。从右向左淡出的声音波形如图7-77所示。

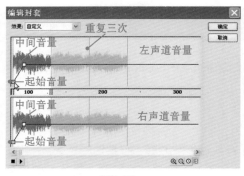

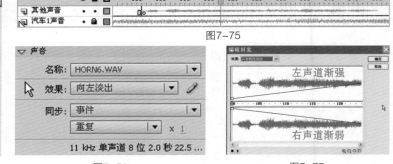

图7-75

图7-74

图7-76

图7-77

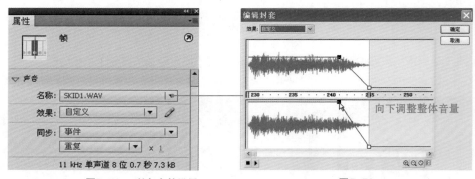

操作步骤7-21：添加汽车1刹车等声音

刹车声：选择"汽车1声音"层的第230帧，在右键菜单中执行【插入空白关键帧】命令，插入一个空帧，将"各种汽车声"库窗口中的"SKID1.WAV"声音文件拖放到舞台区。再次选择第230帧的关键帧，在属性面板中设置自定义效果，如图7-78所示，然后在弹出的自定义设置窗中，将刹车声音量整体调小，并使其逐渐降低，调整曲线如图7-79所示。

图7-78 刹车声效设置

图7-79

至于汽车再次启动、行驶的声音设置，参考下面的提示。

鸣笛声：在第288帧的空帧上添加"HORN.WAV"声。

启动声：在第296帧的空帧上添加"START3.WAV"声。

行驶声：在第332帧的空帧上添加"VWBUG.WAV"声，重复两次。

刹车声：在第432帧的空帧上添加"SKID1.WAV"声。

启动声：在第491帧的空帧上添加"START3.WAV"声。

行驶声：在第523帧的空帧上添加"VWBUG.WAV"声，重复两次。

按Ctrl+Enter键播放，听一下在每个关键点的声音设置是否正确，音量是否需要调整。

操作步骤7-22：添加摩托车、图片车行驶的声音

选择"其他声音"层的第247帧，在右键菜单中执行【插入空白关键帧】命令，插入一个空帧，然后将"各种汽车声"库窗口中的"PORSCHE.WAV"声拖放到舞台区。并在属性面板中设置向右淡出声音效果，为摩托车添加声音。

选择"其他声音"层的第456帧，在右键菜单中执行【插入空白关键帧】命令，插入一个空帧，然后将"各种汽车声"库窗口中的"HORN1.WAV"声拖放到舞台区。并在属性面板中设置向左淡出声音效果，为图片车添加声音。

请将文件"Lesson7-1.fla"保存。到此阶段完成的范例请参考进度文件夹下的"Lesson07-1-04end.fla"文件。

动态画面请见随书课件"Lesson7图像声音/课堂范例"的动画展示。

类似的练习，请参考随书课件"Lesson7图像声音/学生作业"中的各种马路场景中的汽车动画。

这一节将介绍制作背面行车场景动画。请先打开进度文件夹下的参考作品"Lesson7-2.fla"，按Ctrl+Enter键测试观看，该场景动画中的人车在背对我们的方向朝前行驶，马路两侧的楼房、路牌等扑面而过，远处的楼房也渐渐逼近，注意观察主场景由多层1帧组成。

▶ 操作步骤7-23：准备图像

在进度文件夹中已存放了在Photoshop中做好的多图层的场景文件"马路正面.psd"，如图7-80所示。你可以直接使用该图片进入下一步操作，也可以参考该图片在Photoshop中准备自己的场景图层。

在Photoshop中，天空层使用了天空图像。在马路层中，熟悉Photoshop的可以复制粘贴马路图片，也可如图7-81所示绘制矩形地面，然后透视变形成有纵深感的马路路面，与天空图片合成。

图7-80

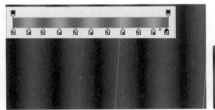

对矩形区填充线性渐变色

透视变形

与天空背景叠加

图7-81

斑马线的制作方法：先在一空层绘制一条竖向斑马线，如图7-82所示，然后对其变形，将变形后的斑马线层复制，然后水平翻转成另一侧的斑马线。

绘制一条斑马线　　变形后　　复制并水平翻转后　　完成

图7-82

马路护栏的制作方法：绘制一侧的护栏，如图7-83所示，然后变形，复制变形后的图层，对复制的图层添加纹理和动感模糊效果，使一侧护栏由两层组成：一层没有纹理，一层有纹理，这两层的护栏图将在动画制作时交替出现，产生动画效果。另一侧的护栏复制两图层并水平翻转变形即可。

绘制护栏　　变形后　　添加纹理

图7-83

▶ 操作步骤7-24：马路场景导入

首先在Flash中新建一个文件，保存命名为"Lesson07-2.fla"。

执行【文件/导入/导入到舞台】命令，将原始文件夹下的"马路正面.psd"文件导入到当前场景的舞台中，注意将 "将图层转换为"设置为"Flash图层"，并勾选"将图层置于原始位置"，如图7-84所示。

场景的1帧上分层放置了"马路正面.psd"文件的各个图层的图像，如图7-85所示，这些图像都已自动转换为影片剪辑元件。当双击选择场景中的某个元件时，可进入其位图界面，注意位图图像不能直接制作传统补间或补间动画，必须要创建以位图图像为内容的元件才可。幸好在导入时所有图层的位图都自动转换为影片剪辑元件了。单击左上角场景1处回到场景界面。

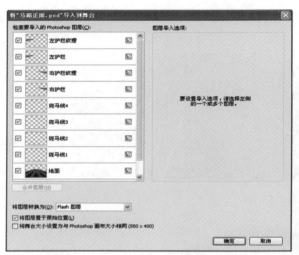

图7-84

图7-85

▶ 操作步骤7-25：天空背景动画制作

在本范例中，人车背对我们朝远处行驶的动画，可以通过将人车固定在原地，靠两侧扑面而来的建筑物的运动和远处天空背景缓慢朝向镜头的运动来体现。

天空朝向镜头的运动

下面制作天空朝向镜头的运动动画。

将除天空层的其他层锁定，选择天空层的"天空"影片剪辑元件实例，在右键菜单中执行【转换为元件】命令，将其转换为影片剪辑元件，命名为"天空背景运动"。双击天空区进入"天空背景运动"元件的编辑界面，注意左上角显示为 场景1 天空背景运动 ，此时马路等画面会灰白显示，"天空背景运动"元件的图层1的第1帧上是"天空"影片剪辑元件实例。

在时间轴第500帧位置，按F6键插入关键帧，选择该帧中的"天空"元件实例，在属性面板稍微改大其宽高值，如图7-86所示，选择两帧之间的任一帧，在右键菜单中执行【创建传统补间】命令。

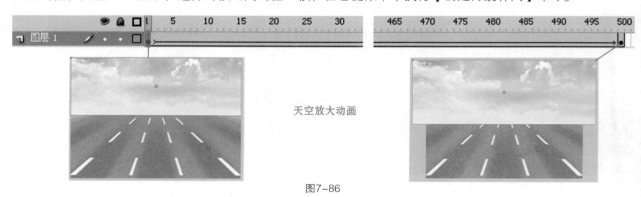

天空放大动画

图7-86

7
Lesson

8
Lesson

9
Lesson

10
Lesson

11
Lesson

12
Lesson

"天空背景运动"元件的动画为天空缓慢地放大的效果，模拟向镜头逼近的动画。

单击左上角的 场景1 按钮，回到主场景界面。

按Ctrl+Enter键测试播放，天空背景会缓慢地朝向镜头运动。

注意此时主场景仍然是1帧，但是因为这1帧中含有"天空背景运动"影片剪辑元件，尽管该元件有500帧的动画，但主场景仍然会循环播放（如果将场景中的"天空背景运动"元件属性改为图形，就不会播放）。

请将文件"Lesson7-2.fla"保存。到此阶段完成的范例请参考进度文件夹下的"Lesson07-2-01end.fla"文件。

远处楼房的绘制

如果觉得远处天空画面太单调，可以在"天空"元件中添加一些楼房。

请打开上一步骤保存的练习文件"Lesson7-2.fla"（或打开进度文件夹中的"Lesson07-2-01end.fla"文件）。

双击库中的"天空"影片剪辑元件，进入其界面，此时图层1中是天空的位图，将图层锁定，新建一层，选择工具箱中的Deco工具，在如图7-87所示的工具属性面板中，选择建筑物刷子（该工具不仅能自动绘制建筑物，还可以绘制树、花、烟、闪电等）。

在如图7-88所示的建筑物绘制高级选项中，选择绘制的建筑物的类型，在天空区下方，向上拖曳鼠标绘制不同的建筑物，如图7-89所示为几种不同的建筑物。不满意可以框选后删除重新绘制。

图7-87

图7-88

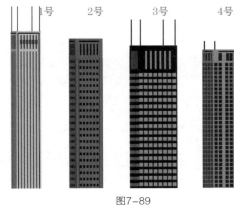

图7-89

在建筑物层绘制的楼房如图7-90所示。

图7-90

如果按Ctrl+Enter键测试播放，天空背景也随之添加了建筑物。

请将文件"Lesson7-2.fla"保存。到此阶段完成的范例请参考进度文件夹下的"Lesson07-2-02end.fla"文件。

导入太阳

下面利用前面课中制作的太阳，为天空背景添加一个动画太阳。

请打开上一步骤保存的练习文件"Lesson7-2.fla"（或打开进度文件夹中"Lesson07-2-02end.fla"文件）。

双击库中的"天空"影片剪辑元件，进入其界面，在图层新建"太阳层"，将天空与建筑物层锁定。如图7-91所示。

执行【文件/导入/打开外部库】命令，打开第2课制作的太阳文件库（或打开Lesson02.fla的库文件），将库中的太阳影片剪辑元件拖放到太阳层，调整大小。还可以将第4课上机作业2完成的太阳光芒拖入到太阳层（或打开ck04_02.fla库文件）。最后太阳层的画面如图7-92所示。

图7-91　　　　　　　　　　　　　　　　　　　　　图7-92

如果同一层拖入了多个元件，他们之间的叠加顺序可以用【修改/排列】命令来调整，选择太阳，将其调整到太阳层的最上层，下面依次是太阳光芒2、太阳光芒1。元件的混合叠加模式在元件的属性面板的混合选项中选择。例如如图7-92所示的圆形渐变光芒1选择的是"叠加"，而光束光芒2选择的是"强光"。

现在按Ctrl+Enter键测试播放，添加了太阳、楼房的背景是否比单一的天空背景要丰富多了。

以上所有操作都是在"天空"影片剪辑元件的界面中完成的，其图层如图7-91所示。它是库中最基础的元件。场景天空层中元件的嵌套关系是：天空层有一个"天空背景运动"影片剪辑元件实例，其时间轴上，是利用"天空"影片剪辑元件实例制作的500帧长的传统补间动画。所以一旦改变"天空"影片剪辑元件的内容，主场景中天空层的内容也会随之改变。

请将文件"Lesson7-2.fla"保存。到此阶段完成的范例请参考进度文件夹下的"Lesson07-2-03end.fla"文件。

▶ 操作步骤7-26：斑马线动画制作

下面制作马路上的斑马线朝向镜头运动的动画。

请打开上一步骤保存的练习文件"Lesson7-2.fla"（或打开进度文件夹中的"Lesson07-2-03end.fla"文件）。

首先选择主场景的"斑马线1"层，将其他层锁定，选择舞台中的"斑马线1"元件，在右键菜单中执行【转换为元件】命令，将其转换为影片剪辑元件，命名为"线1动"。接着双击"线1动"元件，进入其编辑界面，在时间轴的第3帧，按F6键插入第2关键帧，将该帧中的"斑马线1"元件沿线的延伸方向朝前移动一小段距离，如图7-94所示（如果对方向要求精确的话，可以暂时先在新层上沿线条画出辅助红线，借助标尺拉出来的参考线，精确位移）。然后在时间轴的第5帧按F6键插入第3关键帧，将该帧"斑马线1"元件沿线的延伸方向再移动一小段位置，如图7-95所示。这三帧逐帧连续播放，就产生了沿线条方向朝前运动的效果。不要位移太多，否则最后一帧远处的线条会断掉接不上。切记不要在两两关键帧之间创建传统补间。

第1关键帧 斑马线的位置

图7-93

第2关键帧 斑马线的位置

图7-94

第3关键帧 斑马线的位置

图7-95

7
Lesson

8
Lesson

9
Lesson

10
Lesson

11
Lesson

12
Lesson

按Ctrl+Enter键测试播放，观看"线1动"的动画效果，如果位移太大或太小，请再次调整第2、3关键帧中的线条位置。完成后，将辅助红线层（如果有的话）删除即可。

选择主场景中的其他斑马线层，参考上述操作，制作其他三条斑马线的运动动画。

请将文件"Lesson7-2.fla"保存。到此阶段完成的范例请参考进度文件夹中的"Lesson07-2-04end.fla"文件。

▶ 操作步骤7-27：护栏动画制作

下面制作马路两侧护栏的动画。

请打开上一步骤保存的练习文件"Lesson7-2.fla"（或打开进度文件夹中"Lesson07-2-04end.fla"文件）。

首先选择主场景的"左护栏"层，将其他层锁定，并将"左护栏纹理"层隐藏，选择舞台左侧的"左护栏"元件，在右键菜单中执行【转换为元件】命令，将其转换为影片剪辑元件，命名为"左护栏动"。

选择主场景的"左护栏纹理"层，解锁并显示该层，然后选择舞台左侧的"左护栏纹理"元件，执行【编辑/复制】命令，再次将该层锁定及隐藏。

选择主场景的"左护栏"层，双击舞台的"左护栏动"元件，进入其编辑界面，在时间轴的第2帧，按F5键插入空帧，选择该空帧，执行【编辑/粘贴到当前位置】命令，将有纹理的元件粘贴到第2帧上，打开绘图纸外观，如图7-96所示，参考第1帧的护栏位置，调整第2帧的纹理护栏位置，使两帧的护栏坐标一致。

回到主场景界面，将"左护栏纹理"层删除，按Ctrl+Enter键测试播放，观看"左护栏动"的动画效果，"左护栏动"元件的时间轴两帧中，一个护栏无纹理一个有纹理，连续循环播放时，就产生了护栏的两帧画面快速转换的动画。模拟护栏快速向后的运动。

如果觉得护栏两帧转换速度太快，可将"左护栏动"的第2关键帧移到第3帧位置。

右护栏用下面更简单的操作方法：先在主场景中将"右护栏纹理"层删除，然后选择"右护栏"层，锁定其他层，将舞台中的"右护栏"元件选择后，在右键菜单执行【转换为元件】命令，转换为"右护栏动"影片剪辑元件，双击进入元件界面，在第2帧按F6键插入关键帧，选择第2帧中的右护栏元件，然后在属性面板中单击交换按钮，如图7-97所示，将"右护栏"元件交换为"右护栏纹理"元件即可。

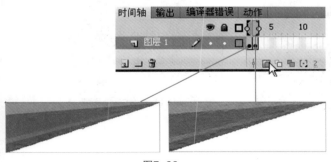

图7-96

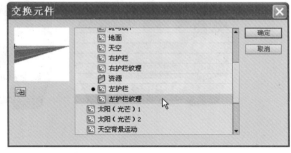

图7-97

按Ctrl+Enter键测试播放，观看左右护栏的两帧切换动画，有问题就再次进入元件中调整。

请将文件"Lesson7-2.fla"保存。到此阶段完成的范例请参考进度文件夹中的"Lesson07-2-05end.fla"文件。

▶ 操作步骤:7-28：人车动画制作

下面将制作人车背对镜头向前运动的动画。

请打开上一步骤保存的练习文件"Lesson7-2.fla"（或打开进度文件夹中"Lesson07-2-05end.fla"文件）。

执行【文件/导入/导入到库】命令，将进度文件夹下的"车人.psd"文件导入到库中。这时库中会有同名的图形元件与文件夹，如图7-98所示，选择"车人.psd"图形元件，在右键菜单中执行【属性】命令，将其属性从图形元件改变为影片剪辑元件，同样在右键菜单中执行【重命名】命令，将元件改名为"车人"，如图7-99所示。

双击库元件"车人"图标，进入元件的编辑界面，该元件的图层由psd文件的图层转换而来，如图7-100所示，每一层放置一个同名的影片剪辑元件。

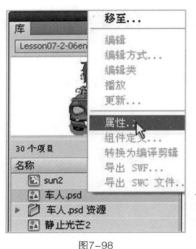

| 图7-98 | 图7-99 | 图7-100 |

改名该属性

车体动画制作

正面或背面的车体运动，为了表现动画的效果，一般都制作成车体颠簸变形的动画。

选择车体层，将其他层锁定，在车体层的第3帧、5帧分别按F6键插入关键帧，选择第3帧的关键帧，选择工作区的"车体"元件实例，用任意变形工具 将其宽度改小一些，高度改大一些，如图7-101所示。在1~3（或3~5）两帧之间右击鼠标，在右键菜单中执行【创建传统补间】命令，两两帧之间创建传统补间，结果车体产生了平滑的颠簸变形的动画效果。

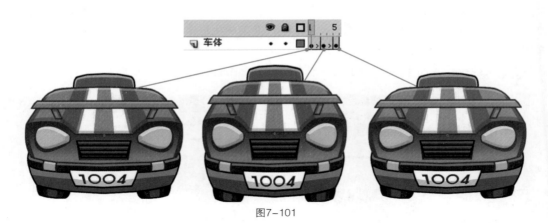

图7-101

人动画制作

选择人层，将其他层锁定，在人层的第3帧、5帧分别按F6键插入关键帧，选择第3帧的关键帧，选择工作区的"人"元件，用选择工具将其位置往上移动一些。两两帧之间创建传统补间，结果产生了人随车体颠簸变形的动画效果。

用同样的方法，制作前档层与阴影层的补间动画。注意每层将中间关键帧的元件做变形，前后两个关键帧保持不变。如果前后两个关键帧上的元件大小或位置不一样，会在循环时一顿一顿地，若出现这种情况，请将第1关键帧选中，在右键菜单中执行【复制帧】命令，然后将同层第3关键帧选择，在右键菜单中执行【粘贴帧】命令，使前后两帧完全相同。

最后，"车人"元件的时间轴与关键帧画面如图7-102所示。

回到主场景界面，在最上层新建一个图层，命名为"车人"层，将其他层锁定，将库中的"车人"影片剪辑元件拖放到舞台区中，调整大小与位置。

按Ctrl+Enter键测试播放车人在场景中颠簸行驶的动画效果。

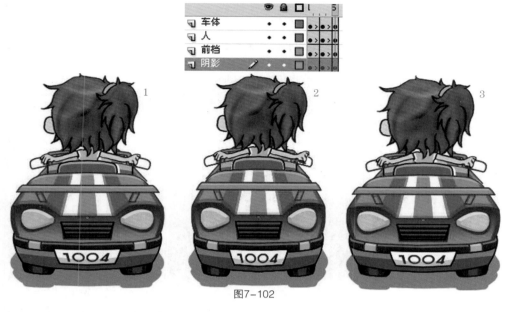

图7-102

请将文件"Lesson7-2.fla"保存。到此阶段完成的范例请参考进度文件夹下的"Lesson07-2-06end.fla"文件。

▶ 操作步骤7-29：路牌动画制作

下面将制作场景中马路一侧路牌由远到近的动画。

请打开上一步骤保存的练习文件"Lesson7-2.fla"（或打开进度文件夹中的"Lesson07-2-06end.fla"文件）。

执行【插入/新建元件】命令，创建"路牌"图形元件，在元件的界面，如图7-103所示，先选择矩形工具▢，在工具属性面板中设置矩形的圆角值，然后在合并绘制模式下绘制两个重叠的矩形，用选择工具▶将里面的矩形填充区选择后删除，然后框选底边和右边两侧的边框，将其删除，用线条工具◥画出内部的高光线条并调整弧度，最后用矩形工具画出蓝色路牌，用文字工具Ⓣ输入路牌文字。

画2个圆角矩形

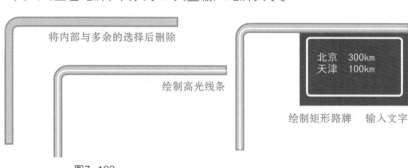

将内部与多余的选择后删除

绘制高光线条

绘制矩形路牌　输入文字

图7-103

执行【插入/新建元件】命令，创建"路牌运动"影片剪辑元件，在元件的界面，如图7-104所示，在第1帧将库中刚创建的"路牌"图形元件拖放到工作区坐标原点附近，并将其尺寸改小，在第20帧按F6键插入关键帧，将该帧的路牌尺寸改大，并将其移动到坐标原点左侧。在两帧之间任一帧处右击鼠标，在右键菜单中执行【创建传统补间】命令，然后在帧属性面板中将缓动值设置为－100，让路牌产生加速运动。在第21帧按F5键插入空帧，在第60帧也按F5键插入空帧。

在主场景中新建一层，命名为"路牌"层，并将其图层放置在"左护栏"图层下，如图7-105所示，将其他层锁定，选择"路牌层"第1帧，从库中将"路牌运动"影片剪辑元件拖放到场景中，调整大小与位置，按Ctrl+Enter键测试播放。

如果路牌的位置大小需要进一步微调，请双击舞台中的"路牌运动"元件实例，进入其界面，借助场景其他层的半透明显示，将"路牌运动"的第1关键帧中的路牌，移动到左侧护栏的尽头，并调整路牌到几

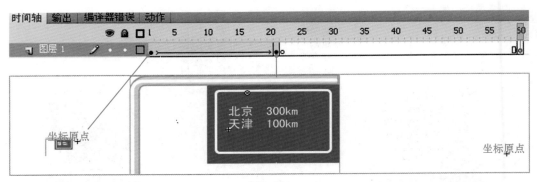

图7-104

图7-105

乎看不见的大小。将第2关键帧的路牌支点的结束位置放置在舞台左侧外左护栏延长线上，按Ctrl+Enter键测试播放。再次调整大小与位置，直到满意为止。

如果"路牌运动"影片剪辑元件没有如图7-104所示在第21、60帧加空帧的话，主场景播放时，会循环播放1~20帧路牌出现的循环动画，也就是不到1秒路牌出现一次，为了使路牌的出现不要那么频繁，所以在第60帧加了空帧，则循环动画会循环1~60帧，前一个路牌出现后，隔一段时间再出现下一个。

请将文件"Lesson7-2.fla"保存。到此阶段完成的范例请参考进度文件夹中的"Lesson07-2-07end.fla"文件。

▶ 操作步骤7-30：天桥动画制作

下面将制作场景中天桥由远到近的动画。

请打开上一步骤保存的练习文件"Lesson7-2.fla"(或打开进度文件夹中的"Lesson07-2-07end.fla"文件)。

执行【插入/新建元件】命令，创建"天桥"图形元件，在元件的界面，在坐标原点附近绘制天桥图形，简单一点的可画U形线条即可，复杂一点的可再添加一些细节，参考图7-106所示的天桥图形。

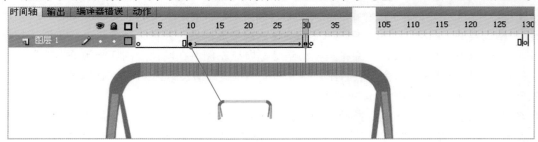

图7-106

执行【插入/新建元件】命令，创建"天桥运动"影片剪辑元件，在元件的界面，如图7-106所示，在第10帧处按F5键插入空帧，将库中刚创建的"天桥"图形元件拖放到工作区坐标原点附近，并将其尺寸改小，在第30帧按F6键插入关键帧，将该帧的路牌尺寸改大。在两帧之间任一帧处右击鼠标，在右键菜单中

7
Lesson

8
Lesson

9
Lesson

10
Lesson

11
Lesson

12
Lesson

执行【创建传统补间】命令，然后在帧属性面板中将缓动值设置为-100，让天桥产生加速运动。在第31帧按F5键插入空帧，在第130帧也按F5键插入空帧。

在主场景中新建一层，命名为"天桥"层，将其图层放置在"路牌"图层下，将其他层锁定，如图7-107所示。

选择"天桥"层第1帧，从库中将"天桥运动"影片剪辑元件拖放到场景中的马路尽头，因为该元件的第1帧是空帧，所以放到场景的元件实例只能看到元件的中心点，如图7-108所示，只能单击选择元件的中心点才能将元件选择，不能调整大小，只能调整位置。按Ctrl+Enter键测试播放。

图7-107　　　　　　　　　图7-108

"天桥运动"元件拖放到
场景天桥层上的显示

如果天桥的位置大小需要进一步调整，请双击舞台中的"天桥运动"元件实例（图7-108所示的圆点处），进入其界面，借助场景其他层的半透明显示，将"天桥运动"的第1关键帧中的天桥移动到马路的尽头，并调整大小。将第2关键帧天桥的结束位置与大小调整到舞台顶部外，支点在左右护栏延长线上，按Ctrl+Enter键测试播放。再次调整大小与位置，直到满意为止。

要求在"天桥"图形元件中，在坐标原点附近绘制天桥图形，在"天桥运动"影片剪辑元件中，第1关键帧中的"天桥"图形元件实例要尽量放置在坐标原点，这样的话，当把如图7-108所示的场景中代表"天桥运动"元件实例的圆点拖放到马路尽头时，天桥的起始位置只需微调，重点调整结束位置即可，否则，代表"天桥运动"元件实例的圆点位置很可能与天桥的起始位置相差很远，甚至在画外，所以不方便选择与定位。

之所以在第10帧开始天桥出现，是为了避免与路牌同时出现，长130帧的天桥动画，使得主场景中路牌与天桥虽然在不到1秒出画，但是天桥明显出现的频率要低。

请将文件"Lesson7-2.fla"保存。到此阶段完成的范例请参考进度文件夹中的"Lesson07-2-08end.fla"文件。

▶ 操作步骤7-31：两侧楼房动画制作

下面将制作场景中马路两侧楼房由远到近的动画。

请打开上一步骤保存的练习文件"Lesson7-2.fla"（或打开进度文件夹中"Lesson07-2-08end.fla"文件）。

在主场景中新建一层，命名为"左侧楼房"层，将其图层放置在"天桥"图层下，将其他层锁定，如图7-109所示。

在舞台左侧可视区外，如图7-110所示，在对象绘制模式下绘制矩形，然后改变矩形的端点位置，使楼房有简单的透视效果，框选整个图形，如图7-111

图7-109

所示，在右键菜单中执行【转换为元件】命令，将其命名为"左侧楼房运动"影片剪辑元件。双击舞台外的该元件，进入其编辑界面。注意此时左上角显示为 ⬅ 场景 1 🎬 左侧楼房运动 。

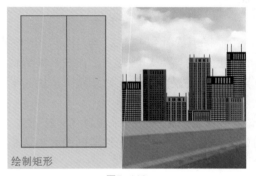

绘制矩形

图7-110

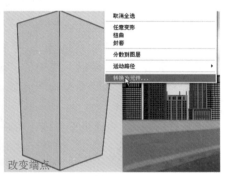

改变端点

图7-111

因为要在"左侧楼房运动"影片剪辑元件的时间轴上制作楼房从远处由小到大的加速传统补间动画，而第1帧的楼房图形不是元件，所以再次框选楼房矩形图形，在右键菜单中执行【转换为元件】命令，将其命名为"楼1"图形元件。

如图7-112所示，在"左侧楼房运动"影片剪辑元件的时间轴第20帧按F6键插入关键帧，然后选择第1关键帧中的"楼1"元件实例，将其缩到很小的尺寸，然后放置在马路左侧远处尽头，在两帧之间任一帧处右击鼠标，在右键菜单中执行【创建传统补间】命令，然后在帧属性面板中将缓动值设置为-100，拖动时间轴上的红色滑块，观看楼房从远小到近大的运动，尤其要注意楼房在运动中的位置是否合理，按Ctrl+Enter键测试播放，如果楼房有悬空现象，请分别调整两个关键帧中的楼房的上下位置。

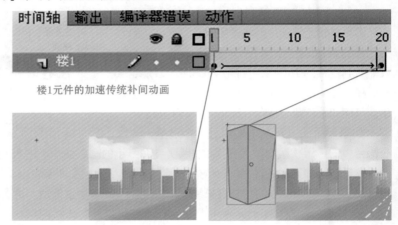

楼1元件的加速传统补间动画

图7-112

如果觉得楼房画得太简陋了，可双击库中的"楼1"图形元件，进入其编辑界面，填充阴影区，分层绘制窗户。选择工具箱中的Deco工具，在属性面板中选择树刷子绘制树丛，为楼房添加细节，如图7-113所示。

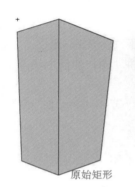

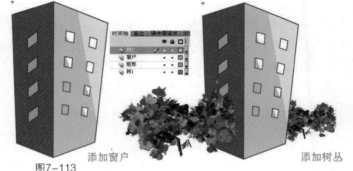

原始矩形　　添加阴影　　添加窗户　　添加树丛

图7-113

回到主场景，再次按Ctrl+Enter键测试播放，观察楼房的运动，由于修改了最基础的"楼1"图形元件，所以主场景中楼房会自动更新。

请执行【插入/新建元件】命令，分别创建"楼2"与"楼3"图形元件，在每个元件的界面，参考上面的内容，分层绘制另外两个楼房的细节，参考图7-114所示。

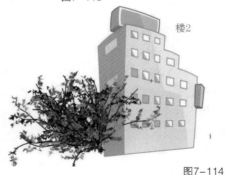

楼2

楼3

图7-114

为了使"左侧楼房运动"影片剪辑元件的动画更加丰富，下面将在其界面添加"楼2"与"楼3"的传统补间动画。

回到主场景界面，双击"左侧楼房"层中的"左侧楼房运动"影片剪辑元件，进入其编辑界面（这种从场景双击进入比从库中双击进入所具有的优点是：可以借助场景中其他层如马路、护栏的半透明显示，在位置上有所参考）。

如图7-112所示，"楼1"层的动画已完成，可将该层锁定，新建一层，命名为"楼2"层，在第17帧按F5键插入空帧，从库中将创建的"楼2"图形元件拖放到该帧，将"楼2"元件实例的大小调整到很小，并将其位置放在远处马路左侧尽头，如图7-115所示。

在"楼2"层第37帧按F6键插入空关键帧，再次将库中的"楼2"图形元件拖放到该帧，调整"楼2"元件实例的大小，将其放置在舞台左侧外，如图7-116所示。

在两帧之间任一帧处右击鼠标，在右键菜单中执行【创建传统补间】命令，然后在帧属性面板中将缓动值设置为-100，楼2的动画就完成了。

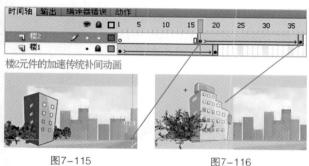

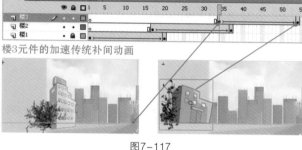

图7-115　　　　　　　图7-116　　　　　　　　　　　图7-117

楼2元件的加速传统补间动画　　　　　　　楼3元件的加速传统补间动画

7
Lesson

8
Lesson

9
Lesson

10
Lesson

11
Lesson

12
Lesson

回到主场景界面，按Ctrl+Enter键测试播放，观察场景中楼房的位置大小是否合理。

再次双击主场景中"左侧楼房"层中的"左侧楼房运动"影片剪辑元件，进入其编辑界面，如图7-117所示，创建"楼3"层，在第34帧与第53帧创建"楼3"元件的加速传统补间动画。

回到主场景界面，按Ctrl+Enter键测试播放，观察场景中每个楼房的位置大小是否合理。

以上是主场景左侧楼房层中"左侧楼房运动"影片剪辑元件的动画三层制作，而主场景右侧楼房的运动，请重复本操作步骤，创建主场景右侧楼房层的"右侧楼房运动"影片剪辑元件的三层动画。

提示：

右侧楼房用到的"楼4"、"楼5"、"楼6"图形元件的内容如图7-118所示。

图7-118

"右侧楼房运动"影片剪辑元件的时间轴动画如图7-119所示。

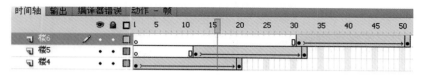

图7-119

最后，按Ctrl+Enter键测试播放，使两侧每个楼房的运动都不要有悬空现象，尤其注意场景层的叠加顺序。到此，背面行车的场景动画制作完毕。

请将文件"Lesson7-2.fla"保存。到此阶段完成的范例请参考进度文件夹中的"Lesson07-2-09end.fla"文件。

动态画面请见随书课件"Lesson7图像声音/课堂范例"的动画展示。

7.4 操作答疑

思考题：

问题1：帧频的设置有何规定？
问题2：gif动画图片导入到场景与导入到库的区别？
问题3：库里的元件很多时，如何整理这些元件？
问题4：在做动画时，什么情况下需要将关键帧中的位图转换为元件？

答疑：

问题1：帧频的设置有何规定？

回答1：动画播放的速度称为帧频，以每秒播放的帧数（fps）为单位，Flash CS6 文档的默认设置是24 fps，新建的文档需要在动画制作最初就设定好帧频，帧频值太小会使动画看起来一顿一顿的，帧频太大会使动画的细节变得模糊，另外动画的复杂程度和播放动画的计算机的速度也会影响播放的流畅程度。网上用的动画选用默认的24fps即可，如果要制作用于播放的动画片，NTSC制式的帧频为29.97fps（美、日、韩等国采用），PAL制式的帧频为25fps（中、印等国采用）。

问题2：gif动画图片导入到场景与导入到库的区别？

回答2：如果在当前场景中执行【文件/导入/导入到舞台】命令，将gif动画导入，结果库中会保存gif动画的每一帧位图在场景中，会依gif动画的长短，以每一帧位图为内容创建对应的关键帧。如果执行【文件/导入/导入到库】命令，将gif动画导入，结果库中除了会保存gif动画的每一帧位图外，还会自动创建一个影片剪辑元件，该元件的时间轴的每一关键帧放置了对应的gif动画的位图。

问题3：库里的元件很多时，如何整理这些元件？

回答3：库面板中用来存放创建的元件，有影片剪辑、按钮、图形三个类型。还可以存放导入到库中的声音、位图和视频文件。如果库中的元素太多或创建的元件太多，请用库面板左下角的新建文件夹按钮来创建分类文件夹，然后将同类型的元件拖放到该类文件夹里面。另外给元件命名应尽量有规律可循，这样利于编辑查找管理。多余的元件也可将其选择后点击库面板下方的垃圾桶按钮将其删除，一些导入的原始位图删除时要特别小心，如果某个元件中使用了该位图，库中将位图删除后，使用它的元件内容也会被删除。

问题4：在做动画时，什么情况下需要将关键帧中的位图转换为元件？

回答4：如果关键帧中的位图需要做大小和位置上变化的动画，例如上下运动或放大缩小动画，如果变化的幅度不是很大而且变化时间很短，考虑用逐帧动画时，就不用将位图创建为元件，这时两个关键帧中分别放置不同大小或位置的同一个位图即可。如果需要两个关键帧中的图像在稍长的时间变化很平滑时，就需要将第1关键帧中的位图先转换为元件，然后插入第2关键帧，改变该帧中元件实例的大小与位置，两帧之间创建传统补间动画。所以考虑将关键帧中的位图转换为元件的前提是：是否要创建传统补间或补间动画，如果是逐帧动画，就不用转换。

上机作业：

1．参考随书A盘"Lesson7图像声音\07课参考作品"中的作品1，制作图片配音春夏秋冬淡出淡入动画。

图7-120

7
Lesson

8
Lesson

9
Lesson

10
Lesson

11
Lesson

12
Lesson

操作提示：

（1）先将四张图片与声音文件导入到库中，然后分别创建春夏秋冬4个图形元件，将库中对应的位图拖放到元件工作区。

（2）将春图形元件拖放到主场景第1帧可视区，参考如图7-120所示，在第15、35帧按F6键插入第2、3关键帧，将第3关键帧中的春天图形元件实例的alpha值设置为0，在第2与第3关键帧之间创建传统补间动画，使其逐渐消失。将该层命名为"春"层。

（3）新建图层，命名为"夏"，将其他层锁定，在第30帧按F5键插入空帧，将"夏"图形元件拖放到主场景第30帧关键帧，分别在第30、50、65、85帧处按F6键插入关键帧，将第1、第4关键帧上的夏元件实例的alpha值设置为0，第1与第2、第3与第4关键帧之间创建传统补间动画，结果夏天的图片会随春天的消失逐渐出现，停一会再逐渐消失。

（4）另外两层的动画制作请参考上述步骤及图7-120所示。最后在新建的声音层将库中的声音文件拖放到场景，完成动画。详细制作请参考ck07_01.fla文件。

2．参考随书A盘"Lesson7图像声音\07课参考作品"中的作品2，制作配歌生日贺卡动画。

操作提示：

（1）请打开"ck07_02_start"原始文件，如图7-121所示。该文件已经将生日歌声音导入到了库中，并已经将除了嘴鼻眼眉外的角色绘制好后，分别创建了男、女、蛋糕影片剪辑元件并放置在场景中。你要做的就是制作人物的五官动画、蛋糕的火焰动画以及背景的转动动画，如图7-122所示。如果有时间，你也可以自己绘制人物与蛋糕画面。

图7-121

图7-122

（2）女孩：在女孩元件的时间轴上创建鼻、眼、眉、嘴层，如图7-123所示，分别在对应的层绘制对应的图形，例如嘴，然后将绘制的嘴图形转换为影片剪辑元件，进入到嘴元件界面，制作嘴一张一合的几个关键帧画面，眼睛、眉毛的动画也类似，使女孩脸部由这几个影片剪辑元件组成，每个元件分别有各自的动画，形成了女孩唱歌的动画。男孩的脸部动画类似。

（3）背景：创建一个"背景"图形元件，绘制如图7-124所示的图形，然后再创建一个"背景动"影片剪辑元件，将"背景"图形元件拖到工作区，在第500帧再创建第2关键帧，两帧之间创建传统补间动画，选择顺时针旋转1周。最后将"背景动"元件拖放到主场景中新建的背景图层。

图7-123

图7-124

（4）蛋糕：将蛋糕元件中的所有火焰图形选中，然后转换为"火焰"影片剪辑元件，进入到该元件界面，隔两帧按F6键创建几个关键帧，然后分别将每个关键帧中的火焰选择后填充不同的颜色，或稍微改变整体火焰的高度，或轻微改变每个火焰的形状即可，如图7-125所示。

图7-125

（5）文字：创建一个"文字动"影片剪辑元件，用文字工具输入"生日快乐"，然后在时间轴上隔几帧插入几个关键帧，将文字移动位置，与前一帧稍有不同，形成文字在不同位置的动画。在主场景中新建文字层，将"文字动"元件拖放到场景中。

（6）最后将声音文件拖放到场景新建的层中。详细制作请参考ck07_02.fla文件。

3．参考随书A盘"Lesson7图像声音\07课参考作品"中的作品3，制作汽车图片不断变换的动画。

图7-126

操作提示：

（1）新建一个文件，执行【文件/导入/导入到库】命令将练习图片导入到库中，然后创建每个图片对应的图形元件，将对应的位图图片拖放到元件工作区。

（2）在主场景界面，先将第一个元件拖放到图层1第1关键帧，调整大小位置，然后如图7-126所示在第20帧创建第2关键帧，将第1关键帧中的图形元件alpha值设置为0，两帧之间创建传统补间动画，并在第25帧按F5键插入帧，结果是图片1逐渐出现并停留一小会的动画。

（3）新建图层2，将图层1锁定，在图层2的第25帧处按F6键插入空帧，将库中的位图1拖放到可视区并调整大小，然后在第26帧按F6键插入关键帧，将可视区的位图1交换成位图2，以此类推，创建10个连续的关键帧，每个关键帧中是不同的位图图片。紧接着在35帧插入关键帧，将位图交换成图形元件2，在55帧插入关键帧，将35帧的图形元件2的alpha值设置为0，两帧之间创建传统补间动画，并在第60帧按F5键插入帧连续播放时，就产生了图片快速切换，然后图片2逐渐出现并停留一会儿的效果。

（4）其他层请参考图层2 的制作，详细制作请参考"ck07_03.fla"文件。

4．参考随书A盘"Lesson7图像声音\07课参考作品"中的作品4，制作动画短片。

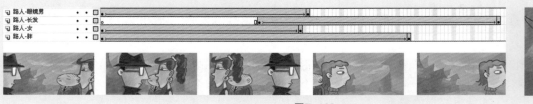

图7-127

操作提示：

（1）请打开"ck07_04_start"原始文件。该文件已经将场景中要用到的元件放置在库里，这些元件的内容是导入的漫画图片，你也可以将自己画的图扫描后在Photoshop中处理背景、尺寸后导入到库中，创建相应的图形元件。

（2）参考已完成的"ck07_04.fla"文件的时间轴，在场景中分别创建不同的图层，如图7-128所示，例如路人胖、女、长发、眼镜男等，在对应的图层，根据角色出现的前后不同，将库中对应角色元件拖放到场景中，创建传统补间动画，表现人群匆忙行走的动画场景。

（3）信纸的飘落用引导线的方法制作。

（4）男主角及其他层的详细制作请参考"ck07_04.fla"文件。

图7-128

第8课 海底动画

参考学时：8~12

✓ 教学范例：海底动画

本范例海底世界场景动画完成后，播放画面参看右侧范例展示图。

动态画面请见随书B盘课件"Lesson8海底动画\课堂范例"的动画展示。

动画短片中，首先播放的是片头字幕的光影效果动画，然后是连续模糊飞入飞出的主创人员字幕，接着，在简介文字字幕上升时，背景上有类似几束灯柱左右扫射的灯光效果。在短片场景中，海底的珊瑚、水草等随着光影的变化在轻微地晃动、海星也在晃动眨着眼睛，海底不断冒出一串一串的水泡，鲨鱼追逐着一群小鱼游过来，母鱼与小鱼们看见鲨鱼过来，马上掉头逃跑了。鲨鱼远去后，画面中水母漂浮着，几条鱼悠闲地游来游去，乌鱼追逐着水母。最后，画面聚焦在一个很小的圆内，结束文字出现，短片结束。全片配有不同的音效声。

✓ 教学重点：

- 如何制作海水的光影效果动画
- 如何制作珊瑚动画
- 如何制作水草漂浮动画
- 如何制作大量水草动画
- 如何制作海星动画
- 如何制作鲨鱼游动动画
- 如何制作小鱼群动画
- 如何制作母鱼游动动画
- 如何制作水泡漂浮动画

- 如何制作大量水泡动画
- 如何制作水母动画
- 如何制作热带鱼游动动画
- 如何添加水泡声
- 如何创建遮罩层
- 如何应用动画预设
- 如何调整场景播放次序
- 如何命名场景
- 如何播放和停止声音

✓ 教学目的：

通过一个完整的包括片头、字幕、短片、片尾的动画短片的制作，掌握复杂动画背景的制作、多个动画角色的创建、动画遮罩的创建与作用、动画预设的应用及多场景完整短片的制作方法。

第8课——海底世界动画制作及参考范例

8.1 　**海底背景动画**

7
Lesson

8
Lesson

9
Lesson

10
Lesson

11
Lesson

12
Lesson

新建一个Flash CS6文件（ActionScript2.0），保存命名为"Lesson8.fla"。选择工作区视图为动画模式。

在海底背景中，主要有波动的海水，海底的珊瑚、飘动的水草、海星和漂浮的水泡组成，如图8-1所示。所以海底背景的动画，主要围绕这几个方面来制作。

常规的动画制作中，会将以上所有背景元素的动画，放在主场景的时间轴的各层中完成，但是对于自身含有循环动画的复杂背景来说，建议创建一个海底背景元件，在其时间轴上分别组建背景各

图8-1

部分的动画元件（如海水、水草、水泡等），然后分别在每一个动画元件的时间轴制作动画（如在海水元件中制作海水的波动动画，在水泡的元件中制作漂浮水泡的动画），这种元件套元件的结构，会使动画的制作更省时省力，动画的编辑也更方便。

8.1.1　海底背景元件的创建

下面先在主场景绘制矩形形状，然后将其创建为海底背景元件。

▶ **操作步骤8-1：海底背景元件的创建**

绘制矩形背景

选择工具箱中的矩形工具▢，在工具箱中的笔触颜色框🖊▢将线条色设置为无色，在填充颜色框🌈▥将填充色设置为彩虹渐变色。确保在合并绘制模式下（仔细观察工具箱的对象绘制模式按钮，显示为▣而不是▣），在主场景工作区拖曳鼠标绘制矩形，一个彩虹渐变色的矩形会出现在图层1的第1关键帧的工作区中，如图8-2所示。

用选择工具🡤单击矩形将其选中，在如图8-3所示的信息面板上，将矩形的宽高改成与动画可视区相同的尺寸，即550*400，坐标设置为0,0，结果动画可视区就被同大小的矩形覆盖。

改变矩形的线性渐变方向

选择工具箱中的渐变变形工具▨，在矩形上单击，会出现控制柄，如图8-4所示，旋转端点的控制柄，将水平渐变方向调节为垂直渐变方向，如图8-6所示，并向上移动中心点的渐变范围控制柄，使渐变的范围与矩形的高度一致。

图8-2

对齐	变形	信息		
↵	宽: 550.00		🔡	X: 0.00
	高: 400.00			Y: 0.00

图8-3

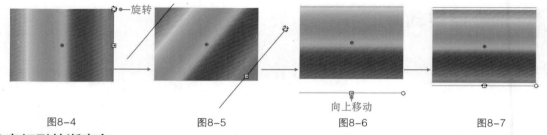

图8-4　　　　　　　　图8-5　　　　　　　　图8-6　　　　　　　　图8-7

改变矩形的渐变色

用选择工具 🔖 单击矩形将其选中，在颜色选项板中选择最下面左侧的色标，在颜色选择框中单击浅蓝色，设置渐变的起始色。选择最右侧的色标，将渐变结束色设置为深蓝色，再将中间多余的色标拖离颜色条删除，中间的过渡色，可参考图8-9所示进行设置，结果矩形的渐变色会随着设置的改变自动换成蓝色系的渐变色。

如果在设置渐变色时未选择矩形，当设置新的渐变色后，矩形的填充色不会自动改变，需要用工具箱中的颜料桶工具 🎨 在矩形上单击，才能使其填充新的渐变色。

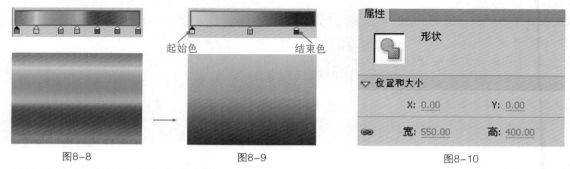

图8-8　　　　　　　　　　　　图8-9　　　　　　　　　　　　图8-10

创建影片剪辑元件"海底背景"

用选择工具 🔖 单击矩形将其选中，此时该矩形形状为点状显示，而在属性面板中会提示所选形状的参数，如图8-10所示。

用鼠标右击矩形，在如图8-11所示的右键菜单中执行【转换为元件】命令，在弹出的如图8-12所示的窗口中命名元件名称为"海底背景"，类型为"影片剪辑"，保存到"库根目录"文件夹中。

单击"确定"按钮后，场景中点状显示的矩形就成为影片剪辑元件实例（蓝色边框显示），此时属性面板的显示如图8-13所示。观察图8-10与图8-13的区别。

图8-11　　　　　　　　　　　　图8-12　　　　　　　　　　　　图8-13

现在主场景的1层第1帧上有一个影片剪辑元件"海底背景"的实例，此时文件编辑窗界面显示为 📄场景 1 。

用选择工具 🔖 双击该矩形元件实例，此时编辑窗界面显示为 📄场景 1 📄海底背景 ，表示已进入到"海底背景"元件的编辑界面。

> **提　醒**
>
> 进入某元件编辑界面的方法有以下几种：在库中双击该元件的图标；在编辑窗右上角点击编辑元件按钮 💠 后在元件列表中选择该元件；在含有该元件的界面中双击该元件进入，只有最后这个方法不但能编辑元件内容，还会半透明显示它所在的上一级内容，但上一级内容只供显示参考，不能编辑。

下面将在"海底背景"元件的各层，分别创建海水、礁石、珊瑚、水草、水泡等下一级元件，并在各元件的编辑界面制作动画。

7
Lesson

8
Lesson

9
Lesson

10
Lesson

11
Lesson

12
Lesson

8.1.2 海水元件动画

至此，我们绘制的海水是静止的。如果要制作海水的光影波动动画，可将波动的一个循环放在影片剪辑元件中来完成。

▶ 操作步骤8-2：海水光影动画制作

命名"海水层"

确保已进入到"海底背景"元件的编辑界面（显示为 ⬛场景1 🖼海底背景 ，如何进入请参考上面的提醒）。在"海底背景"影片剪辑元件的时间轴图层上，双击"图层1"名称，将其命名为"海水"层。

创建"海水"影片剪辑元件

用选择工具 ▶ 单击矩形将其选中，注意此时属性面板中显示当前选择的是形状。

如图8-14所示，用选择工具在矩形上右击鼠标，在右键菜单中选择【转换为元件】命令，将矩形图形转换为影片剪辑元件，如图8-15所示，命名为"海水"影片剪辑元件。

矩形会从点状显示的矩形形状改变成四周有蓝色选择框的影片剪辑元件。用选择工具 ▶ 单击选择矩形，观察属性面板是否如图8-16所示，此时该矩形是库中影片剪辑元件"海水"的一个实例。注意只要是库中的元件，当选择它在工作区的实例时，实例的四周都会显示出蓝色选择框。

图8-14   图8-15   图8-16

海水光影动画制作

用选择工具 ▶ 双击矩形"海水"元件实例，进入到该影片剪辑元件的时间轴编辑窗。注意此时的编辑界面从如图8-17所示的"海底背景"影片剪辑元件的编辑界面进入到如图8-18所示的"海底背景"影片剪辑元件中的"海水"影片剪辑元件的编辑界面。

⬛场景1 🖼海底背景

场景中的"海底背景"影片剪辑元件的编辑界面

图8-17

在"海水"元件的时间轴图层1的第25帧位置按F6键创建第2关键帧。

用选择工具选择第2关键帧中的矩形形状，在颜色条上改变中间两个渐变色的位置。前后两个关键帧中的矩形颜色改变如图8-19、图8-20所示。

在时间轴两帧之间的在帧上单击鼠标右键，在右键菜单中选择【创建补间形状】命令，两个关键帧之间出现带有黑色箭头的线和淡绿色背景，表示创建了补间形状动画。这两个关键帧之间自动产生中间的过渡变形。

⬛场景1 🖼海底背景 🖼海水

场景中的"海底背景"影片剪辑元件中的
"海水"影片剪辑元件的编辑界面

图8-18

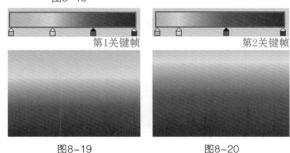

第1关键帧   第2关键帧

图8-19   图8-20

用同样的方法依次在第50帧、75帧分别按F6键插入第3、第4关键帧，然后改变该关键帧中的矩形渐变色。

选择第1关键帧，在右键菜单中执行【复制帧】命令，然后到第100帧处的右键菜中单选择【粘贴帧】命令，这样最后一个关键帧与第1关键帧完全一样，可使循环播放平滑过渡。

切记两两关键帧之间创建补间形状。

最后完成的动画如图8-21所示。

图8-21

按Enter键或沿时间轴拖动数字区的红色滑块来快速观看变色动画，该动画是通过关键帧中渐变色的高光的不同位置的改变，产生类似光影变化的海水波动效果。

单击左上角的■场景1按钮，从"海水"元件的界面切换到主场景界面，按Ctrl+Enter键测试动画，此时主场景中的"海底背景"元件中的"海水"元件的时间轴动画会不停地循环播放。

主场景中虽然只有1帧，但是因为这一帧中含有一个"海底背景"影片剪辑元件实例，该元件的动画不管有多长，都会在只有1帧的主场景中按Ctrl+Enter键测试播放（直接按Enter键不能播含有影片剪辑元件的动画）。

而"海底背景"影片剪辑元件，它的时间轴上也只有1帧，但是这一帧中含有一个"海水"影片剪辑元件实例，该元件的时间轴上有100帧动画，这种元件中套元件，只要都是影片剪辑类型，哪怕上一级场景只有1帧，都可以在主场景中循环测试播放。

可能出现的问题

如果在主场景界面按Ctrl+Enter键测试时动画不动，请先检查库中的两个元件类型是否是影片剪辑类型（ ▣ ）而不是图形类型（ ▣ ）。

图形元件与影片剪辑元件的不同之一是：如果图形元件自己的时间轴上有30帧长的动画，图形元件所在的上一级时间轴上，只有多于30帧，才能保证该图形元件完整播地放一遍，否则，只有一帧的上一级时间轴上，播放不了含有该图形元件的30帧动画，而是只停留在30帧的第1帧上。

而只有一帧的上一级时间轴上，会循环播放含有影片剪辑元件的30帧动画。

所以，创建元件后，如果类型不对，可在库中的元件上右击鼠标，如图8-22所示，在右键菜单中选择【属性】命令，在弹出的如图8-23所示的窗口中更改类型。

尽管库中将元件的类型改变了，但是场景中已存在的元件实例仍然是原来的类型。所以，如果动画还是不动，请选择场景中的"海底背景"元件实例，在如图8-24所示的属性面板中看看类型是否不是影片剪辑类型，因为该实例类型是最初创建时的类型。在将库里某元件类型改变后，之前放到场景中的该元件实例并不会自动改变类型。需要手动在属性面板上将类型改为影片剪辑。

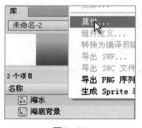

图8-22

元件属性

名称(N)：海水

类型(T)：影片剪辑 ▼

✓ 影片剪辑
　按钮
　图形

高级 ▶

确定
取消
编辑(E)

图8-23

图8-24

进入"海底背景"元件的界面，选择"海水"元件实例，检查其属性面板上的类型是否是影片剪辑。

最后回到主场景，按Ctrl+Enter键测试播放。到此，海水波动的动画背景完成了。

请将练习文件"Lesson8.fla"保存。到此阶段完成的范例请参考进度文件夹下的"Lesson08-01end.fla"文件。

7 Lesson
8 Lesson
9 Lesson
10 Lesson
11 Lesson
12 Lesson

▌8.1.3　礁石元件

请打开上一节结束时保存的文件"Lesson8.fla"（或打开进度文件夹中的"Lesson08-01end.fla"文件）。
下面制作海底背景中的礁石，既可用绘画工具绘制，也可以导入位图图片。

▶ 操作步骤8-3：海底礁石制作

绘制礁石

请在库中双击"海底背景"影片剪辑元件实例，进入元件编辑界面。
注意时间轴已有一层"海水"层，该层只有一帧，含有"海水"元件，将该层锁定。
新建一层，命名为"礁石1"层。
用刷子工具 选择合适大小的笔刷，绘制出如图8-25所示的礁石。

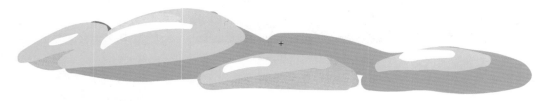

图8-25

转换为图形元件

用选择工具 框选整个礁石图形，在右键菜单中选择【转换为元件】命令，将该图形转换为"图形"元件，命名为"礁石1"。之所以元件类型选择"图形"而不是"影片剪辑"，是因为该元件只是静止的图形，没有动画的元件一般都选择为图形类型。

转换为元件的好处是，即使动画短片都已完成，如果以后需要修改局部例如礁石部分，只需在库中修改相应的元件内容即可，已完成的动画片中涉及到的元件内容会自动更改。

另一个礁石元件

用同样的方法，再次新建一层，命名为"礁石2"层，用钢笔工具绘制另一种礁石图形，如图8-26所示，并转换为图形元件，命名为"礁石2"。

使用图片

在Photoshop中，将图片中的礁石选中，然后执行【图层/新建/通过剪切的图层】命令，将礁石放置在新层中，将其他层隐藏，然后将文件保存为PNG格式。

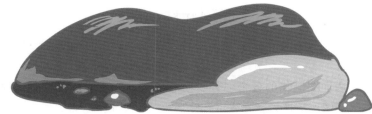

图8-26

在Flash中，执行【文件/导入/导入到库】命令，将PNG透明背景图片导入到库中，此时除了有礁石的原始位图外，会自动创建一个图形元件（由于软件首选参数中的位图导入设置不同，假如导入位图时不能自动创建图形元件，此时可手动创建，内容为原始位图），该元件内容为原始位图，请在库中将该元件重命名为"礁石3"。

在"海底背景"影片剪辑元件的时间轴上再新建一层，命名为"礁石3"层，把库中的"礁石3"图形元件拖放到该层，共拖放3个，分别改变实例的大小、角度和形状，并在属性面板中改变色调，如图8-27所示。

只有库中的元件才能改变色调、Alpha值等，这样一个库中的元件，就可以在场景中以多个不同的实例出现。

到此，"海底背景"元件的时间轴各层如图8-28所示，对应的各层画面如图8-29所示。

原图形元件

元件实例改变色调后

图8-27

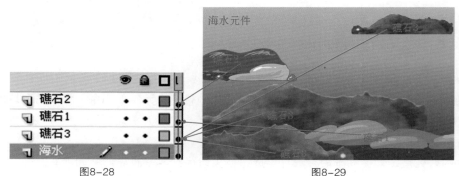

图8-28   图8-29

请将练习文件"Lesson8.fla"保存。到此阶段完成的范例请参考进度文件夹下的"Lesson08-02end.fla"文件。

8.1.4　珊瑚元件动画

请打开上一节结束时保存的文件"Lesson8.fla"（或打开进度文件夹中的"Lesson08-02end.fla"文件）。

后面要制作的各个部分的动画，基本方法都是在"海底背景"图层上新建一层，然后绘制相应的图形，把图形转换为影片剪辑元件，然后制作元件循环动画。

▶ **操作步骤8-4：珊瑚动画制作**

绘制珊瑚层：

在如图8-28所示的"海底背景"影片剪辑元件时间轴上再新建一层，命名为"珊瑚1"层，将其他层锁定。

使用 钢笔绘画工具绘制如图8-30所示的珊瑚大致轮廓，然后用 部分选择工具调整路径上的锚点位置，用 转换锚点工具将拐角点转换为平滑点，继续用 部分选择工具调整平滑点上的方向线，用 工具添加锚点，用 工具减少锚点，最后将路径调整为如图8-31所示的形状。

用 颜料桶工具填色，如图8-32所示。

7 Lesson

8 Lesson

9 Lesson

10 Lesson

11 Lesson

12 Lesson

用钢笔工具绘制珊瑚大致轮廓	调整路径	对边框线及内部填充
图8-30	图8-31	图8-32

转换为影片剪辑元件

用选择工具 ▶ 双击选择整个珊瑚图形，在右键菜单中选择【转换为元件】命令，将该图形转换为影片剪辑元件，命名为"珊瑚1"。

制作珊瑚晃动动画

用选择工具 ▶ 双击"珊瑚1"元件实例，进入该元件编辑界面，注意此时界面左上角的 ⬛场景1 ⬛海底背景 显示变为 ⬛场景1 ⬛海底背景 ⬛珊瑚1 。

在时间轴上的第20、35帧分别按F6键插入关键帧，接着只选择第20帧的关键帧中的珊瑚图形，用变形工具 ▶ 将图形宽度稍改小一点，两两关键帧之间创建补件形状动画，结果如图8-33所示。

三个关键帧中，只改变中间一个关键帧中的珊瑚宽度，就完成了最简单的动画。

按Ctrl+Enter键测试播放，观察珊瑚在水平方向的轻微晃动动画。由于第1、第3两个关键帧中的珊瑚图形完全一样，所以循环动画播放时会一遍又一遍平滑循环播放。

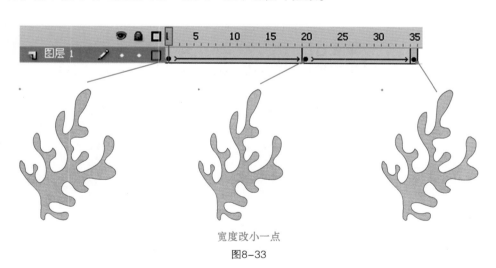

宽度改小一点

图8-33

> **提　醒**
>
> 如果出现循环不平滑，说明第1、3关键帧中的图形不一样，解决的方法是先选择第1关键帧，在右键菜单中选择【复制帧】命令，然后选择第3关键帧，在右键菜单中选择【粘贴帧】命令，使两帧完全相同。

另一个珊瑚动画

另一个珊瑚用也同样的方法制作。

如图8-34所示，单击"珊瑚1"元件的上一级"海底背景"，回到  "海底背景"元件的界面。

图8-34

确保已在"海底背景"元件界面，此时界面左上角显示为 🎬场景1 🎬海底背景 。

在"海底背景"影片剪辑元件时间轴上再新建一层，命名为"珊瑚2"层，将其他层锁定。

用钢笔工具绘制出更复杂的珊瑚图形，如图8-35所示，用🎨填充工具填色为线性渐变色，如图8-36所示，并用渐变变形工具🔲改变渐变色的方向，如图8-37所示。

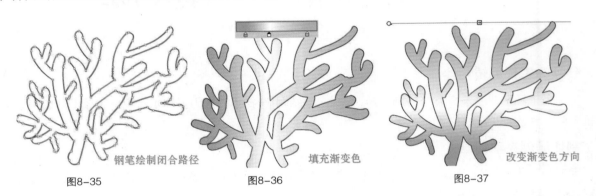

钢笔绘制闭合路径　　填充渐变色　　改变渐变色方向

图8-35　　　　　　图8-36　　　　　　图8-37

用选择工具🔺双击选择整个珊瑚图形，在菜单中选择【转换为元件】命令，将该图形转换为影片剪辑元件，命名为"珊瑚2"。

用选择工具🔺双击"珊瑚2"元件，进入该元件的编辑界面。

在时间轴的第25、40帧分别按F6键插入关键帧，只选择第20帧的关键帧中的珊瑚图形，用变形工具🔲将图形宽度稍改小一点，并改变渐变色色标的位置，两两关键帧之间创建补件形状动画，结果如图8-38所示。

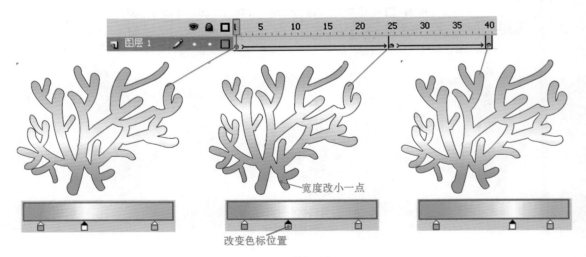

宽度改小一点

改变色标位置

图8-38

按Ctrl+Enter键测试播放，观察动画效果。

回到"海底背景"元件的界面。将库中"珊瑚2"元件拖放到"海底背景"的珊瑚层中多个，分别改变其大小加位置，并在属性面板中修改其色调，如图8-39所示。多个珊瑚实际上都是库中"珊瑚2"元件的多个不同的实例。

按Ctrl+Enter键测试播放，观察添加了多个珊瑚后的动画效果，如图8-41所示。

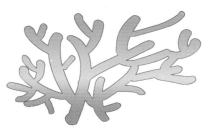

7
Lesson

8
Lesson

9
Lesson

10
Lesson

11
Lesson

12
Lesson

图8-40

图8-39

图8-41

请将练习文件"Lesson8.fla"保存。到此阶段完成的范例请参考进度文件夹下的"Lesson08-03end.fla"文件。

8.1.5　水草元件动画

请打开上一节结束时保存的文件"Lesson8.fla"（或打开进度文件夹中的"Lesson08-03end.fla"文件）。

海底大量的水草摆动动画，看起来复杂，其实只需要制作简单的一两种独立水草的动画，然后在背景中放置多个同一水草元件实例，将这些实例改变大小、角度、色调等属性值，就形成了一片水草的动画。

▶ **操作步骤8-5：水草动画制作**

单个水草动画

进入到"海底背景"元件的编辑界面，在图层上再新建一层，命名为"水草1群"层，将其他层锁定。

在"水草1群"层的第一帧用笔刷绘制单个水草的形状，填充色采用渐变填充，如图8-42所示。

用选择工具 双击选择整个水草图形，在右键菜单中选择【转换为元件】命令，将该图形转换为影片剪辑元件，命名为"水草1"。

用选择工具 双击"水草1"元件，进入该元件编辑界面。

在时间轴的第15、30帧分别按F6键插入关键帧，只选择时间轴第15帧关键帧，微调渐变色的色标位置，使该帧中的水草颜色稍有所变化，用选择工具 在水草图形外单击取消选择，鼠标指向水草边缘线，当光标变成 时，拖曳鼠标轻微改变水草的弧线。两两关键帧之间创建补间形状动画，结果如图8-43所示。

单个水草在颜色与形状上轻微变化的简单动画就做好了。

图8-42

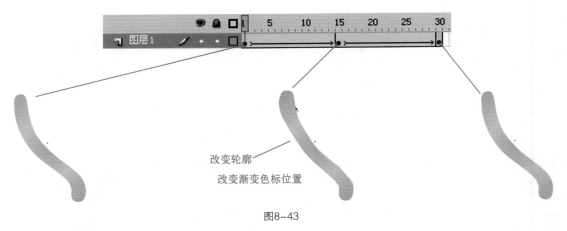

改变轮廓

改变渐变色标位置

图8-43

多个水草动画

回到"海底背景"元件的界面。将库中"水草1"元件多次拖放到"海底背景"的"水草1群"层中，分别改变其大小、位置和角度，并在属性面板中修改其色调，结果如图8-44所示，多个水草实际上都是库中"水草1"元件的多个不同的实例。最后，将所有水草框选后，在右键菜单中执行【转换为元件】命令，转换成"水草1群"影片剪辑元件。按Ctrl+Enter键测试播放，观察水草群的动画。

多个"水草1"元件实例

其中一个实例的属性

图8-44

请将练习文件"Lesson8.fla"保存。到此阶段完成的范例请参考进度文件夹下的"Lesson08-04end.fla"文件。

8.1.6　海星元件动画

请打开上一节结束时保存的文件"Lesson8.fla"（或打开进度文件夹中的"Lesson08-04end.fla"文件）。下面制作海星的动画。

⬤ 操作步骤8-6：海星动画制作

创建"海星"元件

在"海底背景"元件的编辑界面，再新建一层，命名为"海星"层，将其他层锁定。

在该层上用多角星形工具🔲绘制一个大一点的五角星，然后用转换锚点工具🔽指向如图5-45所示的锚点，单击并拖曳出该锚点的两个方向线（注意在拖曳时不要让路径线交叉，如果出现这种情况，请向相反方向拖曳）。将每个顶点上的锚点都转换为平滑点，用部分选取工具🔽调整各平滑点的方向线及各锚点位置，形状调整完成后用颜料桶工具🔽填充渐变色，如图8-47所示。

依次改变五角星的拐角点为平滑点

图8-45　　　　　　　　　　图8-46　　　　　　　　　　填充径向渐变色
　　　　　　　　　　　　　　　　　　　　　　　　　　　　　　　　图8-47

7
Lesson
8
Lesson
9
Lesson
10
Lesson
11
Lesson
12
Lesson

用选择工具 ![icon] 双击选择整个星形图形，在右键菜单中选择【转换为元件】命令，将该图形转换为影片剪辑元件，命名为"海星"。

绘制海星的其他细节

用选择工具 ![icon] 双击"海星"元件，进入该元件编辑界面。将星形图层命名为"星形"，并将该层锁定，新建一层，命名为"眼睛嘴"层，绘制如图8-48所示的眼睛和嘴。

绘制完成后，用选择工具 ![icon] 框选整个图形，如图8-49所示，然后执行【修改/组合】命令，将多个矢量图形组合成一个矢量图形组，如图8-50所示。

在新层绘制眼睛和嘴　　　　　　全部框选后　　　　　　　　　组合后
图8-48　　　　　　　　　　图8-49　　　　　　　　　　图8-50

组合成一个整体矢量图形后，编辑时双击这个矢量组合图形，就从 ![场景1 海底背景 海星1] 的编辑界面进入到 ![场景1 海底背景 海星1 组] 的编辑界面，在该界面中可分别编辑多个分离的矢量图形。而单击上一级"海星"名称时，就会返回到上一级界面。

现在"海星"元件的时间轴上第1帧图形如图8-51所示。

星形层的变形动画制作

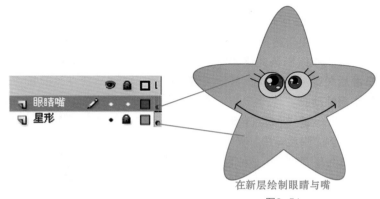

在新层绘制眼睛与嘴
图8-51

将"眼睛嘴"层锁定、隐藏，解锁"星形"层，在该层第5帧按F6键插入关键帧，如图8-52的第2关键帧所示，将该关键帧的星形进行改变，或用选择工具 ![icon] 改变其轮廓形状，或选择后改变渐变色标位置，或用任意变形工具 ![icon] 改变其大小、位置及角度，只要与前一关键帧的星形稍有不同即可，然后选择时间轴第1~5帧的任意帧，在右键菜单中选择【创建补间形状】命令，创建补间形状动画。

改变形状 改变渐变色

第1关键帧   第2关键帧

图8-52

　　用以上方法继续在时间轴创建多个关键帧，使每个关键帧的星形都与前一关键帧稍有不同，切记最后一个关键帧要与第1关键相同，这样保证循环动画的平滑过渡。最后两两关键帧之间创建补件形状动画。该层时间轴及每个关键帧如图8-53所示。

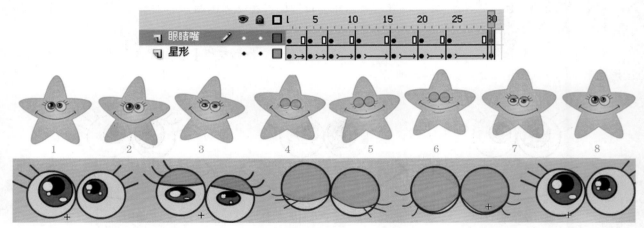

图8-53

眼睛嘴层的逐帧动画制作

　　如图8-53所示，在时间轴中将已完成的星形层锁定，解锁眼睛嘴层，依次在该层插入多个关键帧，在每个关键帧中用选择工具双击眼睛嘴组合图形，进入到矢量图形编辑界面，重新修改或绘制该关键帧中的眼睛和嘴的形状，绘制完成后回到上一级界面。除了第1与最后关键帧相同外，其他关键帧中的眼睛都与前一关键帧不同。由于眼睛和嘴都绘制在一层，所以只能制作逐帧动画。

　　按Enter键或拖动红色滑块观察海星动画。

　　回到"海底背景"元件的编辑界面，将海星层的海星调整大小与位置，如果有必要，可将库中的"海星"元件拖放到背景中多个。

　　用同样的方法可以制作另一个海星动画。

　　至此，海星动画制作完毕。

　　按Ctrl+Enter键测试播放，观察动画效果。场景中的多图层如图8-54所示，画面结果如图8-55所示。

图8-54

图8-55

　　请将练习文件"Lesson8.fla"保存。到此阶段完成的范例请参考进度文件夹下的"Lesson08-05end.fla"文件。

7
Lesson

8
Lesson

9
Lesson

10
Lesson

11
Lesson

12
Lesson

▌8.1.7 水泡元件动画

请打开上一节结束时保存的文件"Lesson8.fla"（或打开进度文件夹中的"Lesson08-05end.fla"文件）。下面制作不断冒出的水泡的动画。

▶ 操作步骤8-7：水泡动画制作

在制作海星、水草、珊瑚等动画元件时都是采用先在"海底背景"元件的界面绘制图形，然后将图形转换为影片剪辑元件，接着进入到元件编辑界面，制作时间轴动画的方法。这种方法可在绘制图形之初就能参考四周景物来确定图形的位置、大小，进入到海星等元件的编辑界面后，还能隐约显示上一级"海底背景"元件的其他层画面，但缺点就是容易混淆不同元件的编辑界面。初学者最容易犯的错误就是把海星、水草、珊瑚等元件的时间轴动画做在了上一级"海底背景"元件的时间轴上，或者该返回到上一级界面时却仍然停在下一级元件界面。

下面的水泡将用直接创建元件的方法制作动画，最后将完成的动画元件拖放到"海底背景"元件的新层上，这种方法比较符合初学者的思维习惯，使初学者很清楚元件的嵌套关系，不容易混淆嵌套的元件界面。

创建"静止水泡"图形元件

首先执行菜单【插入/新建元件】命令，命名元件名称为"静止水泡"，类型为"图形"，保存到"库根目录"文件夹中。

此时进入到图形元件"静止水泡"的编辑界面。

绘制静止水泡图形

选择工具箱中的椭圆工具 ，在工具箱中的笔触颜色框 将线条色设置为无色，在填充颜色框 将填充色设置蓝色。仔细观察工具箱的对象绘制模式按钮，它没有被按下时就是合并绘制模式（显示为 ），按下后就进入了对象绘制模式（显示为 ）。确保在对象绘制模式下，在工作区按Shift键+拖曳鼠标绘制圆形，一个蓝色圆形会出现在图层1的第一关键帧的工作区。继续绘制其他几个不同色圆形，叠加在一起的效果如图8-56所示。

图8-56

创建"运动水泡"图形元件

执行菜单【插入/新建元件】命令，名称为"运动水泡"，类型为"图形"，保存到"库根目录"文件夹中（在这里采用图形而不是影片剪辑类型，是为了在后面"水泡群"的时间轴上能直接观察水泡的上升动画）。

此时进入到图形元件"运动水泡"的编辑界面。

制作水泡向上运动动画

从库面板中将"静止水泡"元件拖放到"运动水泡"元件的工作区下半部。

选择时间轴图层1的第45帧，按F6键插入关键帧，用选择工具 将该关键帧的水泡元件移动到工作区上半部。

在这两个关键帧之间的任一帧单击鼠标右键，右键菜单中选择【创建传统补间】命令。水泡从下往上的直线运动动画就完成了。

如图8-57所示单击鼠标右键选择图层1，在右键菜单中选择【添加传统运动引导层】命令，创建新的引导层，在合并绘制模式下，在该层用铅笔工具 在平滑方式下绘制如图8-58所示的平滑曲线，该曲线将作为水泡向上运动的路径，结果图层如图8-59所示。

图8-57　　　　图8-58

图8-59

单击引导层 🔒 将其锁定，选择图层1第1关键帧中的水泡，如图8-60所示，用选择工具 ▶ 将其中心点与线条的起始端点重合对齐。

选择第2关键帧中的水泡，将其中心点与线条结束点重合对齐。

拖动时间轴上的红色滑块，观察水泡是否从下往上沿线条路径运动，如果还是直线运动，请重新调整两个关键帧中水泡的位置，使其一定要对齐线条端点。动画完成后单击引导层的 ◉ 图标将线条隐藏。

如图8-61所示，在水泡的前后两个关键帧之间再插入两个关键帧，将前后两个关键帧中的水泡元件的Alpha值改小，使其整个运动过程中有淡入淡出的效果，即水泡逐渐出现，在向上漂浮的过程中又慢慢消失。

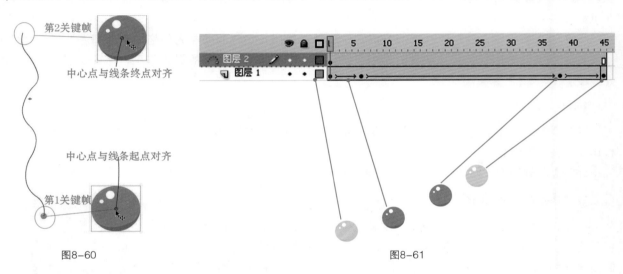

图8-60

图8-61

创建"水泡群"元件

执行菜单【插入/新建元件】命令，名称为"水泡群"，类型为"影片剪辑"，保存到"库根目录"文件夹中。进入到影片剪辑元件"水泡群"的编辑界面。

从库中将"运动水泡"元件拖放到工作区多个，在属性面板中分别改变大小、位置、角度、Alpha、色调等值，如图8-62的图层1第1关键帧所示。在第45帧按F5键插入帧，使该层动画持续到第45帧（因为第1关键帧中都是"运动水泡"图形元件，所以这一级时间轴要有足够的长度才能播放所含的图形元件的动画）。

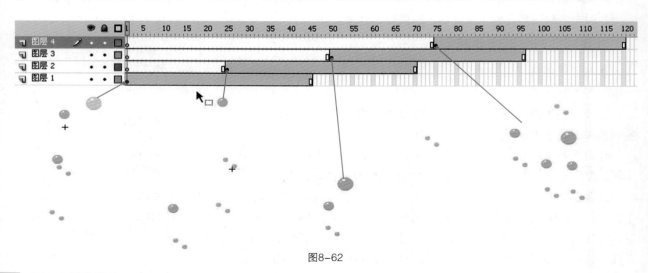

图8-62

新建图层2，在第25帧按F6键插入空关键帧，将库中的"运动水泡"元件再拖放到工作区多个，在属性面板中分别改变大小、位置、角度、Alpha、色调等值，如图8-62的图层2第1关键帧所示。在第70帧按F5键插入帧。

新建图层3，在第50帧按F6键插入空关键帧，将库中的"运动水泡"元件拖放到工作区多个，在属性面板中分别改变大小、位置、角度、Alpha、色调等值，如图8-62的图层3第1关键帧所示。在第95帧按F5键插入帧。

新建图层4，在第75帧按F6键插入空关键帧，将库中的"运动水泡"元件拖放到工作区多个，在属性面板中分别改变大小、位置、角度、Alpha、色调等值，如图8-62的图层4第1关键帧所示。在第120帧按F5键插入帧。

拖动时间轴上的红色滑块观看时间轴动画，此时不同的水泡在不同的时间从不同的位置升起。如果当初创建"运动水泡"的类型为影片剪辑，则拖动红色滑块是看不到水泡上升动画的，只能用按Ctrl+Enter键测试播放只能看到。所以这是图形元件与影片剪辑元件的又一区别。

提 醒

当时间轴关键帧中含有图形元件时，如果动画帧够长，就能用拖动红色滑块的方法观看当前时间轴动画及所含图形元件的动画。如果时间轴关键帧中不是图形元件而是影片剪辑元件，用拖动滑块的方法只能看到当前时间轴动画，其所含的影片剪辑元件的动画只能用按Ctrl+Enter键测试播放才能看到。

更简单的做法是，在"水泡群"的1层1帧拖入多个"运动水泡"即可，但是这样会使大量的水泡同时出现同时消失。上面多层的做法是让水泡出现的时间不同，避免了大量水泡的同步。

将水泡群放入海底背景

在库中双击"海底背景"元件进入其编辑界面，再新建一层，命名为"水泡群"，将其他层锁定。

将库中的"水泡群"影片剪辑元件拖放多个到该层上，改变大小及位置。

按Ctrl+Enter键测试播放，观察动画效果。随时调整该层中多个"水泡群"元件的大小与位置直达满意位置。

单击 场景1 按钮回到主场景，注意主场景的时间轴只有1层1帧，如图8-63所示，该关键帧中只有一个"海底背景"影片剪辑元件。双击该元件，才会进入如图8-64所示的该元件时间轴，而再双击该时间轴某层关键帧中的元件（例如海星），就会进入到下一级元件的时间轴。这种元件嵌套的关系，使动画的制作与编辑更加省时省力。只需修改最低层的元件，已完成的动画就会自动随之更新。

请如图8-65所示，将库中的元件拖放整理到新建的相应文件夹中，库元件的有序管理，会大大提高制作动画的效率。

图8-63

图8-64

图8-65

本节最终完成的海底背景如图8-63所示。下一节将在此背景循环播放的基础上，制作各种鱼类游来游去的动画。

请将练习文件"Lesson8.fla"保存。到此阶段完成的范例请参考进度文件夹下的"Lesson08-06end.fla"文件。

请打开上一节结束时保存的文件"Lesson8.fla"（或打开进度文件夹中的"Lesson08-06end.fla"文件）。

本节将制作各种鱼类动画，有鲨鱼、小鱼群和热带鱼等，这些鱼自身的动画都是在相应的影片剪辑元件中完成的。然后在主场景中制作这些鱼类游来游去的位置大小变化的传统补间动画。

8.2.1 鲨鱼动画

下面制作主场景中一条大鲨鱼游过的动画。

▶ 操作步骤8-8：鲨鱼动画制作

创建"鲨鱼"影片剪辑元件

在如图8-65所示的库中新建一个"鱼类"文件夹，然后执行菜单【插入/新建元件】命令，命名元件名称为"鲨鱼"，类型为"影片剪辑"，保存到新建的"鱼类"文件夹中。

此时进入到影片剪辑元件"鲨鱼"的编辑界面。

绘制鲨鱼

（1）在合并绘制模式下，使用 🖊 钢笔工具绘制鲨鱼的大致轮廓，然后用 ▶ 部分选择工具调整路径上的锚点位置，用 ▶ 转换锚点工具将拐角点转换为平滑点，继续用 ▶ 部分选择工具调整平滑点上的方向线，用 🖊 工具添加锚点，用 🖊 工具减少锚点，最后将路径调整为如图8-66（1）所示的闭合轮廓。

（2）用直线工具绘制直线，并调整成曲线。将轮廓分割成上下两部分闭合图形，如图8-66（2）所示。

（3）在鲨鱼肚皮处添加分割直线，并在前后肚皮两边的闭合区域填色。在鲨鱼的前身添加线条，如图8-66（3）所示。

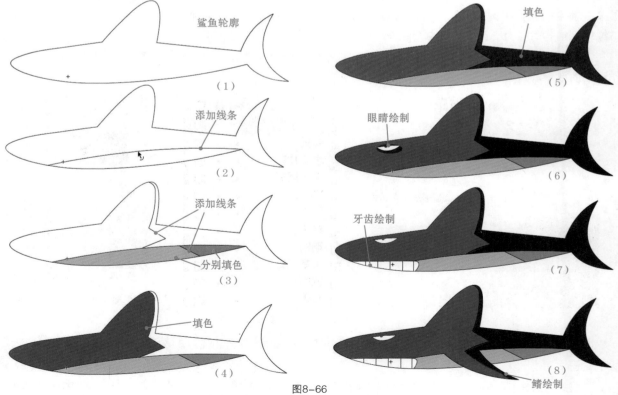

图8-66

（4）如图8-66（4）为鲨鱼上身闭合区域填色。

（5）如图8-66（5）为鲨鱼尾部闭合区域填色。

（6）如图8-66（6）绘制鲨鱼眼睛。

（7）如图8-66（7）绘制牙齿。

（8）如图8-66（8）绘制鲨鱼的鳍。

鲨鱼元件四帧动画

由于以上绘制的鲨鱼都是在1层1帧完成的，所以鲨鱼的动画只能用逐帧动画来完成。

当第1帧鲨鱼绘制完成后，在时间轴的第4、7、10帧按F6键插入关键帧，在时间轴这4个关键帧中，将只改变2、4关键帧中的鲨鱼尾部。

用选择工具 选择第2关键帧，然后在鲨鱼外单击取消对鲨鱼的全选，框选鲨鱼的尾部，如图8-67所示，然后用任意变形工具 将鲨鱼尾部向左横向压缩变形，指向中心的旋转中心点，将其移动到上部交界处，然后向下旋转，使尾部朝下。最后用选择工具指向尾部的各线条，调整形状，结果如图8-69的第2关键帧所示。

同样，用选择工具 选择第4关键帧，然后在鲨鱼外单击取消对鲨鱼的全选，框选鲨鱼的尾部，如图8-68所示，然后用任意变形工具 将鲨鱼尾部向左横向压缩变形，指向中心的旋转中心点，将其移动到下部交界处，然后向上旋转，使尾部朝上，最后用选择工具指向尾部的各线条，调整形状，结果如图8-69的第4关键帧所示。

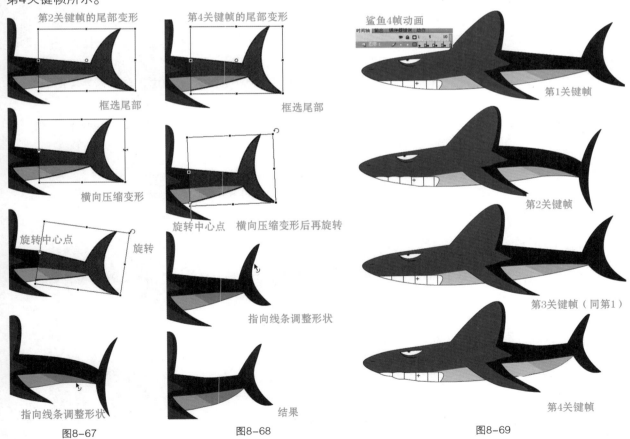

图8-67　　　　　　　　　图8-68　　　　　　　　　图8-69

拖动时间轴滑块，观察鲨鱼的4帧动画。

在主场景中游动的鲨鱼动画

单击 场景1 按钮回到主场景，注意主场景的时间轴只有背景层1帧。而在该背景上游动的各种鱼的动画将在主场景的不同层中完成。

将背景层锁定，新建一层，命名为"鲨鱼"层。选择该层第1帧，将库中的"鲨鱼"影片剪辑元件拖放到工作区中的背景画外右侧，调整大小，如图8-70所示。

选择鲨鱼层的第100帧，按F6键插入关键帧，将该帧中的鲨鱼元件实例移动到工作区背景画外左侧，如图8-71所示。

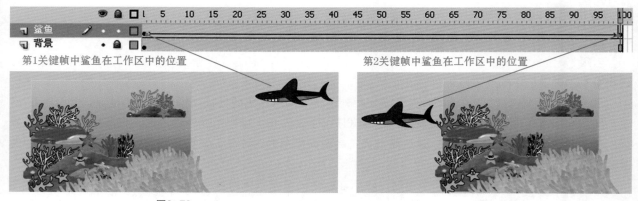

图8-70   图8-71

在鲨鱼层时间轴的两个关键帧之间任意位置右击鼠标，在右键菜单中选择【创建传统补间】命令。

选择背景层的第100帧，按F5键插入帧，使背景画面持续到100帧。

如果按Enter键观看主场景动画你会发现，只能看到鲨鱼从右到左的位置运动，但鲨鱼本身的4帧摇尾动画和背景中的各元件动画是不动的。原因是这种播放方式下不能播放其中包含的影片剪辑元件的动画（可以播图形元件的动画，参看水泡群的制作）。

如果按Ctrl+Enter键在播放器窗口测试播放，则会看到鲨鱼从右到左的运动中，自身摇摆尾部的4帧影片剪辑元件的完整动画。

请将练习文件"Lesson8.fla"保存。到此阶段完成的范例请参考进度文件夹下的"Lesson08-07end.fla"文件。

▌ 8.2.2　小鱼群动画

请打开上一节结束时保存的文件"Lesson8.fla"（或打开进度文件夹中的"Lesson08-07end.fla"文件）。下面将制作被鲨鱼追赶的小鱼群的动画。

▶ 操作步骤8-9：小鱼群动画制作

方法同上。首先执行菜单【插入/新建元件】命令，命名元件名称为"fish1"，类型为"影片剪辑"，保存到"鱼类"文件夹中。

进入到影片剪辑元件"fish1"的编辑界面。

用绘画工具在1层1帧绘制小鱼，如图8-72所示。

图8-72

参考鲨鱼4帧动画的制作，插入3个关键帧，对第2、4关键帧中的小鱼尾部制作轻微变形，如图8-73所示。

执行菜单【插入/新建元件】命令，命名元件名称为"fish1群"，类型为"影片剪辑"，保存到新建的"鱼类"文件夹中。

进入到影片剪辑元件"fish1群"的编辑界面，将库中的"fish1"元件拖放到工作区多个，分别调整大小、角度等属性，结果如图8-74所示。

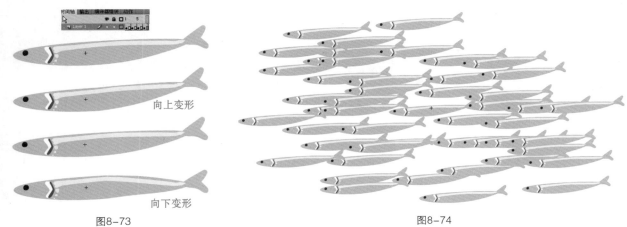

向上变形

向下变形

图8-73   图8-74

单击 场景1 按钮回到主场景，将其他层锁定，新建一层，命名为"fish1群"层。选择该层第1帧，将库中的"fish1群"影片剪辑元件拖放到工作区中的背景画外右侧鲨鱼的前面，调整大小，如图8-75所示。

在该层第100帧按F6键插入关键帧，将该帧中的"fish1群"元件实例移动到工作区背景画外左侧，如图8-76所示。

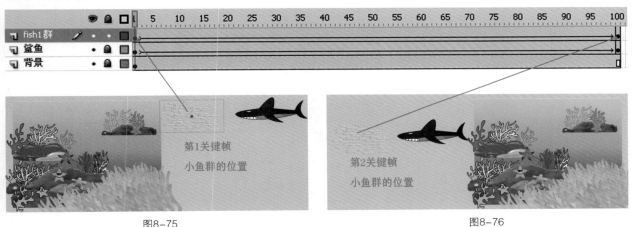

第1关键帧
小鱼群的位置

第2关键帧
小鱼群的位置

图8-75   图8-76

两个关键帧之间创建传统补间。按Ctrl+Enter键播放，观察场景中鲨鱼追赶小鱼群的动画。

请将练习文件"Lesson8.fla"保存。到此阶段完成的范例请参考进度文件夹下的"Lesson08-08end.fla"文件。

▌ 8.2.3　母鱼与小鱼动画

请打开上一节结束时保存的文件"Lesson8.fla"（或打开进度文件夹中的"Lesson08-08end.fla"文件）。下面将制作场景中母鱼与一群小鱼的游动动画。

▶ 操作步骤8-10：母鱼与小鱼动画制作

母鱼元件动画制作

执行菜单【插入/新建元件】命令，命名元件名称为"fish2"，类型为"影片剪辑"，保存到"鱼类"文件夹中。

进入到影片剪辑元件"fish2"的编辑界面。

与上面两种鱼的制作方法稍有不同，就是绘制母鱼时，是在多层上绘制，参考图层如图8-77所示，在鱼身层绘制鱼身，如图8-78所示，在装饰点层绘制圆点，如图8-79所示，嘴、眼睛、眼珠都分层绘制，如图8-80所示。

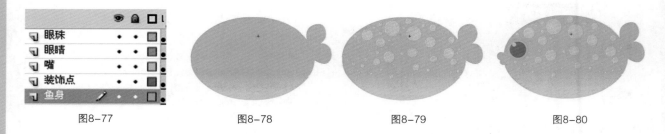

图8-77　　　　　　　图8-78　　　　　　　图8-79　　　　　　　图8-80

按以上分层绘制完成后，在每层分别制作动画，参考图8-81所示。

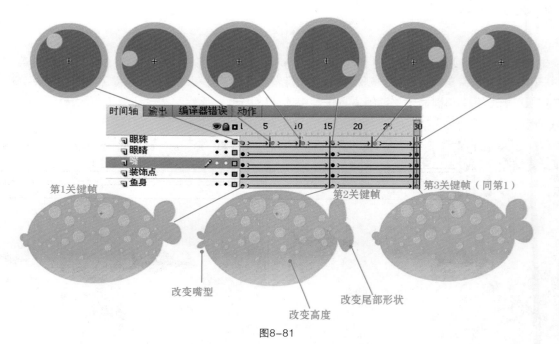

图8-81

鱼身层的三帧形状变形动画，是先在第15、30帧按F6键插入关键帧，然后用任意变形工具 将中间关键帧的鱼身高度稍变大一点，用选择工具 指向尾部线条，稍改变形状，最后关键帧之间创建补间形状来完成的。

装饰点层的三帧动画用同样方法（将中间关键帧中的所有装饰点高度调大一些）制作。

嘴层的三帧形状变形动画，也同样只改变中间关键帧中嘴的形状，使其张大。

眼睛层也同样，将中间关键帧的高度调大一些。注意眼珠层中共创建了6个关键帧，除了前后两帧眼珠位置相同外，其他关键帧中的眼珠，都与前一帧稍有不同，参考图8-81中眼珠的位置。连起来看好像在眼眶中转动一圈的效果。

按Enter键观看鱼的动画。

小鱼元件的制作

执行菜单【插入/新建元件】命令，命名元件名称为"fish2群"，类型为"影片剪辑"，保存到"鱼类"文件夹中。

进入到影片剪辑元件"fish2群"的编辑界面，将库中的"fish2"元件拖放到工作区多个，分别调整大小、角度等属性，结果如图8-82所示。

主场景的调整

下面在主场景将要制作的动画内容是：一条母鱼先从画面底部游上来，在水草里反复寻找食物，紧接着小鱼们也游上来，然后就见鲨鱼追着小鱼群过来，母鱼和小鱼们都吓得转身游回去了。

单击■场景1按钮回到主场景，选择鲨鱼层的第1帧，然后按住Shift键再选择fish1群的第1帧，如图8-83所示，鼠标再次指向已选择的关键帧，变成 ⤵ 形状后，按下鼠标并水平向右侧拖放到第20帧。使鲨鱼与fish1群稍晚些再出现。

同理，参考图8-84所示，将该两层原来在第100帧结束的关键帧，按Shift键选择后，拖放到第120帧。使已制作好的鲨鱼与fish1群的动画长度保持不变。最后选择背景层的第120帧，按F5键插入帧。

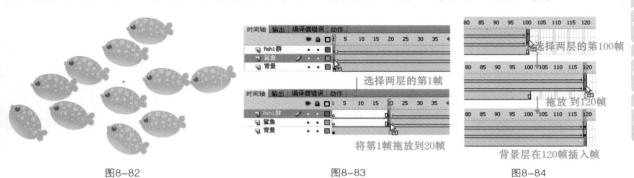

图8-82　　　　　　　　　　　　图8-83　　　　　　　　　　　图8-84

主场景母鱼层的动画

将其他层锁定，新建一层，命名为"母鱼"层。选择该层第1帧，将库中的"fish2"影片剪辑元件拖放到工作区的背景中，用任意变形工具 ▓ 调整母鱼的大小、方向，最后将其放置于画外底部，如图8-85中的第1关键帧位置所示。

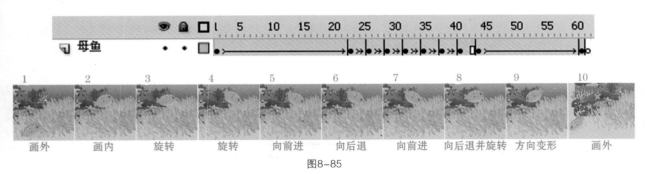

图8-85

如图8-85所示，在母鱼层的时间轴插入第2关键帧，将母鱼移至画内水草处。同理，依次创建后面的关键帧并对母鱼进行调整，每1关键帧相比前一关键帧对母鱼的操作请参考图示文字。两两关键帧之间创建传统补间（除了第41帧与第44帧母鱼的突然转身之间）。这一段表现的是母鱼先从画面底部游上来，在水草里反复寻找食物，然后抬头看见鲨鱼后，快速转身游出画外的动画。

按Ctrl+Enter键播放，观察场景中母鱼的动画，并适当调整各关键帧的位置，表现其刚开始的悠闲自得，到最后快速逃跑的效果。

主场景小鱼群的动画

将其他层锁定，新建一层，命名为"fish2群"层。选择该层第20帧，按F5键插入空帧，选择该帧，将库中的"fish2群"影片剪辑元件拖放到工作区中的背景画外，调整大小与方向，如图8-86中的第1关键帧所示。

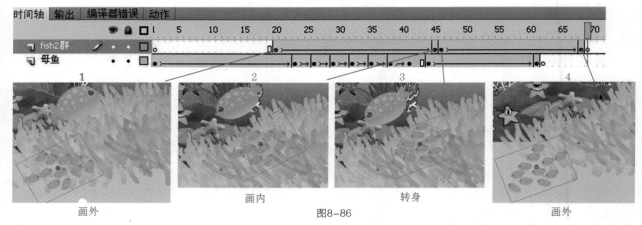

图8-86

在该层第45帧按F6键插入关键帧，将该帧中的"fish2群"元件实例移动到画内母鱼的下方。两个关键帧之间创建传统补间。

在第46帧按F6键插入关键帧，选择该帧中的"fish2群"元件实例，执行【修改/变形/水平翻转】命令，将其变形使其转身，调整转身后的位置与角度。

在第61帧插入关键帧，将"fish2群"元件移至画外。两个关键帧之间创建传统补间。最后分别选择"母鱼"层与"fish2群"层的最后一帧，在右键菜单中执行【插入空白关键帧】命令，将这一层的动画结束。

按Ctrl+Enter键播放，观察场景中母鱼与小鱼看到鲨鱼追赶小鱼群后逃跑的动画。

请将练习文件"Lesson8.fla"保存。到此阶段完成的范例请参考进度文件夹下的"Lesson08-09end.fla"。

▌ 8.2.4 水母动画

请打开上一节结束时保存的文件"Lesson8.fla"(或打开进度文件夹中的"Lesson08-09end.fla"文件)。下面制作水母动画。

▶ 操作步骤8-11：水母动画制作

执行菜单【插入/新建元件】命令，命名元件名称为"水母"，类型为"影片剪辑"，保存到"鱼类"文件夹中。进入到影片剪辑元件"水母"的编辑界面。

分层绘制水母，如图8-87的第1帧所示，然后分层插入第2、第3关键帧，将第2关键帧中的水母变形，如图8-87中的第2关键帧所示，两两关键帧之间创建补间形状动画。

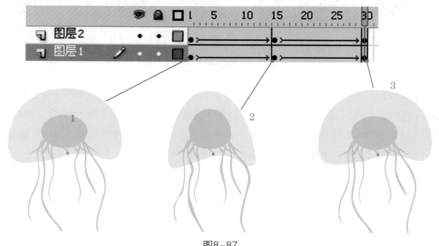

图8-87

回到主场景界面，将其他层锁定，新建一层，命名为"水母"层。选择该层第95帧，将库中的"水母"影片剪辑元件拖放到可视区的底部，调整大小，如图8-88所示，在水母层时间轴的第95-153帧之间再创建其他几个关键帧，将每个关键帧的水母调整成如图8-88所示在可视区的位置。两两关键帧之间创建传统补间动画，产生了水母从画面底部到顶部的运动动画效果。

7 Lesson
8 Lesson
9 Lesson
10 Lesson
11 Lesson
12 Lesson

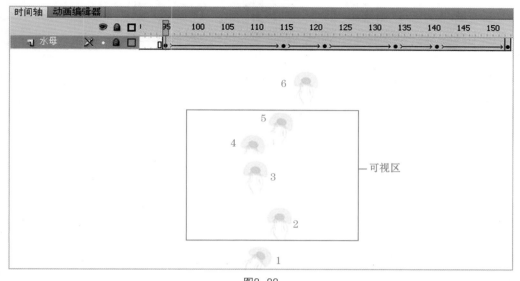

图8-88

请在背景层第350帧处按F5键插入帧，让背景画面持续的长一些。按Ctrl+Enter键播放，观察场景中水母的动画。

请将练习文件"Lesson8.fla"保存。到此阶段完成的范例请参考进度文件夹下的"Lesson08-10end.fla"文件。

▌8.2.5 热带鱼动画

请打开上一节结束时保存的文件"Lesson8.fla"（或打开进度文件夹中的"Lesson08-10end.fla"文件）。下面制作热带鱼动画。

▶ 操作步骤8-12：热带鱼动画制作

热带鱼元件动画制作

执行菜单【插入/新建元件】命令，命名元件名称为"fish3"，类型为"影片剪辑"，保存到"鱼类"文件夹中。进入到影片剪辑元件"fish3"的编辑界面。

如图8-89所示，分层绘制热带鱼，结果如图8-90所示。

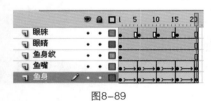

图8-89

图8-90

分层制作动画，例如鱼身层，在第5、10、15、20帧分别按F6键插入关键帧，分别选择该层第2、4关键帧，调整鱼身的曲线或端点使其形状与前一关键帧有所不同，如图8-91所示，第1、3、5关键帧的鱼身保持不变，第2关键帧中将尾部的几个端点移向左上位置，第4关键帧将尾部的几个端点移向下方位置，再分别调整这两帧中鱼身的曲线，两两关键帧之间创建补间形状动画。

鱼嘴层也同样创建4个关键帧，只需将第2、4关键帧中代表鱼嘴的线条改变形状即可，两两关键帧之间创建补间形状动画。

眼珠层创建几个关键帧，将每个关键帧中的眼珠调整位置，连起来看就是眼珠转动动画。

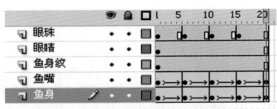

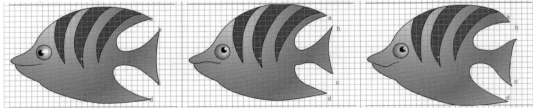

| | 1、3、5关键帧 | 2关键帧 | 4关键帧 |

图8-91

复制热带鱼元件

"fish3"元件的动画完成后，可在库中选择该元件，在右键菜单中执行【直接复制】命令，将其复制，复制的元件命名为"fish4"，双击库中的"fish4"元件图标，进入其编辑界面，将"鱼身层"所有帧中的鱼身颜色重新填充为另一种颜色，如图8-93所示，并将"鱼身纹"层中的鱼身纹也重新填充为另一种颜色，结果"fish4"虽然变成了另一种颜色的热带鱼，但是其游动的动画仍然与"fish3"一样。

| fish3 | fish4 |
| 图8-92 | 图8-93 |

主场景中fish3、fish4的游动动画

回到主场景界面，将其他层锁定，分别新建"fish3"、"fish4"层，如图8-94所示，在第120~250帧之间，制作两条热带鱼在场景中先从舞台左侧入画，然后游动、停留，又游出画外的传统补间动画。

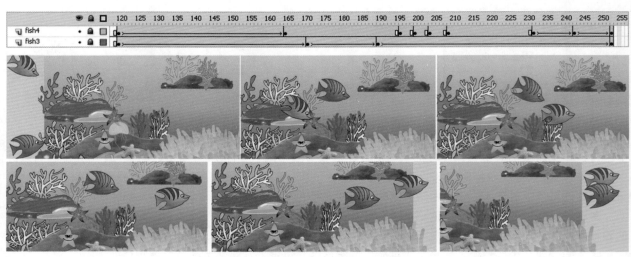

图8-94

主场景中其他鱼游动动画

你也可参考图8-95、8-96所示，用逐帧动画法制作更逼真的鱼游动影片剪辑元件，以及其他鱼类的影片剪辑元件动画（请参考"Lesson08-素材.fla"文件）。然后在主场景对应的新层上，如图8-97所示，分别制作这些鱼的游动动画（这部分动画制作请自由发挥）。

7 Lesson
8 Lesson
9 Lesson
10 Lesson
11 Lesson
12 Lesson

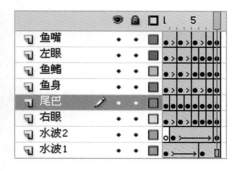

图8-95

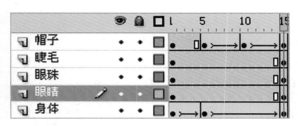

图8-96

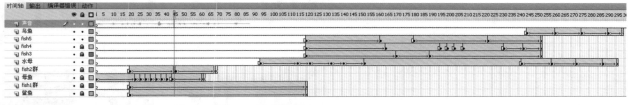

图8-97

插入水泡声音

在主场景中新建"声音"层，然后执行【文件/导入/打开外部库】命令，打开"Lesson08-素材"文件的库，将库中的"water"声音拖放到该层第一帧，然后选择该关键帧，在如图8-98所示的帧属性面板中，将声音设置为"循环"。

按Ctrl+Enter键测试播放，检查动画声音的播放。

请将练习文件"Lesson8.fla"保存。到此阶段完成的范例请参考进度文件夹下的"Lesson08-11end.fla"文件。

图8-98

这一节重点介绍利用遮罩层、动画预设等方法来实现片头片尾字幕的特殊效果动画。

8.3.1 片头字幕动画

请打开上一节结束时保存的文件"Lesson8.fla"（或打开进度文件夹中的"Lesson08-11end.fla"文件）。下面利用遮罩制作片头文字的光影动画。

▶ 操作步骤8-13：片头动画制作

片头在新的场景中制作。执行【插入/场景】命令新建场景2，在新场景的图层1的第1帧，用文本工具 **T** 直接在舞台中输入"海底世界"四个字，然后调整字体大小与位置，使其居中舞台。

图层1的投影字制作

用选择工具选择文字，在右键菜单中执行【转换为元件】命令，将文字块转换为影片剪辑元件，命名为"海底世界"。保存在库中新建的"文字"文件夹中。

选择舞台的文字元件实例，在如图8-99所示的属性面板中，单击滤镜前面的 ▷ 按钮，将滤镜选项展开，然后在窗口底部单击添加滤镜按钮 ⤵，为该文字元件实例添加投影滤镜，投影参数设置如图8-100所示。

添加了投影滤镜效果的文字效果如图8-101所示。将该图层名称重新命名为"投影字"层。

新建投影滤镜

图8-99

投影参数设置

图8-100

影片剪辑元件添加投影滤镜前

影片剪辑元件添加投影滤镜后

图8-101

提 醒

只有影片剪辑类型的元件实例才能添加滤镜效果。常用的滤镜效果有：投影、发光、模糊、斜角、渐变发光等。

图层2的亮色字制作

新建一图层，命名为"亮色字"层，如图8-102所示，将投影字层锁定，将库中的"海底世界"元件拖放到亮色字层的第1帧舞台区，在如图8-103所示的元件实例属性面板中，选择色彩效果中的色调样式，将原本灰色的字调整为亮黄色字。最后将舞台中的黄色文字移到投影字的位置与其位置重叠，如图8-104所示。

图8-102

图8-103

两层文字叠加后

图8-104

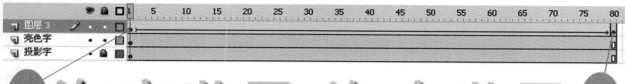

图层3的补间形状动画制作

在亮色字层上面新建一图层，默认名称为"图层3"，将其他层锁定，在该层用椭圆工具在文字左侧画一个椭圆，如图8-105所示，然后在第80帧按F6键插入关键帧（其他两层在第80帧按F5键插入帧），将该帧中的椭圆移到文字右侧，如图8-106所示。两帧之间创建补间形状动画。按Enter键检查椭圆从左到右的运动。

图8-105   图8-106

将图层3设置为遮罩

新建的图层3从左到右椭圆运动有何用处呢？你只需选择该层，在右键菜单中执行【遮罩层】命令，如图8-107所示。将该层设置为遮罩层，按Enter键观看动画，你会发现图层3变成了亮色字层的遮罩，只有通过图层3中运动的椭圆区域才能看到亮色字层的字，椭圆区域以外的亮色字层都被遮挡看不到了。你也可以将椭圆区看作是可视孔，只有在这个可视孔经过的地方，才能看到下一层即亮色字层的字。

遮罩层起作用后，你看到的片头的文字就像是灯光从左到右扫射上去的光影文字效果，如图8-108所示。

图8-107

图8-108

注意，遮罩层只对它下面一层的画面进行遮挡（在这里是对亮色字层的字进行了遮挡），而其他层不受影响。当把一个图层设置为遮罩层时，会自动锁定该层，使遮罩起作用，只有解锁该层，才能编辑遮罩层。

也可以将图层3选中，在右键菜单中再次选择【遮罩层】命令，将遮罩层变成普通层后，再次修改遮罩层的遮罩区域，例如将运动的椭圆换成从左到右运动的栅格线条，遮罩效果变成如图8-109所示的光线字；若换成从左到右宽度逐渐变大的矩形，遮罩效果是如图8-110所示的从左到右逐渐变色字；若换成从上到下高度逐渐变大的矩形，遮罩效果是如图8-111所示的从上到下逐渐变色字；若换成库中元件的传统补间动画，遮罩效果是如图8-112所示的元件形状的变色字。

图8-109   图8-110   图8-111   图8-112

7 Lesson
8 Lesson
9 Lesson
10 Lesson
11 Lesson
12 Lesson

也就是说，只要遮罩层上有可视对象，不管其是否运动，是否是图形或库中元件，都以可视对象所处的区域作为可视孔控制下层画面的显示。

请为片头亮色字制作你喜欢的一款遮罩效果。

添加片头背景

在片头场景中新建一个图层，命名为"背景"层，将其置于最底层，将库中的"海水"背景元件拖放到该层舞台，作为片头字的背景。

按Ctrl+Alt+Enter键测试片头场景。如果按Ctrl+Enter键测试整个动画短片，会先播放场景1海底世界动画，再播放场景2片头字幕动画。在场景面板中将场景2拖放到场景1的上方，改变其播放顺序（执行【窗口/其他面板/场景】命令显示场景面板）。

至此，片头光影效果文字动画就完成了。

请将练习文件"Lesson8.fla"保存。到此阶段完成的范例请参考进度文件夹下的"Lesson08-12end.fla"文件。

▌8.3.2　主创字幕动画

请打开上一节结束时保存的文件"Lesson8.fla"（或打开进度文件夹中的"Lesson08-12end.fla"文件）。下面利用动画预设面板制作主创字幕动画。

▶ 操作步骤8-14：主创字幕动画制作

执行【插入/场景】命令新建场景3，将库中的"海水"元件拖放到该层舞台中，作为主创字幕的背景。

新建一个图层，将背景层锁定，用文本工具 **T** 直接在舞台中输入"导演：张三"，然后调整字体大小与位置，将其移到舞台左侧外。

用选择工具选择文字，在右键菜单中执行【转换为元件】命令，将文字块转换为影片剪辑元件，命名为"导演"。

选择舞台外侧的文字元件实例，在如图8-113所示的动画预设面板（执行【窗口/动画预设】命令显示该面板），选择默认预设文件夹中的"飞入后停顿再飞出"动画预设（在动画预设面板的顶部窗口，可看到每个动画预设的动画效果），单击面板的"应用"按钮，将此动画预设赋予"导演"元件实例。结果会在导演文字所在的图层自动创建45帧长的补间动画，如图8-114所示（背景层请在第45帧按F5键插入帧）。

按Enter键播放动画，文字会在画外模糊飞入舞台，停顿一会后，模糊飞出。如果文字飞入到舞台的路径需要调整，请用部分选取工具 **▶** 单击运动路径，调整其上锚点或调整路径曲线。

图8-113

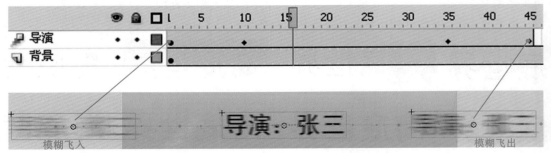

图8-114

将时间轴上的红色滑块分别停留在四个属性关键帧处，然后用选择工具选择该属性关键帧中的文字元件实例，此时，在实例的属性面板最下方，会显示该属性关键帧中文字实例的模糊滤镜属性值。本例中，前后两属性关键帧中的文字X模糊值很大，中间两帧的很小，配合位置的变化，产生了模糊飞入飞出的效果。

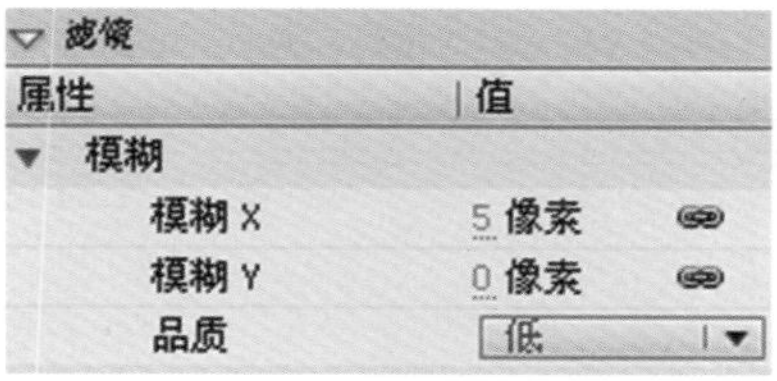

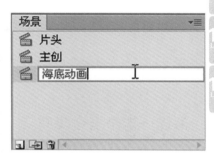

前、后两属性关键帧中元件的模糊属性值
图8-115

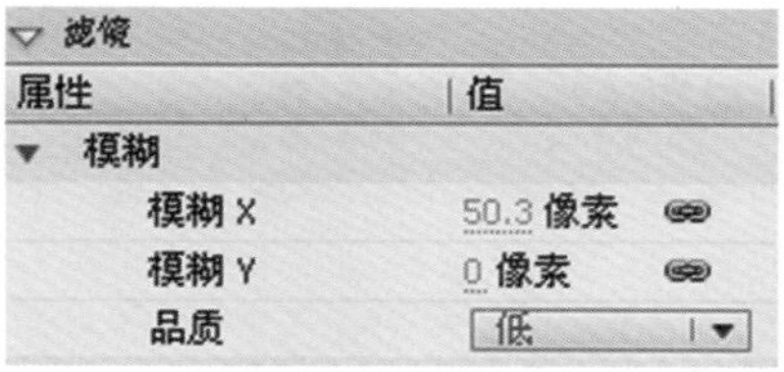

中间两个属性关键帧中元件模糊属性值
图8-116

利用影片剪辑元件的滤镜参数的变化，你也可以自己制作动画对象的模糊、投影、发光等动画效果。

同样采用动画预设的方法，在新建的摄影层的第45帧插入空帧，制作"摄影：李四"文字的模糊飞入飞出动画。在新建的美术层的第90帧插入空帧，制作"美术：王五"文字的模糊飞入飞出动画。切记背景层要按F5键插入帧延续到动画最后一帧。

按Ctrl+Alt+Enter键测试主创场景文字的动画。

请在场景面板中将场景3拖放到场景1的上方，如图8-117所示。按Ctrl+ Enter键播放时就会先播片头、后主创、最后是海底动画场景。

双击场景名称处，重新命名场景名，如图8-118所示。

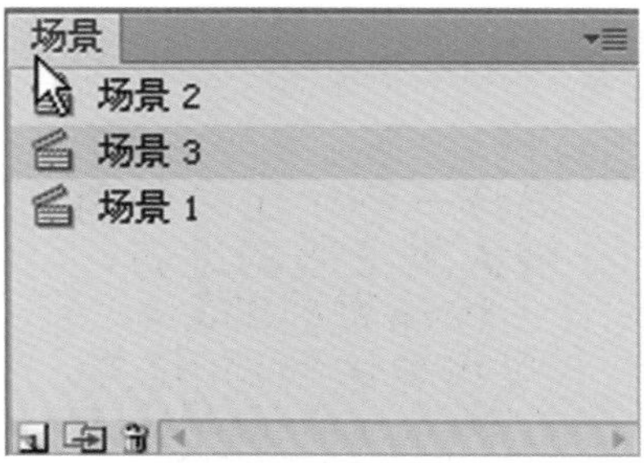

调整场景顺序
图8-117

重新命名场景名
图8-118

至此，主创字幕文字动画就完成了。

请将练习文件"Lesson8.fla"保存。到此阶段完成的范例请参考进度文件夹下的"Lesson08-13end.fla"文件。

8.3.3 故事简介字幕动画

请打开上一节结束时保存的文件"Lesson8.fla"（或打开进度文件夹中的"Lesson08-13end.fla"文件）。下面制作故事简介字幕动画。

▶ 操作步骤8-15：故事简介字幕动画制作

简介字幕遮罩制作

执行【插入/场景】命令，新建场景4，在场景面板中将该场景命名为"简介"。

将库中的"海水"元件拖放到场景1层舞台上，作为简介字幕的背景。

新建一个图层，命名为"简介"层，将背景层锁定，用文本工具 **T** 在舞台中输入大段的故事简介文字，然后调整字体大小与位置，用选择工具选择这段文字，在右键菜单中执行【转换为元件】命令，将文字块转换为影片剪辑元件，命名为"简介"。

选择简介层的简介文字元件实例，将其位置移到舞台底部，如图8-119所示，在该层第300帧按F6键插入关键帧，将文字元件实例移到舞台顶部，如图8-120所示。两关键帧之间创建传统补间动画。背景层也在第300帧处按F5键插入帧，结果是文字块逐渐向上运动的动画。

新建一层，命名为"遮罩"层，将其他层锁定，在"遮罩"层的第1帧舞台中央，用矩形工具绘制一个矩形，然后选择该层，在右键菜单中执行【遮罩层】命令，将其设置为文字层的遮罩层。文字块在向上运动的过程中，只有在矩形区中才能看到简介文字的运动，如图8-121所示。

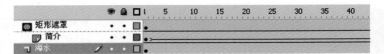
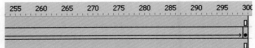

简介文字向上运动（红色遮罩矩形不动）

图8-119

图8-120

图8-121

简介字幕和片头字幕都应用了遮罩层，两者的区别是：在片头场景中，片头字幕不动，遮罩孔在运动，而在简介字幕场景中，简介字幕在运动，遮罩孔不动。

海水探照灯遮罩制作

下面要制作如图8-122所示的海水背景上，几条光柱从上面打下来并左右摇摆照射在海底的动画效果。同片头字的制作一样，首先要有两层海水背景，上面的亮些，下面的暗些。

请参考图8-123所示，将海水背景层第1帧选中，在右键菜单中执行【复制帧】命令，在其上层新建一层，在第1帧执行右键菜单的【粘贴帧】命令，将海水背景帧复制，将顶层的海水元件选中，在属性面板中将其亮度调亮一些，使得两层叠加的海水背景下面的比上面的暗一些。

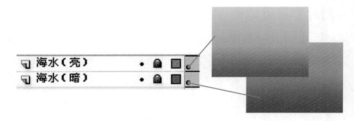

图8-122

图8-123

创建一个图形元件，命名为"灯柱"，在其界面绘制一个细竖条矩形。然后再创建一个影片剪辑元件，命名为"探照灯"，在其时间轴中将库中的"灯柱"矩形拖放到舞台，用任意变形工具 将其旋转中心点移到矩形顶端，然后插入2个关键帧，将中间关键帧的矩形向另一个方向沿顶端旋转，两两关键帧之间创建传统补间动画。生成沿顶端旋转的长条矩形左右摆动的动画，如图8-124所示，制作三层，每层都是一个细长矩形（起始位置不同）以顶点为轴左右旋转一次的传统补间动画。

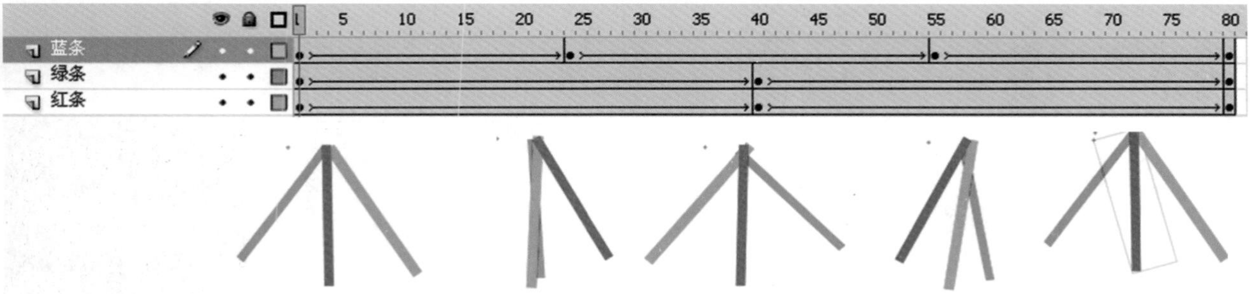

7 Lesson
8 Lesson
9 Lesson
10 Lesson
11 Lesson
12 Lesson

图8-124

回到简介场景中，在海水背景上面再创建一个图层，命名为"海水遮罩"层，将库中的"探照灯"元件拖放到该层，调整位置与大小，并将该层设置为遮罩层，如图8-125所示。

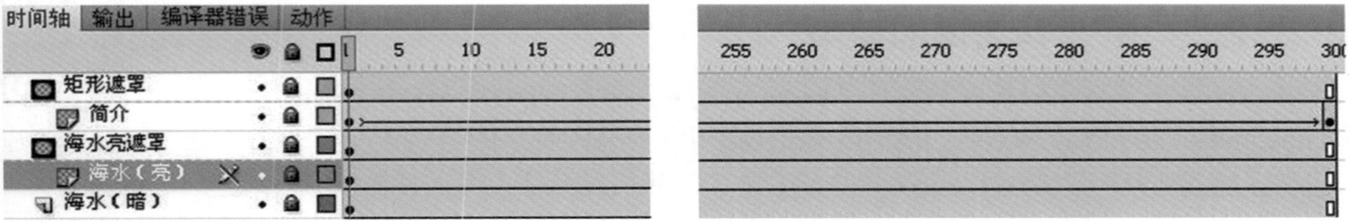

图8-125

按Ctrl+Alt+Enter键测试简介场景，如图8-126所示。简介字幕上升的同时，背景的探照光柱也在左右摆动。在场景面板中将简介场景拖放到主创场景的后面。按Ctrl+Enter键测试整个动画短片。

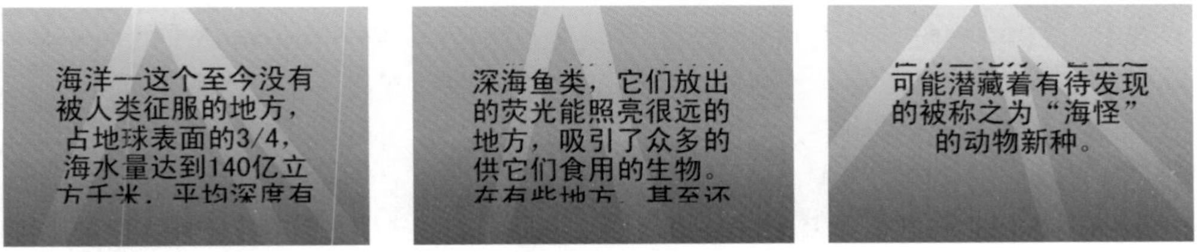

图8-126

请将练习文件"Lesson8.fla"保存。到此阶段完成的范例请参考进度文件夹下的"Lesson08-14end.fla"文件。

▌ 8.3.4　片尾字幕

请打开上一节结束时保存的文件"Lesson8.fla"（或打开进度文件夹中的"Lesson08-14end.fla"文件）。下面制作片尾结束动画。

▶ 操作步骤8-16：片尾结束动画制作

在场景面板中选择"海底动画"场景，然后选择背景层，在该层第370帧按F5键插入帧，在其上新建一层，命名为"背景遮罩"层，然后用椭圆工具在第1帧工作区画一个很大的圆形，使圆形将整个动画可视背景区覆盖，然后在第330、350帧处插入关键帧，将第350帧处的圆形缩小到很小，在第330~350帧之间创建补间形状动画，然后将该层设置为遮罩层。第330~350帧之间背景可视区成了一个大圆慢慢缩小的小圆，圆形以外的区域看不到背景。在遮罩层上面再新建一层，用来放结束文字，在第330~350帧之间制作结束文字逐渐出现的动画。

如图8-127所示是将动画文件的背景色设置为黑色后遮罩对背景的遮挡效果及片尾结束文字效果。

请按Ctrl+Enter键测试整个动画短片。

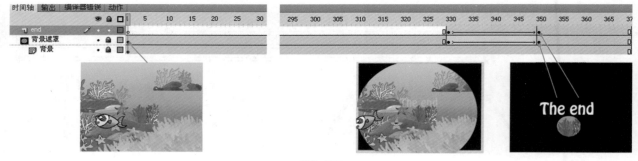

图8-127

请将练习文件"Lesson8.fla"保存。到此阶段完成的范例请参考进度文件夹中的"Lesson08-15end.fla"文件。

8.3.5 声音库的使用

请打开上一节结束时保存的文件"Lesson8.fla"(或打开进度文件夹中的"Lesson08-15end.fla"文件)。下面将为每个场景添加声音效果。

除了导入外部声音文件外,还可以执行【窗口/公用库/声音】命令,将软件自带的声音库打开,如图8-128所示。选择库列表中的某个声音,在库窗口上方可按播放按钮监听此声音。

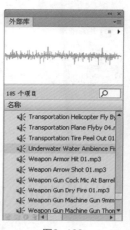

图8-128

片头场景声音添加

在场景面板中选择片头场景,在该场景新建一层,命名为"全片背景水泡声"层,选择该层第1帧,将声音库中的"Underwater Water Ambience Fish Aquarium Filter Bubbles 01.mp3"水泡声音文件拖放到舞台中,选择第1帧,在属性面板中设置声音选项为"事件"、"循环"播放,如图8-129所示。按Ctrl+Enter键测试,该背景声不仅在片头播放,还会贯穿整个动画短片。

在该场景时间轴再新建一层,命名为"海水拍击声"层,然后选择新层第1帧,将声音库中的"Liquid Water Water Splash 10.mp3"声音文件拖放到舞台中,然后选择第1帧,在属性面板中同样设置声音选项为"事件"、"循环"播放,如图8-130所示。按Ctrl+Enter键测试,海水拍击声与水泡声都会贯穿全片,如果在该层最后一帧按F5键插入空帧,选择该空帧,在属性面板中选择海水拍击声,然后"同步"中选择"停止"选项,如图8-131所示,再次按Ctrl+Enter键测试,海水拍击声将只在片头播放,水泡声依然是全片播放。

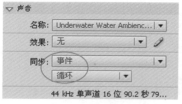

全片水泡声层第1帧设置
图8-129

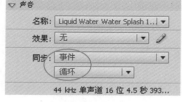

海水拍击声层第1帧设置
图8-130

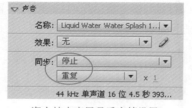

海水拍击声层最后空帧设置
图8-131

主创场景声音添加

在场景面板中选择主创场景,在该场景的时间轴最上层新建一层,然后选择新层第1帧,将声音库中的"Industry Tape Pull Off Roll Electrical 01.mp3"声音文件拖放到舞台中,然后分别在每个主创文字出现的起始帧,即第45帧、89帧、133帧按F6键插入空关键帧,分别选择这些空关键帧,在属性面板中,如图8-132所示在名称列表中选同样的声音,设置事件、重复一次。在每个主创文字飞入时会配有短暂的飞入声音。

7 Lesson
8 Lesson
9 Lesson
10 Lesson
11 Lesson
12 Lesson

简介场景声音添加

在场景面板中选择简介场景，在该场景的时间轴最上层新建一层，然后选择新层第1帧，在属性面板的名称下拉列表中，选择"water"，另一个水泡声，设置为重复3次，如图8-133所示。结果在简介文字场景播放时，会循环播放另一种水泡声。

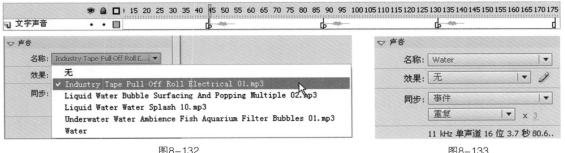

图8-132   图8-133

动画场景声音添加

在场景面板中选择海底动画场景。选择原来的"water"水泡声层，为了加强鱼游动的声效，可将该层原来的第1关键帧拖放到第120帧左右，让该声音只在几条鱼游出的时刻开始循环播放，选择该关键帧，在属性面板中设置自定义音效，如图8-134所示。然后在鱼游出时，约第245帧，按F6键插入空帧，选择该空帧，在属性面板中将该声音停止。该水泡声只在画面有鱼游动时响起。

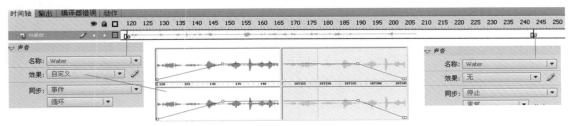

图8-134

再新建一层，将其他层锁定。选择对应母鱼转身逃走的帧（第40帧），按F6键插入空帧，选择该空帧，在属性面板中选择"Liquid Water Water Splash 10.mp3"声音，设置为事件、重复一次，作为母鱼转身时的音效。

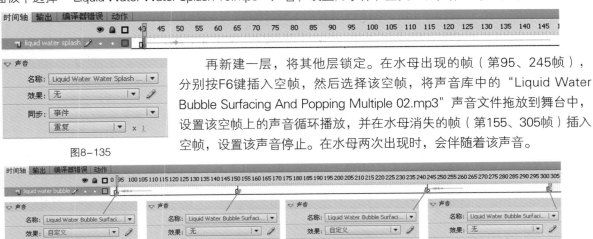

图8-135

再新建一层，将其他层锁定。在水母出现的帧（第95、245帧），分别按F6键插入空帧，然后选择该空帧，将声音库中的"Liquid Water Bubble Surfacing And Popping Multiple 02.mp3"声音文件拖放到舞台中，设置该空帧上的声音循环播放，并在水母消失的帧（第155、305帧）插入空帧，设置该声音停止。在水母两次出现时，会伴随着该声音。

图8-136

至此，添加了音效的多场景的海底动画短片就制作完成了，按Ctrl +Enter键测试整个动画短片。

请将练习文件"Lesson8.fla"保存。到此阶段完成的范例请参考进度文件夹下的"Lesson08-16end.fla"文件。动态画面请见随书课件"Lesson8海底动画/课堂范例"的动画展示。

8.4 操作答疑

思考题：

问题1：Flash支持哪些格式的声音文件？为什么有些MP3声音导不进Flash中？
问题2：在导入和粘贴其他作品的库项目时，为什么会出现库冲突问题？
问题3：在帧的声音同步选项中，时间、开始、停止和数据流的区别是什么？

答疑：

问题1：Flash支持哪些格式的声音文件？为什么有些MP3声音导不进Flash中？

回答1：Flash并不支持所有格式的声音，它支持的声音格式有：wav、aiff、mp3、asnd和au等。有些mp3音乐导入不进来，是因为该音乐不是以标准mp3编码的文件，需要使用软件转换成标准mp3编码。有可能的话最好安装QuickTime软件，这是Flash最佳的音视频伴侣，可以使Flash在导入音乐或视频的时候获得更多格式的支持。

问题2：在导入和粘贴其他作品的库项目时，为什么会出现库冲突问题？

回答2：在导入或粘贴其他库项目到当前文件时，如果当前文件的库中已存在同名同类型的项目，就会弹出如图8-137所示的窗口，出现了库冲突问题。解决的方法是：在之前把重名的库项目修改名称或放置在不同文件夹下，以免与自己的动画库有冲突。用Flash建立元件时要养成起名字的好习惯，要对所创建的元件起独一无二的名字，尤其是在团队合作中，千万不要在创建元件时随便起名叫"元件1"、"元件2"等，当大量的无序无名称特征的元件在库中时，会给后续的编辑工作带来不可预计的麻烦。当出现库冲突时，如选择"不替换现有项目"，导入或粘贴的元件就不会替换当前库中的同名元件，库中仍然是原有的库元件。而选择"替换现有项目"时，库中原有的库项目的内容会被替换。选择"将重复的项目放置到文件夹中"时，会在库中创建一个重复项目文件夹，其下是导入或粘贴来的同名文件。

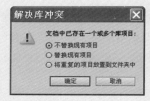

图8-137

问题3：在帧的声音同步选项中，事件、开始、停止和数据流的区别是什么？

回答3："事件"：声音会和某一个事件同步发生。事件声音会从它的开始关键帧开始播放并贯穿整个事件全过程，事件声音独立于时间轴。如果再选择"循环"播放，那么声音会一直播放，直到事件完毕后才停止。这个选项最好是安排一个简短的按钮声音或循环背景音乐。如果事件声音正在播放时声音被再次实例化（例如，用户再次单击按钮或播放头通过声音的开始关键帧），那么声音的第一个实例继续播放，而同一声音的另一个实例同时开始播放，会产生声音重叠现象。

"开始"：与"事件"选项的功能相近，但是如果声音已经在播放，则新声音实例就不会播放。

"停止"：使指定的声音停止。在时间轴同时播放多个事件声时，可以指定其中一个为静音。

"数据流"：流声音，用于使网站播放的声音同步。Flash会强迫动画和流声音保持同步，如果Flash获取动画帧的速度不够快，它就会跳过这些帧。如果动画停止，流声音也会立即停止，这与事件声音不同。另外，流声音的播放长度不会超过它所占用的帧的长度。

7
Lesson

8
Lesson

9
Lesson

10
Lesson

11
Lesson

12
Lesson

上机作业：

1．参考随书A盘"Lesson8海底动画\08课参考作品"中的作品1，制作如图8-138所示两条鱼游动动画。

图8-138

操作提示：

（1）新建影片剪辑元件"fish1"，在元件编辑界面，分层绘制fish1的各层画面，如图8-139所示。

图8-139

（2）分层制作每层的补件形状动画（在第10、20帧插入两个关键帧，只改变第10帧处关键帧中的各层形状），关键帧各层画面的区别如图8-140所示。

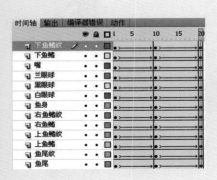

第1、3关键帧

第2关键帧

图8-140

（3）另一条鱼也在新建的影片剪辑元件"fish2"中分层绘制，如图8-141所示，然后分层在时间轴中插入4个关键帧，只改变第2、4关键帧中的形状，如图8-142所示，分层创建补间形状动画。

图8-141

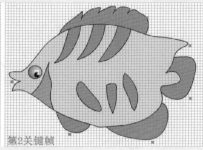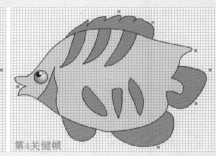

第1、3、5关键帧　　　　第2关键帧　　　　第4关键帧

图8-142

（4）场景中鱼的游动请参考"ck08_01.fla"文件。

2．参考随书A盘"Lesson8海底动画\08课参考作品"中的作品2，制作两条鱼相遇后的动画。

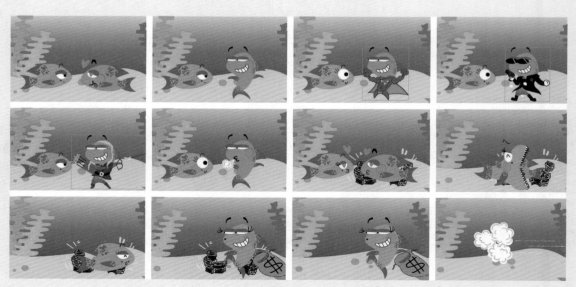

图8-143

操作提示：

（1）打开"ck08_02_start.fla"文件，在该文件库中，已经将两条鱼的所有动作动画都制作在不同的影片剪辑元件中，请查看库中每个鱼的元件动画。如图8-143所示，你所要做的就是在场景中两条鱼的图层上，在不同的时间轴关键帧中，将鱼的元件实例从一种交换成另一种，使其动作不断变换。例如，公鱼层中刚开始是"公鱼03"从画外游入，然后换成"公鱼04"继续游近母鱼，过段时间后，在原位置插入关键帧，将该关键帧中的元件"公鱼04"在属性面板中交换成"公鱼05"，其动画播放一遍后，插入关键帧，再次将"公鱼05"交换成"公鱼06"等，直到整个故事完成。

（2）每个鱼元件的动画时间长短不一样，如果鱼元件动作只需播放一遍，先双击库中的该元件，进入其时间轴，查看其动画长度是多少帧，然后在主时间轴含有该元件实例的关键帧后面插入帧持续同样的帧长度，然后紧接着插入关键帧，交换成另一个元件实例。这样，该元件播放一次后就交换成另一个元件播放。

（3）需要注意的是：由于所使用的都是影片剪辑元件，只有在按Ctrl+Enter键测试影片时才能看到元件的动画。如果想要拖动时间轴滑块观看主场景中元件的动画，请将场景中的元件实例选中，在属性面板中将实例属性从影片剪辑改成图形。所有鱼的实例属性都改成图形，就可以拖放时间轴滑块来测试播放。

（4）详细制作请参考"ck08_02.fla"文件。

3．参考随书A盘"Lesson8海底动画\08课参考作品"中的作品3，制作图片鱼动画。

图8-144

操作提示：

（1）先找一些海洋生物的图片，在Photoshop中使图片的背景透明，修改图片的尺寸，然后存成PNG格式。

（2）将图片导入到新建文件中，在主场景中分层制作图片鱼动画。

（3）详细制作请参考"ck08_03.fla"文件。

4．参考随书A盘"Lesson8海底动画\08课参考作品"中的作品4，制作广告条动画。

图8-145

操作提示：

（1）请先将所有图片处理成背景透明的PNG格式文件，然后导入到新建文件中。

（2）打开"ck08_04.fla"文件，先观看动画测试结果，然后参考图8-146所示的图层，在新文件中分层制作动画。

7 Lesson
8 Lesson
9 Lesson
10 Lesson
11 Lesson
12 Lesson

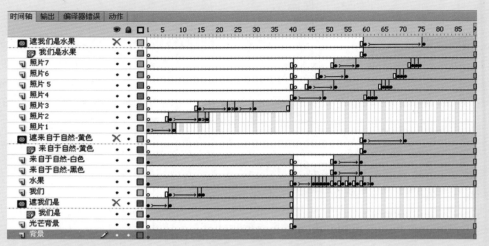

图 8-146

（3）本练习重点在遮罩的练习，其中"我们是"几个字的遮罩是逐渐加宽的矩形的补间形状动画，"来自于自然"几个字的遮罩是矩形条组成的遮罩条图形元件的传统补间动画。"我们是水果" 几个字的遮罩同样是逐渐加宽直至将所有字覆盖的矩形的补间形状动画。

（4）后半段的光芒背景层上是压缩变形的"背景2光芒转动"影片剪辑元件，该元件的时间轴上是"背景2光芒"图形元件转动的传统补间动画。

（5）其他文字、图片的飞入、放大缩小、淡出淡入等动画的详细制作过程，请参考"ck08_04.fla"文件。

5．参考随书A盘"Lesson8海底动画\08课参考作品"中的作品5，制作背景图水面波动动画。

图8-147

操作提示：

请打开"ck08_05_start.fla"文件，该文件已将背景图置于图层上。你也可导入自己喜欢的背景图。选择背景第1帧，执行【复制帧】命令，然后新建一层，在新层第1帧执行【粘贴帧】命令，将新层中的背景图位置稍改变一点，使其与下图不要完全重合。然后新建一层，制作如图8-148所示的水波形状的图形元件在场景中的上下上位置变化的三个关键帧传统补间动画，将该层设置为遮罩层即可。详细制作请参考"ck08_05.fla"文件。

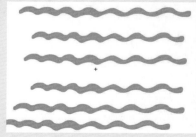

图8-148

图8-149

图8-150

第9课 按钮控制

参考学时：8

✓ 教学范例：按钮控制

本课由4个范例组成。完成后的播放画面参看右侧的范例展示图。

动态画面请见随书B盘课件"Lesson9按钮控制\课堂范例"的动画展示。

范例1、用公用库中的按钮控制动画短片的播放暂停重播：动画短片在播放前，会停在首帧，只有单击首帧的播放按钮才开始播放，播放中也可单击暂停按钮停止播放，再次单击播放按钮继续播放。当单击片尾处的重播按钮后，会再次重新播放短片。

范例2、用文字按钮控制人物角色的动作播放：通过文字按钮的制作，对按钮设置动作，用按钮来控制女孩做挠头、跺脚、跳舞的一连串动作。

范例3、用图片按钮控制图片的展示与消失：通过图片按钮的制作及复制操作，来制作主场景中鼠标指针滑向与滑出图片按钮区时，屏幕中大图的展开与消失。

范例4、用自绘按钮来控制多媒体展示界面的开始、结束，及某个界面中下一帧、上一帧中的静态或动态图片展示、视频展示、swf动画文件展示和音频播放等。

✓ 教学重点：

- ■ 如何为动画短片添加播放、暂停按钮
- ■ 如何设置帧停止动作
- ■ 如何设置按钮的动作
- ■ 如何设置重播按钮
- ■ 如何创建文字按钮
- ■ 如何创建图片按钮
- ■ 如何制作按钮上的动画
- ■ 如何复制按钮

- ■ 按钮的滑向滑出动作设置
- ■ 如何创建自绘图形按钮
- ■ 如何制作静态图片展示界面
- ■ 如何制作动态图片展示界面
- ■ 如何制作视频展示界面
- ■ 如何制作swf文件展示界面
- ■ 如何制作mp3音频播放界面
- ■ 如何制作文字或图片滚动窗界面

✓ 教学目的：

掌握公共库按钮的使用；掌握文字按钮、图片按钮、自绘按钮的创建及按钮上的动画制作；掌握帧动作、按钮动作的设置；通过范例掌握完整的多媒体界面的制作及按钮切换。

范例1

范例2

挠挠头

跺跺脚

跳跳舞

跳 跳舞

范例3

大图展开

滑向该图片按钮

挠挠头

跺跺脚

范例4

场景1：开始

场景2：开机

场景3：按钮选择

场景4：静态图片展示

场景5：动态图片展示

场景6：视频展示

场景7：作业展示

场景9：文字滚动窗

场景10：关机

第9课——按钮控制制作及参考范例

7 Lesson
8 Lesson
9 Lesson
10 Lesson
11 Lesson
12 Lesson
PLAY

9.1 简单按钮控制

本节将通过为动画短片添加播放、暂停、重播按钮来介绍按钮的控制使用。

有些动画短片在播放前，画面会停在首帧，直到浏览者单击首帧的播放按钮才开始播放，在播放过程中，也可以单击暂停按钮停止播放，再次单击播放按钮继续播放。还有些短片会在片尾放置重播按钮，当单击重播按钮后，会再次重新播放短片。

下面将为上节课制作的多场景海底动画短片，加上上述按钮。

首先打开进度文件夹中的 "Lesson09-1-start.fla" 文件。将文件另存为 "Lesson9-1.fla" 文件。该文件就是上节课完成的多场景海底动画短片。

▶ 操作步骤9-1：添加播放、暂停按钮

创建按钮图层

执行【窗口/工作区/动画】命令，使工作界面显示动画界面，在界面左侧的场景面板中，选择片头场景，将该场景时间轴中的所有图层锁定，在最上层新建一层，命名为"按钮"层。

使用公用按钮库

执行【窗口/公用库/按钮】命令，将软件自带的公用按钮库打开，如图9-1所示，注意在库中按钮显示的图标为 [图标]，库中文件夹中还有一些图形元件或影片剪辑元件，这些都是该类按钮使用到的。例如有些按钮会使用图片作为按钮的底图，或影片剪辑类的小动画作为按钮上的动画。要使用按钮库中的按钮，一定要选图标为 [图标] 的按钮。

按钮预览

按钮使用到的影片剪辑元件
当前按钮
按钮使用到的图形元件
不同类型的按钮文件夹

图9-1

将按钮放置在按钮层

选择时间轴"按钮"层的第1帧，将公用库中选择的播放与暂停按钮拖放到舞台中。因为本范例中按钮是静止的，没有在舞台中飞入等动画，所以可将播放、暂停等多个按钮放在同一层中。此时按钮层的帧会自动持续与场景片长一样。如图9-2所示。

如果按Ctrl+Enter键测试影你会发现，鼠标移到按钮上时，按钮会变亮，如图9-4所示，单击按钮，按钮会变色，如图9-5所示。

但是，由于未给按钮加任何动作，所以单击按钮没什么反应。而且，应该在首帧就停止播放的片子没有停止，这也是下面需要先做的：添加首帧Stop动作。

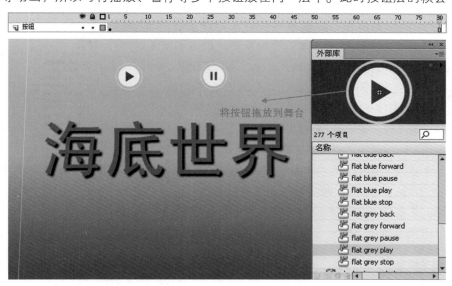

将按钮拖放到舞台

图9-2

鼠标远离按钮	鼠标指向按钮	单击按钮
图9-3	图9-4	图9-5

▶ 操作步骤9-2：添加首帧帧动作

如果你希望动画或游戏在首帧画面停住，等待用户按播放按钮才开始播放，请按下面的步骤操作：

首先，在时间轴最上层新建一层，命名为"动作"层，如图9-6所示，选择动作层的第1关键帧（空帧），执行【窗口/动作】命令，将动作设置面板调出，如图9-7所示，选择左上角顶部动作脚本版本为"ActionScript 1.0 &2.0"单击展开窗口左侧的"全局函数/时间轴控制/stop"，双击Stop选项，就会在右侧脚本编辑窗口中自动添加脚本命令：stop();

单击时间轴标签，切换到时间轴窗口，在动作层的第1关键帧（空帧）上，此时就会显示字母 **a**，如图9-8所示，表示该帧上已经添加了帧动作。

选择动作层第1空关键帧

图9-6

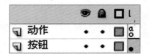

有帧动作的关键帧显示

图9-8

图9-7

再次单击动作标签切换到动作面板，你也可以将右侧的脚本编辑窗口的第1行脚本stop()整行删除，单击如图9-9所示窗口右侧上方的"将新项目添加到脚本中"按钮 ⬛，依次选择"全局函数/时间轴控制/stop"选项，再次添加动作（用左侧窗口添加动作和用右侧窗口 ⬛ 添加动作的结果是一样的，看个人的习惯不同，后面介绍时将都采用单击 ⬛ 来添加动作的方法）。

最后，只要是动作面板右侧的编辑窗口显示如图9-10所示的命令行，就表示将停止动作加在了第1帧上。当然，对于熟悉脚本语句的读者，也可不用经过如图9-9所示的步骤，直接输入stop();语句即可。

切换到时间轴窗口，按Ctrl+Enter键测试影片，此时第1帧因为有停止命令，所以片头场景会停在第1帧，不会继续往后播放。由于第1帧的背景用到的是影片"海水"剪辑元件，所以尽管主场景停在第1帧，但所含的海水影片剪辑元件会循环播放自己时间轴的海水光影变幻的动画。

片头停止在第1帧后，单击播放按钮时，按钮不起作用。这是因为按钮上没有设置播放动作。下面将为播放按钮添加播放动作。

图9-9

图9-10

7 Lesson
8 Lesson
9 Lesson
10 Lesson
11 Lesson
12 Lesson

▶ 操作步骤9-3：为播放按钮添加动作

当为按钮添加动作时，下面的步骤很重要。

（1）选择按钮所在的层。

（2）选择按钮所在的帧。如果该帧中动画编辑区有多个按钮，当选择该帧时，多个按钮也被选中（本例中，我们将播放与暂停按钮都放在了按钮层的第1帧，当选择该帧时，这两个按钮都被选择）。注意，选择帧后，属性面板上显示的是帧属性。

（3）选择该帧上动画编辑区要添加动作的按钮。如果在选择帧时该帧有多个按钮被选择，需要在编辑窗口空白区单击，取消对所有按钮的选择，然后才能选择其中一个按钮（本例中，先在空白区单击取消对两个按钮的选择，然后再单击选择播放按钮）。注意，选择按钮后，属性面板显示的是按钮实例属性，如图9-11所示（请确保属性面板显示的是你选择的按钮实例，再进入下一步）。

选择按钮实例　　　　　　属性面板的显示

图9-11

（4）单击动作标签切换到动作面板，如图9-12所示，依次单击选择【🔧/全局函数/影片剪辑控制/on】后命令，弹出如图9-13所示的按钮事件选择窗口，在"release"上双击鼠标，脚本编辑窗口中的显示如图9-14所示。

（5）将鼠标移到如图9-15所示的第2行起始位置后单击，插入鼠标插入点。

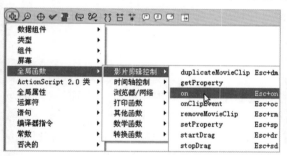
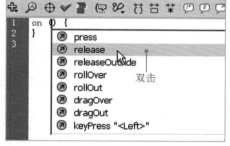
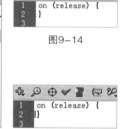

图9-12　　　　　　　　　　图9-13　　　　　　图9-15
图9-14

（6）再次单击选择【🔧/全局函数/时间轴控制/play】命令，如图9-16所示，可在脚本编辑窗添加播放命令，如图9-17所示。单击窗口的排版按钮，显示标准格式的三行脚本语句。

以上三行脚本语句中，中间一行的"play();"才是按钮要执行的播放命令，只是这个命令执行的前提条件是：鼠标指向按钮后，按下鼠标并释放（release），才会执行播放命令。

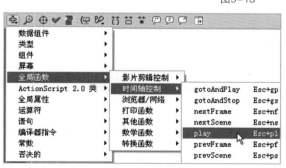

图9-16　　　　　　　　　　　图9-17

按钮执行的前提条件，也就是按钮事件，是通过on函数来完成的，当如图9-12所示的选择on函数后，弹出如图9-13所示的窗口，在窗口中选择按钮事件，我们一般选择release。

其他按钮事件如下（请见进度文件夹下的"action-按钮的事件种类.swf"文件演示）。

选择press：当鼠标移动到按钮的可单击区域里点击该按钮时，Press事件发生，适用于开关按钮。

选择release：当鼠标移动到按钮的可单击区域里点击并释放鼠标时，release事件发生，适用于一般的按钮。

选择releaseOutside：当鼠标在按钮图标之内按下按钮后，将鼠标移到按钮之外，此时释放鼠标。

选择rollOver：鼠标滑过按钮。

选择rollOut：鼠标滑出按钮区域。

选择dragOver：在鼠标滑过按钮时按下鼠标，然后滑出，再滑回。这是一个很有用的事件，可以用在很多场合，如游戏及购物车等。

选择dragOut：在鼠标滑过按钮时按下鼠标按钮，然后滑出此按钮区域。

选择keyPress ("key")：按下键盘上指定的键。

切记给按钮上加动作，一定要先选择on 函数来设置按钮事件，然后才能在函数后面的{}里面添加按钮要执行的动作命令。

给关键帧上加动作，直接添加播放或停止等时间轴控制命令即可，不需要加on函数。这是两者的区别。

切换到时间轴窗口，现在按Ctrl+Enter键测试影片，片头场景停在第1帧，等待你按播放按钮，一旦在播放按钮上单击并释放鼠标后，场景动画开始播放。

下面将为暂停按钮加上暂停动作。

▶ 操作步骤9-4：为暂停按钮添加动作

选择暂停按钮，在动作面板中，依次单击选择【➕/全局函数/影片剪辑控制/on】命令后，在弹出的按钮事件窗口中，双击release，然后将光标插入到第2行起始位置，再次选择【➕/全局函数/时间轴控制/stop】命令，如图9-18所示。为暂停按钮添加了停止命令。

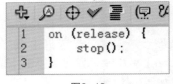

图9-18

按Ctrl+Enter键测试影片，片头场景停在第1帧，当按播放按钮后，场景动画开始播放，当按暂停按钮时，动画停止。

▶ 操作步骤9-5：为所有场景添加按钮

由于只在片头场景中加了按钮，播放到其他场景时，按钮就看不到了，如果需要整个动画短片所有场景都有播放与暂停按钮，可将片头按钮层第1帧选择，在右键菜单中执行【复制帧】命令，然后在场景面板中选择其他场景，锁定时间轴的其他层，在最上层新建一个图层，选择该图层第1帧，在右键菜单执行【粘贴帧】命令，将该帧所含的播放与暂停按钮复制过来。需要注意的是，按钮层粘贴到其他场景后，时间轴长度是原场景长度加按钮层的长度，需要将时间轴最后多出来的帧框选后，在右键菜单中执行【删除帧】命令，使按钮层与场景背景层一样长。

再次按Ctrl+Enter键测试影片，所有场景中的播放与暂停按钮都起作用了。这说明粘贴操作不仅能粘贴可视按钮，还能将按钮上的动作也一并粘贴过来。

按钮上的play命令与stop命令，主要控制场景时间轴播放指针往后播放或停在某帧，不能控制场景中的影片剪辑的停止与播放（除非在按钮上专门加上对指定影片剪辑的控制命令）。当播放指针停在某帧后，该帧的影片剪辑元件，如探照灯的摆动、鱼自己的游动、泡泡的飘动等不会停止自己的循环动画。

▶ 操作步骤9-6：为片尾添加重播按钮

选择最后一个场景，下面将在片子播放到结尾时添加重播按钮。

按钮飞入动画

创建重播层动画：将场景的其他层锁定，在最上层新建一层，命名为"重播"层，选择该层片尾的某一帧，例如第330帧，按F6键插入空关键帧，选择该关键帧，将公用库中的"arcade button – orange"按钮作为重播按钮拖放到该关键帧中的舞台上方，调整大小，在其属性面板中将alpha设置为0，然后在第350帧按F6键插入关键帧，将该帧的按钮拖放到舞台区中间位置，将其alpha设置为100，两关键帧之间创建传统补间动画，在该层片尾的最后一帧按F5键插入帧，使该按钮持续到结尾。

删除原按钮层多余的帧：将时间轴上的红色滑块拖到第330帧处，按回车键播放，看重播按钮是否从顶部淡入到舞台并持续到结尾。由于结尾处没必要显示以前的播放与暂停按钮，可将原按钮层第340帧处以后的帧删除。

按钮动画要分层制作：由于按钮也是库里的元件，所以一旦需要按钮有飞入、淡入等动画时，一定要一个按钮一层地分层制作动画。

添加重播动作

选择按钮：该重播按钮层有两个关键帧，要添加动作时，请先选择后一个关键帧，然后再选择该帧中的重播按钮，当属性面板中确实显示的是按钮实例后，再将动作面板调出。

添加重播动作：在动作面板中，依次单击选择【<img>/全局函数/影片剪辑控制/on】命令后，在弹出的按钮事件窗口中，双击release，然后将光标插入到第2行起始位置，再次选择【<img>/全局函数/时间轴控制/gotoAndPlay】命令，在Play后面的括号里，输入用英文引号引起来的首场景名称，如图9-19所示，在英文逗号后，输入开始播放的帧数。

输入首场景的名称要用英文引号　　　输入开始的帧数

图9-19

按Ctrl+Enter键测试影片时，片尾按钮出现的动画并没有停住等待用户按重播按钮，这是因为在片尾最后一帧未加停止动作的缘故。

添加片尾停止动作：在时间轴最上层新建一图层，命名为"动作"层，选择该层位于片尾的最后一帧，按F6键插入空帧，选择该空帧，在动作面板上，选择【<img>/全局函数/时间轴控制/stop】命令，为最后一帧设置stop停止动作。

再次按Ctrl+Enter键测试影片，动画在片尾最后一帧停住，等待按重播按钮，一旦按下并释放鼠标，动画指针就会从片尾跳到片头第1帧开始播放，由于片头第1帧设置了停止动作，所以就停在了第1帧，再次等待按播放按钮。

▶ 操作步骤9-7：编辑按钮

公用库里的按钮一旦拖放到当前文件中，就会保存在当前文件的库中，请在库面板中选择上面用到的重播按钮arcade button – orange，双击名称前面的<img>图标进入按钮的编辑界面。

该按钮的时间轴有四帧：弹起、指针、按下、单击，分别对应鼠标指针在可点区域外，移到可点区域内，在可点区域单击，可单击区域范围。如图9-20所示，其中前三帧的多层图形叠加形成了这个可视立体动态按钮的三个显示状态，第4帧的单击区域划定了按钮的可单击区的范围。

请将所有层隐藏，从最下层依次单击<img>图标查看每一层的三个关键帧图形的区别。

了解了该按钮的组成后，你可在最上层新建一层，命名为"文字"层，选择第1帧，用<img>文本工具输入白色"重播"两字，然后选择第2帧，按F6键插入关键帧，选择该帧，用文本工具将第2帧按钮上的文字选择后改成黑色。选择第3帧，按F6键插入关键帧，选择该帧，用文本工具将文字改成"GO"，这样，按钮上常规显示白色字，鼠标指针移到可单击区后，文字变成黑色，单击后，文字由重播变成GO。

请回到场景编辑界面中，按Ctrl+Enter键测试影片，看看添加文字后的按钮是不是更直观了。

公共库的按钮如果满足不了我们的要求，我们将在后面介绍制作各种类型的按钮。

请将练习文件"Lesson9-1.fla"保存。到此阶段完成的范例请参考进度文件夹下的"Lesson09-1-01end .fla"文件。

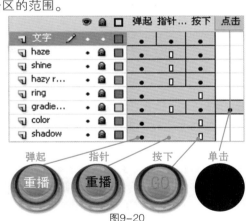

图9-20

本节将通过文字与图片按钮的制作，介绍简单动画角色的动作控制及简单图片浏览网页的图片按钮的动画及控制。

9.2.1 文字按钮的制作与控制

请打开"Lesson09-2-end.fla"文件，按Ctrl+Enter键测试，如图9-21所示，这个范例通过三个文字按钮，来控制人物做简单的动作。

首先，打开练习文件"Lesson09-2-start.fla"，该文件时间轴上是女孩静止、挠头、跺脚、跳舞的一连串动画。时间轴会从头到尾播完该系列动画。下面将制作三个文字按钮，并为按钮分别添加动作，使单击按钮后，可有选择性地播放女孩相应的动作动画。

▶ **操作步骤9-8：创建按钮元件**

执行【插入/新建元件】命令，弹出创建元件窗口，如图9-22所示，将新元件命名为"跳跳舞"，类型为"按钮"，保存在新建的按钮文件夹中。单击"确定"按钮后就会进入按钮的编辑界面，如图9-23所示。

图9-21

图9-22

图9-23

弹起帧：选择图9-23所示的图层1弹起帧，然后选择工具箱中的 T 文本工具，在按钮的工作区十字中心处单击，输入文字"跳跳舞"，调整文字的颜色、大小和位置。这一帧的文字是鼠标指针在按钮外所看到的按钮效果。

指针经过帧：本例中，当鼠标指针经过按钮区域时仍然是原来的文字，所以先选择指针经过帧，然后按F6键插入关键帧，结果该帧文字依然是"跳跳舞"（如果你的文字按钮在鼠标经过按钮区域时变成另一个文字，请选择该帧，在右键菜单中执行【插入空白关键帧】命令，然后用 T 文本工具输入新的文字）。

将鼠标经过帧中的文字改大小、改颜色

图9-24

按下帧：本例中，按下帧的文字依然不变，所以选择"按下帧"，按F6键插入关键帧。

虽然按钮的三个状态中都使用了同一个文字块，但为了使按钮更加明显，一般会将指针经过帧中的文字改变大小、颜色等，所以请选择指针经过帧中的文字块，用 T 文本工具改变其颜色，或用 任意变形工具改变其大小，如图9-24所示。当按下绘图纸外观按钮时，可观察到当前帧的文字与前后帧的区别。

当然，你也可以将按下帧的文字改变其属性。这三帧文字代表了按钮的三种状态。

请回到主场景界面，新建一层，命名为"按钮"层，将库中新建的按钮"跳跳舞"拖放到舞台中，调整大小与位置。按Ctrl+Enter键测试按钮，这是一个最简单的文字按钮。鼠标指针经过它时会变色。

单击帧：一般笔画少的文字按钮有一个缺点，就是有时鼠标指针都指到文字块内部了，但是指针还未从 ↖ 变成 🖑，这是因为按钮的单击区域是文字块中有笔画的区域，所以，为了避免这种状况，请双击按钮再次进入其界面，选择"单击帧"，在右键菜单中执行【插入空白关键帧】命令，然后用矩形工具绘制出按钮的可单击区域，按下绘图纸外观按钮，调整该矩形的大小与位置，使其与文字块大小差不多，如图9-25所示的单击帧画面。该矩形不会在按钮中显示，但它会隐藏提示可单击的区域。

图9-25

▶ 操作步骤9-9：按钮上的文字动画制作

如果按钮上的某一帧上有动画，一定是这一帧上含有一个影片剪辑元件，该元件的时间轴上会有一段动画。下面要制作鼠标经过帧的文字动画，就是要制作该帧中的影片剪辑元件的动画。请选择指针经过帧的文字块，在右键菜单中执行【转换为元件】命令，设置类型为"影片剪辑"，将元件命名为"动画跳跳舞"，双击该元件进入到它的编辑界面，将第1帧的文字块选中，在右键菜单中执行【分离】命令，将文字块分离成独立文字块，然后在第2帧插入关键帧，如图9-26所示，将"跳"字向上移动并旋转，在第3帧插入关键帧，再将第1个"跳"字旋转，第2个"跳"字向上移动并旋转，参考如图9-26所示的每一帧中字的位置与角度，制作10帧的文字块逐帧动画。

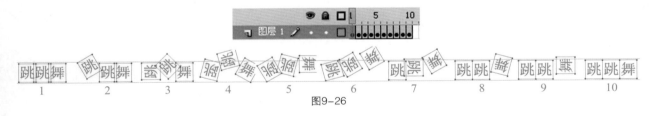

图9-26

回到影片剪辑元件"动画跳跳舞"的上一级按钮界面，由于按钮的指针经过帧上含有文字动画的影片剪辑元件，所以在主场景中按Ctrl+Enter键再次测试按钮时，文字按钮会在鼠标指针经过可单击区域时变成红色的动画文字。

本范例其他两个按钮的制作方法同上，请参考操作步骤9-8及9-9，创建"挠挠头"、"跺跺脚"两个按钮元件，并为其指针经过帧制作文字动画。

▶ 操作步骤9-10：为按钮及帧上添加动作

当三个文字按钮制作完成后，请参考如图9-27所示，每个按钮一层，创建按钮在第1~5帧飞入的传统补间动画，为了在按钮飞入后场景动画停在第10帧，可新建一个动作层，选择该层第10帧，按F5键插入空帧，选择该帧，在动作面板中选择【 ➕/全局函数/时间轴控制/stop】命令。按钮飞入后会停在第10帧。

为"挠挠头"按钮添加动作：先选择"挠头按钮"层中的第2关键帧（即5帧处的关键帧），在工作区空白处单击鼠标，再选择该帧中的"挠挠头"按钮（即飞入后舞台中的挠挠头按钮），然后在动作面板中，依次单击选择【十/全局函数/影片剪辑控制/on】命令，在弹出的按钮事件窗口中，双击release，然后将光标插入到第2行起始位置，再次选择【十/全局函数/时间轴控制/gotoAndPlay】命令，在gotoAndPlay()括号里输入挠头动画的起始帧数字11。最后该按钮上的语句如图9-27所示。

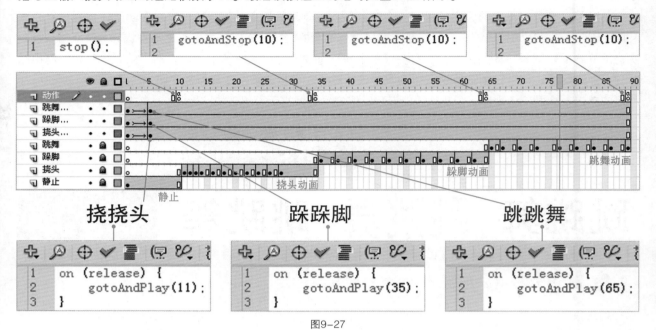

挠挠头　　　　　　　　踩踩脚　　　　　　　跳跳舞

```
1  on (release) {
2      gotoAndPlay(11);
3  }
```

```
1  on (release) {
2      gotoAndPlay(35);
3  }
```

```
1  on (release) {
2      gotoAndPlay(65);
3  }
```

图9-27

其他两个按钮上添加动作类似上面的操作，不同点就是选择"踩踩脚"按钮后，在gotoAndPlay()括号里输入数字35，在"跳跳舞"按钮上的gotoAndPlay()括号里输入数字65，请参考图9-27所示。每个按钮上的语句如果出错，请全部删除后重新选择on函数和时间轴控制函数。

为了让每一个动画播放一遍后停止，可在动作层上，在每个动画的最后一帧，即第34、64、89帧处，分别选择该帧并按F5键插入空帧，选择该空帧，直接选择【十/全局函数/时间轴控制/gotoAndStop】命令，在gotoAndStop()括号里输入数字10。一旦动画播放到该帧，会自动跳到第10帧处停止。

按Ctrl+Enter键测试，看看按钮与动画播放的配合是否正确。

至此，本范例介绍的用文字按钮控制人物做简单动作的动画就制作完成了。

将练习文件保存为"Lesson9-2.fla"。到此阶段完成的范例请参考进度文件夹下的"Lesson09-2-end .fla"文件。动态画面请见随书课件"Lesson9按钮控制/课堂范例"的动画展示。同类型的文字按钮控制作业，请参考随书课件"Lesson9按钮控制/参考作品"中的人物表情控制及动作控制等。

▌9.2.2　图片按钮的制作与控制

请打开"Lesson09-3-03end.fla"文件，按Ctrl+Enter键测试，如图9-28所示，这个范例通过鼠标指针滑向与滑出图片按钮区来控制屏幕中同按钮大图的展开与消失。

新建一个ActionScrept2.0文件，保存为"Lesson9-3 .fla"。下面将逐步介绍图片按钮的制作、复制与交换，每张大图的展开显示与折叠消失的动画，及相应按钮上的滑向滑出动作、帧动作的设置。

图9-28

7 Lesson
8 Lesson
9 Lesson
PLAY
10 Lesson
11 Lesson
12 Lesson

▶ **操作步骤9-11：图片按钮制作**

创建按钮

执行【插入/新建元件】命令，新建按钮元件，命名为"图片按钮1"，类型为"按钮"，保存在新建的"按钮"文件夹中。接着进入按钮编辑界面。

导入图片

执行【文件/导入/导入到库】命令，将要做按钮的图片导入到库中。之前太大的图片尺寸请提前改小。在库中将这些位图图片素材放置在新建的"图片素材"文件夹中。

弹起帧的制作

将库中的图片拖放到按钮的第1帧上，调整位置及大小。

图片转换为元件：如果按钮打算制作指针经过时图片亮度、色彩等变化，请将弹起帧上的图片选中，在右键菜单中执行【转换为元件】命令，将位图图片转换为图形元件，命名为"按钮图1"。保存在新建的"图形元件"文件夹中。如果最后的按钮三个状态只有图片大小的改变，无亮度、色彩、透明度的改变，这一步可省略。此时库中的元件及所属文件夹如图9-29所示。为了避免操作失误，本范例请尽量采用与教材相同的名称命名元件与按钮。

图9-29

经过上一步的操作，弹起帧上的图片已经是图形元件而不是位图了，建议最好使用图形元件。

指针经过帧与按下帧的制作

一般按钮在指针经过与按下后，都会采用同样的图片，所以现在选择指针经过帧，按F6键插入关键帧，再选择按下帧，按F6键插入关键帧。

指针经过帧上图片的变化

选择指针经过帧，然后再单击选择该帧中的图形元件"按钮图1"实例，在属性面板中，将其Alpha值调小一些，或将其色彩值改变一些，如图9-30所示，也可将其亮度值改变一些，或将其大小改小一些，总之，就是让其与前后帧的图片有所不同。按下帧的"按钮图1"实例也可让其亮度降低。最后三帧按钮效果如图9-31所示。

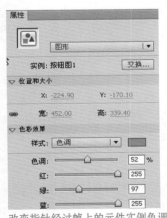

改变指针经过帧上的元件实例色调

图9-30

原"按钮图1"图形元件实例

改变实例大小、色彩

图9-31

改变实例亮度

请切换到主场景界面，将库中完成的图片按钮拖放到舞台中，调整大小，按Ctrl+Enter键测试，看看按钮在指针经过时是否变色变小了，按下后是否变暗了。

执行【控制/启动简单按钮】命令，在编辑界面测试按钮的三种状态（再次选择该命令取消测试）。

如有错误，请双击舞台中的按钮或双击库中按钮前的 图标，进入按钮界面，再次修改这三帧中的"按钮图1"实例，使其每帧如图9-31所示。

▶ 操作步骤9-12：图片按钮上的色块动画制作

下面将为指针经过帧上的图片添加白色矩形块从大到小再到大的动画。

创建按钮上的"动画色块"影片剪辑元件

在库中双击"图片按钮1"前面的图标 ，再次进入按钮编辑界面，在图片按钮图层上新建一层（将图片层锁定），选择新层指针经过帧，按F6键插入空帧，选择该空帧，用矩形工具画一个无边白色矩形，使其与图片一样大小，覆盖在图片上面，选择该矩形，在右键菜单中执行【转换为元件】命令，将其转换为影片剪辑元件，命名为"动画色块"。

"动画色块"影片剪辑元件的动画制作

双击"动画色块"实例，进入到其编辑界面，选择第1帧的白色色块，再次执行右键菜单中的【转换为元件】命令，将其转换为图形元件，命名为"白色色块"，现在时间轴第1帧上点状显示的矩形就变成蓝色线框显示的图形元件，因为只有图形元件才能制作下面的透明度变化的传统补间动画。

在时间轴的第5帧、11帧分别按F6键插入关键帧，然后用任意变形工具 将第5帧处的"白色色块"图形元件实例变小，选择第7帧，按F6键插入关键帧，在第1~5帧之间与第7~11帧之间创建传统补间动画。结果"动画色块"元件的动画如图9-32第一排所示，一个与图片一样大的白色块变小，稍停后又变回原大小。

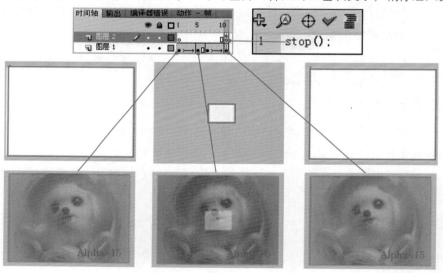

图9-32

分别将第1帧与第11帧处的"白色色块"实例选中，在属性面板中将其样式alpha值设置为15，将第5帧与第7帧处的变小的"白色色块"实例选中，将其alpha值设置为85，结果叠加在按钮上的"动画色块"元件的动画如图9-32第二排所示，透明的大色块逐渐变成小的半透明色块，再变回原样。

为动画色块添加停止帧动作

在图9-32所示的图层2的第11帧处，按F6键插入空帧，然后选择该空帧，在动作面板中为其添加停止动作，使该色块从"透明大—半透明小—透明大"的动画播放一次就停止（否则会反复循环播放）。

动画色块只放在指针经过帧

回到按钮界面，选择如图9-33所示的按钮时间轴色块层的按下帧，在右键菜单中执行【插入空白关键帧】命令，使按钮上的白色色块的动画只在指针经过按钮时，播放一遍。

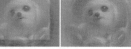

指针经过按钮时，"动画色块"影片剪辑元件的动画播放一次

图9-33

现在回到场景界面，按Ctrl+Enter键测试，观察按钮在指针经过时除了变色变小外，是否还会有白色透明色块的变化动画。

请将练习文件"Lesson9-3.fla"保存。到此阶段完成的范例请参考进度文件夹下的"Lesson09-3-01end .fla"文件。

▶ 操作步骤9-13：同类型按钮的复制交换

打开上一节结束时保存的文件"Lesson9-3.fla"(或打开进度文件夹中的"Lesson09-3-01end.fla"文件)。下面将制作与上面介绍同类型的其他图片按钮。

导入图片：执行【文件/导入/导入到库】命令，将要做按钮的其他图片全部选择后导入到库中。将库中的原始位图图片整理到图片素材文件夹里，如图9-34所示结构。

方法一：用上面介绍的图片按钮的制作方法

制作另一张图片的按钮。步骤可参考操作步骤9-11及9-12的最后一步（白色动画色块部分省略），即先创建按钮元件，将图片拖放到按钮的弹起帧，将该帧的图片转换为图形元件，然后在按钮的指针经过帧与按下帧都插入关键帧，将指针经过帧的图片元件实例改变大小与色彩样式，将按下帧的图片元件实例改变亮度，然后在新建一层的指针经过帧上将库中已创建的"动画色块"影片剪辑元件拖放到该帧（调整大小使其与按钮图片区一样大），最后在该层按下帧上插入空帧。回到场景界面，将该按钮从库中拖放到场景舞台，调整大小，测试按钮。若有问题再双击舞台上的按钮进入按钮编辑界面进行修改。按钮的时间轴第一层请参考图9-31，按钮的时间轴第2层及完成后的按钮请参考图9-33所示，只是图片换成了另一张。

对初学者来讲，用此方法多制作几个图片按钮，会越来越熟练。熟练以后，想要快速制作多个同类型按钮，可采用下面的方法。

方法二：采用复制元件与交换元件的方法

既然已经制作了一个带动画的图片按钮，其他同样类型的按钮，只是按钮图片不同，按钮上的动画不变，所以下面的方法就是将已完成的图片按钮复制，将复制后的按钮中的图片换成另一张图片即可。

首先复制"按钮图1"图形元件：

将库中第一个按钮使用的图片图形元件"按钮图1"选中，如图9-34所示，右键菜单中选择【直接复制】命令，在弹出的如图9-35所示的窗口中，命名复制后的元件为"按钮图2"，保存在图片元件文件夹中。

此时库中会创建如图9-36所示的"按钮图2"图形元件，该图形元件的内容实际上与"按钮图1"图形元件完全一样，都是第1张图片，下面要做的就是换成第2张图片。

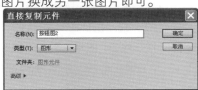

图9-35

图9-34

图9-36

双击库中"按钮图2"前面的图标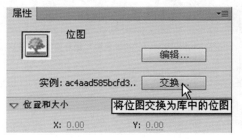进入该元件的编辑界面，选择原位图图片，在如图9-37所示的位图属性窗口，先记住原位图图片的宽高尺寸（本范例宽为522），然后单击"交换"按钮，将该图换成另一张图，如图9-38所示，单击"确定"按钮后，原图换成另一张图，由于两幅图片大小不一样，为了后面按钮交换的方便，请将该位图图片选中，在属性面板中将宽高改成与原图一样。

图9-37

图9-38

　　库中的"按钮图2"图形元件修改完毕后，内容就换成了第2张位图图片。用此方法可复制创建修改其他几个图片的"按钮图n"图形元件。最后，库中的"按钮图n"图形元件里，放置是第n张原始位图图片。

　　接着复制"图片按钮1"按钮元件：

　　选择库中已完成的按钮元件"图片按钮1"，如图9-39所示，在右键菜单中选择【直接复制】命令，在弹出的如图9-40所示的窗口中，命名复制后的按钮为"图片按钮2"，保存在按钮文件夹中。

　　此时库中会创建如图9-41所示的"图片按钮2"按钮，该按钮的内容实际上与"图片按钮1"按钮完全一样，其采用的都是"按钮图1"图形元件，下面要做的就是换成"按钮图2"图形元件。

图9-39

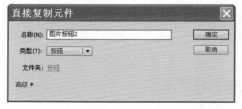

图9-40

图9-41

　　双击库中"图片按钮2"前面的图标，进入按钮编辑界面，将动画色块所在的层锁定，选择按钮图片层弹起帧中的"按钮图1"图形元件实例，然后单击属性面板中的"交换"按钮，如图9-42所示，在交换窗口选择"按钮图2"图形元件，如图9-43所示，单击"确定"按钮后，弹起帧的图形元件实例就交换完成了。

图9-42

图9-43

　　选择指针经过帧的"按钮图1"图形元件实例，然后单击属性面板中的交换按钮，在交换窗口中选择"按钮图2"图形元件，单击"确定"按钮后，该帧的图形元件实例也交换完成了。

用同样的方法，将按下帧的"按钮图1"图形元件实例也交换成"按钮图2"图形元件实例。

交换实例的方法会使交换后的实例继续延用原实例的大小及色彩、Alpha透明、亮度等属性参数值。

最后"图片按钮2"按钮的三帧内容交换前后的对比如图9-44所示。

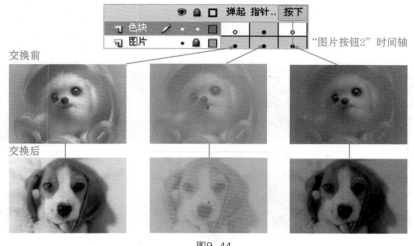

图9-44

库中的"图片按钮2"修改完毕后，内容就换成了第2张图片内容。用此方法可复制创建修改其他几个按钮的"图片按钮n"。

当所有按钮都修改完成后，回到场景界面，将库中的所有图片按钮拖放到舞台中，统一大小，布局排列对齐，按Ctrl+Enter键测试，观察所有按钮在指针经过时与按下时的变化。这些按钮在指针经过时都采用了白色半透明色块缩小放大的动画。

请将练习文件"Lesson9-3.fla"保存。到此阶段完成的范例请参考进度文件"Lesson09-3-02end .fla"。

▶ 操作步骤9-14：每张图片的展开与折叠动画制作

请打开上一节结束时保存的文件"Lesson9-3.fla"（或打开进度文件夹中的"Lesson09-3-02end.fla"文件）。下面将制作场景中屏幕区多个图片的展开与折叠动画。

执行【文件/导入/导入到库】命令，将电视屏幕图片导入到库中，放置在"图片素材"文件夹中。

在"按钮"层上新建一层，命名为"电视框"层，将库中的电视位图拖放到舞台中央，如图9-28所示，调整大小，然后锁定该层。

新建一层，命名为"屏幕"层，在电视屏幕区域用矩形工具画出灰色矩形屏幕区，将该层拖放到"电视框"层的下面，锁定该层。

在"按钮"层上新建一层，命名为"线"层，用线条工具画出按钮区与电视区的分割线，锁定该层。

将以上所有层的第69帧选择，按F5键插入帧，使其总长为69帧，将所有层锁定。

新建一层，命名为"1"，将该层拖放到"电视框"层的下方，在第10帧按F5键插入空帧，将库中"按钮图1"图形元件拖放到第10帧舞台上，调整宽度与屏幕同宽，高度尽量小，将其置于屏幕中央，然后分别在第15帧、19帧处按F6键插入关键帧，选择第15帧的图形元件实例，将其高度调整到与屏幕同高，将其置于屏幕中央。在关键帧之间创建传统补间动画，结果产生了图片展开又折叠的动画。将该层第20帧后的所有帧删除，选择该层第10帧的关键帧，在帧属性面板中将其命名为"图1"，结果该层10帧的关键帧上会显示■及帧标签名。

"1"层以上其他几层的图片展开与折叠的动画制作参考"1"层，只是起始帧分别为第20、30、40、50、60帧。图形元件分别为"按钮图2"到"按钮图6"。如图9-45所示，分层制作其他几层的动画，每个起始帧要分别命名为"图n"。

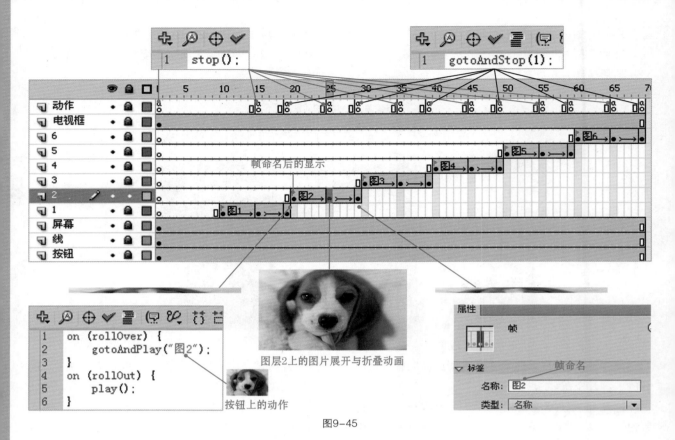

图层2上的图片展开与折叠动画

按钮上的动作

```
1  on (rollOver) {
2      gotoAndPlay("图2");
3  }
4  on (rollOut) {
5      play();
6  }
```

属性

帧

标签

名称: 图2
类型: 名称

帧命名后的显示

帧命名

图9-45

▶ 操作步骤9-15：按钮的滑向滑出动作设置

帧上的动作设置

如果没有动作设置，上面的动画会连续播放。所以，在最上层新建一个"动作"层，在第一帧设置帧停止动作（帧上如何设置停止动作请参考操作步骤9-2）。

同样在鼠标经过某按钮后，对应的图片展开的动画要停在展开的那一帧，所以，在动作层的第15、25、35、45、55、65帧分别按F6键插入空关键帧，然后在动作面板中设置停止动作：stop(); 如图9-45所示。

还需要在动作层的第19、29、39、49、59、69帧上插入空关键帧，在动作面板中，选择【 ✚ /全局函数/时间轴控制/ gotoAndStop 】命令,在括号里输入数字1，gotoAndStop(1)表示在播完每个折叠图后，不再继续往后播放，而是直接跳转到第1帧停止。

按钮上的动作设置

将所有层锁定，只解锁按钮层，选择某个按钮，例如"图片按钮2"，然后在动作面板中，依次单击选择【 ✚ /全局函数/影片剪辑控制/on 】命令，在弹出的按钮事件窗口中，双击rollOver，然后将光标插入到第2行起始位置，再次选择【 ✚ /全局函数/时间轴控制/gotoAndPlay 】命令，在gotoAndPlay()括号里输入起始帧的帧标签名 "图2"，切记要用英文引号（这一段语句会在鼠标指针滑向按钮时，开始播放展开图的动画）。

接着将光标插入到最后一行，依次单击选择【 ✚ /全局函数/影片剪辑控制/on 】后，在弹出的按钮事件窗口中，双击rollOut，然后将光标插入到下一行的起始位置，再次选择【 ✚ /全局函数/时间轴控制/Play 】（这一段语句会在鼠标指针滑出按钮时，开始继续播放折叠图的动画）。该按钮上的语句如图9-45所示。

其他按钮上的动作设置同上述操作，不同之处是帧标签名要输入"图n"。

按Ctrl+Enter键测试，观察鼠标指针在滑向某按钮时，相应的图片是否展开后停住，在滑出按钮后，图片是否折叠然后停止在第1帧。

请保存练习文件"Lesson9-3.fla"。到此阶段完成的范例请参考进度文件"Lesson09-3-03end.fla"。动态画面请见随书课件"Lesson9按钮控制/课堂范例"的动画展示。

7 Lesson
8 Lesson
9 Lesson
10 Lesson
11 Lesson
12 Lesson

请打开"Lesson09-4-09end.fla"文件，按Ctrl+Enter键测试，如图9-46所示，这是一个多场景多媒体展示切换的范例。首先单击场景1的自绘按钮进入到场景2，单击开机按钮播放屏幕开机的动画，然后进入到场景3，该场景是将上一范例的整场景拷贝过来，再对按钮设置了单击每个按钮都会切换到对应的场景的动作，比如单击按钮1会切换到场景4（该场景是多张图片的浏览界面，通过单击next、prev钮进行切换），单击按钮2会切换到场景5（该场景是多张图片的动态浏览界面，单击next、prev钮进行切换），单击按钮3会切换到场景6（该场景是多个视频的播放界面，单击next、prev钮进行切换），单击按钮4会切换到场景7（该场景是多个swf格式的作业播放界面，单击next、prev钮进行切换）。单击按钮5会切换到场景8（该场景是多个mp3歌曲播放界面，单击next、prev钮进行切换）。在任一场景中单击关机按钮，会切换到场景10关机动画，单击该场景右下角的Return按钮，会重新返回到场景1。

场景1：开始　　　　　　　　场景2：开机　　　　　　　　场景3：按钮选择　　　　　　　场景4：静态图片展示

场景5：动态图片展示　　　　场景6：视频展示　　　　　　场景7：作业展示　　　　　　　场景10：关机

图9-46

请新建一个ActionScript2.0文件，保存为"Lesson9-4 .fla"。下面将练习制作以上范例的各场景，重点介绍自绘按钮的制作与动作设置，逐帧浏览图片场景制作、动态浏览图片场景制作、视频浏览场景制作及swf文件浏览场景制作，以及多场景的切换。

9.3.1　自绘图形按钮的制作与控制

除了文字、图片按钮外，还有一种按钮就是自绘按钮，如用椭圆工具、矩形工具等绘制的传统椭圆、矩形按钮，以及用其他绘画工具绘制的例如汽车、花卉、动物等各种形状的按钮，如果再在按钮的某一帧上添加某个影片剪辑元件动画，就会使自绘按钮更具特色，动态效果更加明显。下面介绍几种自绘按钮的制作。

▶ 操作步骤9-16：自绘图形按钮制作

1、猫头PLAY按钮的制作

（1）创建按钮

执行【插入/新建元件】命令，新建按钮元件，命名为"猫按钮1"，类型为"按钮"，保存在"按钮"文件夹中，接着进入按钮编辑界面。

（2）弹起帧的制作

参考图9-47所示画面，用刷子工具 以及椭圆等工具，在对象绘制模式下，绘制出猫头形状，最后将所有矢量图形选择，执行【修改/组合】命令，使整个图形为一个矢量图形组合，需要再次编辑图形时，双击组合图形进入到矢量组的编辑界面进行编辑。

（3）指针经过帧的制作

弹起帧的猫头绘制好后，可在指针经过帧的右键菜单中执行【插入空白关键帧】命令，然后打开时间轴的绘图纸外观按钮，参考前一帧的画面位置，在这一帧用刷子工具 ✏️ 及椭圆等工具，在对象绘制模式下，再次绘制与前一帧不同的猫头画面，如图9-48所示。最后将矢量图形组合。

图9-47

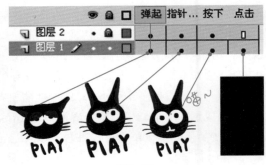

图9-48

（4）按下帧的制作

选择按下帧，按F6键插入关键帧，然后在该帧中的猫头图上添加上与前一帧不同的画面，例如画上嘴、喵字等。

（5）单击帧的制作

选择单击帧，在右键菜单中执行【插入空白关键帧】命令，然后用矩形工具画出按钮的可单击区。

（6）文字层的制作

以上四帧是按钮"图层1"上的画面，常规的按钮上都要加上文字，所以需要创建新层，在"图层2"中用文字工具输入"PLAY"字样（或用刷子工具手写文字）。后面两帧都按F6键插入关键帧，当指针经过帧上的文字时，将文字调大一些即可。

回到场景界面，将库中的"猫按钮1"拖放到场景舞台，按Ctrl+Enter键测试按钮。

"猫按钮1"制作完毕后，可在库中复制该按钮，命名为"猫按钮2"，然后双击该按钮进入其界面，将文字层中各帧的PLAY改成RETURN即可。

开关按钮的制作

（1）创建按钮

执行【插入/新建元件】命令，新建按钮元件，命名为"开关按钮"，类型为"按钮"，保存在"按钮"文件夹中。接着进入按钮编辑界面。

参考图9-49所示画面，用椭圆工具 ◯ 与线条工具 ＼，在对象绘制模式下，绘制出开关的形状。然后在指针经过帧与按下帧按F6键插入关键帧，再改变这两帧中的按钮线条颜色。

（2）按钮上的环动画制作

将按钮的图层1锁定，在其上新建一层，在指针经过帧按F6键插入空帧，在该帧沿开关按钮的外轮廓用椭圆工具画出一个淡黄色空心圆环图形，选择

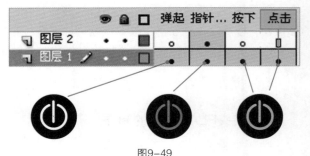

图9-49

该图形，在右键菜单中执行【转换为元件】命令，将其转换为影片剪辑元件，命名为"环动画"。双击该元件，进入到"环动画"影片剪辑元件的编辑界面，再次将圆环图形选择，在右键菜单中执行【转换为元件】命令，将其转换为图形元件，命名为"环"，然后参考图9-50所示，在第1层制作三帧动画，即在第5、15帧按F6键插入关键帧，将第1关键帧中的图形元件的Alpha值设置为0，再将第3关键帧中的图形元件的Alpha设置为24，并改变大小，两两关键帧之间创建传统补间动画，结果是一个透明环逐渐显示并放大再逐渐消失的动画。将该层动画帧全部选择后执行【复制帧】命令，然后执行【粘贴帧】命令，将其粘贴

到新建的第2层，并整体将起始帧拖放到10帧位置处，同样，粘贴帧到新建的第3层，整体将起始帧拖放到第20帧处，将每层第3关键帧后面多余的帧删除，最后时间轴动画调整如图9-49所示。这三层动画的结果是：同样的环分三次依次从逐渐显示到逐渐放大消失。

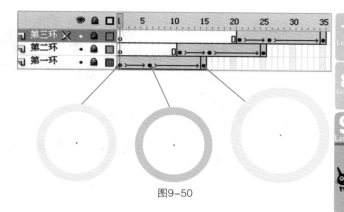

回到按钮编辑界面，此时按钮第2层指针经过帧上是刚才完成的"环动画"影片剪辑元件。切记将按下帧选中，在右键菜单中选择【插入空关键帧】命令。回到场景界面，将按钮拖放到场景

图9-50

中，按Ctrl+Enter键测试，观察鼠标指针在经过该按钮时，按钮上是否有圆环不断地放大淡出。

右箭头按钮的制作

执行【插入/新建元件】命令，新建按钮元件，命名为"右箭头按钮"，类型为"按钮"，保存在"按钮"文件夹中。接着进入按钮编辑界面。

参考图9-51所示画面，在"箭头层"弹起帧，用线条工具 ，在对象绘制模式下，绘制出箭头形状。然后在指针经过帧与按下帧按F6键插入关键帧，再将指针经过帧的箭头整体放大，将按下帧的箭头改变颜色为灰色。

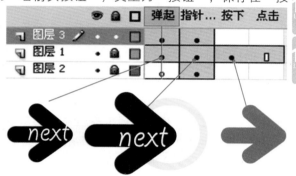

新建"字"层，在弹起帧中用 文本工具输入"next"文字，在指针经过帧按F6键插入关键帧，将该关键帧中的文字变大。将按下帧选择后，在右键菜单中执行【删除帧】命令。

图9-51

新建"环动画"层，将该层置于最底层，然后选择该层的指针经过帧，按F6键插入空帧，然后将库中的上个按钮制作中已完成的"环动画"影片剪辑元件拖放到该帧箭头的下面，调整大小。将按下帧选择后，在右键菜单中执行【删除帧】命令。

回到场景界面，将按钮拖放到场景，按Ctrl+Enter键测试，观察鼠标指针在经过该按钮时，按钮是否变大，其上是否有圆环不断地放大淡出。

"左箭头按钮"的制作方法同上。或者将库中的"右箭头按钮"选择后，在右键菜单中执行【直接复制】命令，命名为"左箭头按钮"，单击"确定"按钮后，双击库中该按钮前的图标 进入按钮的编辑界面，将"箭头"层每帧的箭头选择后，执行【修改/变形/水平翻转】命令，将其箭头方向翻转。最后将"字"层每帧的"next"换成"prev"即可。

回到场景界面，将按钮拖放到场景，按Ctrl+Enter键测试。

请保存练习文件"Lesson9-4.fla"。到此阶段完成的范例请参考进度文件"Lesson09-4-01end .fla"。

各种按钮制作参考，请见如图9-52所示的参考作品文件夹中的"ck09_01.fla"文件，按钮组合制作，请参考如图9-53所示的"ck09_02.fla"文件。

所有按钮上播放的小动画，都是在按钮某一帧上放置了影片剪辑元件的结果。在制作按钮时，可提前准备这些影片剪辑元件，例如可将gif动画导入到库中，将gif动画的影片剪辑元件拖放到按钮的某一帧上。还可以执行【文件/导入/打开外部库】命令，将其他文件中已完成的影片剪辑元件拖放到按钮的某一帧上。或者就如上面介绍的，在按钮某一帧上绘制出图形后，将其转换为影片剪辑元件后，在元件的界面制作动画，该动画会在按钮的某一帧上播放。

各种按钮制作参考

图9-52

各种按钮组合制作参考

图9-53

操作步骤9-17：场景1、2开场动画

请打开上一节结束时保存的文件"Lesson9-4.fla"（或打开进度文件夹中的"Lesson09-4-01end.fla"文件）。下面将利用已制作的按钮，制作开始场景，及场景之间的切换设置。

场景1制作

首先将场景中的其他按钮选择后删除，只留下"猫按钮1"，如图9-54所示，在图层上新建一动作层，选择该层第1帧，在动作面板选择【⊕/全局函数/时间轴控制/stop】，使该场景第1帧设置停止帧动作stop()。

选择按钮层第1帧中的"猫按钮1"，在动作面板中依次单击选择【⊕/全局函数/影片剪辑控制/on】命令，在弹出的按钮事件窗口中，双击release，然后将光标插入到第2行起始位置，再次选择【⊕/全局函数/时间轴控制/nextScene】命令,使得单击按钮后，跳转到下一个场景。

场景1的时间轴及帧动作、按钮动作设置

场景2制作：

执行【插入/场景】命令创建场景2，在场景2将要制作的动画是：单击舞台中央的电视机图上的开关按钮后，屏幕上有一条白色光带展开，模拟电视机开机时的动画画面。

首先执行【文件/导入/导入到库】命令，将电视机图片导入到库中，放置在新建的"图片素材"文件夹中。接着将电视机位图拖放到图层1的第1帧上，调整大小（请尽量与上一范例Lesson9-3.fla中的电视图的位置、大小一致），并将图层1命名为"电视框"层。

参考如图9-55所示，新建一层，命名为"开机按钮"层，将库中的开关按钮拖放到该层第1帧电视机位图的底座上面，调整大小与位置。

再新建一层，命名为"屏幕"层，将该层拖放到"电视框"层的下方，然后用矩形工具在屏幕区画出灰色的屏幕区。将以上三层的第20帧选择后，在右键菜单中执行【插入帧】命令，使动画帧持续到20帧。

图9-54

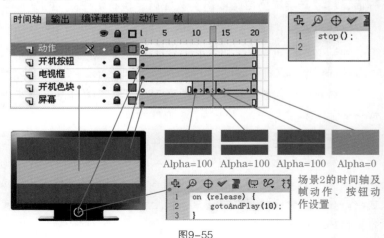

Alpha=100 Alpha=100 Alpha=100 Alpha=0

场景2的时间轴及帧动作、按钮动作设置

图9-55

7 Lesson

8 Lesson

9 Lesson

10 Lesson

11 Lesson

12 Lesson

在"屏幕"层上面新建一层，命名为"开机色块"层，在该层第10帧处按F6键插入空关键帧，然后在屏幕中央用矩形工具画出一与屏幕同宽的细条白色矩形，如图9-55所示，并将该矩形选择后，在右键菜单中执行【转换为元件】命令，将其命名为"开机色块"，类型为"图形元件"，然后分别在第12、14、20帧按F6键插入关键帧，将第12帧处的白色细条高度稍改大一些，再将第20帧的白色细条高度调整为与屏幕同高，设置alpha为0。两两关键帧之间创建传统补间动画，结果从第10帧开始，会有一条白色光带逐渐变高并透明，模拟屏幕开机动画。

整个场景开始就必须停在第1帧，然后单击第1帧的开机按钮后才开始播放第10帧处的开机动画。

请新建一个"动作"层，选择该层第1帧，然后在动作面板中选择【¢/全局函数/时间轴控制/stop】命令，将该场景第1帧设置停止帧动作stop()。

选择"开机按钮"层中的开机按钮，在动作面板中依次单击选择【¢/全局函数/影片剪辑控制/on】命令，在弹出的按钮事件窗口中，双击release，然后将光标插入到第2行起始位置，再次选择【¢/全局函数/时间轴控制/gotoAndPlay】命令，在gotoAndPlay后的括号里输入数字10，使得单击按钮后，跳转到第10帧开始播放。该场景时间轴各层的内容及帧、按钮动作设置请参考图9-54所示。

按Ctrl+Enter键测试，会先停在第一场景中，等待单击"猫按钮1"后，跳转停在场景2的第1帧，再单击"开机按钮"后，播放第10帧后的开机画面。

请保存练习文件"Lesson9-4.fla"。到此阶段完成的范例请参考进度文件"Lesson09-4-02end .fla"。

▌ 9.3.2　主菜单场景制作

无论是多媒体课件还是网页，都会有一个最重要的场景，就是主菜单场景，通过单击主菜单中的一级按钮，进入到下一级的页面。下面将制作本范例的主菜单场景界面。

操作步骤9-18：场景3主菜单界面

请打开上一节结束时保存的文件"Lesson9-4.fla"（或打开进度文件夹中的"Lesson09-4-02end.fla"文件）。

首先执行【插入/场景】命令创建场景3。下面要做的是：将上一个范例完成的图片按钮场景整个复制到场景3中，然后为每个按钮设置切换到不同场景的动作。

打开上一个范例已完成的文件"Lesson9-3.fla"（或打开进度文件家中的"Lesson09-3-03end .fla"文件）。该文件的时间轴如图9-45所示，如果此时选择时间轴的所有层，在右键菜单中的【复制帧】命令是灰色显示的，这是因为复制帧命令执行的前提是：选择的时间轴多层上的帧必须一样长。所以请选择第1~5层的69帧处，在右键菜单中执行【插入帧】命令，使这些层也在第69帧处结束。此时，再选择时间轴所有层（先选择最下层，然后按Shift键再选择最上层），鼠标移到时间轴的某帧上，在右键菜单中执行【复制帧】命令，将所有层的所有帧复制。

然后选择当前文件"Lesson9-4.fla"（或Lesson09-4-02end.fla文件），在场景3的图层1的第1帧处，在右键菜单中执行【粘贴帧】命令，可将多个图层全部粘贴到场景3中。场景3的时间轴及舞台画面如图9-56所示。

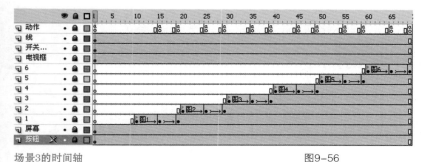

场景3的时间轴　　　　　　　　　　　　　图9-56　　　　　　　　　　　场景3的舞台画面

由于原文件已经设置了首帧停止动作及各个按钮的滑向滑出动作和相应的帧动作，所以粘贴整个场景时间轴后，这些帧动作与按钮动作也会粘贴过来。

下面先要做的是：给每个按钮的指针经过帧上添加文字。

请在库中分别单击每个图片按钮前面的图标 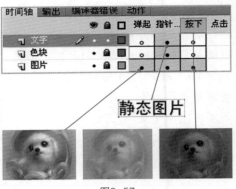，进入按钮的编辑界面，新建一个文字层，在该层的指针经过帧按F6键插入空帧，用文本工具 **T** 在图片按钮上方输入文字，如图9-57所示。6个图片按钮分别对应的文字为"静态图片"、"动态图片"、"猫狗视频"、"作业展示""音乐欣赏"和"滚动窗口"。

接着要做的是：设置每个按钮单击后切换到不同的场景动作。

回到场景3的界面，解锁按钮层，然后分别选择每个按钮，在动作面板中，在已有脚本语句的最后一行，单击插入点，依次单击选择【 ✛/全局函数/影片剪辑控制/on】命令后，在弹出的按钮事件窗口中，双击release，然后将光标插入到下一行起始位置，再次选择【 ✛/全局函数/时间轴控制/gotoAndStop】命令，在括号内输入场景名及起始帧，场景名用英文引号，注意场景与数字之间有空格，如图9-58所示，使得单击按钮后，跳转到指定的场景的第1帧停止：gotoAndStop（"场景 n",1）（6个按钮分别对应的场景4到场景10要在后面创建）。

图9-57

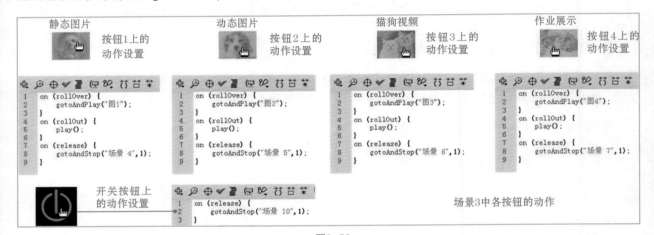

图9-58

每个按钮设置完成后，可在动作面板上方的按钮区单击 ✔ 按钮，检查语句是否有错，有错的话，编译器窗口中会指出错误，按提示改正。

最后按Ctrl+Enter键测试，重点测试在场景3中鼠标指向各按钮后的文字显示以及单击后是否出错。

请保存练习文件"Lesson9-4.fla"。到此阶段完成的范例请参考进度文件"Lesson09-4-03end .fla"。

9.3.3 静态图片展示

点击上面主菜单场景中的第1个按钮，会进入静态图片展示场景。由于展示区是在电视屏幕区，所以此范例静态图片展示界面会采用与主场景完全一样的界面，只是多了下一帧（next）与上一帧（prev）按钮，屏幕展示区会依按钮的点击展示一张一张的静态图片。下面将制作场景4：静态图片展示场景。

操作步骤9-19：场景4静态图片展示界面

请打开上一节结束时保存的文件"Lesson9-4.fla"（或打开进度文件夹中的"Lesson09-4-03end.fla"文件）。

首先执行【插入/场景】命令创建场景4。将主菜单场景部分界面复制到场景4中，然后创建一个图片图层，该层每一帧上放置一张静态图片；接着为场景4添加下一帧（next）与上一帧（prev）按钮，通过设置按钮上的动作，可一张一张地切换图片。

7 Lesson
8 Lesson
9 Lesson
PIXY
10 Lesson
11 Lesson
12 Lesson

复制场景界面

请在场景面板中选择场景3，依次选择"按钮"层、"屏幕"层、"电视框"层、"开关按钮"层、"线"层、"动作"层的第1帧，在右键菜单中执行【复制帧】命令，然后在场景面板中选择场景4，新建一层，在新层的第1帧的右键菜单中执行【粘贴帧】命令，将场景3中的这些层的第1帧粘贴过来，使场景4的图层如图9-59所示。

图9-59

添加图片层

在"电视框"层的下层新建一个图层，命名为"图片"层，如图9-60所示，将要逐张展示的图片依次放置在该层的每一帧上（这里我们使用制作按钮时用到的图形元件）：从库中将"按钮图1"图形元件拖放到第1帧的舞台中，调整大小与位置，使其与电视屏幕一样大。

在图片层的第2帧按F6键插入关键帧，将该帧的"按钮图1"图形元件实例选中后，在属性面板单击交换按钮，交换成"按钮图2"图形元件，后面的几帧都如此制作。本范例的图片图层共创建了6个关键帧，每个关键帧中放置了不同的图片。

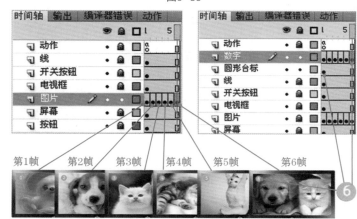

第1帧　第2帧　第3帧　第4帧　第5帧　第6帧

图9-60

选择按钮层的第6帧，在右键菜单中执行【插入帧】命令，使该关键帧延续到第6帧。其他几层（屏幕、电视框、开关按钮、线层）也都在第6帧插入帧。

为了使图片展示有序，新建两个图层，如图9-60所示的"圆形台标"图层和"数字"图层。在"圆形台标"图层的第1帧，在屏幕左上角画一个椭圆，在"数字"图层的第1帧，用文本工具在椭圆位置处输入数字1，在第2帧输入数字2……在第6帧输入数字6。

添加下一帧（next）与上一帧（prev）按钮

新建一个图层，命名为"右箭头按钮"层，将库中的右箭头按钮拖放到屏幕下方右侧，如图9-61所示，选择该按钮，在动作面板中依次单击选择【♣/全局函数/影片剪辑控制/on】命令后，在弹出的按钮事件窗口中，双击release，然后将光标插入到下一行起始位置，再次选择【♣/全局函数/时间轴控制/nextFrame】命令，结果是在第1~6帧的某帧上，单击该右箭头按钮，会使时间轴从当前帧跳转到下一帧上。由于动作层的第1帧上设置了帧停止动作，nextFrame只是将时间轴播放指针移到了下一帧，并继续保持停止状态。

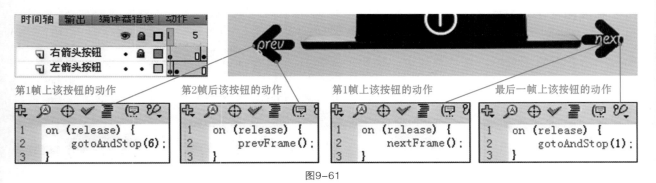

第1帧上该按钮的动作　　　第2帧后该按钮的动作　　　第1帧上该按钮的动作　　　最后一帧上该按钮的动作

图9-61

但是在最后一帧，单击右箭头按钮，下一帧nextFrame显然不存在，所以需要在最后一帧的右箭头按钮层上，按F6键插入关键帧，选择该关键帧中的右箭头按钮，在动作面板中将nextFrame()行全选，重新选择【❖/全局函数/时间轴控制/gotoAndStop】命令，在括号内输入数字1，gotoAndStop(1)表示如果在最后一帧按此右箭头按钮，会将时间轴指针移到第1帧并停止。

新建一个图层，命名为"左箭头按钮"层，将库中的左箭头按钮拖放到屏幕下方左侧，如图9-61所示，选择该按钮，在动作面板中依次单击选择【❖/全局函数/影片剪辑控制/on】命令后，在弹出的按钮事件窗口中，双击release，然后将光标插入到下一行的起始位置，再次选择【❖/全局函数/时间轴控制/ gotoAndStop】命令，在括号内输入数字6，结果是在第1帧上，单击该左箭头按钮，会使时间轴从第1帧跳转到最后一帧上。

在左箭头按钮层的第2帧，按F6键插入关键帧，选择该关键帧中的左箭头按钮，在动作面板中将gotoAndStop (6)行全选，重新选择【❖/全局函数/时间轴控制/ prevFrame】命令，结果是在第2~6帧的某帧上，单击该左箭头按钮，会使时间轴从当前帧跳转到上一帧上。

（如果想省事，可在左箭头层第1帧上的左箭头按钮上设置prevFrame动作，在右箭头层第1帧上的右箭头按钮上设置nextFrame动作，一样可以完成上一张、下一张切换浏览图片的操作，只是在最后一帧时无法再向下一张浏览，在第1帧时无法再向上一张浏览）。

以上两个按钮的动作设置完成后，按Ctrl+Enter键测试，该场景中的静态图片会随着按钮的单击，切换到下一张（或上一张）逐张浏览。

请保存练习文件"Lesson9-4.fla"。到此阶段完成的范例请参考进度文件"Lesson09-4-04end .fla"。

▌ 9.3.4　动态图片展示

此范例界面从主菜单场景3以后，后面所有的场景，都会采用与场景3一样的界面。由于上面场景4已完成了主界面按钮1对应的场景，所以主界面按钮2对应的场景5，可直接参考场景4来制作，只是将图片层所在的逐帧静态图片，换成逐帧动态图片就可。下面将制作场景5：动态图片展示场景。

操作步骤9-20：场景5动态图片展示界面

请打开上一节结束时保存的文件"Lesson9-4.fla"（或打开进度文件夹中的"Lesson09-4-04end.fla"文件）。
首先执行【插入/场景】命令创建场景5。下面要做的是：将场景4界面完全复制到场景5；然后将图片图层的每一帧中的图形元件，交换成有一段时间轴动画的影片剪辑元件。

复制场景4

如图9-62所示在场景面板中选择场景4，在该场景的时间轴将所有图层选中（先选择时间轴最下面一层，然后按Shift键再选择最上面一层），如图9-63所示，鼠标移到某帧位置，在右键菜单中执行【复制帧】命令，然后在场景面板中选择场景5，选择图层1的第1帧，如图9-64所示，在右键菜单执行【粘贴帧】命令，将场景4中的所有层的帧都粘贴过来。

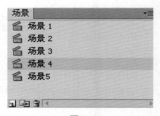

图9-62

修改图片层第1帧

现在场景5的图层如图9-65所示，不仅复制过来所有层的所有帧，连这些帧中的帧动作、按钮动作都复制了过来。

下面先将图片层解锁，将其时间轴上的第1帧选择，然后单击选择舞台中的"按钮图1"图形元件，在右键菜单中选择【转换为元件】命令，将其转换为影片剪辑元件，命名为"动态

复制场景4

图9-63

粘贴到场景5

图9-64

图1"。双击舞台中的"动态图1"影片剪辑元件，进入该元件的时间轴，如图9-67所示。在第20帧按F6键插入关键帧，在属性面板中将第1帧中的"按钮图1"图形元件的Alpha设置为0，在两帧之间创建传统补间动画，结果是图片逐渐显示的动画。由于这个"动态图1"影片剪辑元件是放置在场景5的第1帧上，当测试播放时，场景5停在第1帧上，第1帧上的"动态图1"影片剪辑元件会循环地播放它的时间轴动画，即图片1不断地逐渐显示，为了不让该影片剪辑元件在场景5的第1帧循环播放，所以要在该影片剪辑元件的时间轴上新建一个动作层，如图9-66所示，选择该层20帧，按F6键插入空关键帧，选择该空帧，在动作面板上选择【 ✿/全局函数/时间轴控制/stop】命令，使该段动画播放到第20帧就停止。

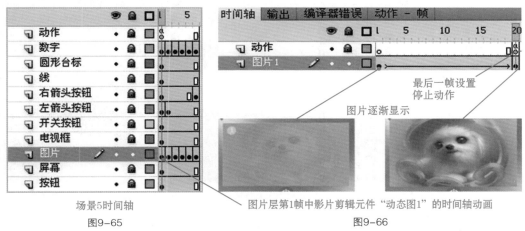

场景5时间轴
图9-65

图片逐渐显示
最后一帧设置停止动作
图片层第1帧中影片剪辑元件"动态图1"的时间轴动画
图9-66

以上操作的结果，就将场景5第1帧上原来的图形元件"按钮图1"，换成了新创建的影片剪辑元件"动态图1"，并为该影片剪辑元件制作了一段"按钮图1"图形元件逐渐显示的动态动画，且停止在最后一帧。

修改图片层第2帧

下面选择场景5图片层的第2帧，然后单击选择舞台中的"按钮图2"图形元件，在右键菜单中选择【转换为元件】命令，将其转换为影片剪辑元件，命名为"动态图2"。双击舞台中的"动态图2"影片剪辑元件，进入该元件的时间轴，如图9-68所示。在第20帧按F6键插入关键帧，在属性面板中将第1帧中的"按钮图2"图形元件的亮度值设置为0，在两帧之间创建传统补间动画，使这段动画的结果是图片由暗到正常显示的动画。同样，新建一个动作层，选择该层的第20帧，按F6键插入空关键帧，选择该空帧，在动作面板上选择【 ✿/全局函数/时间轴控制/stop】命令，使该段动画播放到第20帧停止。

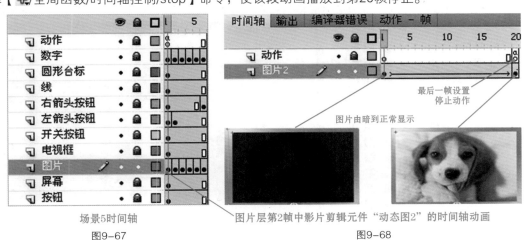

场景5时间轴
图9-67

图片由暗到正常显示
最后一帧设置停止动作
图片层第2帧中影片剪辑元件"动态图2"的时间轴动画
图9-68

以上操作的结果是将场景5第2帧上原来的图形元件"按钮图2"换成了新创建的影片剪辑元件"动态图2"，并为该影片剪辑元件制作了一段"按钮图2"图形元件由暗到正常显示的动态动画，且停止在最后一帧。

修改图片层第3帧

下面选择场景5图片层的第3帧，然后单击选择舞台中的"按钮图3"图形元件，在右键菜单中选择【转换为元件】命令，将其转换为影片剪辑元件，命名为"动态图3"。双击舞台中的"动态图3"影片剪辑元件，进入该元件的时间轴，如图9-70所示。在第20帧按F6键插入关键帧，在属性面板中将第1帧中的"按钮图3"图形元件的色彩值设置为偏红色，两帧之间创建传统补间动画，使这段动画的结果是图片由红色到正常显示的动画。同样，新建一个动作层，选择该层第20帧，按F6键插入空关键帧，选择该空帧，在动作面板上选择【＋/全局函数/时间轴控制/stop】命令，使该段动画播放到第20帧停止。

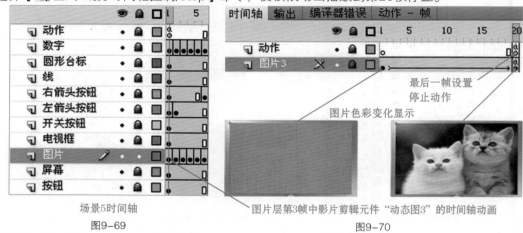

场景5时间轴

图9-69

图片层第3帧中影片剪辑元件"动态图3"的时间轴动画

图9-70

以上操作的结果将场景5第3帧上原来的图形元件"按钮图3"换成了新创建的影片剪辑元件"动态图3"，并为该影片剪辑元件制作了一段"按钮图3"图形元件由红色到正常显示的动态动画，且停止在最后一帧。

修改图片层第4帧

下面选择场景5图片层的第4帧，然后单击选择舞台中的"按钮图4"图形元件，在右键菜单中选择【转换为元件】命令，将其转换为影片剪辑元件，命名为"动态图4"。双击舞台中的"动态图4"影片剪辑元件，进入该元件的时间轴，如图9-72所示。在图片层的第20帧单击鼠标右键，在右键菜单中执行【插入帧】命令。新建一层，命名为"圆形遮罩"层，用椭圆工具在图片的中央画出一个小圆，在该层第20帧按F6键插入关键帧，将20帧的圆形改变大小，使其大小完全将图片覆盖，两帧之间创建补间形状动画，将该层选中，在右键菜单中选择【遮罩层】命令，用这段小圆变成大圆的动画作为图片的遮罩。这段动画的结果是图片在一个圆形范围内逐渐扩大显示。同样，新建一个动作层，选择该层第20帧，按F6键插入空关键帧，选择该空帧，在动作面板上选择【＋/全局函数/时间轴控制/stop】命令，使该段动画播放到第20帧停止。

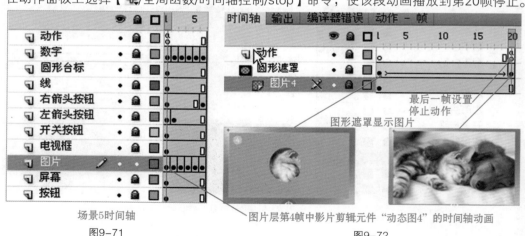

场景5时间轴

图9-71

图片层第4帧中影片剪辑元件"动态图4"的时间轴动画

图9-72

以上操作的结果将场景5第4帧上原来的图形元件"按钮图4"换成了新创建的影片剪辑元件"动态图4"，并为该影片剪辑元件制作了一段"按钮图4"图形元件在一个圆形范围内逐渐扩大显示的动态动画，且停止在最后一帧。

修改图片层第5、6帧

图片层第5帧的修改请参考上面第4帧的操作，唯一不同的是将圆形遮罩换成星形遮罩,如图9-73所示。第6帧的修改请参考上面第1帧的操作，不同点是将逐渐显示的图片改成放大显示的图片，如图9-74所示。

星形遮罩显示图片

图片逐渐放大

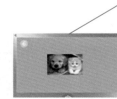

图片层第5帧中影片剪辑元件"动态图5"的时间轴动画 图片层第6帧中影片剪辑元件"动态图6"的时间轴动画

图9-73 图9-74

以上图片层的所有帧修改完毕后，按Ctrl+Enter键测试，当单击主菜单第2个按钮进入场景5动态图片展示界面后，单击按钮切换到下一张（或上一张）时，每个图片的出现是否伴随以上动画出现一次，如果某一帧上的图片动画反复播放，说明该帧上的影片剪辑元件时间轴最后未加停止动作，再次修改即可。

请保存练习文件"Lesson9-4.fla"。到此阶段完成的范例请参考进度文件"Lesson09-4-05end .fla"。

■ 9.3.5 视频展示

主界面按钮3对应的场景6，同样可直接参考场景4来制作。只是将图片层所在的逐帧静态图片，换成逐帧视频播放组件即可。下面将制作场景6：视频展示场景。

操作步骤9-21：场景6视频展示界面

请打开上一节结束时保存的文件"Lesson9-4.fla"（或打开进度文件夹中的"Lesson09-4-05end.fla"文件）。

首先执行【插入/场景】命令创建场景6。将场景4界面完全复制到场景6，然后将图片图层的每一帧中的图形元件，换成逐帧视频播放组件。

复制场景4

在场景面板选择场景4，将该场景时间轴的所有图层选中（先选择时间轴最下面一层，然后按Shift键再选择最上面一层），鼠标移到某帧位置，右键菜单中执行【复制帧】命令，然后在场景面板中选择场景6，选择图层1第1帧，在右键菜单执行【粘贴帧】命令，将场景4中所有层的帧都粘贴过来。

将图片层改为视频层

将场景6的"图片"层选中，将鼠标移到某帧上，在右键菜单中执行【清除关键帧】命令，如图9-75所示，将该层中除第一帧外的所有关键帧清除，只剩第1帧空关键帧。如图9-76所示将该层改名为"视频"层。

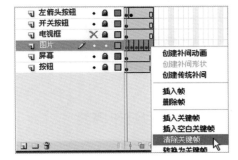 

创建视频层第1帧

请执行【窗口/组件】命令，将组件面板显示出来，如图9-77所示，从组件面板中选择"FLVPlayback"组件，将其拖放到视频层第1帧舞台中央，如图9-78所示。

图9-75 图9-76

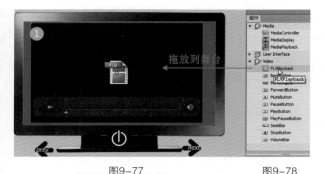

图9-77 图9-78

单击选择舞台中的FLVPlayback组件，在如图9-79所示的组件属性面板中，先调整组件的尺寸大小与位置，使其与屏幕大小一样，然后单击FLV视频地址设置栏，选择或输入FLV视频的地址。

勾选"autoPlay"时该组件在加载FLV视频后立即播放（否则停在视频的第1帧等待按组件下方的播放按钮才开始播放）；勾选"autoRewind"时，FLV视频在播放完后会自动回到视频第1帧（否则停在最后一帧）；勾选"autoSize"时，在播放FLV视频时，该组件会使用源视频尺寸（默认不勾选，表示FLV视频以该组件的播放尺寸播放）；勾选"maintainAspectRatio"时，强制该组件播放器以源FLV视频文件的宽高比例播放（否则源FLV文件会调整为适应播放器的比例播放），由于我们将FLV播放器组件尺寸改成了宽屏幕，所以在此请将该项取消勾选；单击组件皮肤选项可选择喜欢的播放器皮肤。

创建视频层其他帧

以上第1帧设置好后，可在视频层第2帧按F6键插入关键帧，然后单击选择第2帧中的FLVPlayback组件，在属性面板的视频地址栏中选择另一个视频文件。

其他帧的创建同上，都是插入关键帧后改变FLVPlayback组件的视频地址，换成另一个视频文件即可。这样场景6的视频层完成后，图层如图9-80所示。

按Ctrl+Enter键测试，当单击主菜单第3个按钮进入场景6视频展示界面后，查看单击按钮切换到下一个（或上一个）时，不同的视频是否在FLV播放器中播放。

FLVPlayback组件属性
图9-79

场景6时间轴
图9-80

请保存练习文件"Lesson9-4.fla"。到此阶段完成的范例请参考进度文件"Lesson09-4-06end .fla"。

▌9.3.6 Flash作业展示

主界面按钮4对应的场景7，同样可直接参考场景4来制作。只是将图片层的每帧换成Flash的swf作业载入帧即可。下面将制作场景7：swf作业展示场景。

操作步骤9-22：场景7中swf作业展示界面

请打开上一节结束时保存的文件"Lesson9-4.fla"（或打开进度文件夹中的"Lesson09-4-06end.fla"文件）。

首先执行【插入/场景】命令创建场景7。将场景4界面完全复制到场景7；然后将图片图层的每一帧，换成swf作业载入帧。

7 Lesson

8 Lesson

9 Lesson

PLAY

10 Lesson

11 Lesson

12 Lesson

复制场景4

在场景面板中选择场景4，将该场景的时间轴中的所有图层选中，鼠标移到某帧位置，在右键菜单中执行【复制帧】命令，然后在场景面板中选择场景7，选择图层1第1帧，在右键菜单执行【粘贴帧】命令，将场景4中所有层的帧都粘贴过来。

将场景7的"图片"层选中，鼠标移到某帧上，在右键菜单中执行【清除关键帧】命令，将该层中除第1帧外的所有关键帧清除，只剩第1帧空关键帧。将该层改名为"载入"层。

创建影片剪辑元件

先在"载入"层上方创建一个新层，命名为"影片剪辑色块"层，然后在该层第1帧用矩形工具在屏幕区画出一个红色矩形，如图9-81所示，使其大小与屏幕相同，然后选择该矩形色块，在右键菜单中执行【转换为元件】命令，将其转换为影片剪辑元件，选择该元件，在属性面板中输入该影片剪辑元件的实例名称"pm_mc"。

创建该影片剪辑元件的目的是：我们将要把外部的swf文件载入并替换该影片剪辑元件。

载入层每帧上的动作

选择"载入"层第1帧，在动作面板中选择【➕/全局函数/浏览器/网络/LoadMovie】命令，在如图9-82所示的括号内，输入用英文引号引起来的swf文件名，逗号后面输入要替换的影片剪辑的名称：pm_mc（切记之前的影片剪辑一定要命名）。

选择"载入"层第

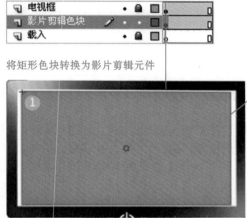

将矩形色块转换为影片剪辑元件

图9-81

选择后命名影片剪辑元件

图9-82

2帧，按F6键插入关键帧，选择第2帧，参考上面的操作，在动作面板中输入要载入的第二个swf文件名。

载入层其他帧同上操作，都是插入关键帧后，设置同上面类似的动作，只是将文件名改一下。

如果此时按Ctrl+Enter键测试的话，当单击主菜单第4个按钮进入场景7作业展示界面时，单击下一帧（或上一帧）按钮，会将某个swf 作业载入并替换舞台中已有的矩形影片剪辑元件(pm_mc)，但是可能有些作业的界外画面也会出现在屏幕外，如图9-83所示。

添加遮罩层后

图9-83

为了解决这个问题，可为载入层添加一个遮罩层：请在载入层上面新建一层，命名为"遮罩层"，在该层第一帧用矩形工具绘制一个矩形，使其大小与屏幕一样，然后将该层选中后，在右键菜单中执行【遮罩层】命令，将该层设置为遮罩层。这样就使下层的画面只在屏幕区出现，屏幕外的被屏蔽。

最后场景7完成后的时间轴如图9-84所示。

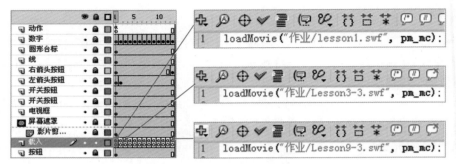

场景7时间轴载入层各帧上的动作

图9-84

请保存练习文件"Lesson9-4.fla"。到此阶段完成的范例请参考进度文件"Lesson09-4-07end.fla"。

9.3.7 音频播放

主界面按钮5对应的场景8,同样可直接参考场景4来制作。只是将图片层所在的逐帧静态图片,换成逐帧音频播放组件即可。下面将制作场景8:音频播放场景。

操作步骤9-23:场景8mp3音频播放界面

请打开上一节结束时保存的文件"Lesson9-4.fla"(或打开进度文件夹中的"Lesson09-4-07end.fla"文件)。

首先执行【插入/场景】命令创建场景8。然后将场景4全部复制到场景8,将场景8的"图片"层选中,将鼠标移到某帧上,在右键菜单中执行【清除关键帧】命令,将该层中除第1帧外的所有关键帧清除,只剩第1帧空关键帧。将该层改名为"音乐"层。

执行【窗口/组件】命令,将组件面板显示出来,如图9-85所示,从组件面板中选择"MediaPlayback"组件,将其拖放到音乐层第1帧舞台中央,并调整大小与位置。

单击选择舞台中的MediaPlayback组件,执行【窗口/组件检查器】命令,在如图9-86所示的组件检查器面板中输入mp3音乐文件的地址。

以上第1帧设置好后,可在音乐层第2帧处按F6键插入关键帧,然后单击选择第2帧中的MediaPlayback组件,在组件检查器地址栏输入另一个mp3音频文件地址。

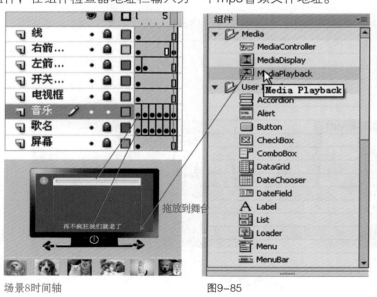

场景8时间轴　　　　图9-85

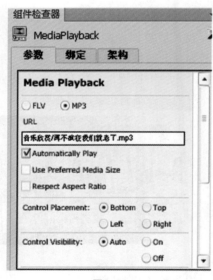

图9-86

其他帧的创建同上,都是插入关键帧后改变MediaPlayback组件的音频地址,换成另一个音频文件即可。这样场景8的音频层完成后,如图9-85所示创建新层,命名为"歌名"层,在该层的每一帧用文本工具输入对应的歌曲名称。

按Ctrl+Enter键测试,当单击主菜单第5个按钮进入场景8音频播放界面后,单击按钮切换到下一个(或

7
Lesson

8
Lesson

9
Lesson

10
Lesson

11
Lesson

12
Lesson

上一个）时，不同的音乐会在Media播放器中播放。由于在组件检查器中选择的"Control Visibility"选项是"Auto"，所以只有鼠标移到播放器上时，才会自动显示播放器中的音频暂停、音量等控制按钮。

请保存练习文件"Lesson9-4.fla"。到此阶段完成的范例请参考进度文件"Lesson09-4-08end .fla"。

▌9.3.8 滚动窗

如果某些Flash的swf文件或jpg图片相对于本范例的屏幕显示区太大的话，可以考虑使用滚动窗来显示这些文件的内容。下面要制作的主界面按钮6对应的场景9，通过参考场景4的制作，将图片层所在的逐帧静态图片，换成逐帧滚动窗组件即可。下面将制作场景9：滚动窗页面场景。

操作步骤9-24：场景9滚动窗展示界面

请打开上一节结束时保存的文件"Lesson9-4.fla"（或打开进度文件夹中的"Lesson09-4-08end.fla"文件）。

首先执行【插入/场景】命令创建场景9。然后将场景4全部复制到场景9，将场景9的"图片"层选中，将鼠标移到某帧上，在右键菜单中执行【清除关键帧】命令，将该层中除第1帧外的所有关键帧清除，只剩第1空关键帧，将该层改名为"滚动窗"层。

执行【窗口/组件】命令，将组件面板显示出来，如图9-87所示，从组件面板中选择"ScrollPane"组件将其拖放到滚动窗层第1帧舞台中央，并调整大小与位置。

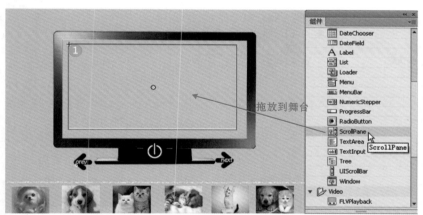

图9-87   图9-88

单击选择舞台中的ScrollPane组件，执行【窗口/组件检查器】命令，在如图9-88所示的组件检查器面板中输入swf文件或jpg图片的文件地址。

以上第1帧设置好后，可在滚动窗层第2帧处按F6键插入关键帧，然后单击选择第2帧中的ScrollPane组件，在组件检查器地址栏输入另一个jpg图片文件地址。

其他帧的创建同上，都是插入关键帧后改变ScrollPane组件中的swf或jpg文件的地址，换成另一个文件即可。

按Ctrl+Enter键测试，当单击主菜单第6个按钮进入场景9滚动窗界面后，单击按钮切换到下一个（或上一个）时，不同的swf或jpg文件内容会显示在滚动窗中，你可以拖动垂直或水平滚动块来观看窗内文件的内容，或用手形工具在文件中拖曳观看。

请保存练习文件"Lesson9-4.fla"。到此阶段完成的范例请参考进度文件"Lesson09-4-09end .fla"。

动态画面请见随书课件"Lesson9按钮控制/课堂范例"的动画展示。

类似的练习，请参考随书课件"Lesson9按钮控制/学生作业"中的各种作业。

至此，一个完整的多媒体展示作业就完成了。熟练以后，你可以制作自己的按钮、制作动画主页界面及其他页界面，利用上面介绍的方法，创建独具特色的多媒体展示作品。需要注意的是，由于视频、音频、滚动窗、载入swf文件时输入的文件地址，是在与本范例同文件夹下的子文件夹中，如果要将本范例拷贝到别处，同文件夹下的子文件夹及其中的这些载入文件也需要拷贝。否则载入时会找不到文件。

思考题：

问题1：如何制作鼠标指向或单击按钮后有音效的按钮？

问题2：为什么范例1的播放、暂停按钮只能控制动画画面，而不能控制与动画同步播放的声音呢？

问题3：Flash的帧标签有什么用？为什么要在帧标签中命名帧？

答疑：

问题1：如何制作鼠标指向或单击按钮后有音效的按钮？

回答1：在按钮的编辑界面，新建一层，命名为"声音"层，选择按钮指针经过帧，按F6键插入空关键帧，执行【窗口/公共库/声音】命令，在声音库中找到合适按钮的声音，或将外部声音文件导入到库中，从声音库或文件库中将声音拖放到按钮的指针经过帧即可。选择按钮按下帧，插入空帧。如果需要在按下帧加另一个声音，在按下帧要插入空帧，从库中拖放另一个声音到按下帧即可。如图9-89所示是在指针经过帧、按下帧都加了音效的按钮，在帧属性上选择"事件"同步。

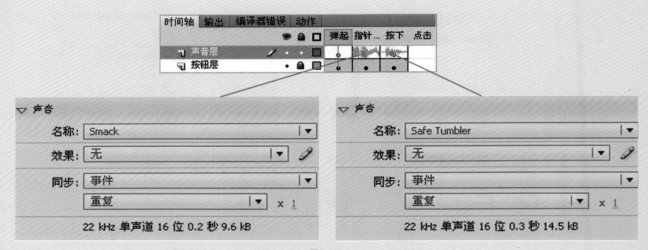

图9-89

问题2：为什么范例1的播放、暂停按钮只能控制动画画面，而不能控制与动画同步播放的声音呢？

回答2：本课范例1的动画短片中，虽然添加了播放、暂停控制按钮，但是在暂停时、背景声音却继续播放，这是因为在场景1中，背景音乐选择的是"事件"同步选项，事件声音是独立于时间轴的。请在范例1片头场景中的"全片背景水泡声"层的帧属性面板中设置声音为"数据流"同步选项，将"海水拍击声"层的声音也设置为"数据流"同步选项，测试看看事件与数据流两者的区别。范例1中的"Lesson09-1-03end"就是设置后的结果。这样，声音与画面会同时播放或暂停。

问题3：Flash的帧标签有什么用？为什么要在帧标签中命名帧？

回答3：帧标签有点像书签，实际上就是给某个关键帧起个名字，在需要跳转到该关键帧时，可以直接根据gotoAndPlay（"帧标签名"）来跳转到该帧，相比括号里直接输入帧数字的跳转，用帧标签名更方便时间轴上的动画帧的编辑。如图9-45所示，即使关键帧在时间轴上前后移动后帧数变化了，按钮中用帧标签名的跳转也能快速定位，而用帧数的跳转就需要重新修改按钮中的语句数字。

7
Lesson

8
Lesson

9
Lesson

PLAY

10
Lesson

11
Lesson

12
Lesson

上机作业：

1．参考随书光盘A"Lesson9按钮控制\09课参考作品"中的ck09_08，用按钮控制人物的喜怒哀乐表情动作。

图9-90

操作提示：

打开第3课范例3完成的女孩喜怒哀乐动画文件"Lesson3-4.fla"，先参考本课范例2的介绍制作几个文字按钮，将按钮拖放到新建的按钮层第1帧上，然后在新建的动作层第1帧设置停止动作。找到女孩几个表情的关键帧，分别创建帧标签，对帧命名为喜、哀、囧等，然后对每个按钮分别设置动作跳转到相应的帧标签上播放，每个动作播放后，在帧上设置停止动作。详细制作请参考"ck09_08.fla"文件。

2．参考随书光盘A"Lesson9按钮控制\09课参考作品"中的ck09_26，制作图片、视频、作业展示页面。

图9-91

操作提示：

（1）虽然也是通过主场景的按钮单击来展示多个图片、视频和作业，但是该作业与本课范例4不同之处是：四个很有特点的动画按钮飞入后停止，单击每个按钮并不是跳转到相应的场景，而是跳转到当前场景中指定的帧上及后面的几帧，如图9-92所示。

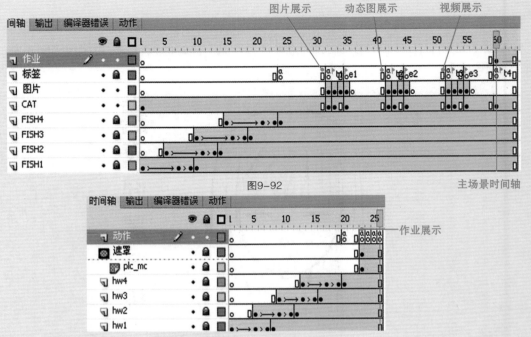

图9-92

主场景时间轴

h1_mc影片剪辑元件的时间轴

图9-93

（2）例如单击按钮1后跳转到帧标签为"t1"的帧上，该帧放置了第1张图片，下一帧放置了第2张图片，本例共放置了4张图片，并将最后的第4帧命名为"e1"，单击按钮2后跳转到帧标签为"t2"的帧上，该帧放置了"picture01"的影片剪辑元件，该元件是第1张图片逐渐显示的动态画面，下一帧放置了"picture02"，该元件是第2张图片逐渐显示的动态画面，本例共放置了4个影片剪辑元件，并将最后的第4帧命名为"e2"。单击按钮3后跳转到帧标签为"t3"的帧上，该帧放置了第1个视频，下一帧放置了第2个视频，本例共放置了4个视频，并将最后的第4帧命名为"e3"。以上三类都是通过猫耳朵上的按钮来进行下一帧或上一帧切换的。单击按钮4后跳转到帧标签为"t4"的帧上，但该帧只放置了一个影片剪辑元件"h1_mc"，该元件的时间轴如图9-93所示，作业的4个按钮飞入后停止，单击相应的按钮载入作业(以上图片与视频展示也可像作业展示一样放在影片剪辑元件里)。详细制作请参考"ck09_26.fla"文件。

3．参考随书光盘A"Lesson9按钮控制\09课参考作品"中的ck09_28，制作如图9-94所示的作业展示页面。

图9-94

操作提示：

该作业的特点是按钮组合，每个按钮不但有动态效果，而且按钮组成了一个完整的挂件画面，从舞台上方落下后停止，单击其中的某个按钮，跳转到指定的帧，先是一个白色滑块划过展示框后，再载入作业。与本课范例4中的直接载入作业页面相比，每个作业载入帧前的这一段白色滑块划过的动画，使得作业展示更加生动。详细制作请参考"ck09_28.fla"文件。

第10课 动画网页

参考学时：8~12

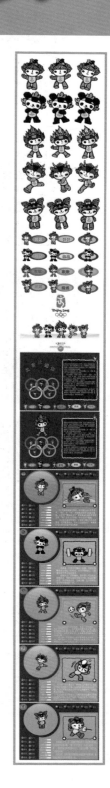

教学范例：动画网页

本范例动画网页完成后，播放画面参看右侧的范例展示图。

动态画面请见随书B盘课件"Lesson10动画网页\课堂范例"的动画展示。

本范例利用五个福娃的原始位图图片素材，逐步制作组成福娃的分层图形、分层元件、分层动画，使每个福娃都动起来；然后制作福娃的动画按钮，使鼠标滑向每个福娃按钮时，福娃会动；接着制作动画网页的启动页面、主页面及各个福娃的子页面，在主界面滑向每个福娃按钮时，该福娃会弹出来放大显示，单击某个福娃按钮，会进入到该福娃的子页面，除了文字介绍外，还有该福娃图片浏览及对福娃角色的动作和属性的控制，例如使其摇头、摆手、位移、放大、旋转、复制、拖曳等，使得没有编程基础的读者也能轻松掌握最基础的脚本语言。最终利用几幅静止图片完成多姿多彩的动画网页，并对网页中的角色进行控制。

教学重点：

- 如何使用套索工具
- 如何在Flash中将位图图片分层
- 如何利用福娃角色的图片制作角色分层动画
- 如何制作福娃各元件时间轴动画
- 如何制作分层动画按钮
- 如何制作笔刷遮罩效果动画
- 如何命名角色的各部分
- 如何控制角色各部分的动作

- 如何利用按钮改变角色的属性
- 如何用脚本语言拖曳/停止拖曳影片剪辑元件
- 如何用脚本语言复制影片剪辑元件
- 如何用脚本语言删除影片剪辑元件
- 如何用脚本语言设置影片剪辑元件的属性
- 如何设置及显示动态文本

教学目的：

掌握套索工具的使用；掌握位图的分层操作；掌握分层动画与分层元件时间轴动画的制作区别；掌握动画按钮的创建及按钮上的动画制作；掌握帧动作、按钮动作、影片剪辑元件动作的设置及区别；掌握用脚本语言控制动画角色的动作、复制、拖曳、删除及属性的设置和动态文本的显示。通过该范例掌握完整的动画网页制作技巧及角色控制方法。

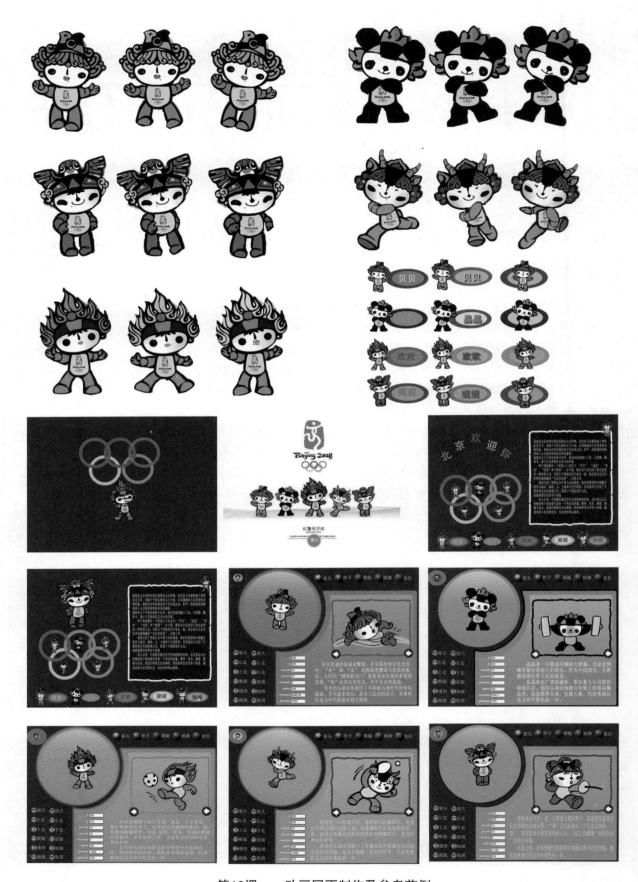

第10课——动画网页制作及参考范例

10.1 福娃动画制作

本节将通过导入福娃图片，制作透明背景，制作分层图形、分层元件、分层动画来为五个福娃制作自身的动画。

本节重点不是用Flash工具绘制福娃，而是尽量利用图片素材来制作福娃动画。对于绘画基础不好的读者，通过使用修改原始福娃图片素材，利用本课介绍的方法，制作的动画既保留了原始图片中福娃的特点，也使静止的福娃更具活力。

▌ 10.1.1   福娃素材的准备

新建一个Flash CS6文件（ActionScript2.0），保存命名为"Lesson10.fla"，将文档的尺寸大小设置为1024*768像素。选择工作区视图为动画模式。

▶ 操作步骤10-1：导入福娃图片

执行【文件/导入/导入到库】命令，选择"原始文件/PNG格式/妮妮"文件夹下的所有妮妮图片，将其导入到库中，这些图片都是提前在Photoshop中进行了背景透明处理的PNG格式图片（图片的透明处理请参考操作步骤7-2）。

PNG格式的图片在导入库后，请依次单击库窗口左下角的创建元件按钮，创建新的图形元件，名称与位图图片同名，将同名的位图拖放到图形元件编辑窗中的十字形位置，最后库中显示如图10-1所示。

为了方便查找，请单击库窗口左下角的文件夹按钮，创建文件夹，将有关妮妮的所有素材都拖放到如图10-2所示的文件夹下。

其他福娃图片的导入与上述类似，因为图片比较多，为了便于后面制作动画网页，所以建议导入后先创建同名图形元件，然后如图10-3所示将素材归类，最后库中共有五个福娃的素材文件夹。

以上提供的所有福娃素材都提前做了背景透明处理，所以在后面的使用中，不用在Flash中做去背景处理，除非你导入的JPG格式的图片未做过处理。

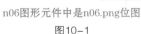

n06图形元件中是n06.png位图　　　妮妮素材文件夹整理　　　所有素材导入后整理完成

图10-1　　　　　　　　　　　　　图10-2　　　　　　　　　图10-3

▶ 操作步骤10-2：位图去背景处理

如果导入的图片未提前做去背景处理，可在导入到Flash后（例如将"欢欢.jpg"图像导入），先创建一个图形元件，将带有背景的位图拖放到该图形元件里，然后选择该位图，如图10-4所示，在右键菜单中选择【分离】命令将其分离，然后用选择工具在位图外单击取消对全图的选择，选择工具箱中的套索工具，如图10-5所示用手动套索自由选择出一个区域，按Del键将该背景区域删除，结果如图10-6所示。

分离位图
图10-4

用套索工具手动框选区域
图10-5

按Del键将所选区域删除
图10-6

　　如果在工具箱中按下套索工具的多边形模式按钮，则可在图像背景区多次边单击边移动、在结束时双击，可选择闭合的多边形区域，如图10-7所示，按Del键将该背景区域删除，结果如图10-8所示。再次按下按钮取消该模式，然后按下该工具的魔术棒模式按钮，该模式下单击背景的白色区，则几乎所有的白色都可被选中，按Del键删除，结果如图10-9所示。背景中少量未被删除的白色可再次用自由套索框选后删除。带有背景色的位图图像在Flash中也能除去背景。注意单色背景适合用魔棒选择后去除，杂色背景适合用自由套索或多边形模式套索选择后去除。

用套索工具的多边形模式单击框选多边形
图10-7

单击Del键将多边形删除
图10-8

用魔术棒单击选择白色区后删除
图10-9

JPG格式位图　　　　　　　　原位图分离、去除背景后
图10-10

背景已透明处理的原PNG位图
图10-11

含有PNG位图的图形元件

　　请保存练习文件"Lesson10.fla"。到此阶段完成的范例请参考进度文件"Lesson10-01end .fla"。请注意区别库中JPG、PNG原始位图以及含有PNG位图的图形元件的不同。

7 Lesson
8 Lesson
9 Lesson
10 Lesson
11 Lesson
12 Lesson

▎10.1.2　分离福娃图层

请打开上一节结束时保存的文件"Lesson10.fla"（或打开进度文件夹中的"Lesson10–01end.fla"文件）。

要制作福娃胳膊、腿、头动的动画，需要提前将福娃的胳膊、腿、头等各部分分别放置在不同的图层上。下面将对一层福娃的位图进行分离图层的操作。

▶ 操作步骤10–3：分离福娃图层

以福娃欢欢为例：执行【插入/新建元件】命令，创建影片剪辑元件"欢欢动画"，进入到该元件的编辑界面，从库中将福娃欢欢的正面位图"h01.png"拖放到元件窗口中，用选择工具单击选择位图，在右键菜单中选择【分离】命令将其分离，此时位图成点状显示。

在福娃欢欢位图外空白区单击取消选择，选择工具箱套索工具，按下该工具的多边形模式按钮，
沿福娃的右腿外轮廓单击框选出右腿区域，如图10–12所示，在结束位置双击鼠标，则点状选择出了右腿区域。如果还有部分区域未选择，可按住Shift键再次框选未选择的区域，直到右腿区完全选中为止，如图10–13所示，然后在右键菜单中执行【分散到图层】命令，将选择的右腿单独放置到新的一层中，将该层命名为"右腿"。

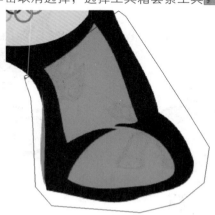

套索框选　　　　　　　　　　框选后分散到图层
图10–12　　　　　　　　　　　图10–13

选择"右腿"层，将其他层隐藏并锁定，在右腿层的第1帧舞台区，如图10–14所示，用刷子工具绘制与右腿一样的红色，及边缘黑色，使右腿根部与身子有重叠，因为后面要做腿摆动的动画，如果没有重叠区的话，右腿根部在动画时会有漏空区。

分散到新层上的右腿　　　　用刷子工具画出右腿根部　　　　将右腿绘制修改后效果
图10–14

左腿、左胳膊、右胳膊、身子、头等都用以上方法分散到各图层，并用刷子工具绘画修改重叠区，如图10–15所示。最后将身子图层调整到四肢图层的上面。

对于初学者，只分层每个福娃的左右腿、左右胳膊、身子、头六大部位即可（熟练后，有时间的话，例如想做福娃眨眼、说话、头饰变色等动画，可分得更细一些）。本范例最后将欢欢分层如图10–16所示。其中火焰是用套索工具的魔术棒模式，按Shift键依次单击欢欢头顶中的红色填充区，将红色全部选择后复制粘贴到新图层中的。嘴是用绘画工具直接在新层上原位置绘制的，覆盖了下层原来的形状。

"贝贝动画"、"晶晶动画"等其他福娃的影片剪辑元件的分层制作类似。最后本范例分层的结果请参

考如图10-17、图10-20所示（初学者只分层六大部位即可）。

需要注意的是，晶晶或迎迎的胳膊分散到图层后，身子可能会被裁掉大半，可将"欢欢动画"元件中的欢欢的身子选择后粘贴到晶晶或迎迎的身子层，调整大小与角度，替换掉原来的身子。

以上介绍了将位图在Flash中分层的方法。熟悉Photoshop的读者也可参考操作步骤7-4，在Photoshop中将位图分层、编辑，然后导入多图层PSD格式的文件到Flash的图层中。

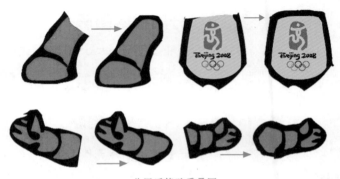

分层后修改重叠区
图10-15

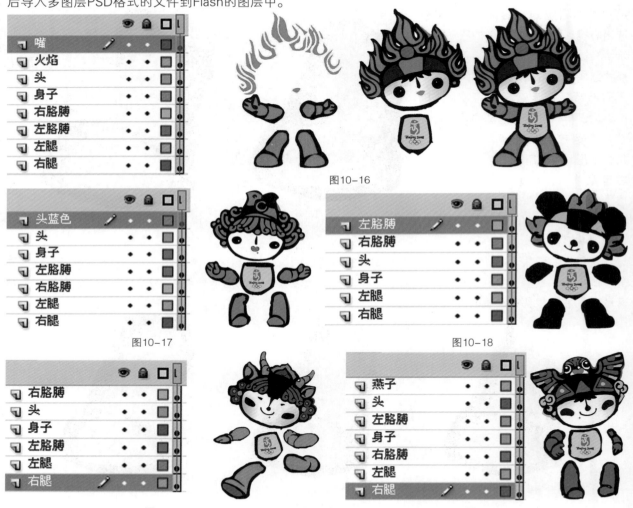

图10-16

图10-17

图10-18

图10-19

图10-20

到此，库中创建的几个福娃的影片剪辑元件中福娃各部分都分层修改完成。

各部分分散到图层的目的就是后面要制作手、脚、头摆动的动画，对于绘画基础不是很好的读者，利用分散到各图层单独制作图层动画的方法，可将平面图形动画化，这样既保持了原图的画面效果，也避免了不会绘画的缺陷。

但是这几个福娃毕竟是平面的画面，所以虽然分层放置了各部分，后面制作动画时四肢也只能轻微摆动，否则幅度太大会使动画不真实。

请保存练习文件"Lesson10.fla"。到此阶段完成的范例请参考进度文件"Lesson10-02end .fla"。

7
Lesson

8
Lesson

9
Lesson

10
Lesson

11
Lesson

12
Lesson

▎10.1.3　分层转换为元件

请打开上一节结束时保存的文件"Lesson10.fla"（或打开进度文件夹中的"Lesson10-02end.fla"文件）。

福娃的胳膊、腿、头等各部分虽然分别放置在不同的图层上了，但是要创建传统补间动画，需要将每个图层上的位图转换为库中的元件才行。所以下面将对重点部位层的位图转换为元件。

▶ **操作步骤10-4：转换为元件**

下面将已分层的福娃各部分位图转换为元件，为创建传统补间动画做准备。

以福娃欢欢为例：首先双击库中的"欢欢动画"影片剪辑元件的图标，进入其界面，该时间轴上是已分层的欢欢各部分位图，请先选择"右腿"层的第1帧，则该帧右腿位图会被全部选择，如图10-21所示得鼠标移到右腿区域，在右键菜单中执行【转换为元件】命令，在弹出的如图10-22所示的对话框中输入元件的名称"欢欢右腿"，类型为"图形元件"，保存文件，单击后在如图10-23所示的已有库文件夹中选择"欢欢素材"文件夹，将转换后的元件保存在库中的"欢欢素材"文件夹中。

图10-21　　　　　　　　　　　图10-22　　　　　　　　　　　图10-23

请参考以上操作，分别将左腿、左胳膊、右胳膊、身子、头、火焰各图层中的位图都转换为元件，注意选择时一定要先选择该层第1帧，就能保证将该帧所有位图都选中（包括后来绘制添加的重叠区），然后再转换为元件，元件名称尽量能够完全描述位图画面的内容。以上各部分都转换成元件后，"欢欢动画"影片剪辑元件中的各图形元件组成及库中的显示如图10-24所示。

在本范例中，已分层绘制的嘴层中的矢量图未转换成元件，主要想在后面做变形动画而不是传统补间动画，之所以要转换元件，是因为传统补间动画需要帧中的图形必须是库中的元件。

"贝贝动画"、"晶晶动画"等其他福娃的影片剪辑元件中的各部分

"欢欢动画"影片剪辑元件中的各元件

图10-24

位图转换为元件的操作同上。请参考以上操作，将每个福娃的六大部位组成都转换为元件。

请保存练习文件"Lesson10.fla"。到此阶段完成的范例请参考进度文件"Lesson10-03end.fla"。

10.1.4　福娃分层时间轴动画

请打开上一节结束时保存的文件"Lesson10.fla"（或打开进度文件夹中的"Lesson10-03end.fla"文件）。

由于福娃各组成部位都已是库中的图形元件，所以下面要制作福娃动画就容易多了。请先将库中的"欢欢动画"影片剪辑元件选中，在右键菜单中执行【直接复制】命令，将复制的"欢欢动画副本"保存在库中以备后面使用。其他几个影片剪辑元件也同样复制副本并存放在库中。

▶ 操作步骤10-5：福娃时间轴动画

以福娃欢欢为例：双击库中的"欢欢动画"影片剪辑元件图标，进入其界面，选择时间轴中所有层的第20帧，按F5键插入帧，然后选择"右腿"层，将其他层锁定，选择"欢欢右腿"图形元件，用任意变形工具■单击右腿，会显示元件四周的变形框与旋转中心点，将鼠标移到旋转中心点，当光标变成▲后，将旋转中心点移到右腿根部位置，然后分别选择时间轴的第5、10、15、20帧，按F6键插入关键帧，如图10-25所示，选择第5帧的第2关键帧，用任意变形工具将右腿向右上旋转。然后选择第15帧的第4关键帧，用任意变形工具将右腿向左下旋转，第1、3、5关键帧保持不变。选择两两关键帧之间的帧，在右键菜单中执行【创建传统补间】命令。按回车键播放，福娃的右腿会上下动起来。

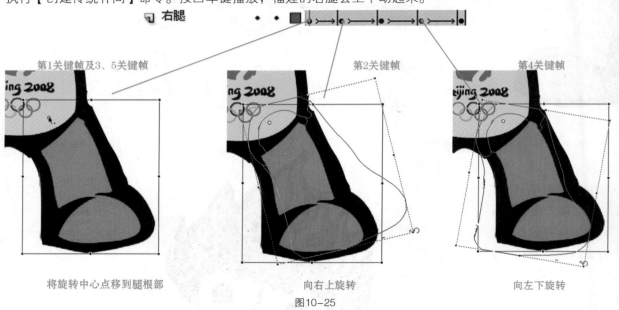

第1关键帧及3、5关键帧　　　　　　　　　第2关键帧　　　　　　　　　第4关键帧

将旋转中心点移到腿根部　　　　　　　　向右上旋转　　　　　　　　向左下旋转

图10-25

如果之前在操作步骤10-3中未绘制腿根部的重叠区或重叠区太少，在腿部旋转幅度太大时，就会有漏空区，此时的补救办法是：双击右腿进入"欢欢右腿"图形元件的编辑界面，再次用刷子等工具绘制根部重叠区，完成后切记单击文件窗口左上角的"欢欢动画"名称处返回到"欢欢动画"影片剪辑元件的界面。

欢欢左腿、左胳膊、右胳膊、头部、火焰的制作方法同上，都是在各自的层中，先改变相应元件的旋转中心点（肩部或颈部），然后插入4个关键帧，将第2、4关键帧的图形元件朝不同方向旋转一点即可（火焰层的第2、4帧上的火焰元件还改变了色调），两两关键帧之间创建传统补间动画。由于嘴部是新绘制的图形，未转换为元件，而是制作了形状补间动画，如图10-26所示。5个关键帧之间形成了福娃的最基本的动画。当把完成后的"欢欢动画"影片剪辑元件拖放到主场景中后，按Ctrl+Enter键可测试循环播放的动画。

"贝贝动画"、"晶晶动画"等其他福娃的影片剪辑元件中各层的补间动画制作同上。如图10-27所示，将每个福娃的图层分层制作传统补间动画。

完成后，将库中的"贝贝动画"等其他福娃影片剪辑元件拖放到主场景舞台区，调整大小，按Ctrl+Enter键测试每个福娃循环播放的动画。

1、3、5不变   2、4变化

图10-26

图10-27

请保存练习文件"Lesson10.fla"。到此阶段完成的范例请参考进度文件"Lesson10-04end .fla"。

▍ 10.1.5　福娃各元件时间轴动画

请打开上一节结束时保存的文件"Lesson10.fla"(或打开进度文件夹中的"Lesson10-04end.fla"文件)。

以上福娃动画是在时间轴上直接做传统补间动画完成的,下面介绍分别在福娃时间轴中各影片剪辑元件的时间轴中制作传统补间动画。虽然动画结果差不多,但是这种方法制作的动画能够用按钮来控制各部分的动作。

▶ 操作步骤10-6:福娃各元件时间轴动画

将上一步骤开始前复制的"欢欢动画副本"影片剪辑元件在库中选择,双击名称处,重新命名为"欢欢动画控制",其他几个复制后的影片剪辑元件也重新命名为"贝贝动画控制"、"妮妮动画控制"等。

以福娃贝贝为例:双击库中的"贝贝动画控制"影片剪辑元件图标,进入其界面,该元件每个图层的第1帧上是已转换为图形元件的元件实例。

选择"右腿层",然后选择该层第1帧的"贝贝右腿"图形元件,如图10-28所示,在右键菜单中执行【转换为元件】命令,将其转换为影片剪辑元件,如图10-29所示,命名为"贝贝右腿动",保存在"贝贝素材"文件夹中。

图10-28

图10-29

双击舞台中的"贝贝右腿动"影片剪辑元件,进入到其界面,此时文件窗口左上角从 场景1　贝贝动画控制 显示改为 场景1　贝贝动画控制　贝贝右腿动 ,由于是从舞台上双击进入而不是从库中的图标处双击进入,除了完全显示该元件的内容("贝贝右腿"图形元件)外,还会隐约显示上一级"贝贝动画控制"的画面。

此时"贝贝右腿动"时间轴第1帧上是"贝贝右腿"图形元件,如图10-30所示,先用任意变形工具将旋转中心点移到右腿根部,然后分别选择第5、10、15、20帧,按F6键插入关键帧,选择第5帧的第2关键帧,将右腿旋转一个角度,然后选择第15帧的第4关键帧,再将右腿旋转另一个角度,两两关键帧之间创建传统补间动画。则"贝贝右腿动"影片剪辑元件的一层时间轴动画就完成了。

"贝贝动画控制"影片剪辑元件时间轴　　　"贝贝右腿动"影片剪辑元件时间轴动画

图10-30

单击文件窗口左上角的"贝贝动画控制"处,回到上一级时间轴,虽然"右腿"层只有一帧,但该帧中的影片剪辑元件"贝贝右腿动"的时间轴上却有20帧的动画。

贝贝其他层的制作同上,都是先选择某层第1帧的图形元件实例,然后转换为影片剪辑元件,名称为

7
Lesson

8
Lesson

9
Lesson

10
Lesson

11
Lesson

12
Lesson

"贝贝**动"，接着双击进入编辑界面，改变图形元件的旋转中心点，插入4个关键帧，只修改第2、4关键帧中图形元件的旋转角度，制作20帧长5个关键帧的传统补间动画。最后返回到上一级界面。

将"贝贝动画控制"影片剪辑元件拖放到主场景舞台区，调整大小，按Ctrl+Enter键测试循环播放的动画。在舞台中，用"贝贝动画"、"贝贝动画控制"两种方法制作的影片剪辑元件的时间轴区别如图10-31所示。

"贝贝动画"影片剪辑元件

"贝贝动画"影片剪辑元件时间轴

"贝贝动画控制"影片剪辑元件

"贝贝动画控制"影片剪辑元件时间轴

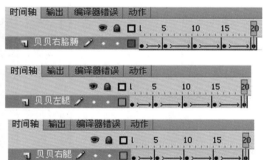

各部分影片剪辑元件时间轴

图10-31

用福娃各元件时间轴动画的方法制作动画（见"贝贝动画控制"影片剪辑元件），不如福娃分层制作动画（见"贝贝动画"影片剪辑元件）方便，主要是制作时没有其他层的动画作为参考，但是优点是：在制作游戏角色的动画时，将来可以单独控制每一个元件的动画，即单独控制腿、胳膊、头的运动，也便于编辑修改动画，在后面的练习中会介绍控制方法。

"欢欢动画控制"、"晶晶动画控制"等其他福娃的影片剪辑元件中各元件的时间轴动画制作同上。

完成后，将库中的"欢欢动画控制"等其他福娃影片剪辑元件拖放到主场景舞台区中，调整大小，按Ctrl+Enter键测试福娃循环播放的动画。

此时库中有大量的不同类型的元件，如果之前没有整理，请参考图10-24中的库结构，将几个福娃的素材分别归类放置。

请保存练习文件"Lesson10.fla"。到此阶段完成的范例请参考进度文件"Lesson10-05end .fla"。

本节将利用已完成的福娃动画及库中的福娃素材，制作福娃动画网页，包括5个福娃的按钮，动画网页的开始页、首页。

▌**10.2.1** 按钮制作

请打开上一节结束时保存的文件"Lesson10.fla"（或打开进度文件夹中的"Lesson10-05end.fla"）。下面先制作福娃动画按钮。

▶ **操作步骤10-7：福娃按钮制作**

以福娃迎迎的按钮制作为例：首先执行【插入/新建元件】命令，新建按钮元件，命名为"迎迎按钮"，类型为"按钮"，保存在新建的"按钮"文件夹中。进入按钮编辑界面，下面要制作的迎迎按钮，是一个有两层大小椭圆叠加在一起的椭圆按钮，上面有文字"迎迎"字样，同时按钮旁有迎迎的图片，当鼠标指向按钮后，椭圆按钮的颜色会变化，按钮上的文字会有阴影效果，文字下面会有不断放大消失的椭圆环形动画，按钮旁静止的迎迎图片变成了动画迎迎，当按下按钮后，椭圆又会变色，而文字消失，图片迎迎会在按钮的中心处。

按钮第1层的制作

请将图层1重新命名为"大椭圆"层，如图10-32所示，在弹起帧用椭圆工具 ◯ 绘制一个无边橙色椭圆，接着分别在指针经过和按下帧，按F6键插入关键帧，选择指针经过帧的椭圆，用任意变形工具将其变小一些，并将其填充色改为橙黄色，然后选择按下帧的椭圆，用任意变形工具将其变大一些，并将其填充色改为棕黄色。

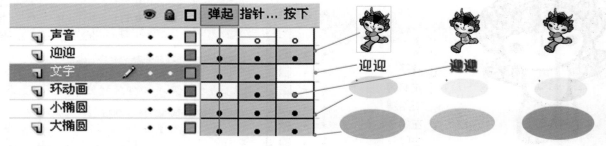

图10-32

按钮第2层的制作

新建一层，命名为"小椭圆层"，在该层的弹起帧，用椭圆工具 ◯ 绘制一个比下层小一些的黄色椭圆，接着分别在指针经过和按下帧，按F6键插入关键帧，选择指针经过帧的椭圆，用任意变形工具将其变小一些，并将其填充色改为浅黄色，然后选择按下帧的椭圆，用任意变形工具将其变大一些，并将其填充色改为淡黄色，这一层的椭圆位置位于下一层大椭圆的中心。

按钮文字层的制作

再新建一层，命名为"文字"层，在该层的弹起帧，用文本工具 **T** 输入"迎迎"两个字，将文字调整大小，并放置在椭圆的中心。用选择工具选择该文字块，在右键菜单中执行【转换为元件】命令，将文字块转换为图形元件，命名为"迎迎"，保存在新建的"文字"文件夹中。选择指针经过帧，按F6键插入关键帧，如果想照如图10-32所示制作文字的阴影效果，可将指针经过帧的文字图形元件实例选中，在属性面板的最上端，如图10-33所示，将实例的图形元件类型改为影片剪辑元件，然后选择该帧的文字影片剪辑元件实例，如图10-34所示，单击属性面板最下端的 按钮，新建投影滤镜，如图10-35所示调整投影参数，则文字就有了阴影效果（只有影片剪辑类型的元件可创建投影、发光等滤镜效果，图形元件不行，这也是上面要临时将图形元件改为影片剪辑元件的原因）。

图10-33

图10-34

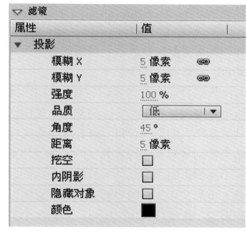
图10-35

按钮迎迎层的制作

新建一层，命名为"迎迎"层，选择该层的弹起帧，将库中"迎迎素材"文件夹下的迎迎静止图的图形元件"y01"拖放到该帧按钮的左侧，调整大小，如图10-36所示，然后选择指针经过与按下帧，分别按F6键插入关键帧，选择按下帧的迎迎图形元件实例，将其移放到按钮中心。选择指针经过帧的迎迎图形元件实例，在属性面板中按"交换"按钮，将其交换成"迎迎动画"影片剪辑元件。这样设置后，将来按钮在鼠标经过时，迎迎按钮上的迎迎会动起来，其他两个状态下，按钮上的迎迎会静止不动。

弹起

指针经过

按下

图10-36

按钮声音层的制作

新建一层，命名为"声音"层，本按钮打算在鼠标经过时发声，所以选择鼠标经过帧和按下帧，分别按F6键插入空关键帧，选择鼠标经过帧的空帧，然后执行【窗口/公用库/声音】命令将公用声音库打开，找到一个短暂的适合按钮的声音，将其拖放到舞台中（或执行【文件/导入/打开外部库】命令，将提供的按钮声音或自己找到的按钮声音导入到库中，将其拖放到鼠标经过帧的舞台上）。

按钮环动画层的制作

为了按钮更具动画特点，可将第9课制作完成的环动画影片剪辑元件拖放到按钮中。

新建一层，命名为"环动画"层，选择鼠标经过帧和按下帧，分别按F6键插入空关键帧，选择鼠标经过帧的空帧，执行【文件/导入/打开外部库】命令，选择第9课中完成的文件"Lesson9-4.fla"，将其库中的"环动画"影片剪辑元件拖放到鼠标经过帧上。调整大小使其为椭圆形，将其放置在按钮中心，将该层拖放到文字层的下面。

最后，完成后的迎迎按钮的时间轴各层如图10-32所示。将迎迎按钮拖放到主场景中，按Ctrl+Enter键测试按钮，该按钮的三个状态如图10-36所示。

其他福娃按钮的制作

其他福娃按钮的制作可参考迎迎按钮的制作方法，只是椭圆按钮颜色不同、福娃元件不同。每个按钮

的弹起帧、指针经过帧、按下帧的多层画面叠加效果如图
10-37所示。

图10-37

更方便的制作其他福娃按钮的方法是：先复制文字元
件，然后复制按钮元件，再修改文字元件和按钮元件的内容
即可。具体制作方法如下。

先选择库中的"迎迎"文字的图形元件，在右键菜单中
执行【直接复制】命令，将复制后的图形元件命名为其他福
娃的名字，例如"贝贝"等，保存在文字文件夹中（用此方
法可复制其他几个福娃名字的图形元件）。然后在库中分别
双击复制后的图形元件前的图标，例如"贝贝"前的图标，
进入贝贝文字元件的界面，由于是复制迎迎的，所以只需将
"迎迎"改成"贝贝"即可，其他几个文字元件都是将其内容改成相应福娃的名字即可。

选择库中的"迎迎按钮"元件，在右键菜单中执行【直接复制】命令，将复制后的按钮命名为其他福
娃的名字，例如"贝贝按钮"，保存在按钮文件夹中（用此方法可复制其他4个福娃按钮）。然后双击库中
复制后的"贝贝按钮"按钮前的图标，进入到贝贝按钮的编辑界面，由于是复制的迎迎按钮内容，可将迎
迎层的弹起帧与按下帧中的迎迎图形元件（y01）交换成贝贝的图形元件（b01），将鼠标经过帧上的"迎迎
动画"影片剪辑元件交换成"贝贝动画"影片剪辑元件。将文字层弹起帧和鼠标经过帧上的文字"迎迎"
元件交换成文字"贝贝"元件。将按钮中椭圆层每帧的椭圆图形的填充色改变成合适的颜色即可。其他几
个福娃按钮的修改操作同上，都是将其复制后的内容换成相应的福娃元件，并将按钮椭圆变色即可。这种
方法制作的按钮大小形状都一样，相对单独重新绘画制作的按钮来讲，更适合作为网页上的一组按钮。

▶ 操作步骤10-8：另一种福娃按钮的制作

下面要制作的是福娃子页中的退出按钮，以福娃妮妮的按钮制作为例：首先执行【插入/新建元件】命
令，新建按钮元件，命名为"妮妮退出按钮"，类型为"按钮"，保存在按钮文件夹中。接着进入按钮编
辑界面。

参考图10-38所示的多层按钮的时间轴，先在边框层的弹起帧绘制边框线为点划线的空心矩形边框，
然后在其中绘制
一个透明度为的
30%白色无边圆
形，在指针经过帧
插入空帧，绘制圆

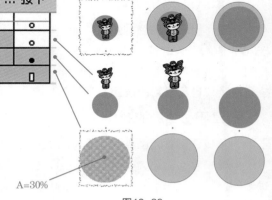

A=30%

图10-38

形。在新建的椭圆层的弹起帧，绘制小一点的圆形，然后在
指针经过帧和按下帧分别按F6键插入关键帧，将指针经过帧
的圆形变大一些，按下帧的圆形也变得更大一些。在新建的
福娃层的弹起帧，将库中的妮妮静止图形元件（n01）拖放
到圆形上面并调整大小，在指针经过帧按F6键插入关键帧，
将该帧的福娃妮妮变大一些，在按下帧插入空帧。新建的声
音层的指针经过帧与按下帧分别按F5键插入空帧，选择指针经过帧，执行【文件/导入/打开外部库】命令，
将提供的按钮声音拖放到舞台中，在按下帧也拖放另一个声音到舞台中。

其他福娃退出按钮的制作可参考"妮妮退出按钮"的制作方法，只是椭圆按钮颜色不同、福娃元件
不同。每个按钮的弹起帧、指针经过帧、按下帧的多层画面叠加效果如图10-39所示。请用库中直接复制
"妮妮退出按钮"的方法，复制其他四个按钮，然后分别修改按钮层每帧的图形颜色并交换福娃即可。

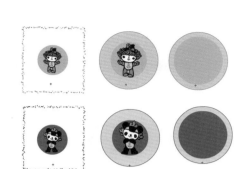

图10-39

7 Lesson
8 Lesson
9 Lesson
10 Lesson
11 Lesson
12 Lesson

▶ **操作步骤10-9：开始进入按钮的制作**

下面要制作一个开始页面中的"进入"按钮，首先执行【插入/新建元件】命令，新建按钮元件，命名为"进入"，类型为"按钮"，保存在"按钮"文件夹中。接着进入按钮编辑界面。

要制作的"进入"按钮是一个椭圆形的按钮，上面有"进入"文字，按钮边框会有圆环形动画不断放大消失，当鼠标经过按钮时，椭圆会变色变大，中心会出现5个福娃不断变换的动画，单击按钮后，椭圆恢复原大小并变色，有"进入"文字，原来的5个福娃动画消失。

参考图10-40所示，分层制作按钮。其中最下层的图形层中的三帧是不同颜色的椭圆。文字层中只有前后两帧有同样的文字。在环动画层中，是先执行【文件/导入/打开外部库】命令，选择第9课中完成的文件"Lesson9-4.fla"，将其库中的"环动画"影片剪辑元件拖放到该层的弹起帧上。调整大小，将其放置在按钮中心。在声音层的指针经过帧，加入按钮声音。

图10-40

在文字层上面新建的"五福娃动画"层上，先在指针经过帧及按下帧上分别按F6键插入空帧，然后选择指针经过帧，将库中的贝贝静止图形元件(b01)拖放到该帧上，调整大小，放置在圆形按钮内，在右键菜单中执行【转换为元件】命令，将其转换为影片剪辑元件，命名为"五福娃"，在其时间轴上，参考图10-41所示的五帧动画，分别在第5、10、15、20帧按F6键插入关键帧，将第2关键帧中的贝贝图形元件（b01），交换成晶晶图形元件（j01），第3、4、5帧中的贝贝（b01）分别交换成欢欢(h01)、迎迎(y01)、妮妮(n01)。形成五福娃变换的动画。回到上一级按钮的界面，完成鼠标经过帧上福娃不断变换的影片剪辑的制作。

"六福娃"影片剪辑元件时间轴动画

图10-41

回到主场景，将舞台区中的所有可视对象删除，然后将库中完成的5个福娃按钮、退出按钮、进入按钮拖放到主场景舞台区，调整大小，按Ctrl+Enter键测试按钮。

请保存练习文件"Lesson10.fla"。到此阶段完成的范例请参考进度文件"Lesson10-06end .fla"。

10.2.2 开始页动画制作

要制作的开始页的动画如下：先是五环逐渐依次出现，同时福娃欢欢的图像随着笔刷笔画的移动也逐渐显示，接着五福娃的图片逐渐出现，先前的五环也叠回到图像中的五环位置，"进入"按钮从底部进入，画面停止，如图10-42所示，等待单击"进入"按钮。一旦单击按钮后，画面变暗，准备进入首页。

图10-42

请打开上一节结束时保存的文件"Lesson10.fla"（或打开进度文件夹中的"Lesson10-06end.fla"文件）。下面将制作开始页福娃欢欢的笔刷遮罩效果。

▶ 操作步骤10-10：欢欢的笔刷遮罩效果

有些人习惯在主场景的时间轴上制作数十层几百帧这样庞大的动画，但是修改起来就是件很麻烦的事，所以可考虑将动画分段制作，将有些复杂但比较完整的动画，先在图形元件或影片剪辑元件中制作，然后在必要时，拖放到主场景的时间轴指定帧上，这样既可让这段动画循环播放，也可播放一次或者停止。将来修改起来直接修改元件既可，不用对主时间轴动画做大修改。下面要制作的开始页中的欢欢图像随着笔刷笔画的移动逐渐显示的动画，就是在图形元件中制作的。

首先执行【插入/新建元件】命令，新建一个图形元件，命名为"欢欢遮罩"，保存在新建的图形元件文件夹中，接着进入到图形元件的编辑界面。

将图层1命名为欢欢层，将库中欢欢素材文件夹中欢欢的静止图形元件（h01）拖放到舞台的十字标位置，调整大小，在第40帧按F5键插入帧。

将欢欢层锁定，新建一层，命名为笔刷层，选择刷子工具 ，选择合适大小的刷子，用某种颜色在欢欢头顶部位画出一笔，接着在第3帧按F6键插入关键帧，在该帧上的笔画处再向下添加一笔，在第5帧再按F6键插入关键帧，在该帧上笔画处再添加一笔，如图10-43所示。依次在后面的帧上插入关键帧，然后添加笔画，直到第40帧处将笔画填满覆盖欢欢区。最后，将遮罩层选择后，在右键菜单中执行【遮罩层】命令，将其设置为下层欢欢的遮罩，按Enter键播放，这段动画结果如图10-44所示。模仿笔刷刷出欢欢图像的效果。

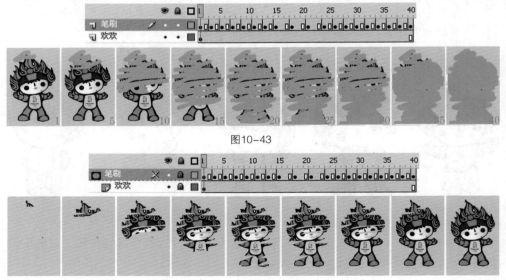

图10-43

图10-44

7 Lesson

8 Lesson

9 Lesson

10 Lesson

11 Lesson

12 Lesson

▶ 操作步骤10-11：开始页主场景动画

回到主场景，将以前放置在主场景舞台的按钮等可视对象全部框选后删除，只保留图层1的空帧。

黄色环层

将图层1命名为"黄色环"层。将库中图形元件文件夹中的"环"图形元件选中（该元件是上面制作按钮时导入第9课中的环动画影片剪辑元件时导入到库中的，如果你自己的练习文件没有这个元件，也可新建一个图形元件，命名为"环"，用椭圆工具画出一个空心圆环图形），将库中的"环"图形元件拖放到"黄色环"层第1帧，调整大小与位置，在属性面板中将其alpha值设置为0，在该层第10帧位置按F6键插入关键帧，在属性面板中将该帧的环图形元件的alpha值设置为100，色调设置为黄色，在第1~10帧之间创建传统补间动画，如图10-45所示的黄色环层，其动画就是一个圆环逐渐出现并显示为黄色环的动画。将该层的第100帧选中，按F5键插入帧，使其持续到100帧。

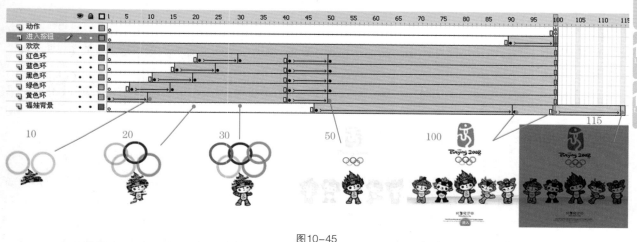

图10-45

其他颜色环层

在"黄色环"层上新建一层，命名为"绿色环"层，选择该层的第6帧，按F6键插入空关键帧，选择该空帧，将库中"环"图形元件拖放到该帧，调整大小与位置，将其alpha值设置为0，在该层第15帧位置按F6键插入关键帧，将该帧的环图形元件的alpha值设置为100，色调设置为绿色，在第6~15帧之间创建传统补间动画。

依次新建"黑色环"、"蓝色环"、"红色环"层，如图10-45所示，每层错后5帧制作其他几个环依次出现并显示为不同颜色的动画。以上几层动画完成后就是五环依次出现的动画。

欢欢层

新建"欢欢"层，将上面制作的图形元件"欢欢遮罩"拖放到该层第1帧，调整大小，使其位于画面中心的五环下面，在属性面板中，将其循环选项从默认的"循环"改为"播放一次"。

拖曳时间轴上的红色滑块，观察五环出现、福娃欢欢笔刷出现的动画。位置、大小不合适可选择相应层相应帧上的相应图形元件，重新调整其大小、色调和Alpha属性。

图10-46

福娃背景层

新建"福娃背景"层，先导入库中五福娃的jpg格式位图，然后创建以该位图为内容的五福娃图形元件，最后将库中的五福娃图的图形元件拖放到该层，调整大小，使其覆盖整个文档舞台。将该层拖放到时间轴的最底层。并将第1关键帧拖放到第47帧处。在第90、100、115帧按F6键插入关键帧，将第1关键帧的图形元件的Alpha值设置为0，将第4关键帧的图形元件的亮度值设置为−60％，在第47~90、100~115帧之间创建传统补间动画。这段动画是五福娃图逐渐出现，过一会儿又变暗消失的动画。

颜色环各层都在第40、50帧处插入关键帧，制作五环在第40帧时开始变小到第50帧时与五福娃图中的五环重叠的动画。

按钮与动作层

新建"进入按钮"层，在第90帧按F6键插入空关键帧，将库中的进入按钮拖放到该帧的舞台外下方，调整大小，在第100帧插入关键帧，将按钮移到画面下方，在两关键帧之间创建传统补间动画，制作按钮从下方飞入的动画。

选择第100帧，然后选择该帧中的按钮，在动作面板中，为按钮设置动作：

```
on (release) {
    play();
}
```

新建"动作"层，在第100帧按F6键插入空关键帧，选择该空帧，在动作面板中为该帧设置动作：Stop();。

以上所有层制作完毕后，按Ctrl+Enter键测试开始页的动画。

请保存练习文件"Lesson10.fla"。到此阶段完成的范例请参考进度文件"Lesson10–07end .fla"。

▌ 10.2.3　福娃首页制作

要制作的首页动画如下：页面右方是福娃文字介绍，右上角是五福娃不断变换的动画；左上方是"北京欢迎你"的字样；下面是五福娃视频播放窗；左下方是五环中有5个小福娃；首页下方是已完成的5个福娃按钮，如图10–47所示，鼠标滑向某个福娃按钮时，五环中的小福娃会逐渐变大出现在五环上方，如图10–48所示。鼠标滑出按钮时，回到如图10–47所示的界面，按下按钮时，会跳到相应的子页上。

图10–47

图10–48

请打开上一节结束时保存的文件"Lesson10.fla"（或打开进度文件夹中的"Lesson10–07end.fla"文件）。下面将制作以上首页动画。

▶ 操作步骤10–12：首页第1帧画面

执行【新建/插入场景】命令，创建场景2，在场景面板中将场景1的名称改为"开始页"，将场景2的名称改为"首页"。在属性面板中将文档背景色设置为灰黑色。

按钮层

选择首页场景，将库中按钮文件夹下的五个福娃按钮依次拖放到图层1第1帧的舞台上，调整大小，摆放在最下一排，将该层名称改为"按钮"层，如图10–49所示。然后锁定该层。

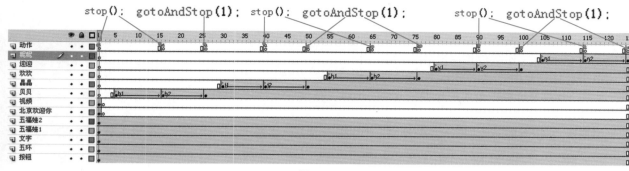

图10-49

7 Lesson

8 Lesson

9 Lesson

10 Lesson

11 Lesson

12 Lesson

五环层

新建一层，命名为"五环"层，将库中图形元件文件夹中的"环"图形元件选中，拖放到舞台左侧，调整大小，在属性面板中改变其色调为蓝色，然后选择该蓝色环，在右键菜单中执行【复制】命令，接着在空白处右击鼠标，在右键菜单中执行【粘贴】命令，共执行4次该命令，将粘贴的几个环改变颜色，摆放成五色环样式，如图10-47所示。最后锁定该层。

文字层

新建一层，命名为"文字"层，选择文本工具，在舞台区拖曳出一个文本框，然后将原始文件夹中提供的word文件中有关福娃的文字粘贴到该文本框中，参考图10-50所示改变文本框的宽度，调整文字的大小与颜色，用选择工具将文本块移动放置在舞台右侧。为了使以后文本的修改编辑更方便，用选择工具将文本块选中，在右键菜单中执行【转换为元件】命令，将其转换为图形元件，命名为"福娃文字"，保存在库中的文字文件夹中，在图形元件界面，用矩形工具为文本块画出一个空心矩形边框，如图10-51所示。最后返回到首页场景界面。锁定该文字层。

图10-50　　　　　　　　　　图10-51

五福娃层

新建一层，命名为"五福娃1"层，将库中的"贝贝动画"、"晶晶动画"等影片剪辑元件依次拖放到该层第1帧，调整各福娃的大小，使其位于五环之中。最后锁定该层。

新建一层，命名为"五福娃2"层，将库中的"五福娃"影片剪辑元件拖放到该层第1帧，调整大小，使其位于文本框的右上角。

将以上各层的第125帧选中，按F5键插入帧，使动画画面持续到125帧长。

"北京欢迎你"层

新建一层，命名为"北京欢迎你"层，用文本工具，逐个输入"北京欢迎你"的每个文字块，将每个文字块调整大小、颜色和角度。将该层第2帧选中，在右键菜单中执行【插入空白关键帧】命令，使文字只在第1帧出现。

视频层

新建一层，命名为"视频"层，执行【窗口/组件】命令，将组件面板显示出来，从组件面板中选择"MediaPlayback"组件将其拖放到视频层第1帧，放在北京欢迎你文字的下面，并调整大小与位置。

单击选择舞台中的MediaPlayback组件，执行【窗口/组件检查器】命令，在组件检查器面板中，选择FLV视频，并在地址栏中输入福娃视频文件的地址。将该层第2帧选中，在右键菜单中执行【插入空白关键帧】命令，使文字只在第1帧出现。

最后首页第1帧的布局如图10-47所示，时间轴如图10-49所示。

▶ 操作步骤10-13：首页动画制作

下面要制作鼠标滑向某个按钮时，五环内的小福娃变大至五环上方，滑出后又缩回到五环内的动画。

先选择"五福娃1"层中的"贝贝动画"元件实例，右键菜单中执行【复制】命令，然后在最上层新建一层，命名为"贝贝"层（将其他层锁定），在第5帧在按F5键插入空帧，选择该帧，在舞台空白区的右键菜单中执行【粘贴到原位置】命令，将福娃贝贝粘贴到该帧，接着在第15、25帧处按F6键插入关键帧，将前后两关键帧中的"贝贝动画"元件实例的Alpha设置为0，将中间关键帧的"贝贝动画"元件实例的尺寸调大，并将其位置移到五环上方（参考图10-48中欢欢的大小与位置）。两两关键帧之间创建传统补间动画。这一段贝贝变大又变小的动画就制作完了。

选择"贝贝"层动画的第1个关键帧，在如图10-52所示的属性面板的帧标签名称处，将该帧命名为贝贝的拼音首字母+1即"b1"，选择第2个关键帧，在属性面板中将该帧命名为"b2"（这两个帧标签名，会在按钮的动作中出现）。

新建一层，命名为"动作"层，在第1帧设置停止动作（stop();），在对应的"贝贝"层动画的第2关键帧位置，在动作层插入空帧，也为该空帧设置停止动作（stop();），如图10-49所示。在对应的"贝贝"层动画的第3关键帧位置，在动作层插入空帧，为该帧设置跳转到第1帧并停止的动作（gotoAndStop(1);）。

图10-52

```
on (rollOver) {
    gotoAndPlay("b1");
}
on (rollOut) {
    gotoAndPlay("b2");
}
on (release) {
    gotoAndStop("b");
}
```

选择"按钮"层中的"贝贝按钮"，在动作面板中为其设置动作如下：

以上动作就是当鼠标滑向按钮区时，开始播放帧标签名为"b1"的动画，也就是贝贝逐渐变大的动画，由于变大后动作层的相应帧上有停止动作，所以贝贝变大后的画面就停止不动了，直到鼠标滑出按钮区，开始播放帧标签名为"b2"的动画，也就是贝贝逐渐变小的动画，播完的最后一帧动作层上有跳转到第1帧的动作，所以首页就停在了第1帧的画面上。

以上就完成了配合贝贝按钮的滑进滑出贝贝层动画的制作。至于单击按钮后跳转到的标签"b"帧，将在后面的子页制作中创建。

按Ctrl+Enter键测试贝贝按钮的滑进滑出动画。

其他福娃层的动画制作，请参考图10-49所示的时间轴及以上的操作，逐个创建各福娃层，逐层制作福娃放大缩小的动画，关键帧的命名（用福娃名拼音的首字母+数字）以及动作层对应的停止和跳转动作、按钮的滑进滑出、单击动作。

由于"北京欢迎你"层和"视频"层的第2帧插入了空白关键帧，这两层的内容在福娃变大变小时是不显示的，只有在所有按钮的弹起（常规）状态下，播放指针跳转到第1帧时，才显示文字与视频。

按Ctrl+Enter键测试所有按钮的滑进滑出动画。

请保存练习文件"Lesson10.fla"。到此阶段完成的范例请参考进度文件"Lesson10-08end .fla"。

10.3 福娃子页制作

要制作的子页动画如下：当在如图10-47所示的首页单击某个福娃按钮，例如妮妮按钮后，页面从首页切换到妮妮的子页，如图10-53所示，方形背景图上显示妮妮的介绍文字和妮妮的图片，单击"上一个"、"下一个"按钮可浏览多幅妮妮的图片。圆形背景图上是妮妮的动画角色，初始是静止的，页面顶部的按钮可分别控制妮妮角色的摇头、挥手、踢腿、跳舞等动作。页面左侧的属性按钮可分别控制妮妮角色的缩小放大、上下左右行走、旋转等属性。属性按钮右侧的文本框中动态显示妮妮角色的坐标、缩放值、旋转值、Alpha值及鼠标坐标值。复位按钮可恢复妮妮角色的最初状态。左上角的退出按钮可退出妮妮页面回到首页。

图10-53

请打开上一节结束时保存的文件"Lesson10.fla"（或打开进度文件夹中的"Lesson10-08end.fla"文件）。下面将制作各福娃的子页动画。

▌ 10.3.1 贝贝子页制作

先从贝贝子页制作开始，贝贝子页的元素与图10-53所示的妮妮子页的元素类似，只是背景图的颜色不同。下面将参考图10-54所示的时间轴，制作各层的关键帧。

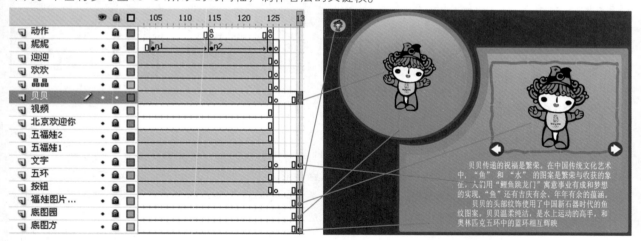

图10-54

> ▶ **操作步骤10-14：贝贝子页制作**

第9课范例4的子页，是在新场景中制作的。本范例的福娃子页帧，这次不是在新场景中，而是在首页时间轴的第130帧制作。

底图层制作

首先在如图10-49所示的时间轴最底层新建一个图层，命名为"底图方"层，锁定其他层，选择该层第130帧，按F6键插入空帧，选择该空帧，然后选择矩形工具▢，边框色设置为深蓝色，填充色设置为蓝色，在合并绘制模式下，在舞台区绘制一个矩形，然后选择椭圆工具◯，在矩形左上角绘制一个圆形，双击圆形将其选中后，按Del键将其删除，使矩形有一个圆弧缺角，选择墨水瓶工具 ，用相同的边框色在圆弧处点单击，为其绘制边框线条，用选择工具 指向圆弧端点，稍微改变一下端点位置来调整圆弧曲线，方形缺角图形调整完毕后可双击选择它，在右键菜单中执行【转换为元件】命令，将其转换为图形元件，命名为"蓝方"，将其保存在新建的"子页背景"文件夹中，在元件编辑界面，可在新层上再次绘制一个小一些的方形缺角图形，调整该图形的端点及弧线，使其比下层的图形小一圈，为该图形填充渐变色，最后完成的方方缺角图形如图10-55所示。

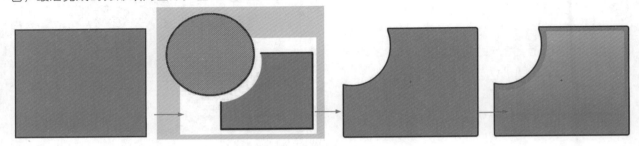

图10-55

回到场景界面，在"底图方"层上再新建一层，命名为"底图圆"层，锁定其他层，选择该层第130帧，按F5键插入空帧，选择该空帧，然后选择椭圆工具 ，将边框色设置为深蓝色，填充色设置为蓝色，在舞台区绘制一个圆形，双击圆形将其选中，调整其大小，用选择工具 将其移放到圆角矩形的左上角，在右键菜单中执行【转换为元件】命令，将其转换为图形元件，命名为"蓝圆"，将其保存在"子页背景"文件夹中，在元件编辑界面，可在新层上再次绘制一个小一些的圆形，填充渐变色，回到场景界面，最后两层底图如图10-56所示。

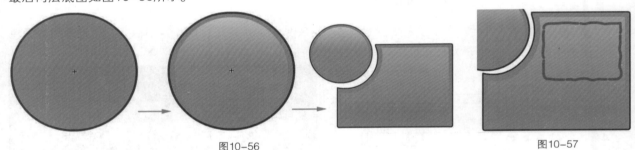

图10-56　　　　　　　　　　　　　　　　图10-57

贝贝的图片展示层

在"底图圆"层上再新建一层，命名为"福娃图片切换"层，锁定其他层，选择该层的第130帧，按F6键插入空帧，选择该空帧，选择矩形工具 将边框线设置为深蓝色，填充色为无色，线条样式为锯齿线，在矩形缺角图形上画出图片展示的边框矩形，调整矩形大小，如图10-57所示，双击矩形边框将其选中，在右键菜单中执行【转换为元件】命令，将其转换为影片剪辑元件，命名为"贝贝图片切换"，将其保存在"影片剪辑元件"文件夹中。

在"贝贝图片切换"元件的编辑界面，将边框所在的层命名为"边框"层，在第7帧按F5帧插入帧。新建一层，命名为"图片"层，从库中将贝贝的静止图形元件（b01）拖放到第1帧，调整大小，使其位于矩形边框内。在第2帧插入空帧，再次从库中将贝贝的另一张图片的图形元件（b02）拖放到第2帧的边框内，这样依次将贝贝的7张图片的图形元件分别放置在不同的帧上，如图10-58所示。

图10-58

7 Lesson
8 Lesson
9 Lesson
10 Lesson
11 Lesson
12 Lesson

在元件时间轴新建一层，命名为"按钮"层，将公用按钮库中classic buttons/ Circle Buttons文件夹中的箭头按钮拖放到矩形边框的两侧，调整大小，其中一个水平翻转。左、右箭头按钮将控制图片的逐帧展示。

选择按钮层的第1帧，在动作面板中为其加上帧停止动作：stop(); 。

选择第1帧上的右箭头按钮，在动作面板中为其加上单击它后跳到下一帧的动作：

```
on (release) {
    nextFrame();
}
```

选择第1帧上的左箭头按钮，在动作面板中为其加上单击它后跳到前一帧的动作：

```
on (release) {
    prevFrame();
}
```

如果想在最后的第7帧单击右箭头按钮跳到第1帧，在第1帧单击左箭头按钮跳到第7帧，可在第2、7帧上按F6键插入关键帧，然后将第7帧上的右箭头按钮选中，设置动作为：

```
on (release) {
    gotoAndStop(1);
}
```

将第1帧上的左箭头按钮选中，设置动作为：

```
on (release) {
    gotoAndStop(7);
}
```

底图上的文字层

回到场景界面，分别选择文字层的第126、第130帧，在右键菜单中执行【插入空关键帧】命令，插入空帧。选择第130帧的空帧，然后用文本工具**T**在舞台区拖曳出一个文本区，将提供的贝贝文字复制粘贴到该文本区中，当鼠标移到文本区右上角的方框控制柄处拖曳可调整文本框的宽度，如图10-59所示。选择文本框中的文字，在属性面板中，可调整文字的颜色、大小和段落的行距，如图10-60所示。用移动工具将该文本框移到舞台合适的区域。最后选择该文本框，在右键菜单中执行【转换为元件】命令，将其转换为图形元件，命名为"贝贝文字"，保存在文字文件夹中。

调整宽度

贝贝传递的祝福是繁荣。在中国传统文化艺术中，"鱼"和"水"的图案是繁荣与收获的象征，人们用"鲤鱼跳龙门"寓意事业有成和梦想的实现，"鱼"还有吉庆有余、年年有余的蕴涵。贝贝的头部纹饰使用了中国新石器时代的鱼纹图案。贝贝温柔纯洁，是水上运动的高手，和奥林匹克五环中的蓝环相互辉映

图10-59

图10-60

按钮层

回到场景界面，在按钮层的第126、130帧处插入空帧，然后将库中的"贝贝退出按钮"拖放到场景左上角。选择该按钮，为其设置动作为：

```
on (release) {
    gotoAndStop(1);
}
```

贝贝层

在场景界面，分别选择贝贝层的第126、130帧，在右键菜单中执行【插入空关键帧】命令，插入空帧。选择第130帧的空帧，将库中的"贝贝动画控制"影片剪辑元件拖放到舞台中，在如图10-61所示的变形面板中，将其缩放值调整到合适值（记住该值，后面的复位按钮要用到），使其位于蓝圆背景上的居中位置。

选择贝贝层的第130帧关键帧，在如图10-62所示的属性面板中，命名该帧的标签名为"b"，这帧就是在操作步骤10-13中为贝贝按钮设置的按下后要跳转到的帧。

目前完成后的贝贝子页的时间轴和画面如图10-54所示。

按Ctrl+Enter键测试，看看在首页单击贝贝按钮后，是否会跳到帧标签为"b"的贝贝子页帧上，如果有问题，请检查首页的贝贝按钮上是否设置了按下后的gotoAndStop("b")，并检查贝贝子页帧是否命名为"b"。

在贝贝子页，检查单击左、右箭头按钮是否显示贝贝的逐张图片，如有问题，请双击"贝贝图片切换"元件，参考上面贝贝的图片展示层的介绍，在元件界面编辑修改各帧图片及左右按钮的设置。

在测试时，在贝贝子页上，单击左上角的贝贝退出按钮是否会回到首页第1帧上。

将以上问题都解决后，再进入下面的练习。

请保存练习文件"Lesson10.fla"。到此阶段完成的范例请参考进度文件"Lesson10-09end .fla"。

图10-61

图10-62

▍10.3.2 其他福娃子页制作

请打开上一节结束时保存的文件"Lesson10.fla"（或打开进度文件夹中的"Lesson10-09end.fla"文件）。

其他福娃子页的制作，与贝贝的子页制作类似，可参考上一操作步骤。为了省时与规范，还可用下面介绍的方法来快速制作。

▶ 操作步骤10-15：其他福娃子页制作

子页背景图的复制、编辑

请在库中将子页背景文件夹中的贝贝子页背景元件"蓝圆"选中，如图10-63所示，在右键菜单中执行【直接复制】命令，将复制后的元件命名为"红圆"，保存在同一文件夹下。用此方法再复制其他几个背景元件"黑圆"、"桔圆"、"绿圆"。

同样，将子页背景文件夹中的贝贝子页背景元件"蓝方"选中，在右键菜单中执行【直接复制】命令，将复制后的元件命名为"红方"，保存在同一文件夹下。用此方法再复制其他几个背景元件"黑方"、"桔方"、"绿方"。最后库中子页背景文件夹中的显示如图10-64所示。

双击库中复制后的"红圆"元件前的图标，进入元件编辑界面，选择圆形内部，将填充色改为红色。

双击库中复制后的"红方"元件前的图标，进入元件

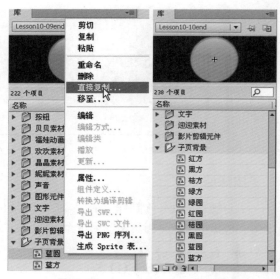

图10-63　　　　图10-64

编辑界面，选择方形内部，将填充色改为红色。

其他几个复制后的元件，也同样将其图形改变为与名称相同的颜色。

最后的结果就是库中有5种颜色的圆形与方形的元件，如图10-65所示。

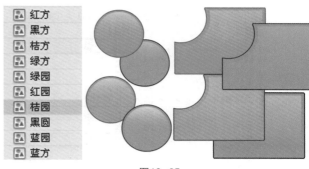

图10-65

子页文字的复制、编辑

将库中文字文件夹下的"贝贝文字"元件选中，在右键菜单中执行【直接复制】命令，将复制后的元件命名为"欢欢文字"，保存在同一文件夹下。

双击复制后的"欢欢文字"元件前的图标，进入到元件界面，用提供的欢欢介绍文字替换原来的贝贝介绍文字，如图10-66所示。

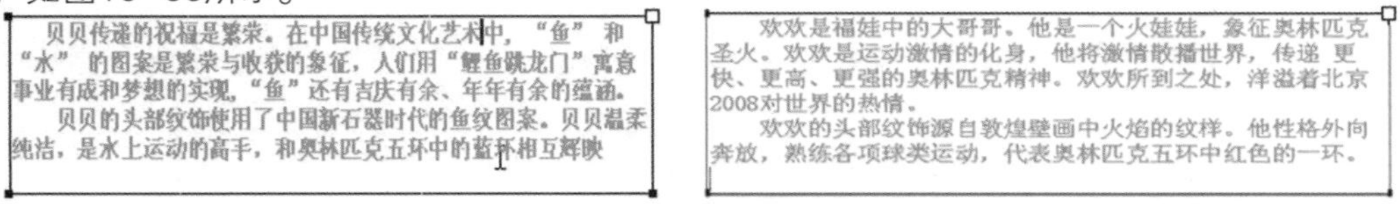

> 贝贝传递的祝福是繁荣。在中国传统文化艺术中，"鱼"和"水"的图案是繁荣与收获的象征，人们用"鲤鱼跳龙门"寓意事业有成和梦想的实现，"鱼"还有吉庆有余、年年有余的蕴涵。
>
> 贝贝的头部纹饰使用了中国新石器时代的鱼纹图案。贝贝温柔纯洁，是水上运动的高手，和奥林匹克五环中的蓝环相互辉映

> 欢欢是福娃中的大哥哥。他是一个火娃娃，象征奥林匹克圣火。欢欢是运动激情的化身，他将激情散播世界，传递更快、更高、更强的奥林匹克精神。欢欢所到之处，洋溢着北京2008对世界的热情。
>
> 欢欢的头部纹饰源自敦煌壁画中火焰的纹样。他性格外向奔放，熟练各项球类运动，代表奥林匹克五环中红色的一环。

将贝贝文字换成欢欢文字

图10-66

用此方法制作其他几个福娃的介绍文字元件。

子页图片切换元件的复制、编辑

将库中影片剪辑元件文件夹中的"贝贝图片切换"元件选中，在右键菜单中执行【直接复制】命令，将复制后的元件命名为"欢欢图片切换"，保存在同一文件夹下。

双击复制后的"欢欢图片切换"元件前的图标，进入到元件界面，选择图片层，将其他层锁定，选择1帧中的图形元件（b01），单击属性面板中的交换按钮，将其换成欢欢的第1张图片元件（h01），选择2帧的图形元件（b02），交换成欢欢的第2张图片元件(h02)，以此类推，将每帧的贝贝图片都换成欢欢的图片。

选择边框层第1帧的边框，将其改为欢欢对应的红色，最后结果如图10-67所示。

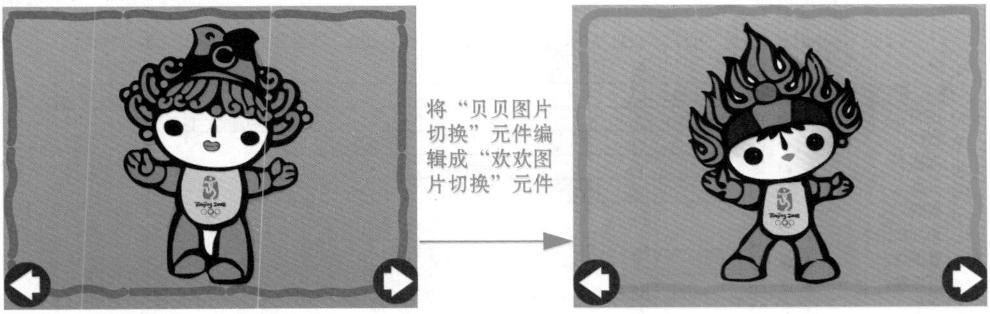

将"贝贝图片切换"元件编辑成"欢欢图片切换"元件

图10-67

其他福娃的图片切换元件也用同样的方法制作。

关键帧中元件的交换

回到场景界面，利用贝贝的多层关键帧来编辑创建晶晶的关键帧。

如图10-68所示，分别选择底图方、底图圆、福娃图片切换、按钮、文字、贝贝这几个层的第140帧、按F6键插入关键帧。

将贝贝层的第140帧的关键帧拖放到晶晶层的第140帧，并将贝贝层的第139~140帧选中，在右键菜单中执行【删除帧】命令，使两层不要有重叠。选择晶晶层的第140帧的关键帧，在属性面板中输入该帧的帧标签名"j"，这是首页晶晶按钮按下后将要跳转到的帧，如图10-69所示。

图10-68　　　　　　　　　　　　　　　　　　　　　　图10-69

选择晶晶层的第140帧的关键帧，再单击选择舞台中该帧上的"贝贝动画控制"元件，在属性面板中，单击交换按钮，交换成"晶晶动画控制"元件。

选择底图方层的第140帧的关键帧，再单击选择舞台中该帧上的"蓝方"元件，在属性面板中，单击交换按钮，交换成"黑方"元件。

选择底图圆层的第140帧关键帧，再单击选择舞台中该帧上的"蓝圆"元件，在属性面板中，单击交换按钮，交换成"黑圆"元件。

选择福娃图片切换层的140帧关键帧，再点击选择舞台中该帧上的"贝贝图片切换"元件，在属性面板，点击交换按钮交换成"晶晶图片切换"元件。

选择按钮层的140帧关键帧，再点击选择舞台中该帧上的"贝贝退出按钮"，在属性面板，点击交换按钮交换成"晶晶退出按钮"。按钮交换后，会保留原按钮中的动作设置。

选择文字层的第140帧关键帧，再单击选择舞台中该帧上的"贝贝文字"元件，在属性面板，点击交换按钮交换成"晶晶文字"元件。

以上操作就使得140帧关键帧处的画面，完全由贝贝的换成了晶晶的。

参考以上操作，分别在第150帧、160帧、170帧通过插入关键帧的操作，利用前一个关键帧的画面元件，交换成欢欢、迎迎、妮妮的关键帧画面（切记在每个福娃层的关键帧，要分别将帧命名为b、 j、h、y、 n）。最后完成的时间轴如图10-70所示（为了使最后一个关键帧的帧名称完整显示，可在关键帧后面几帧执行插入帧命令，让关键帧持续几帧）。

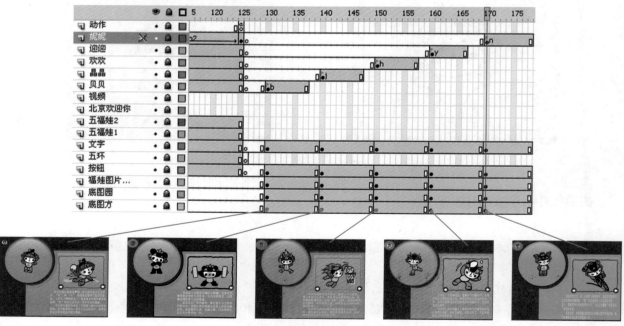

图10-70

7 Lesson

8 Lesson

9 Lesson

10 Lesson

11 Lesson

12 Lesson

按Ctrl+Enter键测试，看看在首页单击各按钮后，是否会跳到相应的子页帧上。在子页中，单击左上角的退出按钮是否会回到首页第1帧上。将以上问题都解决后，再进入下面的练习。

请保存练习文件"Lesson10.fla"。到此阶段完成的范例请参考进度文件"Lesson10-10end.fla"。

▌ 10.3.3 福娃角色的动作控制

请打开上一节结束时保存的文件"Lesson10.fla"（或打开进度文件夹中的"Lesson10-10end.fla"）。下面对贝贝子页中的"贝贝动画控制"影片剪辑元件实例用按钮控制其运动。

▶ **操作步骤10-16：贝贝角色及组件的命名及修改**

按Ctrl+Enter键测试时，贝贝子页中的贝贝，即"贝贝动画控制"影片剪辑元件实例是循环动画的，下面要让其开始时不动，单击相应的按钮后再让其动。

贝贝角色的命名

选择首页场景中贝贝层的标签为"b"的关键帧，即如图10-70所示的贝贝层第130帧，先将其他层锁定，然后单击选择蓝圆底图上的"贝贝动画控制"影片剪辑元件实例，如图10-71所示，在属性面板，定义该影片剪辑元件实例的名称为"fuwa_mc"。在名称后加_mc后缀，表明此类元件类型为影片剪辑元件，在后面设置动作时会弹出自动脚本语句提示窗来让你选择语句。

命名"贝贝动画控制"影片剪辑元件实例

图10-71

贝贝角色头部元件的命名及时间轴修改

双击"贝贝动画控制"影片剪辑元件实例，进入到该元件的编辑界面，该界面分层放置着组成贝贝的各影片剪辑元件，例如"贝贝左腿动"、"贝贝右腿动"、"贝贝左胳膊动"、"贝贝右胳膊动"、"贝贝头动"、"贝贝头蓝色动"。每个元件又各自有其时间轴动画，这是在操作步骤10-6中完成的，请参考图10-31所示。

选择贝贝的某个组成元件，例如"贝贝头动"影片剪辑元件，如图10-72所示，在属性面板中命名元件的名称为"head_mc"，然后双击该元件，进入到"贝贝头动"元件的编辑界面，在时间轴新建一图层，命名为"动作"层，在第1帧的空帧上设置帧动作：stop();。然后选择最后一帧，按F5键插入空关键帧，选择该空帧，设置帧动作为gotoAndPlay(2);。

命名"贝贝头动"影片剪辑元件实例

图10-72

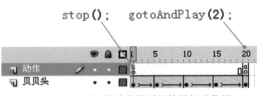

为"贝贝头动"影片剪辑时间轴添加动作层

以上动作层的设置使得组成贝贝的头部在开始时是停在第1帧不动的，一旦外部某个按钮（例如后面介绍的摇头按钮）设置有让其播放的命令，就开始播放，然后到最后一帧会回到第2帧继续循环播放，除非再有个按钮让其停止（例如后面的复位按钮），就会停在第1帧。

贝贝角色腿胳膊等元件的命名及时间轴修改

从"贝贝头动"元件界面回到上一级界面，即"贝贝动画控制"元件界面，参考上一步操作，分别选择"贝贝左腿动"、"贝贝右腿动"、"贝贝左胳膊动"、"贝贝右胳膊动"、"贝贝头蓝色动"影片剪辑元件实例，在属性面板中先分别命名为"leftleg_mc"、"rightleg_mc"、"leftarm_mc"、"rightarm_mc"、"head1_mc"，然后双击进入某元件界面，为时间轴添加动作层，在首尾空帧上分别设置stop();和gotoAndPlay(2);帧动作。

以上操作完成后，回到首页场景，按Ctrl+Enter键测试时，贝贝子页中的贝贝，即"贝贝动画控制"影片剪辑元件实例就不动了。下面设置相应的按钮控制贝贝各部分的运动。

▶ 操作步骤10-17：贝贝角色的动作控制

在以上贝贝角色及其时间轴下的组件元件都命名完成后，在首页场景的按钮层上面新建一层，命名为"按钮控制"层，在该层第130帧按F5键插入空关键帧，选择该空关键帧，将公用按钮库中的classic buttons/Push Buttons文件夹中的五个按钮拖放到舞台区右上角排成一排，然后双击舞台中的某个按钮，进入到按钮编辑界面，在最上层新建一层，用文本工具输入按钮文字，回到场景界面，双击另一个按钮添加按钮文字，编辑完成的按钮如图10-73所示。

图10-73

贝贝角色的摇头动作控制

下面设置摇头按钮上的动作。在单击摇头按钮后，希望贝贝的头部循环摇动起来，由于已经为"贝贝动画控制"元件命名了"fuwa_mc"，它的时间轴中"贝贝头动"元件已命名为"head_mc"，所以要控制它的头部的摇动，只需控制"head_mc"的时间轴从停止的第1帧开始播放即可。要控制的影片剪辑元件实例的名称按规定的写法应为"fuwa_mc.head_mc"，head_mc元件是fuwa_mc的子元件，两者之间用点表示从属关系。

选择场景中"按钮控制"层的第130帧关键帧，在舞台空白区单击取消所有按钮的选择，接着单击摇头按钮将其选择，在动作面板中，依次单击选择【➕/全局函数/影片剪辑控制/on】命令后，在弹出的按钮事件窗口中，双击release，然后将光标插入到第2行起始位置，手动输入"fuwa_mc.head_mc."，一旦"MC·"输

入完毕，就会弹出如图10-74所示的自动脚本语句窗，里面都是可选择的对影片剪辑类元件进行操作的命令语句，从其中选择

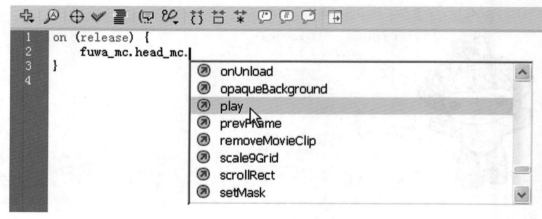

图10-74

7 Lesson
8 Lesson
9 Lesson
10 Lesson
11 Lesson
12 Lesson

"play"后双击，就会设置动作如下：fuwa_mc.head_mc.play（）；。单击顶部的 **≡** 按钮可规范格式。

　　fuwa_mc.head_mc.play（）；该句表示场景中命名的fuwa_mc下的head_mc的时间轴从当前帧往后开始播放，即贝贝头摇动。

　　同样，将光标插入到第3行起始位置，手动输入"fuwa_mc.head1_mc."，在自动语句窗中选择"play"后双击，就会设置动作如下：fuwa_mc.head1_mc.play（）;该句表示场景中命名的fuwa_mc下的head1_mc的时间轴开始播放，即贝贝头蓝色摇动。

　　以上语句实际上就已经能控制贝贝的头摇动了，但是考虑到贝贝的各种可能存的在状态，为了保险起见，下面将设置贝贝的其他部位都不要动。

　　将光标插入到第4行起始位置，手动输入"fuwa_mc.rightarm_mc."，在自动语句窗中选择gotoAndstop双击，在括号里输入1，就会设置动作如下：fuwa_mc.rightarm_mc.gotoAndstop（1）;该句表示场景中命名的fuwa_mc下的rightarm_mc的时间轴停在第1帧，即右胳膊不动。

　　同上，将贝贝的左胳膊（leftarm_mc）、左腿(leftleg_mc)、右腿(rightleg_mc)都设置为不动，即时间轴都停在第1帧。最后摇头按钮下的脚本语言如下：

```
on (release) {
    fuwa_mc.head_mc.play();
    fuwa_mc.head1_mc.play();
    fuwa_mc.rightarm_mc.gotoAndStop(1);
    fuwa_mc.leftarm_mc.gotoAndStop(1);
    fuwa_mc.rightleg_mc.gotoAndStop(1);
    fuwa_mc.leftleg_mc.gotoAndStop(1);
}
```

　　以上脚本语言表示不管贝贝以前是何状态，一旦摇头按钮按下后，就会停止胳膊腿的动画，只播放头部的动画。

　　单击动作设置窗顶部的按钮 **≡**，可将脚本语句自动套用格式，单击按钮 **✔**，可检查语句是否有错。

　　按Ctrl+Enter键测试，看看摇头按钮是否能正确控制贝贝摇头。如果不能，请先检查贝贝及各部分组件元件是否按要求命名；各组件元件的时间轴是否在第1帧设置了停止动作，在最后帧设置了gotoAndPlay(2)动作；在摇头按钮的动作设置中输入的元件名称是否与命名的完全相同；除了手动输入命名的影片剪辑元件的名称处，尽量用双击自动语句窗中语句，因为语句中命令的字母大小写都不能有误，标点符号要用英文标点符号。如果以上问题都解决后，再进入下面的练习。

贝贝角色的挥手动作控制

　　下面设置挥手按钮上的动作。在单击挥手按钮后，希望贝贝的两个胳膊挥动起来，其他部位都不动。

　　首先选择场景中"按钮控制"层的第130帧关键帧，然后在舞台空白区单击取消所有按钮的选择，接着单击挥手按钮将其选中，在动作面板中，设置脚本语言如下：

```
on (release) {
    fuwa_mc.rightarm_mc.play();
    fuwa_mc.leftarm_mc.play();
    fuwa_mc.head_mc.gotoAndStop(1);
    fuwa_mc.head1_mc.gotoAndStop(1);
    fuwa_mc.rightleg_mc.gotoAndStop(1);
    fuwa_mc.leftleg_mc.gotoAndStop(1);
}
```

　　按Ctrl+Enter键测试，看看挥手按钮是否能正确控制贝贝挥手。

贝贝角色的踢腿动作控制

　　下面设置踢腿按钮上的动作。在单击踢腿按钮后，希望贝贝的两个腿动起来，其他部位都不动。

　　选择场景中"按钮控制"层第130关键帧上的踢腿按钮，在动作面板中，设置脚本语言如下：

```
on (release) {
    fuwa_mc.rightarm_mc.gotoAndStop(1);
    fuwa_mc.leftarm_mc.gotoAndStop(1);
    fuwa_mc.head_mc.gotoAndStop(1);
    fuwa_mc.head1_mc.gotoAndStop(1);
    fuwa_mc.rightleg_mc.play();
    fuwa_mc.leftleg_mc.play();
}
```

按Ctrl+Enter键测试，看看踢腿按钮是否能正确控制贝贝踢腿。

贝贝角色的跳舞动作控制

下面设置跳舞按钮上的动作。在单击跳舞按钮后，希望贝贝的头胳膊腿都动起来。

选择场景中"按钮控制"层第130关键帧上的跳舞按钮，在动作面板中，设置脚本语言如下：

```
on (release) {
    fuwa_mc.head_mc.play();
    fuwa_mc.head1_mc.play();
    fuwa_mc.rightarm_mc.play();
    fuwa_mc.leftarm_mc.play();
    fuwa_mc.rightleg_mc.play();
    fuwa_mc.leftleg_mc.play();
}
```

按Ctrl+Enter键测试，看看跳舞按钮是否能正确控制贝贝跳舞。

贝贝角色的复位控制

下面设置复位按钮上的动作。在单击复位按钮后，希望贝贝的头胳膊腿都不动，并且恢复到最初的位置、大小和角度等。

首先选择场景中贝贝层的"贝贝动画控制"影片剪辑元件，在变形面板中，记住它目前的缩放比例（本范例是20%），在属性面板中，记住它的x、y坐标值（本范例是280、225）。

选择场景中"按钮控制"层第130关键帧上的复位按钮，在动作面板中，设置脚本语言如下：

```
on (release) {
    fuwa_mc.head_mc.gotoAndStop(1);
    fuwa_mc.head1_mc.gotoAndStop(1);
    fuwa_mc.rightarm_mc.gotoAndStop(1);
    fuwa_mc.leftarm_mc.gotoAndStop(1);
    fuwa_mc.rightleg_mc.gotoAndStop(1);
    fuwa_mc.leftleg_mc.gotoAndStop(1);
    fuwa_mc._x = 280;
    fuwa_mc._y = 225;
    fuwa_mc._xscale = 20;
    fuwa_mc._yscale = 20;
    fuwa_mc._rotation = 0;
    fuwa_mc._alpha = 100;
}
```

以上脚本中fuwa_mc的x、y坐标值（_x、_y）、x、y方向的缩放值（_xscale、_yscale）、旋转角度值（_rotation）、不透明值（_alpha），都可在自动语句窗中找到，然后双击选择，再输入等号和数值。

以上脚本语言表示不管贝贝以前是何状态，一旦复位按钮按下后，就会停止胳膊腿头的动画，并且贝贝恢复到未改变前的最初状态。

按Ctrl+Enter键测试，看看这几个按钮是否能正确控制贝贝摇头、挥手、踢腿、跳舞和复位。

请保存练习文件"Lesson10.fla"。到此阶段完成的范例请参考进度文件"Lesson10-11end.fla"。

7 Lesson
8 Lesson
9 Lesson
10 Lesson
11 Lesson
12 Lesson

操作步骤10-18：其它福娃角色的动作控制

请参考操作步骤10-16，选择晶晶层的"晶晶动画控制"影片剪辑元件实例，在属性面板中将其命名为"fuwa_mc"。双击该元件进入元件编辑界面，分别选择"晶晶左腿动"、"晶晶右腿动"、"晶晶左胳膊动"、"晶晶右胳膊动"、"晶晶头动"影片剪辑元件实例，在属性面板中分别命名为"leftleg_mc"、"rightleg_mc"、"leftarm_mc"、"rightarm_mc"、"head_mc"，然后分别双击进入元件界面，为时间轴添加动作层，在首尾空帧上分别设置stop();、gotoAndPlay(2);帧动作。最后回到场景界面。

同上，欢欢、迎迎、妮妮层的福娃角色也都命名为"fuwa_mc"，其组件也都命名为"leftleg_mc"、"rightleg_mc"、"leftarm_mc"、"rightarm_mc"、"head_mc"，并为每个组件元件的时间轴添加动作层，在首尾空帧上分别设置stop();、gotoAndPlay(2);帧动作。

图10-75

最后回到场景界面，如图10-75所示，由于控制按钮所在的关键帧一直持续到片尾，所以不管跳转到哪个福娃的子页，控制按钮都会对该子页的福娃进行动作控制，前提就是每个福娃元件都起一样的名字，其组件也起一样的名字。

请保存练习文件"Lesson10.fla"。到此阶段完成的范例请参考进度文件"Lesson10-12end .fla"。

▎ 10.3.4   福娃角色的属性控制

请打开上一节结束时保存的文件"Lesson10.fla"（或打开进度文件夹中的"Lesson10-12end.fla"文件）。

下面将添加页面左侧的属性按钮，用来分别控制福娃角色的缩小放大、上下左右行走、旋转等属性，并且在页面中添加动态文本显示当前的属性值。

操作步骤10-19：福娃角色的属性控制

在主场景中，锁定其他层，选择按钮控制层的第130帧的关键帧，将公用按钮库中的classic buttons/playback文件夹下的几个按钮拖放到舞台区左下角排列好（个别按钮需要将原始按钮旋转90度），如图10-76所示，在每个按钮旁，用文本工具 **T** 输入按钮的提示文字。

选择其中某个按钮，在动作面板中设置属性控制。

图10-76

缩小按钮上的设置：

```
on (release) {
    fuwa_mc._xscale -= 2;
    fuwa_mc._yscale -= 2;
}
```

放大按钮上的设置：

```
on (release) {
    fuwa_mc._xscale += 2;
    fuwa_mc._yscale += 2;
}
```

表示按一次按钮，福娃角色在X、Y方向的缩小或放大值都是库中原始元件的2%。

左走按钮上的设置：

```
on (release) {
    fuwa_mc._x -= 10;
}
```

右走按钮上的设置：

```
on (release) {
    fuwa_mc._x += 10;
}
```

上走按钮上的设置：

```
on (release) {
    fuwa_mc._y -= 10;
}
```

下走按钮上的设置：

```
on (release) {
    fuwa_mc._y += 10;
}
```

表示按一次按钮，福娃角色在X、Y方向的坐标值会在当前坐标值的基础上减少或增加10个像素。

顺旋按钮上的设置：

```
on (release) {
    fuwa_mc._rotation += 10;
}
```

逆旋按钮上的设置：

```
on (release) {
    fuwa_mc._rotation -= 10;
}
```

表示按一次按钮，福娃角色的旋转值会在当前的角度值基础上顺时针或逆时针旋转10度。

透明按钮上的设置：

```
on (release) {
    fuwa_mc._alpha -= 10;
}
```

加深按钮上的设置：

```
on (release) {
    fuwa_mc._alpha += 10;
}
```

表示按一次按钮，福娃角色的alpha值的减少或增加都是10。

跟随按钮上的设置：

```
on (release) {
    startDrag(this.fuwa_mc,true);
}
```

取消跟随按钮上的设置：

```
on (release) {
    stopDrag();
}
```

测试时，先将福娃缩小到比鼠标光标稍大一些，然后按下跟随按钮，开始对福娃元件进行拖曳。福娃会跟随鼠标光标的运动，加上参数true后，福娃的中心点会锁定鼠标光标的中心点，在取消按钮上单击，就会取消对福娃的拖曳，这时要单击复位按钮让其回到初始位置。

复制按钮上的设置

```
on (release) {
    for (i = 5; i > 0; i--)
    {
        duplicateMovieClip(fuwa_mc, "fuwa" + i, i);
        setProperty("fuwa" + i, _x, i * 40);
        setProperty("fuwa" + i, _alpha, i * 20);
        setProperty("fuwa" + i, _xscale, i * 0.2 * (fuwa_mc._xscale));
        setProperty("fuwa" + i, _yscale, i * 0.2 * (fuwa_mc._yscale));
    }
}
```

删除按钮上的设置

```
on (release) {
    removeMovieClip("fuwa" + i);
    i++;
}
```

以上复制按钮上的脚本语言表示：在初始变量i=5时，由于满足i>0的条件，则复制舞台中的处于0层的原始影片剪辑元件fuwa_mc，并命名为fuwa5，放置在第5层，并将其x坐标属性设置为5*40=200，alpha值设置为5*20=100，x、y方向的缩放值设置为原始缩放值的5*0.2=1倍。

当前变量i-1，当i变成4时，再次重复执行循环语句中的复制命令，即复制fuwa4，放置在第4层，并将其x坐标属性设置为4*40=160，alpha值设置为4*20=80，x、y方向的缩放值设置为原始缩放值的4*0.2=0.8倍。

依此类推，复制fuwa3、fuwa2、fuwa1，最后变量i=0不满足循环条件时结束。

以上删除按钮上的脚本语言表示：单击删除按钮，依次删除fuwa1、fuwa2、fuwa3、fuwa4、fuwa5。

在测试时，当单击复制按钮后，会复制出5个福娃出来，每个福娃的x坐标值分别为200，160，120，80，40，alpha值分别为100，80，60，40，20，缩放值分别为1/0.8/0.6/0.40.2倍，如图10-77所示。

当单击删除按钮时，会删除最后一个fuwa5，单击一次删除一个，直到fuwa4、fuwa3、fuwa2、fuwa1全部删除。

图10-77

操作步骤10-20：动态文本的设置

在主场景中，锁定其他层，在按钮控制层之上新建一层，命名为动态文本层，在该层第130帧插入空帧，选择该帧，在舞台下方，用文本工具 **T**，在属性面板中选择静态文本，如图10-78所示，输入如图10-79所示的左侧一列文本。接着用文本工具 **T**，在属性面板中选择动态文本，如图10-79右侧所示，在舞台中的文字后面，依次拖曳出多个动态文本框（只拖出一个空的文本框既可，不要往里面输入文字），并选择每个动态文本框，在属性面板中，为文本框命名。例如x坐标后面的动态文本框命名为xpos，如图10-80所示。其他文本框的命名参考图10-79所示。

图10-78

图10-80

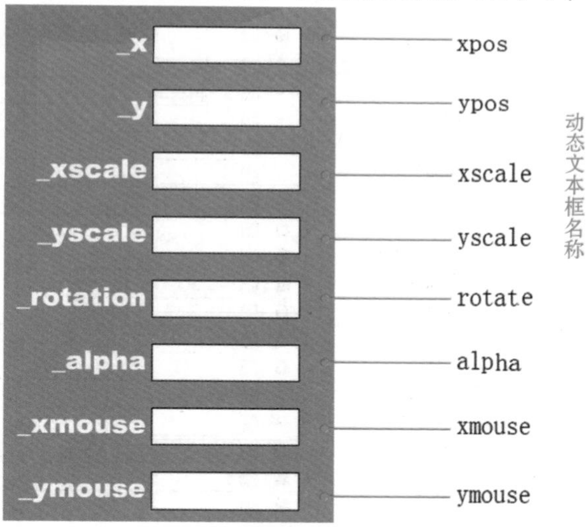

图10-79

选择贝贝层第130帧的贝贝，即fuwa_mc影片剪辑元件实例，在动作面板中设置脚本语言如下：

```
onClipEvent (enterFrame) {
    _root.xpos = int(this._x);
    _root.ypos = int(this._y);
    _root.xscale = int(this._xscale);
    _root.yscale = int(this._yscale);
    _root.rotate = this._rotation;
    _root.alpha = this._alpha;
    _root.xmouse = this._xmouse;
    _root.ymouse = this._ymouse;
}
```

_root.代表主场景的根目录，以上语句表示如果主场景舞台上的fuwa_mc元件正在播放，则将其x、y坐标值取整后在主场景中的动态文本框xpos、ypos中显示；将其x、y方向的缩放值取整后在动态文本框xscale、yscale中显示；将其旋转值、alpha值显示在动态文本框rotate、alpha中，将其鼠标的坐标值显示在动态文本框xmouse、ymouse中。

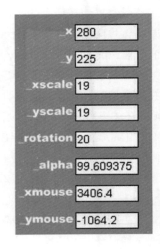

图10-81

按Ctrl+Enter键测试，看看在控制贝贝的位置、大小、旋转等属性时，相应的文本框中是否显示当前属性值，如图10-81所示。如果测试无误，可将贝贝（fuwa_mc）影片剪辑元件上的脚本语句全选后复制，然后分别选择晶晶层第140帧的晶晶（fuwa_mc）、欢欢层第150帧的欢欢（fuwa_mc）、迎迎层第160帧的迎迎（fuwa_mc）、妮妮层第170帧的妮妮（fuwa_mc），在动作面板中粘贴复制后的脚本语句。

最后，按Ctrl+Enter键测试所有子页，当控制某个福娃的位置、大小、旋转等值时，当前福娃的属性值的显示是否正确。

至此，完成后的时间轴显示及各个子页关键帧画面的显示如图10-82所示。

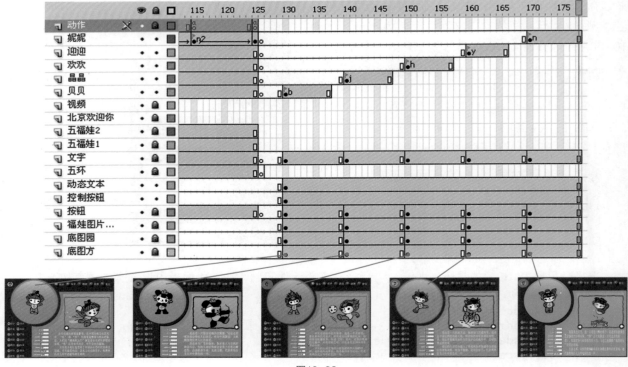

图10-82

请保存练习文件"Lesson10.fla"。到此阶段完成的范例请参考进度文件"Lesson10-13end .fla"。动态画面请见随书A盘"Lesson10动画网页\10课教学进度"的动画展示。

7 Lesson

8 Lesson

9 Lesson

10 Lesson

11 Lesson

12 Lesson

10.4 操作答疑

思考题：

问题1：在帧上加动作需要注意什么？

问题2：在按钮上加动作需要注意什么？

问题3：在影片剪辑元件上加动作需要注意什么？

答疑：

问题1：在帧上加动作需要注意什么？

回答1：在帧上加动作，只需选择某个关键帧后，直接加既可，常用帧上加的简单动作都是动作面板中的【全局函数/时间轴控制】下的时间轴控制语句，例如stop、gotoAndPlay、gotoAndStop等。

问题2：在按钮上加动作需要注意什么？

回答2：首先选择某个按钮，在按钮上加动作的标准语句是：

```
on（按钮事件）{
    //此处是你的语句
}
```

所谓按钮事件，就是按钮执行的前提条件，是通过【全局函数/影片剪辑控制/on 】函数来完成的，当选择on函数后，弹出的如图10-83所示的窗口就是让你来选择八大按钮事件之一，通常选择release。

选择press：当鼠标移动到按钮的可单击区域里单击该按钮时，Press事件发生，适用于按钮作为开关的场合。

图10-83

选择release：当鼠标移动到按钮的可单击区域里单击并释放鼠标时，release事件发生，适用于一般的按钮。

选择releaseOutside：当鼠标在按钮区域之内按下按钮后，将鼠标移到按钮区域之外，此时释放鼠标。

选择rollOver：鼠标滑过按钮。

选择rollOut：鼠标滑出按钮区域。

选择dragOver：在鼠标滑过按钮时按下鼠标，然后滑出，再滑回。这是一个很有用的事件，可以用在很多场合，如游戏、购物车等。

选择dragOut：在鼠标滑过按钮时按下鼠标按钮，然后滑出此按钮区域。

选择keyPress ("key")：按下键盘上指定的键。

按钮上加动作切记一定要先选择on函数，然后选择以上的按钮事件之一，最后在{}内才是要执行的语句，例如：

```
on (press) {
    _root.car_mc.play();
}
```

问题3：在影片剪辑元件上加动作需要注意什么？

回答3：首先选择某个影片剪辑元件，在影片剪辑元件上加动作的标准语句是：

```
onClipEvent(movieEvent){
    // 此处是你的语句
}
```

影片剪辑就是MovieClip，我们简称MC，影片剪辑跟按钮相似，是通过【全局函数/影片剪辑控制/onClipEvent】函数处理事件来完成的。这里的movieEvent就是如图10-84所示的九大事件中的一个或者多个。

选择load：当前影片剪辑元件被载入并准备显示之前触发该事件。这个事件一般可以做一些初始化的工作，比如：变量的定义，赋值，加载as文件等。

选择unload：当前影片剪辑元件被卸载准备消失之前触发该事件。

选择enterFrame：当前影片剪辑元件每次计算帧上的内容时触发该事件。可以理解为，在时间轴上每播一个关键帧就触发这个事件，比如一些导航菜单。一般在需要进行循环的检测时会选择该项。

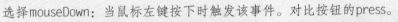

图10-84

选择mouseMove：当鼠标移动时触发该事件。对比按钮的rollOver。

选择mouseDown：当鼠标左键按下时触发该事件。对比按钮的press。

选择mouseUp：当鼠标左键抬起时触发该事件 。对比按钮的release。

选择keyDown：当键盘按键被按下时触发该事件。

选择keyUp：当键盘按键被按下后松开时触发该事件。对比按钮的keyPress。

选择data：当前影片剪辑元件接收到新数据时触发该事件。

跟按钮相比多出load，unload，enterFrame，data几个。常用的是load，enterFrame。

在影片剪辑元件上加动作时一定要先选择onClipEvent函数，然后选择以上的选项之一，最后在{}内才是要执行的语句，例如：

```
onClipEvent(keyDown){
    _root.car_mc.play();
}
```

上机作业：

1．参考随书A盘Lesson10动画网页\10课参考作品中的ck10_01，制作多媒体课件。

图10-85

图10-86

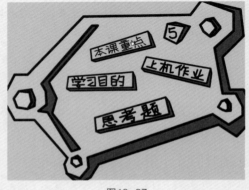

图10-87

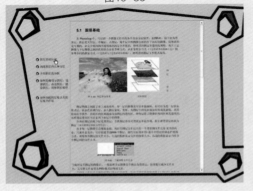

图10-88

操作提示：

该作业主场景画面中，除了画面背景及简单的人物、动物的循环动画外，重点是在树枝上制作的4个动态按钮，如图10-85所示，每个按钮按下后，切换到不同的场景。例如课程内容按钮按下后，切换到如图

10-86所示的总课程目录场景中，先是一段课程牌放大的动画，然后出现20个课程的相应数字按钮，单击某个数字按钮，时间轴跳转到按钮指定的帧上，该帧上是该课程四大部分的文字按钮，如图10-87所示，单击其中一个文字按钮，跳转到该按钮指定的帧上，如图10-88所示，在该帧的舞台左侧放置了本课课程重点内容的文字按钮，右侧放置了从组件面板中选择的滚动窗"ScrollPane"组件，并在属性面板中为组件命名。某个文字按钮上的动作如下：

```
on (release) {
    sp_2p.contentPath ="point/L2_p1.swf";

}
```

其中，sp_2p是该帧为滚动窗组件命名的名称，等号后面是在该帧滚动窗里要显示的swf文件地址名。

每一个文字按钮上都要设置类似以上的动作。

以上每个界面都有back按钮回到上一级界面。

完整的多媒体课件的详细制作，请参考"ck10_01.fla"、"ck10_02.fla"、"ck10_03.fla"、"ck10_04.fla"文件。

2．参考随书A盘Lesson10动画网页\10课参考作品中的ck10_06，制作汽车按钮、用按钮选择汽车的开动。

操作提示：

（1）制作按钮：新建一个AS2.0文件，创建一个按钮，用打开外部库命令打开第7课范例1完成的动画文件"Lesson7-1.fla"的库，从库中将完成后的car1影片剪辑元件拖放到按钮的弹起帧上，然后在指针经过帧和按下帧插入关键帧，完成按钮1的制作，其他几个按钮制作类似。

（2）在主场景中绘制背景，然后在按钮层放置四个按钮。每个按钮上的动作设置如图10-90所示，例如滑向按钮1时，播放帧标签为"car1"帧的动画，即车1逐渐出现并停止的动画，当滑出按钮1时，继续播放逐渐消失的车动画，播放完后的

图10-89

帧上设置跳转到主场景1帧的动作。按下按钮1时，播放帧标签为"车1"帧的动画，即车1开出画外的动画，然后在结束帧设置跳转到"场景车1"的第1帧的动作。其他按钮的设置类似。

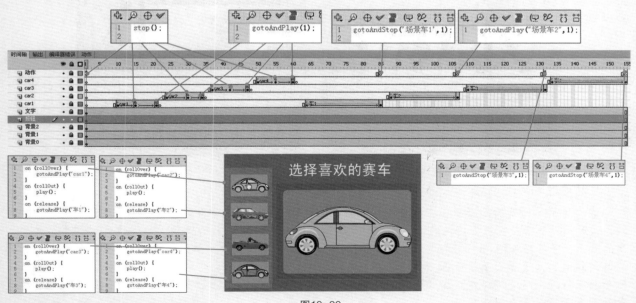

图10-90

（3）新建"car1"层，在时间轴第10帧制作car1逐渐出现并消失的三个关键帧之间的传统补间动画，并将首关键帧命名为"car1"，在第2关键帧上设置停止动作，第3关键帧上设置跳转到第1帧的动作。在时间轴稍后的位置，例如第65帧制作car1开出画外的动画，并命名该段动画的首帧为"车1"。在结束帧设置跳转到"场景车1"的第1帧的帧动作。其他车各层动画制作类似。

（4）新建场景，命名为"场景车1"，如图10-91所示，制作车1从左侧开出画外的动画，将按钮1拖放到按钮层三个，改变其中两个的亮度，使三个按钮有所区别。选择场景中的车1，在属性面板命名为"car1_mc"，双击该车进入到车1的影片剪辑元件界面，分别选择两个车轮，在属性面板中命名为"lun1_mc"和"lun2_mc"，双击车轮进入转动车轮的编辑界面，新建动作层，在帧设置停止动作，最后帧设置跳转到第2帧播放的动作。

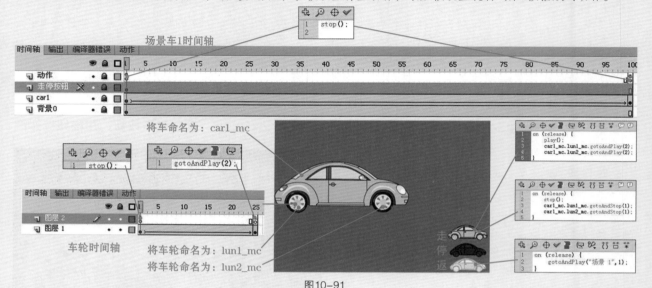

图10-91

（5）场景车1中的走、停、返三个按钮上的动作设置如图10-91所示，当按下"走"按钮后，播放当前场景，且场景中的"car1_mc"元件中的"lun1_mc"和"lun2_mc"的时间轴也开始播放，即车轮转动，当按下"停"按钮后，当前场景停止播放，且车轮也停止转动。当按下"返"按钮后，返回到主场景的第1帧。其他车对应的场景"场景车n"的制作类似。

（6）详细制作请参考"ck10_06.fla"文件。

5．参考随书A盘Lesson10动画网页\10课参考作品中的ck10_08，制作如图10-92所示的完整展示页面。

图10-92

图10-93

操作提示：

该作业将主场景的动画放置在一个名为op的影片剪辑元件中，该元件的时间轴才是所谓的主场景时间轴，该时间轴先播放主页面的动画，当按钮出现后停止，主界面如图10-92所示。单击某个按钮会跳转到指定的帧上，子界面如图10-93所示，代表图片或视频展示的帧上只包含一个影片剪辑元件"zy n"，该元件的时间轴上才是子界面要展示的多帧的图片或视频。建议在影片剪辑元件的时间轴上放多帧展示图片，便于编辑修改，尽量不要在主场景中放置多帧展示图片，这样不利于添加图片或编辑时间轴。详细制作请参考"ck10_08.fla"文件。

第11课 控制行走

参考学时：8~12

√ 教学范例：控制行走

本范例场景动画完成后，播放画面参看右侧的范例展示图。

动态画面请见随书B盘课件"Lesson11控制行走\课堂范例"的动画展示。

本范例的制作分三大部分：角色的绘制、行走动画制作、控制角色行走。

首先详细介绍了浣熊角色的正、侧、背等几个角度的规范绘制步骤，以及各角度浣熊头部、身子、腿脚、胳膊、手等组成元件的创建，接着利用创建好的几个角度的影片剪辑元件，制作浣熊转圈的动画。

从侧面4帧起伏动画，到侧面4帧行走动画、再到侧面8帧行走动画，最后到侧面4帧补间动画，从易到难，介绍了这几种方法制作的侧面行走动画的区别。正面浣熊的行走动画，也是从正面8帧起伏动画、正面8帧腿脚动画及正面8帧手尾动画，来逐步介绍的，背面的行走动画除了同正面的方法之外，还可利用修改正面行走动画得到。

最后利用四个方向按钮来控制浣熊角色在场景中上下左右变换姿势行走，也可用鼠标拖曳浣熊，将其放在任意位置，用复位按钮恢复初始位置。行走时如果超出边界，会进入到另一个动画背景中继续行走。

√ 教学重点：

- 如何创建及绘制动画角色的头部元件
- 如何创建及绘制动画角色的正面元件、侧面元件、背面元件和其他角度元件
- 如何制作侧面4帧起伏动画、4帧行走动画、8帧行走动画、4帧补间动画
- 如何制作正面8帧起伏动画、8帧行走动画
- 如何制作背面8帧行走动画
- 如何创建行走角色

- 如何命名各级别的动画角色及元件
- 如何控制角色转身
- 如何控制角色的走、停
- 如何拖曳角色
- 如何判断角色已到边界、如何转换场景背景
- 如何复位角色

√ 教学目的：

掌握游戏角色的创建结构，角色的各角度行走动画的制作，及控制角色行走的方法。通过该范例掌握完整角色动画的制作及角色控制方法。

绘制

侧面行走

正面行走

背面行走

控制行走

第11课——角色控制制作参考范例

11.1　角色的绘制

7
Lesson

8
Lesson

9
Lesson

10
Lesson

11
Lesson

12

本节将通过游戏角色浣熊的正面、侧面、背面等绘制，了解角色结构的创建，为后面制作角色行走动画及其他动画打好基础。

本节不再详细介绍Flash的绘画工具，而将重点放在Flash的元件结构上，用元件来层层组建游戏角色元件。

▌11.1.1　角色正面绘制

新建一个Flash CS6文件（ActionScript2.0），保存命名为"Lesson11.fla"，将文档大小改为720*432。选择工作区视图为动画模式。

▶ 操作步骤11-1：导入素材及创建库结构

首先执行【文件/导入/导入到库】命令，选择"原始图片/浣熊分层图小"文件，这是已将浣熊各角度照片放在图层的PSD文件，在导入选择窗中，选择所有要导入的Photoshop图层，如图11-1所示，选择"将图层转换为Flash图层"选项，单击"确定"按钮后，将在库中自动创建影片剪辑元件，其内容分别为各图层的位图，如图11-2所

示，并创建一个同名的图形元件，其中各图层上的内容为库中的各影片剪辑元件的内容。

之所以选择导入浣熊的各角度图片，是为了让绘画基础不是很好的读者能参考图片来绘制各角度的矢量浣熊。

请先在库中新建文件夹"浣熊绘制"，然后在此文件夹下，再分别新建"正面"、"侧面"、"背面"，"+45度"、"−45度"文件夹，如图11-3所示。

图11-1

图11-2

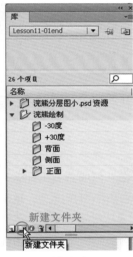
图11-3

由于要创建大量的角色组成元件，所以需要提前在库中将元件归属分类，创建不同的文件夹，以便方便查找及管理（由于本课元件比较多，请练习时使用与教程同名的元件名及文件夹）。

下面我们先来绘制浣熊的正面头部。

▶ 操作步骤11-2：角色正面头部绘制

执行【文件/新建元件】命令，命名为"正面-头部"，类型为"影片剪辑"，选择保存在库中"浣熊绘制/正面"文件夹中，如图11-4所示。

进入"正面-头部"影片剪辑元件的编辑界面。

把库中上一步导入时自动创建的影片剪辑元件"正面"拖放到坐标原点处，如图11-5所示，并在属性面板中将其Alpha值改小一些，我们将以此浣熊的正面图片为模板，参考绘制浣熊的头部。

新建一层，命名为"脸"层，如图11-6所示，在该层用椭圆工具◻画出脸部的椭圆，用选择工具▟调整脸部弧线。

新建一层，命名为"嘴"层，如图11-6所示，在该层用椭圆工具 ▣ 画出嘴部的椭圆，用选择工具 ▶ 调整嘴部弧线。用线条工具画出嘴部线条。

新建一层，命名为"鼻梁"层，如图11-6所示，在该层用椭圆工具 ▣ 画出鼻梁的椭圆，用选择工具 ▶ 调整鼻梁部弧线。

新建一层，命名为"鼻头"层，如图11-6所示，在该层用椭圆工具 ▣ 画出鼻头的椭圆，用选择工具 ▶ 调整鼻头弧线。

图11-4

图11-5

图11-6

新建一层，命名为"白眉毛"层，将该层放置在脸层的上面，如图11-6所示，在该层用线条工具 ◣ 画出一侧的白眉毛闭合轮廓，用选择工具 ▶ 调整端点位置，最后用颜料桶工具 ◢ 填充内部为白色。另一侧的白眉毛可用全选、复制、粘贴、水平翻转的方法得到。

新建一层，命名为"脸阴影"层，将该层放置在白眉毛层的上，如图11-6所示，在该层用钢笔工具 ◈ 画出脸阴影形状，用部分选取工具 ▶ 调整锚点及平滑点弧线，或用选择工具 ▶ 调整弧线。

新建一层，命名为"灰眉毛"层，将该层放置在脸阴影层的上面，如图11-6所示，在该层用铅笔工具 ✐ 的平滑选项画出一侧的灰眉毛闭合轮廓，用选择工具 ▶ 调整端点位置，最后用颜料桶工具 ◢ 填充内部为灰色。另一侧的灰眉毛可用全选、复制、粘贴、水平翻转的方法得到。

新建一层，命名为"眼睛"层，将该层放置在嘴层的下面，如图11-6所示，在该层用椭圆工具 ▣ 画出眼睛的椭圆。用刷子工具 ✎ 画出眼中的亮点。另一侧的眼睛可用全选、复制、粘贴、水平翻转的方法得到。

新建一层，命名为"耳朵"层，将该层放置在脸层的下面，如图11-6所示，在该层用铅笔工具 ✐ 的平滑选项画出一侧的耳廓闭合轮廓，用选择工具 ▶ 调整弧线及端点，用颜料桶工具 ◢ 填充内部为白色。内部的黑色也用同样的方法绘制。另一侧的耳朵可用全选、复制、粘贴、水平翻转的方法得到。

"正面-头部"影片剪辑元件编辑完成后，可将浣熊图片层删除。请框选头部的所有图形，将其移动，使其鼻头正中在十字坐标原点位置，切记后面绘制的侧面、背面头部坐标原点都尽量在十字坐标原点处。

请保存练习文件"Lesson11.fla"。到此阶段完成的范例请参考进度文件"Lesson11-01end .fla"。

▶ 操作步骤11-3：角色正面全身绘制

请打开上一节结束时保存的文件"Lesson11.fla"（或打开进度文件夹中的"Lesson11-01end.fla"文件）。

绘制正面浣熊

执行【文件/新建元件】命令，新建一个元件，命名为"正面–浣熊"，类型为影片剪辑，选择保存在库中"浣熊绘制"文件夹中。接着进入"正面–浣熊"影片剪辑元件编辑界面。

把库中导入时自动创建的影片剪辑元件"正面"拖放到坐标原点处，并在属性面板中将其Alpha值改小一些，将以此浣熊的正面图片为模板，参考绘制浣熊的全身。

新建一层，把库中上一步创建的影片剪辑元件"正面–头部"拖放当前图层第1帧舞台区的坐标原点附近，观察信息面板，使头部的X坐标为0，Y坐标由下面的水平参考线来限定。并将当前图层命名为"头"层。

为了绘制方便，可执行【视图/标尺】命令将标尺显示，将鼠标放在水平或垂直标尺上，单击并拖曳出多条水平或垂直参考线，拖曳时观察信息面板可以确定参考线的坐标，如图11-7所示，用来限定绘制的浣熊的高度、宽度及各部分的比例，尽量使十字坐标原点位于浣熊身体的中心左右对称的位置。也可执行【视图/网格/显示网格】命令来以坐标网格背景显示，利于精确绘画（后面要绘制的浣熊侧面、背面，请切记使用与正面相同位置的参考线，各部分比例及高度与宽度，也要与正面的高度和宽度一样，尤其是坐标原点也要在身体的相同位置，这样在后面的元件交换操作中，避免了三面大小不一带来的麻烦）。

新建一层，命名为"身体"层，如图11-7所示，在该层用椭圆工具 ⬭ ，在对象绘制模式下画一个椭圆，用选择工具 ▶ 调整椭圆弧线使其成为梨形，在其上用椭圆工具 ⬭ ，画出身体上肚皮的形状。调整身体的位置，最后将身体层移到头层的下面。

新建一层，命名为"左胳膊"层，如图11-7所示，在对象绘制模式下画出左臂与左手形状，并调整到合适位置，将该层置于身体层的下面。

新建一层，命名为"右胳膊"层，将左胳膊层的左胳膊图形全选后执行【编辑/复制】命令，选择右胳膊层的第1帧，执行【编辑/粘贴到当前位置】命令，在舞台区将复制后的左胳膊粘贴，然后执行【修改/变形/水平翻转】命令，最后将右胳膊移动到合适位置。

左腿、左脚层的创建及绘制请参考图11-7所示。右腿、右脚是利用已绘制完成的左腿、左脚层的图形复制、粘贴、水平翻转而来。所有图层都绘制完成后将最下层的浣熊图片删除。

图11-7

将浣熊的组成图形转换为元件

浣熊正面的各部分绘制完成后，可分别选择每一层的图形，例如左胳膊层的左胳膊图形，在右键菜单中执行【转换为元件】命令，将其转换为影片剪辑元件，命名为"正面–左胳膊"，保存在库中"正面"文件夹中。

将右胳膊、左腿、左脚、右腿、右脚、身体、尾巴都转换为影片剪辑元件，并保存在库中"正面"文件夹中。库中正面文件夹下的各元件如图11-8所示。

正面浣熊的各组件转换为元件的好处是：你可以随时进入到各元件的界面对其进行修改，而整体正面浣熊会自动体现这个修改，另外，在后面要制作的动画中，可以方便地制作传统补间动画、逐帧动画等。特别是在游戏制作中，可以对每一个影片剪辑元件单独进行动作控制。

单击工作区左上角的"场景1"回到主场景界面，从库中将"正面浣熊"影片剪辑元件拖放到舞台中央。

按Ctrl+Enter键测试，一个静止的浣熊画面就完成了。

请保存练习文件"Lesson11.fla"。到此阶段完成的范例请参考进度文件"Lesson11-02end .fla"。

图11-8

▌ **11.1.2** 角色侧面绘制

请打开上一节结束时保存的文件"Lesson11.fla"（或打开进度文件夹中的"Lesson11-02end.fla"文件）。下面将绘制浣熊的侧面。

▶ 操作步骤11-4：角色侧面头部绘制

执行【文件/新建元件】命令，新建一个元件，命名为"侧面-头部"，类型为影片剪辑，选择保存在库中"浣熊绘制/侧面"文件夹中。

进入"侧面-头部"影片剪辑元件编辑界面。

把库中浣熊的侧面图片的影片剪辑元件"侧面"拖放到坐标原点处，并在属性面板中将其Alpha值改小一些，将以此浣熊的侧面图片为模板，参考绘制浣熊的侧面头部。

新建一层，命名为"脸"层，如图11-9所示，在该层用椭圆工具 ◯ 画出脸部的椭圆，用选择工具 ▸ 调整脸部弧线。

图11-9

其他各层的制作请参考如图11-9所示的图层及各图层的图形，分别新建这些图层，用绘画工具绘制侧面头部的各图形。最后完成后将侧面浣熊图片层删除。

7 Lesson
8 Lesson
9 Lesson
10 Lesson
11 Lesson
12 Lesson

▶ **操作步骤11-5：角色侧面全身绘制**

执行【文件/新建元件】命令，新建一个元件，命名为"侧面-浣熊"，类型为影片剪辑，选择保存在库中"浣熊绘制"文件夹中。

进入"侧面-浣熊"影片剪辑元件的编辑界面。

把库中导入时自动创建的影片剪辑元件"侧面"拖放到坐标原点处，并在属性面板中将其Alpha值改小一些，将以此浣熊的侧面图片为模板，参考绘制浣熊的侧面全身。

新建一层，把库中上一步创建的影片剪辑元件"侧面-头部"拖放到当前图层第1帧舞台区坐标原点附近，并将当前图层命名为"头"层。请参考绘制正面浣熊时使用的方法设置相同的参考线。

浣熊侧面各图层的制作，请参考如图11-10所示的图层，分别新建这些图层，绘制侧面浣熊的各图形。完成后将最底层的浣熊图片层删除。

图11-10

最后将各图层上的图形分别选择后转换为影片剪辑元件，保存在库中"浣熊绘制/侧面"文件夹中。

单击工作区左上角的"场景1"回到主场景界面，从库中将"侧面浣熊"影片剪辑元件拖放到舞台上。

按Ctrl+Enter键测试，一个静止的浣熊正面、侧面画面就完成了。

请保存练习文件"Lesson11.fla"。到此阶段完成的范例请参考进度文件"Lesson11-03end .fla"。

▌ 11.1.3　角色背面及其他角度绘制

请打开上一节结束时保存的文件"Lesson11.fla"（或打开进度文件夹中的"Lesson11-03end.fla"文件）。下面将绘制浣熊的其他角度画面。

▶ **操作步骤11-6：角色背面及其他角度绘制**

请参考绘制角色正面全身的操作步骤11-3，先创建影片剪辑元件"背面-头部"，然后在该元件界面分层绘制背面头部的图形，接着创建影片剪辑元件"背面-浣熊"，如图11-11所示的各图层及浣熊背面图形，分图层绘制浣熊的背面各图形（为了省时，你也可分别将库中正面浣熊的脸部、尾巴、左右胳膊、左右腿、左右脚元件的图形复制后粘贴到

图11-11　　　　　　　　　图11-12

"背面–浣熊"元件相应的层上，将左右脚图形旋转90度就变成脚尖朝后的图形）。调整图层叠加顺序，最后将各图层的图形转换为影片剪辑元件。

有时间的话，还可以参考图11-13及图11-14所示，绘制浣熊的前后45度两个角度的画面（这部分选做）。最后库中各元件的显示如图11-12所示。

图11-13

图11-14

▶ 操作步骤11-7：角色转圈动画

如果有了角色正、侧、背甚至其他角度他元件，就可以制作角色转身甚至转圈的动画了。

请先创建影片剪辑元件"浣熊转圈"，然后在元件编辑界面，将"正面–浣熊"元件拖放到图层第1帧，然后在第4、7、10、13、16、19、22、25帧分别按F6键插入关键帧，选择第2个关键帧中的正面浣熊元件，在属性窗口中交换成"+45度–浣熊"，将后面的每个关键帧中的正面浣熊都依次交换成"侧面–浣熊"、"-45度–浣熊"、"背面–浣熊"、"-45度–浣熊"（水平翻转）、"侧面–浣熊"（水平翻转）、"+45度–浣熊"（水平翻转），如图11-15所示。回到主场景界面，将"浣熊转圈"影片剪辑元件拖放到舞台中，按Ctrl+Enter键测试，由静止的浣熊正面、侧面、背面等制作的浣熊转圈的动画就呈现在你面前了。如果你只绘制了浣熊的正侧背三面，只需用5个关键帧，即正、侧、背、侧（水平翻转）、正，就可完成浣熊转圈一周的动画。

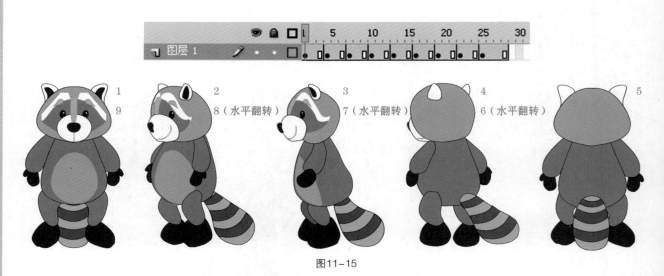

图11-15

请保存练习文件"Lesson11.fla"。到此阶段完成的范例请参考进度文件"Lesson11-04end .fla"。

7
Lesson

8
Lesson

9
Lesson

10
Lesson

11
Lesson

12
Lesson

请打开上一节结束时保存的文件"Lesson11.fla"（或打开进度文件夹中的"Lesson11-04end.fla"文件）。本节将制作角色的侧面行走动画、正面行走动画和背面行走动画。

行走的基本规律是：左右两脚交替向前，当左脚向前迈动时左手向后摆，右脚向前迈动时右手向后摆。在行走的过程中，头的高低形成波浪式运动，当两脚迈开时身体的位置略低，当一脚直立另一脚提起将要迈出时，身体的位置略高。

11.2.1 侧面行走动画制作

下面的介绍将从简单到复杂，先制作最简单的4帧侧走动画，然后在间再添加关键帧，制作8帧的侧走动画。

▶ 操作步骤11-8：浣熊侧面行走动画

执行【文件/新建元件】命令，命名为"侧面行走"，类型为影片剪辑，保存在库的根目录中。进入"侧面行走"影片剪辑元件的编辑界面。

4帧起伏动画

将库中已绘制完成的"侧面-浣熊"影片剪辑元件拖放到工作区的原点附近。选择"侧面-浣熊"元件，在右键菜单中执行【分离】命令，将其分离成各个组成元件。注意分离后所有元件都在图层1上。

分别选择时间轴的第7、13、19帧，按F6键插入关键帧，选择第24帧。按F5插入帧，下面将用4个关键帧，时间轴总长24帧（1秒），来制作循环一次的侧面行走的简单动画。

分离前　　　　　　　　　　　分离后

图11-16

首先将第2关键帧选中，用选择工具将侧面浣熊的所有元件都向下移动6个像素的距离（移动时观察信息面板中Y坐标的变化）。选择第4关键帧，将所有元件向下移动6个像素。

回到主场景界面，将库中的"侧面行走"影片剪辑元件拖放到舞台区中，按Ctrl+Enter键测试，一个上下起伏的侧面浣熊的最简单的动画就完成了。一般静止图片角色的最简单的行走动画就是利用这种方法制作的。在库中选择"侧面行走"影片剪辑元件，在右键菜单中执行【直接复制】命令，将复制的元件命名为"1侧走-4帧-手脚不动"，保存一个这一版本的行走元件。

4帧行走动画

双击主场景中的"侧面行走"影片剪辑元件，再次进入其编辑界面。下面将让第2关键帧中的左胳膊右腿右脚朝前，右胳膊左腿左脚朝后。

参考图11-17所示，选择时间轴的第2关键帧，先在舞台空白区单击取消对所有元件的选择，然后单击选择左胳膊元件，选择任意变形工具▨，将左胳膊的旋转中心点移到肩部，然后绕肩部旋转，使手臂朝前。

选择右腿，用任意变形工具▨将其旋转中心点移到大腿根部，使右腿旋转朝前，右脚也配合腿部的变化，使其旋转并移动到合适位置。左腿、左脚用同样的方法向后旋转。

右胳膊由于在最底层，它的选择技巧是：可先用选择工具在身体中部框选出一个矩形选择框，然后按

图11-17

住Shift键再依次单击每个除右胳膊以外的元件，取消这些元件的选择，最后剩下的就是右胳膊（你也可将身体选择后，在右键菜单中执行【排列/移至底层】命令，就会看见最底层的右胳膊），将其旋转后，再次用排列命令来将一层中多个对象的叠加排列顺序进行调整。

　　旋转时可单击时间轴上的 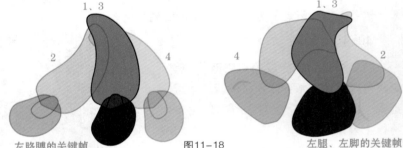 绘图纸外观按钮，参考当前帧与前后帧的画面，如图11-18所示。

　　第2关键帧完成后，可选择第4关键帧，用同样的方法，将该帧上的右胳膊左腿左脚朝前，左胳膊右腿右脚朝后。

左胳膊的关键帧　　　　图11-18　　　　左腿、左脚的关键帧

　　回到主场景界面，按Ctrl+Enter键测试，这是由直立、迈右脚、直立、迈左脚这4个关键帧各持续6帧，共24帧，1秒完成循环一次的侧走动画。在库中选择"侧面行走"影片剪辑元件，在右键菜单中执行【直接复制】命令，将复制的元件命名为"2侧走-4帧-手脚运动"，保存一个这一版本的行走元件。

8帧行走动画

　　双击主场景中的"侧面行走"影片剪辑元件，再次进入其编辑界面，为了使行走动画更加平滑，可在目前直立与迈步两帧之间再添加中间帧。

　　分别选择时间轴的第4帧、10帧、16帧、22帧，按F6键，在直立与迈脚两关键帧之间都插入关键帧。

　　选择目前8帧关键帧中的第2关键帧，如图11-19所示，将该帧中的左胳膊稍向前旋转（右胳膊向后），右腿右脚稍向前旋转（左腿左脚向后）。使该帧中的浣熊动作介于直立与迈右步之间。制作时可单击时间轴上的 绘图纸外观按钮，参考当前帧与前后帧的画面。

　　第4关键帧中的改变同上面的第2关键帧（为了省事可将第2关键帧复制，然后粘贴到第4关键帧）。

图11-19

　　选择目前第8帧关键帧中的第6关键帧，如图11-19所示，将该帧中的右胳膊稍向前旋转（左胳膊向后），左腿左脚稍向前旋转（右腿右脚向后）。使该帧中的浣熊动作介于直立与迈左步之间。

第8关键帧中的改变同上第6关键帧（为了省事可将第6关键帧复制帧，然后粘贴帧到第8关键帧）。

为了体现行走中上身的起伏，先放大视图，执行【视图/标尺】命令显示标尺，从标尺上拖出4条参考线放置在头顶附近，借助信息面板的显示，使每条参考线之间距离为2像素，如图11-20所示。然后选择第1关键帧，用选择工具将浣熊整体选择后上下移动，使其头顶与第2条参考线对齐。选择第2关键帧，使浣熊头顶与第1条参考线对齐，其他关键帧的上下调整参考图示。这样上下位置调整后，基本能体现浣熊行走中的起伏运动。

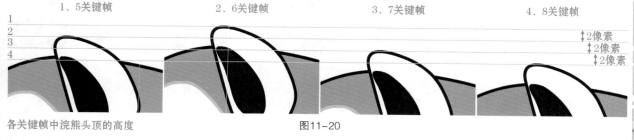

各关键帧中浣熊头顶的高度　　　　　　　　　　图11-20

回到主场景界面，按Ctrl+Enter键测试，8帧关键帧的行走会比4帧的动画要平滑一些。请在库中选择"侧面行走"影片剪辑元件，在右键菜单中执行【直接复制】命令，将复制的元件命名为"3侧走-8帧"，保存一个这一版本的行走元件。

将库中侧走的几个版本元件（4帧手脚不动、4帧手脚动、8帧手脚动）都拖放到场景中，观察之间的区别。

4帧补间动画

如果有时间，你还可以用下面介绍的方法制作行走补间动画。

由于绘制"侧面-浣熊"时已分层并将每个图形转换为了元件，你可将库中的影片剪辑元件"侧面-浣熊"选择后，在右键菜单中执行【直接复制】命令，将复制后的元件命名为"侧面行走-补间"，类型仍然为影片剪辑，双击库中这个元件的图标进入元件编辑界面，此时的时间轴上是分层的各元件。如图11-21所示，按住Shift键将所有层选中，鼠标移到第1帧处，在右键菜单中执行【复制帧】命令，然后拖曳选择所有层的第7帧，在右键菜单中执行【粘贴帧】命令，如图11-22所示，结果就会在所有层的第7帧插入关键帧，如图11-23所示，用此方法在第13、19、24帧插入关键帧，最后时间轴上各层共有5个关键帧。

图11-21

图11-22

图11-23

按Shift键选择所有层的第2关键帧，用选择工具将所有浣熊元件向下移动约6个像素。所有层第4关键帧的元件也同样向下移动6像素。

将头、身体、尾巴层所有关键帧之间创建传统补间动画。

如图11-24所示，切记先将左胳膊层的每个关键帧中的旋转中心点移到肩部相同位置，然后将第2关键帧中的左胳膊旋转向前，将第4关键帧中的左胳膊旋转向后，最后在关键帧之间创建传统补间动画。

腿部层也同样先将所有关键帧中腿部的旋转中心点移到腿根部相同位置，然后旋转第2、4关键帧的腿部，最后在关键帧之间创建补间动画。脚层将第2、4关键帧中的脚配合腿部的变化而旋转移动。

尾巴层也可将所有关键帧的旋转中心点移到尾根部，然后将第2、4关键帧中的尾巴朝不同方向旋转一点，形成行走时尾巴摇动的动画。

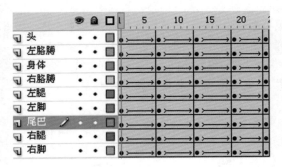

图11-24

以上第1、3、5关键帧保持不变。时间轴上的传统补间动画，会自动在直立与迈步关键帧之间创建平滑的过渡动画。如果动画出错，极有可能是每一关键帧中的腿部或胳膊的旋转中心点未移到腿根部或肩部。

回到主场景界面，将库中的"侧面行走-补间"影片剪辑元件拖放到舞台区，按Ctrl+Enter键测试，对比8帧的"侧面行走"元件的动画，实际为4关键帧的传统补间动画似乎更平滑一些。

请保存练习文件"Lesson11.fla"。到此阶段完成的范例请参考进度文件"Lesson11-05end .fla"。

▌ 11.2.2　正面行走动画制作

请打开上一节结束时保存的文件"Lesson11.fla"（或打开进度文件夹中的"Lesson11-05end.fla"文件）。下面将制作角色的正面行走动画。

▶ 操作步骤11-9：浣熊正面行走动画

执行【文件/新建元件】命令，命名为"正面行走"，类型为影片剪辑，保存在库中根目录中。
进入"正面行走"影片剪辑元件的编辑界面。

8帧起伏动画

将库中已绘制完成的"正面-浣熊"影片剪辑元件拖放到工作区原点附近。选择"正面-浣熊"元件，在右键菜单中执行【分离】命令，将其分离成各个组成元件。注意分离后所有元件都在图层1上，将图层1命名为"上身"层。

将浣熊的左右腿脚都选中，在右键菜单中执行【剪切】命令，新建一层，将其置于底层，选择该层第1关键帧，在工作区右击鼠标，在右键菜单中执行【粘贴到当前位置】命令，将左右腿脚与其他元件分层放置。将该层命名为"腿脚"层。

同样，将浣熊的尾巴也剪切粘贴到新层并置于最下层。现在时间轴上共有尾巴、腿脚、上身三层。

分别选择时间轴的所有层的第4、7、10、13、16、19、22帧，按F6键插入关键帧，选择所有层的第24帧，按F5键插入帧。

执行【视图/标尺】命令显示标尺，从标尺上拖出4条参考线，放置在头顶附近，借助信息面板的显示，使每条参考线之间距离为2像素，如图11-25所示。然后选择所有层的第1关键帧，用选择工具将浣熊整体选择后上下移动，使其头顶与第2条参考线对齐。选择所有层的第2关键帧，使浣熊头顶与第1条参考线对齐，所有层其他关键帧的上下调整参考图示。这样上下位置调整后，基本能体现浣熊行走中的起伏运动。

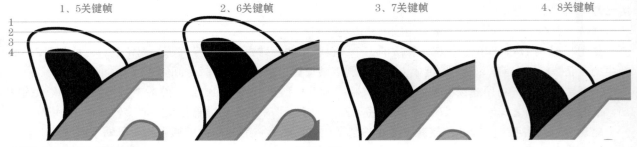

各关键帧中浣熊头顶的高度　　　　　　　　　　　图11-25

7 Lesson
8 Lesson
9 Lesson
10 Lesson
11 Lesson
12 Lesson

回到主场景界面，将库中"正面行走"影片剪辑元件拖放到舞台区中，按Ctrl+Enter键测试，一个上下起伏行走的正面浣熊的最简单动画就完成了。在库中直接复制"正面行走"元件，命名为"1正走–8帧–手脚不动"，保存一个这一版本的行走元件。

8帧腿脚行走动画

双击主场景中的"正面行走"影片剪辑元件，再次进入其编辑界面。下面将参考图11–26所示的各帧图像，修改腿脚层所有关键帧中腿脚的图形。

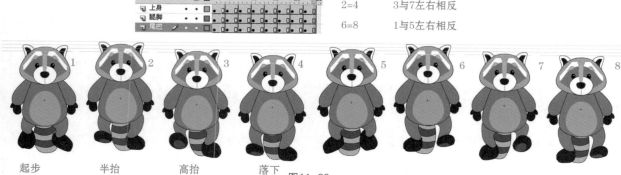

| | | 2=4 | 3与7左右相反 |
| | | 6=8 | 1与5左右相反 |

起步　　　半抬　　　高抬　　　落下　　图11–26

仔细观察这8帧图像，只需要修改左脚起步（1帧）、半抬（2帧）、高抬（3帧）三个帧中左右腿脚的图形既可，落下（4帧）与半抬（2帧）腿脚图形相同，位置上向下6个像素，可以用复制与粘贴命令来完成并移位。

右脚起步（5帧）、半抬（6帧）、高抬（7帧）三个帧中左右腿脚的图形实际上可以利用已完成的1、2、3中的左右腿脚的图形，分别复制、粘贴并水平翻转后来替换。

所以我们的重点就是腿脚层1、2、3这三帧中腿脚的制作。

先选择腿脚层的第1关键帧，将其他层锁定，该帧中的腿脚目前是库中的元件，用鼠标右键在元件上单击，在右键菜单中执行【分离】命令，将四个腿脚元件分离成矢量图形，如图11–27所示。

此时第1关键帧中的腿脚图形是站立时的原始图形，需要参考图11–28所示，将其图形修改成起步时的形状。此时腿部可用选择工具调整轮廓弧线，脚部可轻微旋转及压缩变形。

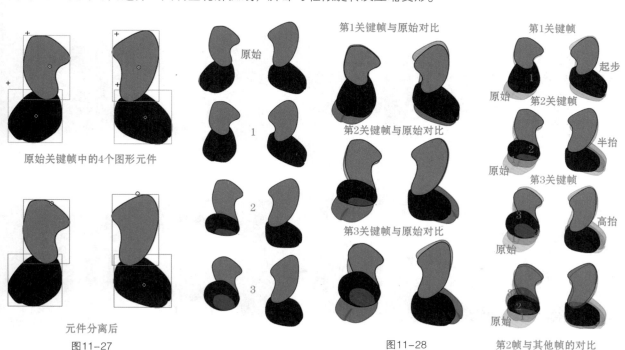

原始关键帧中的4个图形元件

元件分离后
图11–27

图11–28

第2帧与其他帧的对比

在第1、2、3关键帧中，都需将腿脚元件分离成矢量图形，然后双击矢量图形进入矢量对象编辑界面，用选择工具指向边缘修改弧线形状，修改完后回到上一级界面。半抬或高抬的脚部需要先将原来的矢量图形删除，然后用椭圆等工具在对象绘制模式下重新绘制。同层中图形的叠放次序可用【修改/排列/上移或下移】命令来调整。

腿脚层前3个关键帧绘制完成后，将第4关键中的腿脚元件选择后删除，然后将第2关键帧中的腿脚图形选中后，在右键菜单中执行【复制】命令，选择第4关键帧，用鼠标在工作区空白处右击，在右键菜单中执行【粘贴到当前位置】命令，将腿脚图形粘贴过来，并向下移动6个像素的距离。

选择第5关键帧，将原始的腿脚元件删除，然后全选第1关键帧中的腿脚图形，复制后粘贴到第5关键帧的当前位置，执行【修改/变形/水平翻转】命令，使左右腿互换。

分别将第6、7、8帧上的原始腿脚元件删除，然后分别将第2、3、4帧中的腿脚图形复制后粘贴到第6、7、8帧上，并将粘贴过来的腿脚图形水平翻转。

回到主场景界面，按Ctrl+Enter键测试，观看左右腿脚的行走动画。在库中直接复制"正面行走"元件，命名为"2正走－8帧－腿脚运动"，保存一个这一版本的行走元件。

8帧尾、手臂动画

双击主场景中的"正面行走"影片剪辑元件，再次进入其编辑界面。

如果想让尾巴在行走时左右摇摆，可参考图11-29所示，只在第7、13、19、24帧上保留关键帧，将第2关键帧中的尾巴向右旋转，将第4关键帧中的尾巴向左旋转，关键帧之间创建传统补间。

选择上身层，将其他层锁定，选择第2关键帧，如图11-30所示，先沿肩部旋转胳膊元件，然后将其选择后分离，分别选择手臂及手矢量图形，执行【修改/排列/上移一层】命令，使其叠加顺序在上身之

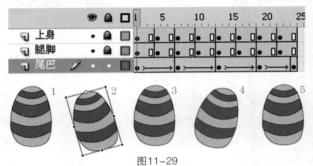

图11-29

上，水平翻转手图形。第3、4关键帧除了也做相同修改外，第3关键帧中还可双击手臂矢量图形，对其轮廓进行修改。手的角度也需再调整。第6、7、8帧的手臂变化请参考第2、3、4帧。

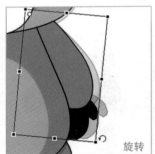
旋转

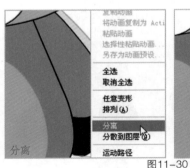
分离

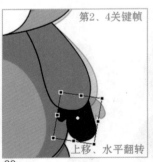
第2、4关键帧
上移、水平翻转

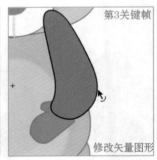
第3关键帧
修改矢量图形

图11-30

最后，加上尾巴摇动及手臂摆动的8帧正面行走动画如图11-31所示。

图11-31

回到主场景界面，将库中正走的几个版本元件（8帧不动、8帧脚动、8帧脚动摇尾）都拖放到场景中，按Ctrl+Enter键测试，观看完成后的正面行走的几种版本的不同。

请保存练习文件"Lesson11.fla"。到此阶段完成的范例请参考进度文件"Lesson11-06end .fla"。

■ 11.2.3　背面行走动画制作

请打开上一节结束时保存的文件"Lesson11.fla"（或打开进度文件夹中的"Lesson11-06end.fla"文件）。

▶ 操作步骤11-10：浣熊背面行走动画

执行【文件/新建元件】命令，新建一个元件命名为"背面行走"，类型为影片剪辑，保存在库中根目录中。在元件编辑界面，参考正面行走动画的制作方法，先利用"背面-浣熊"元件制作背面全身起伏的8帧动画，再制作腿脚部行走动画，最后制作尾部、手臂摆动动画。时间轴上的图层的顺序与各帧画面如图11-32所示。

还可以利用已完成的"正面行走"影片剪辑元件快速制作背面行走动画，方法是：在库窗口中将库中已完成的"正面行走"影片剪辑元件直接复制，将复制后的元件命名为"背面行走"，进入其界面，将尾巴层置于最上层，暂时锁定并隐藏。将上身层中8个关键帧中的每帧中的正面头部、身体都分别选择后在属性面板中交换成背面的头部、身体。将"背面行走"元件拖放到场景中，测试时你会发现，只需将上身层原来3、7关键帧中手臂向前摆动的形状改成向后稍摆动的形状，将腿脚层中每帧原来正面的腿脚图形，如图11-33所示，改变成脚尖朝后背面的图形，这样也能粗略地快速制作出背面行走的动画来。

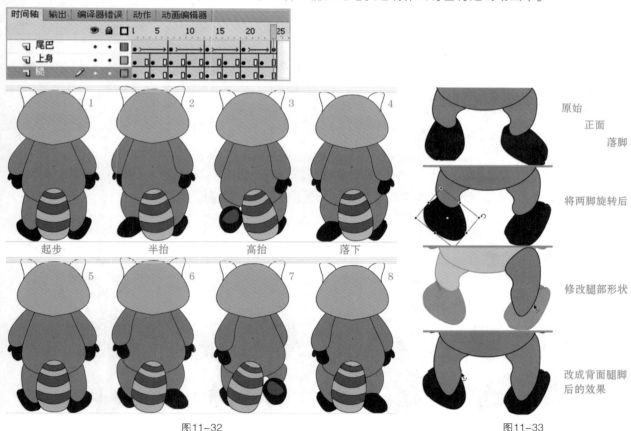

图11-32

图11-33

用以上方法之一制作完背面行走动画后，在场景中将库中完成的"正面行走"、"侧面行走"、"背面行走"三个影片剪辑元件拖放到场景中，测试浣熊角色的三面行走动画。

请将库中的元件分门别类整理放置在相应的文件夹下。

请保存练习文件"Lesson11.fla"。到此阶段完成的范例请参考进度文件"Lesson11-07end .fla"。

请打开上一节结束时保存的文件"Lesson11.fla"(或打开进度文件夹中的"Lesson11-07end.fla"文件)。

本节将制作浣熊动画角色在草地场景中,通过键盘或鼠标的控制,按指定的方向(上下左右)行走的游戏,一旦行走到边界后,会进入到另一个草地场景界面。

11.3.1 创建行走角色

下面将利用已制作完成的正面、侧面、背面行走动画,创建一个完整的包含这三种行走动作的浣熊角色,并且在其时间轴中进行相应的设置。

操作步骤11-11:创建动画控制角色

第1关键帧的设置

执行【文件/新建元件】命令,命名为"浣熊",类型为影片剪辑,保存在库中根目录中。在元件编辑界面,先将库中"正面行走"元件拖放到当前元件的第1帧上,使其中心点与十字坐标原点重合,选择第1帧,如图11-34的第1帧所示,在属性面板中将该帧命名为"下走",然后选择该帧中的"正面行走"元件,在属性面板中将该元件实例命名为"down_mc"。

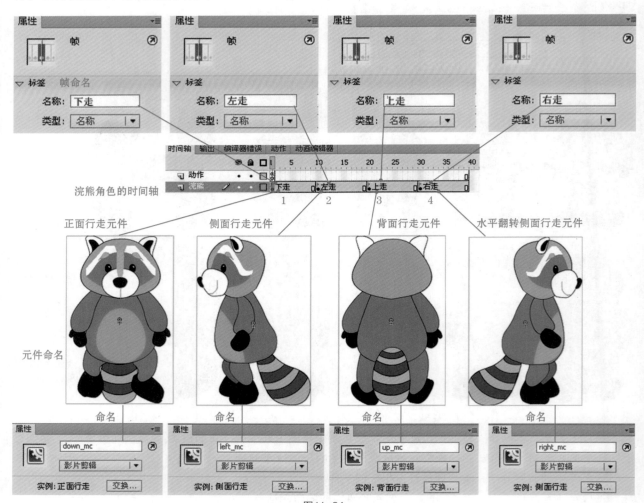

图11-34

7
Lesson

8
Lesson

9
Lesson

10
Lesson

11
Lesson

12
Lesson

帧命名与元件命名操作的区别是：选择关键帧，属性面板显示的是帧命名的设置窗口；选择该帧中的某个元件，属性面板显示的就是该元件的命名及属性设置窗。

第2关键帧的设置

第1帧设置好后，在第10帧按F6键创建第2关键帧，选择该帧，在属性面板中命名为"左走"，选择该帧中的"正面行走"元件，在属性面板中单击交换按钮，交换成库中的"侧面行走"元件，并在属性面板将该元件命名为"left_mc"。

如果在前面绘制的过程中侧面与正面未使用相同的高度，则交换过来的"侧面行走"元件需要调整大小，单击时间轴绘图纸外观按钮🔲，观察并调整，使其与前一关键帧的浣熊高度一致，让两帧中的浣熊在工作区相同的位置。

第3、4关键帧的设置

在第20、30帧处按F6键插入3、4关键帧，分别命名两帧为"上走"、"右走"，将这两关键帧中的元件交换成"背面行走"、"侧面行走"，第4关键帧中的"侧面行走"元件需要执行【修改/变形/水平翻转】命令使其朝向右面。单击时间轴绘图纸外观按钮🔲，观察并调整使其高度位置一致。

参考图11-34所示，将四个关键帧都分别命名（为了看清第4关键帧的帧名称，可在第40帧处按F5键插入帧）。将上走、右走关键帧中的元件也分别命名为："up_mc"、"right_mc"，并调整为相同大小与位置。

设置无误后回到主场景界面，将舞台中所有的对象删除，然后从库中将上面创建的"浣熊"影片剪辑元件拖放到舞台中，将当前图层命名为"浣熊角色"层。

按Ctrl+Enter键测试，此时也许浣熊在不停地变换姿势转圈行走，这是因为未在浣熊元件的时间轴第1帧加上停止动作，请再次进入到浣熊元件界面，在新建的动作层的第1帧加上Stop（）动作。

再次回到场景测试，此时只显示浣熊元件第1帧正面浣熊行走的动画，表示已停在第1帧上。

请保存练习文件"Lesson11.fla"。到此阶段完成的范例请参考进度文件"Lesson11-08end.fla"。

▌ 11.3.2　控制角色的转身

请打开上一节结束时保存的文件"Lesson11.fla"（或打开进度文件夹中的"Lesson11-08end.fla"）。下面要用四个按钮来控制浣熊姿势的切换及行走。

▶ 操作步骤11-12：按钮控制角色转身

请在主场景新建一层，命名为"背景"层，将其置于最底层，选择该层第1帧，执行【文件/导入/导入到舞台】命令，将提供的原始图片文件夹中的一张草地图片导入到当前层的舞台中，调整图片大小，使其覆盖整个文档可视区，并锁定该层。

选择场景中"浣熊角色"层中的"浣熊"元件，在属性面板中将其命名为："raccoon_mc"，注意这是在主场景中的浣熊名称，与上面浣熊元件的时间轴上四个帧中的浣熊名称"down_mc"、"up_mc"、"left_mc"、"right_mc"不要混淆。只有对影片剪辑元件命名后才能用脚本命令控制它，甚至控制它所含的下一级元件。

在场景中新建一层，命名为按钮层，将自己绘制制作的四个按钮，或从公共库中拖出来的四个按钮拖放到该层第1帧的舞台上，这四个按钮将分别控制上下左右四个姿势的切换及该方向位置的移动。

主场景时间轴及主场景中的角色命名如图11-35所示。

主场景时间轴
命名主场景中的浣熊角色

属性

| raccoon_mc |
| 影片剪辑 ▾ |

实例：浣熊　　　　交换...

图11-35

左箭头按钮上的设置

选择按钮层的左箭头按钮，如图11-36所示，在动作面板中选择【 /全局函数/影片剪辑控制/on 】函数，如图11-37所示，双击release，如图11-38所示，手动输入英文 "," 后，继续选择keyPress"<Left>"，设置该按钮的鼠标事件是释放鼠标或按下键盘的左箭头键。

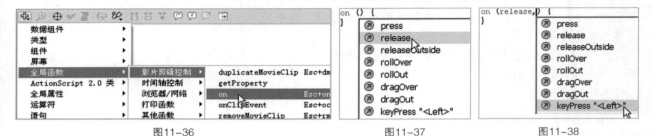

图11-36　　　　　　　　　　　　图11-37　　　　　图11-38

在{}内手动输入左箭头按钮要控制的角色名称及要完成的动作，如下所示：

```
on (release, keyPress "<Left>") {
    _root.raccoon_mc.gotoAndStop("左走");
    _root.raccoon_mc.left_mc.play();
    _root.raccoon_mc._x -= 20;
}
```

其中，第2行表示主场景中的（_root.）浣熊的（raccoon_mc.）时间轴从当前帧切换停在"左走"帧上，而"左走"帧上的浣熊就是如图11-34所示的朝向左面的"侧面行走"影片剪辑元件实例（命名为left_mc），这条语句就实现了浣熊的转身动作。

第3行表示主场景中的（_root.）浣熊的（raccoon_mc.）侧面行走浣熊的（left_mc）时间轴播放，这条语句实现了浣熊行走动画的播放。

第3行表示主场景中的（_root.）浣熊的（raccoon_mc.）x坐标从当前位置向左位移20像素，这条语句实现了浣熊向左的位置移动。

现在按Ctrl+Enter键测试，看看鼠标单击左箭头按钮后或按下键盘的左箭头键后，浣熊是否转向左面，并且按一次按钮朝左移动20像素。如果转身不成功，请检查浣熊时间轴左走帧是否已命名为"左走"，左走帧中的侧面行走浣熊是否命名为"left_mc"，主场景中的浣熊是否命名为"raccoon_mc"，语句中的角色名称是否输入正确，语句中命令的大小写是否正确，标点符号是否为英文，尤其是符号"_"不应该为"-"。

其他箭头按钮上的设置

如果转身及位移成功，请将左箭头按钮选中，在动作面板中复制整段动作语句，然后分别选择其他三个按钮，在动作面板中粘贴这段语句，然后将其中的关键字修改如下：

上走按钮上的动作：

```
on (release, keyPress "<Up>") {
    _root.raccoon_mc.gotoAndStop("上走");
    _root.raccoon_mc.up_mc.play();
    _root.raccoon_mc._y -= 20;
}
```

右走按钮上的动作：

```
on (release, keyPress "<Right>") {
    _root.raccoon_mc.gotoAndStop("右走");
    _root.raccoon_mc.right_mc.play();
    _root.raccoon_mc._x += 20;
}
```

下走按钮上的动作：

```
on (release, keyPress "<Down>") {
    _root.raccoon_mc.gotoAndStop("下走");
    _root.raccoon_mc.down_mc.play();
    _root.raccoon_mc._y += 20;
}
```

现在，四个方向箭头按钮就可以控制角色的转身了。

请保存练习文件"Lesson11.fla"。到此阶段完成的范例请参考进度文件"Lesson11-09end .fla"。

7
Lesson

8
Lesson

9
Lesson

10
Lesson

11
Lesson

12
Lesson

11.3.3　控制角色的停与走

请打开上一节结束时保存的文件"Lesson11.fla"（或打开进度文件夹中的"Lesson11-09end.fla"文件）。下面要让角色在不按按钮时，停止行走动作。

▶ 操作步骤11-13：角色行走动作的停与走

当单击按钮让浣熊朝某方向行走时，行走动作会循环播放，即使不再单击按钮，浣熊在原地也在行走，为了解决这个问题，可双击主场景中的浣熊角色，进入其时间轴后，再分别选择下走、左走（右走）、上走帧中相应的"正面行走"、"侧面面行走"、"背面行走"元件，双击进入元件的时间轴，新建一个动作层，在动作层第1帧上加上停止动作stop()。配合按钮动作中的语句（_root.raccoon_mc.left_mc.play()），就可以保证在不按控制按钮时，浣熊不会行走，当按下控制按钮时，浣熊行走一次。

主场景、主场景中的浣熊角色及角色所含的正、侧、背面行走动画元件的时间轴层次及区别如图11-39所示。这就是为什么用"_root.raccoon_mc.left_mc"来代表嵌套最下层元件名称的原因。

只要给影片剪辑元件实例命名，并明确其在场景中的层次关系，就可以用按钮来控制任何层次中影片剪辑元件实例时间轴的停止、播放、跳转。

当然，直接在影片剪辑元件实例上也可以加动作。请选择主场景中的浣熊元件，在动作面板中设置如下动作：

```
on (press) {
    startDrag(this);
}
on (release) {
    stopDrag();
}
```

以上语句表示当在浣熊影片剪辑元件上按下鼠标时，可以拖曳该元件，一旦释放鼠标，就停止拖曳。

请保存练习文件"Lesson11.fla"。到此阶段完成的范例请参考进度文件"Lesson11-10end .fla"。

图11-39

11.3.4　多场景中的行走

请打开上一节结束时保存的文件"Lesson11.fla"（或打开进度文件夹中的"Lesson11-10end.fla"）。下面要让角色在走出边界时，进入另一个场景画面。

▶ 操作步骤11-14：角色出边界的处理

请调整场景中的浣熊角色的大小（例如使其高度为100像素），我们需要考虑一旦走出界外，将如何控制它，在本例中我们用当前位置浣熊身体中心点的x、y坐标来判断它是否出界。

图11-40

左边界出界的判断

如图11-40所示，当向左走到x=-30时（约浣熊宽度的一半），出左边界，我们就让它从右侧画外（x=750）处进来。当向右走到x=750时，出右边界，我们就让它从左侧画外（x=-30）处进来。当向下走到y=482时，出下边界，我们就让它从上侧画外（y=-50）处进来。当向上走到y=-50时，出上边界，我们就让它从下侧画外（y=-482）处进来。

所以应在左箭头控制按钮上添加条件判断语句，如下：

```
if (_root.raccoon_mc._x < -30)
{
    _root.raccoon_mc._x = 750;
}
```

该条件判断语句的作用是：判断x是否出左边界，是的话，改变浣熊的x坐标，让其出现在舞台右侧；不是的话，就什么都不做。

选择左箭头按钮，在动作面板中，添加条件判断语句如下：

```
on (release, keyPress "<Left>") {
    _root.raccoon_mc.gotoAndStop("左走");
    _root.raccoon_mc.left_mc.play();
    _root.raccoon_mc._x -= 20;
    if (_root.raccoon_mc._x < -30)
    {
        _root.raccoon_mc._x = 750;
        _root.nextFrame();
    }
}
```

为什么条件判断语句里多了跳转到下一帧nextFrame()语句？这是配合出界后切换主场景背景的。

下面就先来准备主场景的多个背景帧。

添加多个背景帧

出界后为了进入另一个草地背景，可先执行【文件/导入/导入到库】命令，将原始文件夹中的其他草地图片导入到库中，然后将背景层的第2~10帧分别插入空帧后从库中拖放不同的草地图片，调整每张图片的大小，使其覆盖舞台可视区。

选择所有层的第11帧，按F5键插入帧。最后新建一层作为动作层，选择该层第1帧，设置停止动作stop()。选择该层第11帧，按F6键插入空帧，在该帧上设置动作为：gotoAndStop(1)。

目前为止，主场景时间轴显示如图11-41所示。

以上设置就会使主场景先停在第1张草地背景图上，测试时如果出界，要有跳转到主场景下一帧的动作，这样就能换草地背景了。所以nextFrame()语句要加在满足出界条件的语句体中。

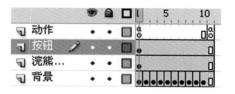

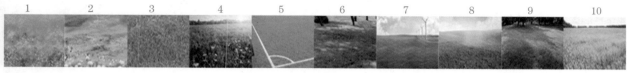

图11-41

7 Lesson

8 Lesson

9 Lesson

10 Lesson

11 Lesson

12 Lesson

箭头按钮上的语句

右走控制按钮上的动作设置如下：

```
on (release, keyPress "<Right>") {
    _root.raccoon_mc.gotoAndStop("右走");
    _root.raccoon_mc.right_mc.play();
    _root.raccoon_mc._x += 20;
    if (_root.raccoon_mc._x > 750)
    {
        _root.raccoon_mc._x = -30;
        _root.nextFrame();
    }
}
```

上走控制按钮上的动作设置如下：

```
on (release, keyPress "<Up>") {
    _root.raccoon_mc.gotoAndStop("上走");
    _root.raccoon_mc.up_mc.play();
    _root.raccoon_mc._y -= 20;
    if (_root.raccoon_mc._y < -50)
    {
        _root.raccoon_mc._y = 482;
        _root.nextFrame();
    }
}
```

下走控制按钮上的动作设置如下：

```
on (release, keyPress "<Down>") {
    _root.raccoon_mc.gotoAndStop("下走");
    _root.raccoon_mc.down_mc.play();
    _root.raccoon_mc._y += 20;
    if (_root.raccoon_mc._y > 482)
    {
        _root.raccoon_mc._y = -50;
        _root.nextFrame();
    }
}
```

恢复按钮上的语句：

还可以在按钮层中设置一个恢复按钮，在其上设置动作如下：

```
on (release) {
    gotoAndStop(1);
    _root.raccoon_mc._x = 350;
    _root.raccoon_mc._y = 200;
    _root.raccoon_mc.gotoAndStop("下走");
}
```

单击恢复按钮时，场景中的浣熊恢复到草地1帧背景的坐标（350,200）处，使其面朝前停止行走。

按Ctrl+Enter键测试，浣熊在按钮的控制下可朝上、下、左、右四个方向行走，当走出某边界时会进入另一个背景中，在此背景中可继续控制浣熊的行走，如图11-42所示。

图11-42

请保存练习文件"Lesson11.fla"。到此阶段完成的范例请参考进度文件"Lesson11-11end.fla"。

动态画面请见随书课件"Lesson11角色控制/课堂范例"的动画展示。

类似的练习，请参考随书课件"Lesson11角色控制/学生作业"中的各种作业。

思考题：

问题1：怎么才能将主场景动画和场景中的影片剪辑元件动画，在播放器中一起暂停呢？

问题2：如何在浣熊角色影片剪辑元件上加控制行走的脚本代码？

答疑：

问题1：怎么才能将主场景动画和场景中的影片剪辑元件动画，在播放器中一起暂停呢？

回答1：例如主场景中的动画是背景元件向左运动，场景中的汽车朝向右车轮在转动，好像车向右开的动画效果，此时如果按钮上有Stop()命令，只会停住主场景的动画，而汽车车轮还在转动。只要命名汽车元件(car_mc)及车轮元件（wheel_mc），就可以用_root.car_mc.wheel_mc.stop()命令来停止车轮的转动。请参考 "ck11_30、ck11_31、ck11_32" 文件。

问题2：如何在浣熊角色影片剪辑元件上加控制行走的脚本代码？

回答2：打开进度文件 "Lesson11-08end .fla"，将浣熊角色时间轴中的上、下、左、右走四帧中的各行走元件分别命名为 "down_mc"、"left_mc"、"up_mc"、"right_mc"，然后在主场景的浣熊角色上添加如下代码，就可以用键盘控制浣熊的行走，而且还有近大远小的效果。动态效果请参考进度文件夹中的 "Lesson11-2.fla" 文件。

```
onClipEvent (load) {
    speed = 1;
}
onClipEvent (enterFrame) {
    //左方向
    if (Key.isDown(Key.LEFT) && !Key.isDown(Key.RIGHT))
    {
        this._x -= speed;
        this.gotoAndStop("左走");
        this.left_mc.play();
        if (this._x < -50)
        {
            this._x = 750;
            _root.nextFrame();
        }
    }
    else
    {
        this.left_mc.stop();
    }
    //右方向
    if (Key.isDown(Key.RIGHT) && !Key.isDown(Key.LEFT))
    {
        this._x += speed;
        this.gotoAndStop("右走");
        this.right_mc.play();
        if (this._x > 750)
        {
            this._x = -30;
            _root.nextFrame();
        }
    }
    else
    {
        this.right_mc.stop();
    }

接右侧的
```

```
    //上方向
    if (Key.isDown(Key.UP) && !Key.isDown(Key.DOWN))
    {
        this.gotoAndStop("上走");
        this.up_mc.play();
        this._y -= speed;
        this._xscale -= 0.2;
        this._yscale -= 0.2;
        if (this._y < -15)
        {
            this._y =550;
            this._yscale=124;
            this._xscale=124
            _root.nextFrame();
        }
    }
    else
    {
        this.up_mc.stop();
    }
    //下方向
    if (Key.isDown(Key.DOWN) && !Key.isDown(Key.UP))
    {
        this.gotoAndStop("下走");
        this.down_mc.play();
        this._y += speed;
        this._xscale += 0.2;
        this._yscale += 0.2;
        if (this._y > 550)
        {
            this._y = 0;
            _root.nextFrame();
            this._yscale=14;
            this._xscale=14
        }
    }
    else
    {
        this.down_mc.stop();
    }
}
```

7 Lesson
8 Lesson
9 Lesson
10 Lesson
11 Lesson
12 Lesson

上机作业：

1．参考随书A盘Lesson11控制行走\11课参考作品中的ck11_01，控制企鹅行走。

图11-43

操作提示：

企鹅的绘制比本课中的浣熊要简单，行走动画的制作也比浣熊简单，只需将左右两脚掌绘出一上一下两个帧画面即可，配合身子的左右倾斜或前后倾斜，使企鹅走起来显得笨拙又可爱。别忘了企鹅元件的命名及其时间轴各帧的命名，及各帧行走元件的命名，四个方向按钮上的动作设置请参考操作步骤11-14中的按钮动作设置。详细制作请参考"ck11_01.fla"文件。另可参考"ck11_20.fla"文件，在按钮中加上控制角色近大远小的属性设置语句。或者参考"ck11_34.fla"文件，在企鹅元件上直接加脚本代码。

2．参考随书A盘Lesson11控制行走\11课参考作品中的ck11_02、ck11_03、ck11_04，控制蚂蚁的行走，有时间的话可练习制作动画短片。

图11-44

操作提示：

先制作蚂蚁三面的行走，用逐帧动画的方法来制作8帧行走动画。由于只有腿部的运动，所以制作起来也比浣熊要简单。按钮控制参考本课的浣熊范例。详细制作可参考ck11_02、ck11_03文件。

当完成三面行走的角色动画后，以该角色为主角的动画片的制作也会方便很多，配合剧情，角色在动画场景中行走、停留、说话等动作都可以利用已有的动画帧画面，"ck11_04.fla"文件就是以蚂蚁为主角制作的动画短片，其剧情画面如图11-45所示。读者可参考该短片，制作自己的角色动画短片。详细制作请参考"ck11_04.fla"文件。

图11-45

3．参考随书A盘Lesson11控制行走\11课参考作品中的ck11_05至ck11_14，制作人物行走动画。

操作提示：

在绘制人物时需要注意分层绘制，将各层中的各部分都转换为元件（头部最好是一个元件，在里面再细分头部的各部分），每个元件一层，该层即可用逐帧动画的方法，也可用传统补间的方法制作动画，尤其是侧面行走，甚至最少用三个关键帧的画面就可以利用传统补间动画完成简单的行走动画，如图1-46所示。行走与详细制作可参考ck11_05至ck11_14文件。

图11-46

4．参考随书A盘Lesson11控制行走\11课参考作品中的ck11_24至ck11_27，控制人物行走，并利用行走动画角色制作动画短片中的人物及人群。

图11-47

操作提示：

用本课介绍的方法绘制角色，不管是简单的动物还是复杂的人物，只要花时间一层一层地绘制并转换为元件，即使不熟悉动画的运动规律，也能制作出像模像样的动画角色来。如果动画片中需要大量的人，如图11-47所示的几排士兵，不用像传统动画那样绘制多个相同的角色，而是将库中的多个行走动画角色拖入到场景中，分布在场景的不同位置中即可，多个角色的实例会以相同的动作运动。行走与详细制作可参考ck11_24至ck11_27文件。

第12课 游戏制作

参考学时：8~12

√ 教学范例：游戏制作

本范例场景动画完成后，播放画面参看右侧的范例展示图。

动态画面请见随书B盘课件"Lesson12游戏制作\课堂范例"的动画展示。

这是一个模仿在iPad上玩的浣熊游戏，首先是iPad的开机动画，接着浣熊闪亮登场，单击Play按钮后进入几个小游戏选择界面，在该界面单击换装游戏按钮进入浣熊换装游戏界面，你可以选择浣熊的不同服饰、帽子、眼镜、道具，三个角度的浣熊会立刻换上该服饰。单击游戏选择界面的场景游戏按钮进入场景游戏界面，在此界面可以选择不同的按钮，让浣熊在场景中转圈、摇尾、踢毽、跳绳、晒太阳、回家、出门、爬树、吃饭和喝水等。单击游戏选择界面的行走按钮，浣熊会在不同的场景中按你的控制上下左右行走，当它碰到地上的发光金元宝后，也会切换到春夏秋冬的场景小游戏界面。

√ 教学重点：

- 如何修改动画文档尺寸
- 如何使用位图填充
- 如何调整位图填充范围
- 如何由图形转换为元件
- 如何将关键帧在时间轴上任意移动
- 如何由位图转换为图片按钮
- 如何选择第1帧为空帧的影片剪辑元件
- 如何用脚本控制浣熊角色及其嵌套的元件的时间轴的跳转
- 如何制作换装游戏

- 如何导入含有影片剪辑元件的动画背景
- 如何创建浣熊角色的各种动作元件
- 如何制作浣熊转圈、摇尾、跳绳、踢毽、耍枪和晒太阳动画
- 如何制作浣熊回家、出门、爬树等场景动画
- 如何制作浣熊吃饭、喝水等场景动画
- 如何制作场景动画按钮
- 如何制作春夏秋冬场景小游戏
- 如何进行角色的碰撞检测
- 如何制作完整的开始、首页等游戏界面

√ 教学目的：

通过一个完整的换装游戏制作及场景浣熊角色的各种动作制作，掌握换装游戏与场景游戏的制作方法，掌握游戏角色进入不同场景的方法。最后利用所学的知识，完成完整的浣熊游戏的制作。

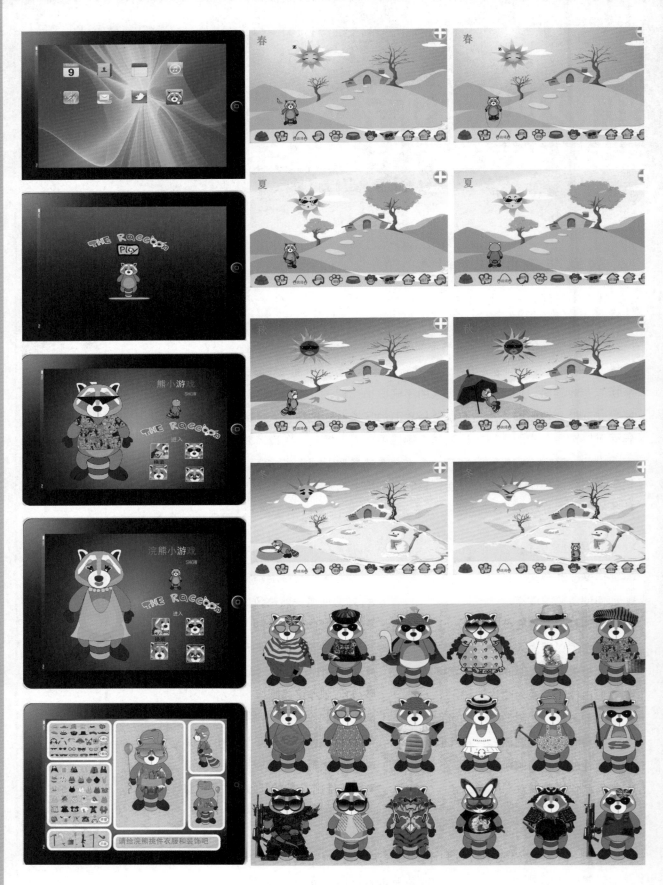

第12课——游戏制作参考范例

7
Lesson

8
Lesson

9
Lesson

10
Lesson

11
Lesson

12
Lesson

本节是一个简单的浣熊换装游戏，你可以为浣熊选择不同的衣服、帽子、眼镜和道具，如图12-1所示，浣熊的三面穿着效果会立即展示。

12.1.1 绘制浣熊服饰

由于动画角色还是浣熊，所以练习文件请打开"Lesson12-start.fla"，这是上一课完成后的作品。我们要在浣熊行走控制游戏的基础上，添加浣熊的换装游戏，动画场景游戏等，制作出一款模拟在iPad上玩的浣熊游戏。先将文件另存为"Lesson12.fla"。

下面首先要给已绘制好的三面浣熊绘制不同的服饰。

图12-1

▶ **操作步骤12-1：动画文档尺寸的修改**

由于背景是模仿在iPad上玩的游戏，所以练习文件的尺寸需要修改。请在文档属性面板单击编辑文档属性按钮 🔧，在弹出的如图12-3所示的设置窗中，将尺寸改为1024像素×768像素，请勾选"以舞台大小缩放内容"选项。

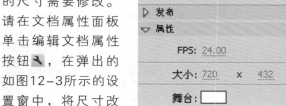

图12-2

图12-3

单击"确定"按钮后，已完成的动画时间轴各帧上的可视内容也会自动随舞台尺寸地变化而相应的改变，如图12-4、图12-5所示是尺寸改变前后的对比。由于原文件的宽高尺寸比（1.67）与修改后的宽高尺寸比（1.33）不一样，所以舞台下方还有一些空白区。

图12-4

图12-5

执行【文件/导入】命令，将本课"原始文件/背景"文件夹中的iPad位图导入到库中。

在时间轴上新建一层，命名为"iPad框架"层，如图12-6所示。将iPad位图从库中拖放到舞台区，在属性面板将中其调整大小为1024像素×768像素，坐标为（0,0），结果如图12-7所示。

选择按钮层解锁，将其他层锁定，选择第1帧，用选择工具将全选的按钮移到右下角可视区。

选择背景层解锁，将其他层锁定，选择第1帧，用选择工具向下移动第1帧的背景图，使其置于iPad框中。依次选择背景层第2关键帧后的所有关键帧，用选择工具将背景图调整居中，结果如图12-8所示。

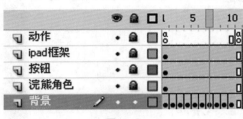

图12-6

图12-7

图12-8

由于尺寸改变了，浣熊行走到上下左右边界的值也需要改变。执行【视图/标尺】命令显示标尺，将浣熊移到上下左右的边界，利用标尺记住四边的临界值，然后分别选择按钮层中的上下左右按钮，在动作面板中将原来的临界值改为新尺寸下的临界值（例如本例值为上y=0,下y=750,左x=50，右x=970）。最后将浣熊放置在舞台中央，记住其坐标值，然后修改恢复按钮中的初始坐标值（本例为x=500,y=350）。

按Ctrl+Enter键测试，看看在新尺寸下加了iPad边框后浣熊的行走出界设置是否正确。

请保存练习文件"Lesson12.fla"。到此阶段完成的范例请参考进度文件"Lesson12-01end .fla"。

▶ 操作步骤12-2：创建换装游戏场景

请打开上一节结束时保存的文件"Lesson12.fla"（或打开进度文件夹中的"Lesson12-01end.fla"文件）。

请执行【插入/场景】命令创建新的场景，在场景面板中，将原场景命名为"行走1"，将新场景命名为"换装"，并将其置于场景面板的最上层，如图12-9所示。

执行【文件/导入】命令，将本课"原始文件/背景"中的壁纸位图导入到库中。

图12-9

图12-10

将图层1命名为"iPad壁纸"层，从库中将壁纸图拖放到该层舞台区，调整大小作为iPad的屏幕。

新建一层，命名为"ipad框架"层，将iPad位图从库中拖放到舞台区，调整大小为1024像素x768像素，坐标为（0,0）。

如图12-11所示，新建一层，命名为"矩形图"层，用矩形工具画出如图所示的几个矩形区，用来做游戏各部分的背景。

新建一层，命名为"浣熊"层，从库中将"浣熊绘制"文件夹下的"正面-浣熊"元件拖放到该层，位于中间的矩形区中，调整大小。再分别从库中将"浣熊绘制"文件夹下的"侧面-浣熊"、"侧面-浣熊"元件拖放到右侧的小矩形区中。这三个元件是在上一课第一节完成后绘制的浣熊静止的元件。

新建一层，命名为"动作"层，在动作面板为第1帧设置stop停止动作。

将除了浣熊层的所有层锁定。

"侧面-浣熊"元件

"正面-浣熊"元件

"背面-浣熊"元件

图12-11

创建"正面-衣服"影片剪辑元件

双击换装场景中浣熊层的"正面-浣熊"元件，进入其编辑界面，文件窗口左上角显示为 换装 正面-浣熊，在其时间轴的身体层上新建一层，命名为"衣服"层，如图12-12所示。

可先单击头层的 👁 图标，将头层隐藏，并将除衣服层外的其他层锁定。然后选择衣服层的第1帧空帧，参考显示的身体及其他部位图形，用钢笔工具或其他绘画工具画出浣熊衣服的轮廓形状，如图12-13所示。

注意尽量让衣服层的轮廓与身体两侧重合（不要超过两侧的身体轮廓，否则衣服会把胳膊挡住）。由于衣服层在头部层的下方，所以在绘制衣服图形时，可以在身体与头部重叠区绘制，但当显示头部层后，你会发现这部分衣服会被头部遮挡住。

对衣服轮廓内部填色时，除了填充纯色、渐变色以外，还可以填充位图图形。如果想要对衣服区填充小碎花位图，可参考图12-14所示，选择颜料桶工具 🪣 ，先在颜色面板选择"位图填充"方式，单击该面板中的导入按钮，选择提供的"原

图12-12

图12-13

图12-14

图12-15

始文件/背景"文件夹下的小碎花位图，然后用滴管工具在已导入的位图中选择取色，将鼠标移到衣服轮廓区，当光标变成 🪣 时单击鼠标，如图12-15所示，就可将所选的位图填充到衣服轮廓区中。

选择工具箱中的渐变变形工具 📐 ，在衣服填充区点击鼠标，会出现如图12-16所示的位图范围调整框，衣服区只显示了整幅图片的局部区，调整范围框的大小及角度，位图填充的图案大小效果也会变化，如图12-17所示。

双击选择整个衣服图形（此时是点状显示），如图12-18所示，在右键菜单中执行【转换为元件】命令，将其转换为影片剪辑元件，命名为"正面-衣服"，保存在库中"浣熊绘制/正面"文件夹中。

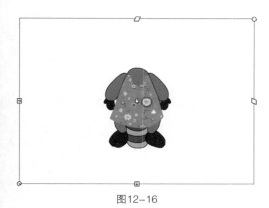

图12-16

图12-17

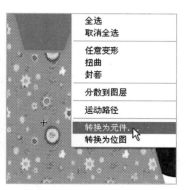

图12-18

此时衣服不再是点状显示，而是元件的蓝色边框显示，双击衣服元件进入到"正面-衣服"元件的编辑界面。注意此时文件窗口左上角的显示由  变成了 。

图12-19

此时时间轴第1帧上是刚才画好的第1件衣服图形。下面要做的就是绘制第2件衣服的图形。

绘制第二件衣服图形

为了能随时观看绘制的衣服与其他层的叠加效果，将图层第1帧选中（该帧的工作区是第1件衣服图形），如图12-20所示，当光标变成 形状后，先将其拖放到第2帧，空出第1帧，然后选择第1帧空帧，下面要在第1帧工作区绘制第2件衣服图形。

选择第1关键帧	拖放到第2帧处	结果	衣服1

图12-20

选择第1帧空帧，然后继续用绘画工具画出第2件衣服的图形，如图12-21所示。在绘制过程中，可随时单击文件窗口左上角的 ，从 界面回到上一级元件界面 ，此时打开头层的显示，可以观看最后的叠加效果，如图12-22所示。

图12-21   图12-22

双击衣服区再次进入 界面，"正面-衣服"元件只有第1帧的衣服画面才能在上一级元件中显示，这就是我们要在第1帧上画第2件衣服图形的原因。

调整第1帧的衣服图形形状，使其尽量与身体轮廓重合。随时返回到上一级检查叠加效果，然后双击衣服区，再次进入修改第1帧的衣服形状，直到满意为止。

第1帧的第2件衣服画好后，如图12-23所示，将第1关键帧选择后拖放到第3帧处，空出第1帧来。

选择第1关键帧	拖放到第3帧处	结果	衣服1 衣服2

图12-23

以后每次新画的衣服都在第1帧的空帧上完成（便于随时回到上一级观看叠加效果），画好后都将第1关键帧拖放到最后一帧。从第2帧开始每帧依次放置画好的衣服图，让第1帧是空帧（这也是浣熊的常态，即未穿衣服时的状态）。如果要换衣服，后面会介绍在按钮中设置动作跳转到相应的衣服帧上。

当把"正面-衣服"元件的时间轴调整成第1帧是空帧，从2帧以后每帧是绘制的浣熊衣服图形时，回到上一级"正面-浣熊"元件界面，时间轴如图12-24所示，尽管有衣服层，但只能看到衣服层中的"正面-衣服"元件第1帧的画面，由于该元件的第1帧是空帧，所以看不到第2帧后的衣服画面。在此界面要进入"正面-衣服"元件的界面时，就需要将所有层锁定，只有衣服层可编辑，然后选择衣服层的第1关键帧，如图12-25所示，用选择工具在工作区找到空白显示的"正面-衣服"元件后，在圆圈或十字处当光标变成时双击鼠标才能进入"正面-衣服"元件的界面。

到此为止，"正面-衣服"元件的第1帧是空帧，第2帧上是第1件衣服，第3帧上是第2件衣服，如图12-26所示。

图12-24　　　　　　图12-25

双击空元件处

图12-26

单击文件左上角■换装处回到换装主场景界面。按Ctrl+Enter键测试，你会发现换装场景中的正面浣熊的衣服在这三帧中快速循环变换。请将文档属性中的动画播放帧频从默认的24fps改为1fps后再测试观看，此时衣服的三帧画面会每秒变换一次（后面的练习请保持1fps的帧频）。

请保存练习文件"Lesson12.fla"。到此阶段完成的范例请参考进度文件"Lesson12-02end .fla"。

▶ 操作步骤12-4：侧面衣服绘制

请打开上一节结束时保存的文件"Lesson12.fla"（或打开进度文件夹中的"Lesson12-02end.fla"文件）。

双击换装场景中浣熊层的"侧面-浣熊"元件，进入其编辑界面，文件窗口的左上角显示为■换装 ■侧面-浣熊，如图12-27所示，在其时间轴的身体层上新建一层，命名为"衣服"层，锁定其他层，暂时关闭左胳膊层和头层的显示，然后在衣服层的第1帧绘制侧面衣服图形，绘制时可随时显示头层与胳膊层，观察叠加效果。画好后全选衣服图形，如图12-28所示，在右键菜单中执行【转换为元件】命令，将其转换为影片剪辑元件，命名为"侧面-衣服"，保存在如图12-29所示的库文件夹中。

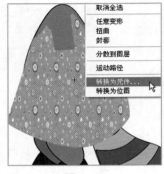

图12-29

图12-27 图12-28

双击衣服区进入"侧面-衣服"元件的编辑界面。注意此时文件窗口左上角的显示由 换装 侧面-浣熊 变成了 换装 侧面-浣熊 侧面-衣服 。

此时时间轴第1帧上是刚才画好的第1件衣服图形。将第1关键帧拖放到第2帧处，空出第1帧，然后选择第1帧空帧，继续绘制第2件侧面衣服。

绘制时可随时回到上一级元件界面 换装 侧面-浣熊 ，打开头层与胳膊层的显示，观察侧面衣服的叠加效果，然后双击衣服区，再次进入 换装 侧面-浣熊 侧面-衣服 界面，修改第1帧的衣服形状，直到满意为止。

画好后，将第1关键帧拖放到第3帧处。最后有两件衣服图形的"侧面-衣服"元件的时间轴及各帧画面如图12-30所示。

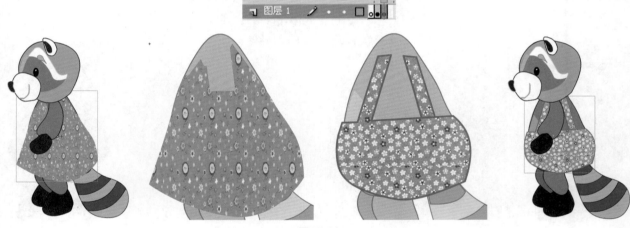

图12-30

到此为止，"侧面-衣服"元件的第1帧是空帧，第2帧上是第1件衣服，第3帧上是第2件衣服。请注意"侧面-衣服"元件的第2、第3帧的衣服颜色样式应该与"正面-衣服"元件的第2、第3帧的一致。

单击文件左上角的 换装 处回到换装主场景界面，按Ctrl+Enter键测试，你会发现换装场景中的正面、侧面浣熊的衣服在这三帧中循环变换。

请保存练习文件"Lesson12.fla"。到此阶段完成的范例请参考进度文件"Lesson12-03end .fla"。

▶ 操作步骤12-5：背面衣服绘制

请打开上一节结束时保存的文件"Lesson12.fla"（或打开进度文件夹中的"Lesson12-03end.fla"）。

双击换装场景中浣熊层的"背面-浣熊"元件，进入其编辑界面，文件窗口左上角显示 换装 背面-浣熊 ，如图12-31所示，在其时间轴的身体层上新建一层，命名为"衣服"层，锁定其他层，暂时关闭头层和尾巴层的显示，然后在衣服层的第1帧绘制背面衣服图形，如图12-32所示，接着全选图形，在右键菜单中执行【转换为元件】命令，将其转换为影片剪辑元件，命名为"背面-衣服"，保存在如图12-33所示的库文件夹中。

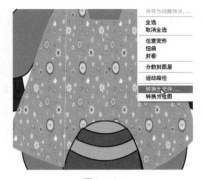

图12-31 图12-32

图12-33

双击衣服区进入"背面-衣服"元件的编辑界面。注意此时文件窗口左上角的显示由 ◢换装 ◪背面-浣熊 变成了 ◢换装 ◪背面-浣熊 ◪背面-衣服 。

此时时间轴第1帧上是刚才画好的第1件衣服图形。将第1关键帧拖放到第2帧处，空出第1帧，然后选择第1帧空帧，继续绘制第2件背面衣服。

绘制时可随时回到上一级元件界面 ◢换装 ◪背面-浣熊 ，打开头层与尾巴层的显示，观察背面衣服的叠加效果，然后双击衣服区，再次进入 ◢换装 ◪背面-浣熊 ◪背面-衣服 界面，修改第1帧的衣服形状，直到满意为止。

画好后，将第1关键帧拖放到第3帧处。最后有两件衣服图形的"背面-衣服"元件的时间轴及各帧画面如图12-34所示。

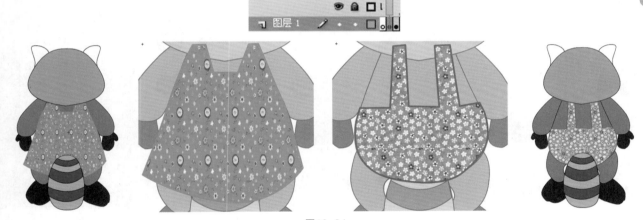

图12-34

到此为止，"背面-衣服"元件的第1帧是空帧，第2帧上是第1件衣服，第3帧上是第2件衣服。请注意"背面-衣服"元件的第2、第3帧的衣服颜色样式应该与"正面-衣服"元件的第2、第3帧的一致。

单击文件左上角的 ◢换装 处回到换装主场景界面，按Ctrl+Enter键测试，你会发现换装场景中的正面、侧面、背面浣熊的衣服在这三帧中循环变换，如图12-35所示的三幅画面。

图12-35

请保存练习文件"Lesson12.fla"。到此阶段完成的范例请参考进度文件"Lesson12-04end .fla"。

▌ 12.1.2 　 使用位图服饰图片

请打开上一节结束时保存的文件 "Lesson12.fla"（或打开进度文件夹中的 "Lesson12-04end.fla" 文件）。

除了在Flash中绘制衣服图形外，也可以将位图或矢量衣服图导入到库中，继续为浣熊的正面、侧面、背面的衣服元件添加其他衣服图片帧。

对于不习惯矢量绘画的读者，可在Photoshop中打开提供的 "浣熊分层画衣服原始.psd" 文件，在浣熊三面的身体层上面制作衣服图，然后分别将三面的衣服图层存成png格式的图片。

我们用上面的方法，已在Photoshop中制作了数十种同一款式衣服的正面、侧面、背面背景透明的png格式图片，如图12-36所示。这些图片保存在原始文件夹中提供给读者练习，另外还提供了头饰、眼镜、道具等图片。使用图片前，首先执行【文件/导入/导入到库】命令，选择 "原始图片/衣服" 文件夹下的喜欢的衣服图片导入。注意，同一款衣服要同时选择三张图片（正侧背）导入。在库中还要将这些图片归类放置在新建的 "换装元件/衣服" 文件夹中，如图12-37所示。因为后面还要导入头饰、眼镜、道具等大量的图片，所以一定要养成将图片分类放置的习惯。

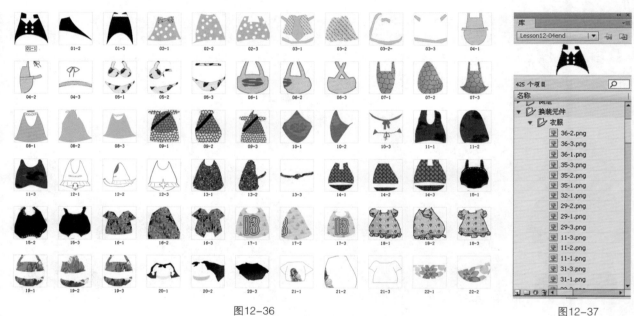

图12-36　　　　　　　　　　　　　　　　　　　　　　　　　图12-37

▶ 操作步骤12-6：添加正面衣服图片

在换装场景中选择 "正面-浣熊" 元件，双击进入该元件界面，此时文件左上角显示为 ◄换装 ◘正面-浣熊，在此界面要进入 "正面-衣服" 元件的界面时，需要将所有层锁定，只有衣服层可编辑，然后选择衣服层的第1关键帧，图12-25所示，用选择工具在工作区找到空白显示的 "正面-衣服" 元件后，在圆圈或十字原点处，当光标变成 ▸▣ 时双击鼠标才能进入该元件的界面。进入后文件左上角显示为 ◄换装 ◘正面浣熊 ◘正面-衣服。

> **提 醒**
> 在库中双击 "正面-衣服" 元件前的图标也能进入其编辑界面，我们之所以选择在场景中双击元件进入界面的好处是：可以在 "正面-衣服" 界面看到场景中上一级 "正面-浣熊" 其他部位的画面，便于参考定位衣服图。

此时，"正面-衣服" 元件时间轴的第1帧是空帧，第2、3帧是已绘制的前两件衣服的矢量图。请选择第1帧的空帧，从库中将第1张衣服正面图片拖放到第1帧的工作区，如图12-38所示，调整大小与位置（如果练习时使用的是本课提供的范例，需要在变形面板中将这些衣服图片尺寸成比例缩小约34%）。

调整时可随时回到上一级元件界面 ◄换装 ◘正面-浣熊，如图12-39所示，观察衣服与头部区的叠加效果，然后双击衣服区，再次进入 ◄换装 ◘正面浣熊 ◘正面-衣服 界面，调整第1帧的衣服形状及位置。直到满意为止。

7 Lesson
8 Lesson
9 Lesson
10 Lesson
11 Lesson
12 Lesson

拖放到第1帧

对齐 变形 信息

35.0% 35.0%

旋转 调整大小

0.0°

图12-38

双击进入

图12-39

　　第1帧舞台区的衣服调整好后，在时间轴上将该关键帧选中，然后拖放到时间轴的最后一帧。空出第1帧后，继续添加下一张衣服图片。

　　后面的操作都是先选择第1帧空帧，然后将库中的另一张正面衣服图片拖放到第1帧工作区，调整大小与位置，使其与身体相匹配，并回到上一级观看叠加后的效果，再次双击衣服区进入。调整完后，将第1帧拖放到时间轴最后一帧。重复多次，最后"正面-衣服"元件完成后的时间轴如图12-40所示。除第1帧空帧外，后面帧上每帧放置了一张正面衣服图片。

　　单击左上角的　换装　处回到主场景界面，按Ctrl+Enter键测试，你会发现换装场景中的正面浣熊的多个衣服式样图片在逐帧循环变换。

正面衣服

图12-40

▶ 操作步骤12-7：添加侧面、背面衣服图片

　　参考以上步骤，双击换装场景中的"侧面-浣熊"元件进入其界面，将所有层锁定，暂时关闭头层与胳膊层，只有衣服层可编辑，然后选择衣服层的第1关键帧，用选择工具在工作区找到空白显示的"侧面-衣服"元件后，在圆圈或十字原点处，当光标变成 后，双击鼠标才能进入该元件的界面。进入后文件左上角会显示　换装　侧面-浣熊　侧面-衣服　。

　　请选择第1帧的空帧，从库中将第1张衣服侧面图片拖放到第1帧的工作区，如图12-41所示，调整大小与位置。

　　调整时可随时回到上一级元件界面　换装　侧面-浣熊　，如图12-42所示，观察衣服与头部区的叠加效果，然后双击衣服区，再次进入　换装　侧面-浣熊　侧面-衣服　界面，调整第1帧的衣服形状及位置，直到满意为止。

　　第1帧舞台区的衣服调整好后，请在时间轴中将该关键帧选中，然后拖放到时间轴的最后一帧。空出第1帧后，继续添加下一张衣服图片。

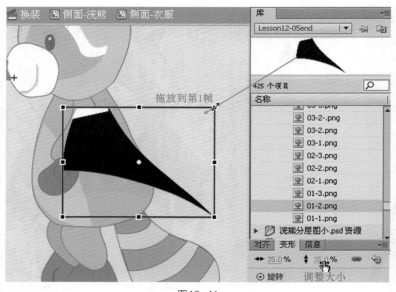

图12-41 图12-42

后面的操作同样是先选择第1帧空帧，然后将库中的另一张侧面衣服图片拖放到第1帧工作区，调整大小与位置，使其与身体相匹配，并回到上一级观看叠加后的效果，再次双击衣服区进入，调整完后，将第1帧拖放到时间轴的最后一帧。重复多次，"侧面–衣服"元件完成后的时间轴如图12-43所示。除第1帧是空帧外，后面的每一帧上放置了一张侧面衣服图片。

图12-43

参考以上方法，将"背面–浣熊"元件中的"背面–衣服"元件的时间轴上，也同样放置与正面、侧面顺序一致的多张背面衣服图片，如图12-44所示。

图12-44

回到主场景界面，按Ctrl+Enter键测试，你会发现换装场景中的正面、侧面、背面浣熊的衣服在逐帧循环变换，如图12-45所示。请注意将帧频调整为1fps，观察同一时间浣熊正侧背面显示的是否是相同的衣服，如果不相同，请再次进入相应衣服元件的界面，调整时间轴上衣服图片的帧顺序。

图12-45

请保存练习文件"Lesson12.fla"。到此阶段完成的范例请参考进度文件"Lesson12–05end .fla"。

7 Lesson
8 Lesson
9 Lesson
10 Lesson
11 Lesson
12 Lesson

操作步骤12-8：使用头饰图片

请打开上一节结束时保存的文件"Lesson12.fla"（或打开进度文件夹中的"Lesson12-05end.fla"文件）。下面将为浣熊添加头饰层。

首先执行【文件/导入/导入到库】命令，选择并导入"原始图片/头饰"文件夹下的头饰图片。在库中先将这些图片归类放置在新建的"换装元件/头饰"文件夹中。

双击场景中的"正面-浣熊"元件进入其界面，如图12-46所示，在其时间轴上，在"头"层上新建一层，命名为"头饰"层，将其他层锁定。选择头饰的第1帧，用吸管工具 在浣熊的头部区取色，然后用椭圆工具 在浣熊眉心处画一个小小的同色小圆，代表初始头饰图形，然后选择该圆，如图12-47所示，在右键菜单中执行【转换为元件】命名，将其转换为影片剪辑元件，命名为"正面-头饰"，保存在库中"浣熊绘制/正面"文件夹中，双击"正面-头饰"元件，进入到其编辑界面。

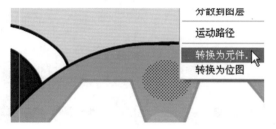

分散到图层
运动路径
转换为元件
转换为位图

图12-47

图12-46

此时第1帧就是刚才画好的小圆图形，先将其选择后删除，然后从库里拖放第1张帽子正面图片放在第1帧浣熊的头部位置，调整大小，如图12-48所示，随时回到上一级观察叠加效果，如图12-49所示。再次双击帽子区进入编辑界面，调整合适后将第1关键帧拖放到第2帧位置处，空出第1帧来，继续从库中拖放第2张帽子图片到第1帧，反复多次，最后"正面-头饰"元件的时间轴如图12-50所示。第1帧是空帧，后面每帧上是一张正面帽子或头饰图片。

图12-48

图12-49

图12-50

回到换装主场景，按Ctrl+Enter键测试，看看正面浣熊的头饰是否也在循环变换。

用相同的方法，在主场景中分别双击"侧面-浣熊"、"背面-浣熊"元件，在其时间轴头层上面创建头饰层，参考上面的操作，制作"侧面-头饰"与"背面-头饰"元件。

最后在主场景按Ctrl+Enter键测试，浣熊的头饰如图12-51所示在同步循环变换。

图12-51

请保存练习文件"Lesson12.fla"。到此阶段完成的范例请参考进度文件"Lesson12-06end .fla"。

▶ 操作步骤12-9：使用眼镜、道具图片

请打开上一节结束时保存的文件"Lesson12.fla"（或打开进度文件夹中的"Lesson12-06end.fla"文件）。下面将为浣熊添加眼镜、道具层。

首先执行【文件/导入/导入到库】命令，选择"原始图片/眼镜（道具）"文件夹下的图片导入。在库中先将这些图片归类放置在新建的"换装元件/眼镜（道具）"文件夹中。

双击场景中的"正面-浣熊"元件，进入其界面，如图12-52所示，在最上层新建两层，分别命名为"眼镜"层与"道具"层。

参考以上头饰层的做法，分别创建"正面-眼镜"和"正面-道具"影片剪辑元件。逐帧拖放图片，最后两个元件的时间轴分别如图12-53、图12-54所示。

图12-52

图12-53

用相同的方法，在主场景中双击"侧面-浣熊"元件，在其时间轴上，创建"眼镜"与"道具"层如图12-55所示，然后分别创建"侧面-眼镜"、"侧面-道具"影片剪辑元件。

"背面-浣熊"时间轴创建的道具层如图12-56所示。方法同上。

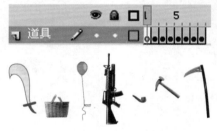

图12-54

图12-55

图12-56

最后所有元件完成后，在主场景按Ctrl+Enter键测试，此时正面、侧面、背面浣熊的衣服、头饰、眼镜、道具会循环变换。产生出各种组合效果，如图12-57所示。

图12-57

请保存练习文件"Lesson12.fla"。到此阶段完成的范例请参考进度文件"Lesson12-07end .fla"。

12.1.3 角色换装游戏

相信练习到这一步，如何换装就变得非常简单了。

操作步骤12–10：浣熊换装设置

请打开上一节结束时保存的文件"Lesson12.fla"（或打开进度文件夹中的"Lesson12–07end.fla"文件）。下面将制作衣服按钮，并为按钮添加动作，使得点击某个衣服按钮时，浣熊换成该衣服。

如图12–58所示，在换装场景界面，在时间轴上新建一层，命名为"衣服按钮"层，锁定其他层，从库中将已使用的正面衣服位图逐个拖放到场景的矩形图按钮区，调整大小与位置，排列分布在按钮区。

从库中拖放
衣服位图

图12–58

依次选择每个衣服位图，例如选择如图12–59所示的编号为28的衣服小图，在右键菜单中执行【转换为元件】命令，将其转换为按钮元件，如图12–60所示，命名为"c28"，保存在新建的"按钮/衣服按钮"文件夹中，单击"确定"按钮后，该位图就变成了按钮元件。

图12–59

图12–60

用以上方法将所有的位图都转换为按钮。本范例的浣熊衣服元件共有39帧，除去第1帧是空帧，共有38件衣服，库中只有36件衣服位图。另两件在Flash中绘制的衣服制作按钮时，需要先将"正面–衣服"元件的第2帧中的红色小碎花衣服选中，按Ctrl+C键将其复制，然后回到场景界面，按Ctrl+V键粘贴到按钮区，调整大小后，再将其转换为按钮元件。另一件蓝色小碎花衣服按钮的制作同上。

双击场景中的"正面–浣熊"元件进入其界面，然后再双击衣服层的"正面–衣服"元件进入其界面，如图12–40所示，找到28号衣服所在的帧，记住帧数（例如本范例的28号衣服在31帧处，因为前3帧多了个空帧和两件Flash绘画的衣服帧），然后回到换装场景界面，选择"c28"按钮，在动作面板，设置如下动作：

7 Lesson

8 Lesson

9 Lesson

10 Lesson

11 Lesson

12 Lesson

```
on (release) {
    //正面-浣熊换装
    downraccoon_mc.dclothes_mc.gotoAndStop(31);
    //侧面-浣熊换装
    leftraccoon_mc.lclothes_mc.gotoAndStop(31);
    //背面-浣熊换装
    upraccoon_mc.uclothes_mc.gotoAndStop(31);
}
```

以//开头的灰色字体行是注释行，用来解释下面一行语句的作用。真正的语句行只有三行，第1行的含义是：让场景中的正面浣熊实例（downraccoon_mc）中的正面衣服元件实例（dclothes_mc）的时间轴跳到第31帧停止。

第2行语句的含义是：让场景中的侧面浣熊实例（leftraccoon_mc）中的侧面衣服元件实例（lclothes_mc）的时间轴跳到第31帧停止。第3行语句的含义是：让场景中的背面浣熊实例（upraccoon_mc）中的背面衣服元件实例（uclothes_mc）的时间轴跳到第31帧停止。

如果此时在换装场景按Ctrl+Enter键测试的话，会有两个错误，一是三面浣熊的衣服、头饰、眼镜、道具还在不停的变换（应该让它停在没穿衣没戴帽没戴眼镜没拿道具的各自第1帧上）。二是我们还没有为三面浣熊的衣服元件命名，所以也没法跳转到衣服元件的31帧处。

请分别进入"正面–衣服"、"侧面–衣服"、"背面–衣服"、"正面–头饰"、"侧面–头饰"、"背面–头饰"、"正面–眼镜"、"侧面–眼镜"、"正面–道具"、

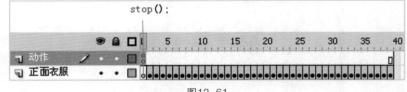

图12-61

"侧面–道具"、"背面–道具"元件的时间轴，新建一个动作层，在第1帧加上stop()停止动作，如图12-61所示的"正面–衣服"元件的时间轴。

分别选择换装场景中的正面、侧面、背面浣熊元件，在属性面板中分别命名为：downraccoon_mc、leftraccoon_mc、upraccoon_mc，如图12-62所示。

图12-62

在换装场景中双击"正面–浣熊"元件，在其界面中，选择"正面–衣服"元件，在属性面板中将其命名为dclothes_mc。

在换装场景中双击"侧面–浣熊"元件，在其界面中，选择"侧面–衣服"元件，将其命名为lclothes_mc。

7
Lesson

8
Lesson

9
Lesson

10
Lesson

11
Lesson

12
Lesson

在换装场景中双击"背面–浣熊"元件,在其界面中,选择"背面–衣服"元件,将其命名为uclothes_mc。

另外,可用文字工具在按钮区最右下侧输入文字:"不穿",然后选择该文字块,将其也转换为按钮,然后选择该按钮,在动作面板中设置如下动作:

```
on (release) {
    //正面–浣熊换装
    downraccoon_mc.dclothes_mc.gotoAndStop(1);
    //侧面–浣熊换装
    leftraccoon_mc.lclothes_mc.gotoAndStop(1);
    //背面–浣熊换装
    upraccoon_mc.uclothes_mc.gotoAndStop(1);
}
```

因为所有服饰的第1帧是空帧,当让衣服元件停在第1帧时,相当于浣熊没穿衣服的初始状态。

现在在换装场景中按Ctrl+Enter键测试,看看浣熊的所有装饰元件是否停于第1帧的初始状态。当单击"c28"号衣服按钮后,三面浣熊是否会换28号同款衣服。当单击"不穿"按钮后,是否回到初始状态,如果出错,请检查浣熊各元件是否已命名,是否名称与脚本中的不一致,是否帧数未输入正确。

如果28号衣服能换装成功的话,其他所有衣服按钮的动作设置都可参考上面"c28"按钮的设置(也可在动作面板中将该动作脚本全选后复制,选择另一个按钮,粘贴到该按钮的动作面板中,只修改帧数即可)。切记,单击某衣服按钮后,三面浣熊的衣服元件要跳转到该衣服所在的帧上,所以该帧的数字一定要在按钮上输入正确。

再次在换装场景中按Ctrl+Enter键测试,直到单击所有衣服按钮都能换装成功。

请保存练习文件"Lesson12.fla"。到此阶段完成的范例请参考进度文件"Lesson12–08end .fla"。

▶ 操作步骤12–11:浣熊头饰、眼镜、道具设置

请打开上一节结束时保存的文件"Lesson12.fla"(或打开进度文件夹中的"Lesson12–08end.fla"文件)。下面将制作眼镜、头饰、道具按钮,并为按钮添加动作。

创建头饰、眼镜、道具按钮

如图12–63所示,在换装场景界面,在时间轴上新建一层,命名为"头饰按钮"层,锁定其他层,从库中将已使用的正面头饰位图逐个拖放到场景的矩形图按钮区,调整大小与位置,排列分布在按钮区。

从库中将已使用的眼镜位图逐个拖放到场景的矩形图按钮区,调整大小与位置,排列分布在按钮区。

从库中将已使用的道具位图逐个拖放到场景的矩形图按钮区,调整大小与位置,排列分布在按钮区。

图12–63

用文本工具输入3个文字块,内容分别是"不戴帽"、"不戴镜","不拿",也调整大小放置在按钮区右侧。

图12–64

将按钮区的所有位图逐个选中后,在右键菜单中执行【转换为元件】命令,选择按钮类型,名称分别按编号命名(例如m01表示1号帽子,y01表示1号眼镜,d01表示1号道具),并保存在库中的"按钮/头饰"、"按钮/眼镜"、"按钮/道具"文件夹下。3个文字块也选择后转换为按钮。

头饰、眼镜、道具元件命名

在换装场景中双击"正面-浣熊"元件，在其界面中，选择"正面-头饰"元件，将其命名为"dhat_mc"；选择"正面-眼镜"元件，将其命名为"dglasses_mc"；选择"正面-道具"元件，将其命名为"dhand_mc"。

在换装场景中双击"侧面-浣熊"元件，在其界面中，选择"侧面-头饰"元件，将其命名为"lhat_mc"；选择"侧面-眼镜"元件，将其命名为"lglasses_mc"；选择"侧面-道具"元件，将其命名为"lhand_mc"。

在换装场景中双击"背面-浣熊"元件，在其界面中，选择"背面-头饰"元件，将其命名为"uhat_mc"；选择"背面-道具"元件，将其命名为"uhand_mc"。

头饰按钮设置

选择1号头饰按钮，在动作面板上设置如下：

```
on (release) {
    //正面-浣熊头饰
    downraccoon_mc.dhat_mc.gotoAndStop(2);
    //侧面-浣熊头饰
    leftraccoon_mc.lhat_mc.gotoAndStop(2);
    //背面-浣熊头饰
    upraccoon_mc.uhat_mc.gotoAndStop(2);
}
```

上面语句的含义是：让场景中的正面浣熊实例（downraccoon_mc）中的正面头饰元件实例（dhat_mc）的时间轴跳到第2帧停止。侧面与背面浣熊的头饰元件的时间轴也停在第2帧。

其他头饰按钮的动作设置都参考以上1号头饰按钮的设置，切记单击某头饰按钮时，三面浣熊的头饰元件要跳转到该头饰所在的帧上，所以该帧的数字一定要在按钮上输入正确。

另外，"不戴帽"文字按钮上的动作设置如下：

```
on (release) {
    //正面-浣熊头饰
    downraccoon_mc.dhat_mc.gotoAndStop(1);
    //侧面-浣熊头饰
    leftraccoon_mc.lhat_mc.gotoAndStop(1);
    //背面-浣熊头饰
    upraccoon_mc.uhat_mc.gotoAndStop(1);
}
```

因为所有头饰元件的第1帧是空帧，当让头饰元件停在第1帧时，相当于浣熊不戴头饰的初始状态。

在换装场景中按Ctrl+Enter键测试，重点观看浣熊的所有头饰元件是否停于第1帧的初始状态。当单击某个头饰按钮后，三面浣熊是否会换相应的同款头饰。

眼镜按钮设置

依次选择每个眼镜按钮，设置动作。例如5号眼镜的动作设置如下：

```
on (release) {
    //正面-浣熊眼镜
    downraccoon_mc.dglasses_mc.gotoAndStop(6);
    //侧面-浣熊眼镜
    leftraccoon_mc.lglasses_mc.gotoAndStop(6);
    //背面-浣熊眼镜
    upraccoon_mc.uglasses_mc.gotoAndStop(6);
}
```

其他眼镜按钮的动作设置都参考以上5号眼镜按钮的设置，切记单击某眼镜按钮，浣熊的眼镜元件要跳转到该眼镜所在的帧上，所以该帧的数字一定要在按钮上输入正确。

"不带镜"文字按钮上的动作设置如下：

7 Lesson

8 Lesson

9 Lesson

10 Lesson

11 Lesson

12 Lesson

```
//正面-浣熊眼镜
downraccoon_mc.dglasses_mc.gotoAndStop(1);
//侧面-浣熊眼镜
leftraccoon_mc.lglasses_mc.gotoAndStop(1);
//背面-浣熊眼镜
upraccoon_mc.uglasses_mc.gotoAndStop(1);
}
```

道具按钮设置

依次选择每个道具按钮，设置动作。例如4号道具的动作设置如下：

```
on (release) {
    //正面-浣熊道具
    downraccoon_mc.dhand_mc.gotoAndStop(5);
    //侧面-浣熊道具
    leftraccoon_mc.lhand_mc.gotoAndStop(5);
    //背面-浣熊道具
    upraccoon_mc.uhand_mc.gotoAndStop(5);
}
```

其他道具按钮的动作设置请参考4号道具按钮的设置，切记单击某道具按钮，浣熊的道具元件要跳转到该道具所在的帧上，所以该帧的数字一定要在按钮上输入正确。

"不拿"文字按钮上的动作设置如下：

```
on (release) {
    //正面-浣熊道具
    downraccoon_mc.dhand_mc.gotoAndStop(1);
    //侧面-浣熊道具
    leftraccoon_mc.lhand_mc.gotoAndStop(1);
    //背面-浣熊道具
    upraccoon_mc.uhand_mc.gotoAndStop(1);
}
```

在换装场景中按Ctrl+Enter键测试，完成后的换衣服、头饰、眼镜、道具的游戏界面如图12-65所示，你可以为浣熊随意搭配衣服、头饰、眼镜、道具，三面显示的浣熊会立即跟着变化。

图12-65

到此，浣熊换服饰的小游戏场景就制作完成了，请将文档帧频恢复到24fps。

请保存练习文件"Lesson12.fla"。到此阶段完成的范例请参考进度文件"Lesson12-09end .fla"。

本节将介绍制作春夏秋冬的季节场景，如图12-66所示。浣熊角色依按钮的选择，做出在场景中吃饭、喝水、转圈、踢毽、耍枪、摇尾、跳绳、晒太阳、回家、爬树和出门等动作。

图12-66

▌ 12.2.1　游戏角色的各种动作

请打开上一节结束时保存的文件"Lesson12.fla"（或打开进度文件夹中的"Lesson12-09end.fla"文件）。

▶ 操作步骤12-12：春天场景的创建

执行【插入/场景】命令创建新的场景，在场景面板中将场景名称设置为"春天"，然后执行【导入/打开外部库】命令，将提供的"原始文件/背景/ck04_04.fla"文件的库打开，将库中的"春天"、"夏天"、"秋天"、"冬天"4个影片剪辑元件全部拖放到当前场景的舞台区（该操作会将原文件库中的这4个影片剪辑元件除了放置在舞台区，还会全部导入到当前文件的库中）。然后舞台区只留下"春天"元件作为背景，将其他3个元件从舞台中删除（库中还会保留），调整春天背景的大小（成比例地调整宽度约为850像素），居中放置在舞台区。将图层1命名为"春天背景"层。

在时间轴上新建一层，命名为"iPad框架"层，如图12-67所示，将iPad位图从库中拖放到舞台区，调整大小为1024像素×768像素，坐标为（0,0）。

新建一层，命名为"浣熊角色"层，从库中将"浣熊"影片剪辑元件拖放到该层，成比例地调整其大小（高度约为85像素），放置在如图12-68所示的位置。

图12-67

图12-68

新建一动作层，在第1帧上设置stop()停止帧动作。

下面我们要让场景中的浣熊做各种动作。

7
Lesson

8
Lesson

9
Lesson

10
Lesson

11
Lesson

12
Lesson

▶ 操作步骤12-13：浣熊转圈

还记得上一课的浣熊控制行走是怎么做的吗？我们通过四个箭头按钮，控制场景中的浣熊角色转身并行走，浣熊每个方向的行走动作，都作为影片剪辑元件放置在浣熊角色的不同帧上（参考图11-39所示）。按钮控制其跳转到相应的帧上，让该帧上的影片剪辑元件播放，就有了浣熊朝某方向行走的动画。

同样，我们把浣熊在场景中玩耍的其他动作，也制作成影片剪辑元件，放置在浣熊角色的不同帧上，例如下面最简单的转圈动作。

双击场景中的浣熊角色，进入其时间轴，在上一课中我们已在其时间轴上创建了4个关键帧（第1、10、20、30帧），分别放置了上下左右行走的影片剪辑元件。

请在第40帧按F6键插入关键帧，然后将该帧舞台中的浣熊选中，在属性面板上单击交换按钮，将其换成库中已制作完毕的"浣熊转圈"影片剪辑元件。

选择第40帧的关键帧，在属性面板中将其命名为"转圈"，并在第50帧处按F5键插入帧，结果时间轴中该关键帧上显示如图12-69所示。

图12-69

由于"转圈"关键帧上放置了"浣熊转圈"影片剪辑元件，所以后面只要在场景中放置一个按钮，设置点击该按钮后跳转到"转圈"帧上，该帧上的"浣熊转圈"影片剪辑元件就会循环地播放浣熊在场景中转圈的动画。

▶ 操作步骤12-14：浣熊摇尾

同上，在浣熊角色的时间轴的第50帧按F6键插入关键帧，然后将该帧舞台的浣熊选中，在属性面板中单击交换按钮，将其换成库中的"背面-浣熊"影片剪辑元件（下面要利用"背面-浣熊"元件，制作"浣熊摇尾"影片剪辑元件）。

选择第50帧的关键帧，在属性面板中将其命名为"摇尾"，并在第60帧按F5键插入帧，时间轴上该关键帧的显示如图12-70所示。

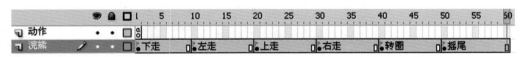

图12-70

选择"摇尾"关键帧在场景中的"背面-浣熊"元件，在右键菜单中执行【转换为元件】命令，将其转换为影片剪辑元件，命名为"浣熊摇尾"，保存在库根目录下。

双击场景中的"浣熊摇尾"元件进入其界面，在其时间轴的第1帧上，是"背面-浣熊"元件，选择该元件，在右键菜单中执行【分离】命令，将其分离成组成它的各元件，然后只选择"背面-尾巴"元件，在右键菜单中执行【分散到图层】命令，将其放置在新的一层上，如图12-71所示。制作尾巴层的尾巴旋转的5帧传统补间动画。背面各元件层也可创建相应的关键帧，配合摇尾的动画，将各元件选择后轻微旋转变形移位，制作身体轻微晃动的动画。由于该层中含有多个元件，所以不适合用传统补间（除非将所有元件选择后执行【分散到图层】命令，让一层只有一个元件，才可以像尾巴层那样创建每层的传统补间动画）。

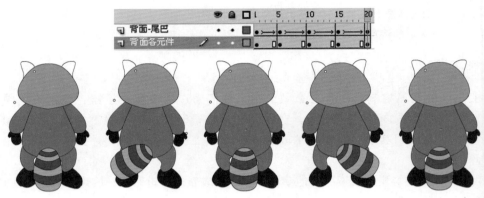

图12-71

此时按回车键或拖动时间轴的红色滑块来预览动画。

单击文件窗口左上角的浣熊元件名称，从"浣熊摇尾"元件的界面回到"浣熊"元件的界面。

由于在"浣熊"元件时间轴的"摇尾"关键帧上放置了"浣熊摇尾"影片剪辑元件，所以后面只要在场景中放置一个按钮，设置单击该按钮后跳转到"摇尾"帧上，该帧上的"浣熊摇尾"影片剪辑元件就会循环地播放浣熊在场景中摇尾巴的动画。

▶ 操作步骤12-15：浣熊跳绳

下面利用库中的"正面–浣熊"影片剪辑元件，制作"浣熊跳绳"影片剪辑元件。

选择库中的"正面–浣熊"元件，在右键菜单中执行【直接复制】命令，将复制后的元件命名为"浣熊跳绳"。

双击库中新复制的"浣熊跳绳"影片剪辑元件前的图标，进入其界面，在其时间轴最上层新建一层，命名为"绳子"层。此时可将换装一节中添加的衣服、头饰、道具、眼镜层删掉。

如图12-72所示，通过调整各层浣熊各部位的位置（例如起跳时身体整体往上移动，并且双腿向上弯曲），配合绘制的4帧绳子画面，制作各层的4帧动画，完成跳绳一周的动作。

图12-72

双击春天场景中的"浣熊"元件进入其界面，在时间轴的第60帧按F6键插入关键帧（再在第70帧按F5键插入帧），然后将该关键帧舞台的浣熊选中，在属性面板中单击交换按钮，将其换成库中的"浣熊跳绳"影片剪辑元件。注意交换过来的浣熊跳绳的位置要与前一帧的浣熊位置一致（打开绘图纸外观按钮观察）。将该关键帧命名为"跳绳"，至此，浣熊元件的时间轴显示如图12-73所示。

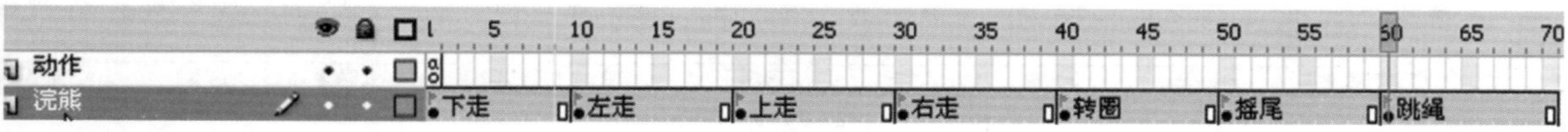

图12-73

由于"跳绳"关键帧上放置了"浣熊跳绳"影片剪辑元件，所以后面只要在场景中放置一个按钮，设置单击该按钮后跳转到"跳绳"帧上，该帧上的"浣熊跳绳"影片剪辑元件就会循环地播放浣熊在场景中跳绳的动画。

▶ 操作步骤12-16：浣熊踢毽

双击春天场景中的"浣熊"元件，进入其界面，在浣熊角色的时间轴上的第70帧按F6键插入关键帧，然后将该关键帧舞台的浣熊选中，在属性面板中单击交换按钮，将其换成库中的"正面-浣熊"影片剪辑元件。

选择第70帧的关键帧，在属性面板中将其命名为"踢毽"，并在第80帧按F5键插入帧，时间轴该关键帧上的显示如图12-74所示。

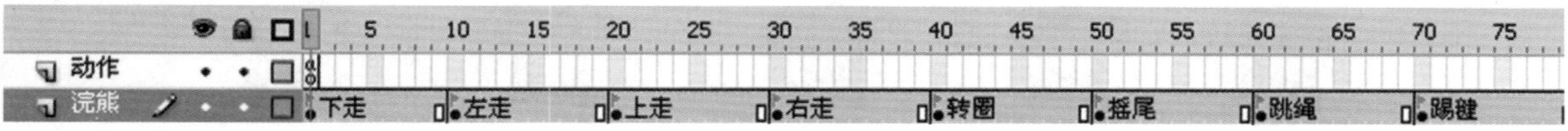

图12-74

选择"踢毽"关键帧场景中的"正面-浣熊"元件，在右键菜单中执行【转换为元件】命令，将其转换为影片剪辑元件，命名为"浣熊踢毽"，保存在库根目录下。

双击场景中的"浣熊踢毽"元件进入其界面，在其时间轴第1帧上是"正面-浣熊"元件，选择该元件，在右键菜单中执行【分离】命令，将其分离成组成它的各元件，然后新建一层，命名为"毽子"。在该层第1帧上画出毽子的形状，使该帧毽子的位置最高，如图12-75所示，在该层后面插入4个关键帧，调整毽子的位置，从最高（第1关键帧）到最低（第3关键帧）再回到最高（第5关键帧）。

选择浣熊层，在相同的帧上也插入4个关键帧，分别选择2、4关键帧中浣熊的腿、脚元件，修改位置及角度，做出抬腿的动作，选择3关键帧中的浣熊的腿、脚元件，做出踢毽的动作，如图12-75所示。

图12-75

单击文件窗口左上角的浣熊元件名称，从"浣熊踢毽"元件的界面回到"浣熊"元件的界面。

由于在"浣熊"元件时间轴的"踢毽"关键帧上放置了"浣熊踢毽"影片剪辑元件，所以后面只要在场景中放置一个按钮，设置单击该按钮后跳转到"踢毽"帧上，该帧上的"浣熊踢毽"影片剪辑元件就会循环地播放浣熊在场景中踢毽子的动画。

双击春天场景中的"浣熊"元件进入其界面，在浣熊角色的时间轴的第80帧、90帧处分别按F6键插入关键帧，在第100帧按F5键插入帧，然后将第80帧命名为"耍枪"，将第90帧命名为"晒太阳"，时间轴如图12-76所示。

图12-76

选择"耍枪"关键帧舞台的浣熊，在属性面板中单击交换按钮，将其换成库中的"正面-浣熊"影片剪辑元件。选择该元件，在右键菜单中执行【转换为元件】命令，将其转换为影片剪辑元件，命名为"浣熊耍枪"，保存在库根目录下。

双击舞台的"浣熊耍枪"元件，进入其界面，将"正面-浣熊"元件分离，然后新建"枪"层，画出枪的形状，各关键帧画面如图12-77所示，配合枪的旋转一周的逐帧动画，重点制作浣熊在每帧上的胳膊变形逐帧动画，完成浣熊耍枪的动画。

图12-77

单击文件窗口左上角的浣熊元件名称，从"浣熊耍枪"元件的界面回到"浣熊"元件的界面。

选择"晒太阳"关键帧舞台的浣熊，在属性面板上单击交换按钮，将其换成库中的"+45度-浣熊"影片剪辑元件。选择该元件，将其水平翻转后，在右键菜单中执行【转换为元件】命令，将其转换为影片剪辑元件，命名为"浣熊晒太阳"，保存在库根目录下。

双击舞台的"浣熊晒太阳"元件，进入其界面，将"+45度-浣熊"元件分离，然后新建"太阳伞"层，画出太阳伞的形状，新建"凳子"层，画出凳子的形状，各关键帧画面如图12-78所示，调整浣熊各元件的位置与角度，制作浣熊晒太阳时翘腿轻微晃脚的3帧动画。

单击文件窗口左上角浣熊元件的名称，从"浣熊晒太阳"元件的界面回到"浣熊"元件的界面。

图12-78

由于在"浣熊"元件时间轴的"耍枪"与"晒太阳"关键帧上放置了"浣熊耍枪"与"浣熊晒太阳"的影片剪辑元件，所以后面只要在场景中放置两个按钮，设置单击按钮后分别跳转到"耍枪"或"晒太阳"帧上，就会在场景中看到浣熊耍枪或翘腿晒太阳的动画。

7
Lesson

8
Lesson

9
Lesson

10
Lesson

11
Lesson

12
Lesson

▶ 操作步骤12-18：浣熊回家

下面要制作的浣熊回家出门等动画，要涉及浣熊的行走元件，由于库中已有的"正面行走"、"侧面行走"、"背面行走"元件，在上一课行走控制中已在第1帧上加了停止动作，所以需要利用这三个元件，复制另外三个未加停止动作的行走元件。

在库中，选择"正面行走"元件，在右键菜单中执行【直接复制】命令，将复制的元件命名为"正面直接行走"，双击该元件的图标，进入其界面，把原来的动作层删除（原动作层的第1帧上有停止动作，用来控制正面行走），这样"正面直接行走"元件的动画就是正面直接行走。

同样，将库中的"侧面行走"元件选中，在右键菜单中执行【直接复制】命令，将复制的元件命名为"侧面直接行走"，双击该元件的图标进入其界面，把原来的动作层删除。

将库中的"背面行走"元件选中，在右键菜单中执行【直接复制】命令，将复制的元件命名为"背面直接行走"，双击该元件的图标进入其界面，把原来的动作层删除。

以上复制的三个直接行走元件，用来制作浣熊在场景中的行走动画。

双击春天场景中的"浣熊"元件进入其界面，在浣熊角色的时间轴上的第在100帧按F6键插入关键帧，在第110帧按F5键插入帧，然后将第100帧命名为"回家"，时间轴如图12-79所示。

图12-79

选择"回家"关键帧中的浣熊，在属性面板中单击交换按钮，将其换成库中的"正面行走"影片剪辑元件，注意该元件的位置应该尽量与第1关键帧的浣熊位置一致。选择该元件，在右键菜单中执行【转换为元件】命令，将其转换为影片剪辑元件，命名为"浣熊回家"，保存在库根目录下。

双击"浣熊回家"元件进入其界面，其第1帧上是"正面行走"元件，如图12-80所示，按F6键插入第2关键帧，将该帧上的浣熊交换成"+45度-浣熊"，再按F6键插入第3关键帧，将该帧上的浣熊交换成"侧面直接行走"元件，这三帧形成了浣熊转身的动画。接着为浣熊层添加传统运动引导层，在引导层中对应浣熊层的第3关键帧处插入空帧，在该帧上用铅笔工具画出浣熊回家的路径线条。注意起始点要对准"侧面直接行走"元件的中心。

图12-80

在浣熊层的第98帧按F6键插入关键帧，将该帧的"侧面直接行走"元件移到画面右侧转身处，使中心在线条上，在第100帧插入关键帧，交换成"–45度–浣熊"，在第102帧上插入关键帧，交换成"背面直接行走"，在第253帧插入关键帧，将"背面直接行走"元件缩小，移到门口位置，在第255帧插入关键帧，将"背面直接行走"元件的Alpha值改小使其透明，第5~98、102~253、253~255帧之间创建传统补间动画，如图12–80所示的各关键帧中的元件中心点都必须放置在线条上，这样才能沿引导线运动。

按Enter键或拖动时间轴滑块观察回家动画是否沿着路径行走，如果不是，请重点检查第3、4关键帧及第6、7关键帧上的浣熊中心点是否放置在线条上了。在这种播放模式下，是看不到"侧面直接行走"和"背面直接行走"影片剪辑元件的循环行走动作的。

浣熊回家的动作不能像浣熊转圈、踢毽、跳绳等那样反复循环播放，所以需要新建一个动作层，在最后一帧插入空帧，为该空帧设置stop()停止动作。

单击文件窗口左上角的浣熊元件名称，从"浣熊回家"元件界面回到"浣熊"元件界面。

由于在"浣熊"元件时间轴的"回家"关键帧上放置了"浣熊回家"的影片剪辑元件，所以后面只要在场景中放置一个按钮，设置单击按钮后跳转到"回家"帧上，就会在场景中看到浣熊转身行走回家的动画。

▶ 操作步骤12–19：浣熊爬树

浣熊爬树、出门的动画制作方法同上，首先在浣熊元件的时间轴第110、120帧按F6键创建两个关键帧，然后分别命名为"爬树"、"出门"，如图12–81所示。

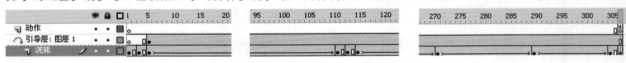

图12–81

选择"爬树"关键帧中的浣熊，在属性面板中单击交换按钮，将其换成库中的"正面行走"影片剪辑元件，选择该元件，在右键菜单中执行【转换为元件】命令，将其转换为影片剪辑元件，命名为"浣熊爬树"，保存在库根目录下。

双击"浣熊爬树"元件进入其界面，浣熊爬树的路径线如图12–82所示，为浣熊层添加传统运动引导层，用铅笔工具画出浣熊爬树的路径线条。除了路径的结束点不同外，浣熊爬树的动画制作与浣熊回家的动画制作基本一样，只是最后第10关键帧交换成了"正面–浣熊"元件，然后将该元件分离，旋转胳膊元件，制作浣熊挥手的画面。请参考上面浣熊回家的操作步骤。最后同样需要在新建的动作层最后一帧加上stop()停止动作。

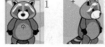

图12–82

按Enter键或拖动时间轴滑块观察浣熊爬树动画是否沿着路径行走，如果不是，请重点检查第3、4关键帧及第6、7、8、9关键帧上的浣熊中心点是否放置在线条上。

单击文件窗口左上角的浣熊元件名称，从"浣熊爬树"元件界面回到"浣熊"元件界面。

▶ 操作步骤12-20：浣熊出门

在浣熊角色的时间轴上，选择"出门"关键帧中的浣熊，在属性面板中单击交换按钮，将其换成库中的"正面直接行走"影片剪辑元件，选择该元件，将其缩小并移到门口位置。在右键菜单中执行【转换为元件】命令，将其转换为影片剪辑元件，命名为"浣熊出门"，保存在库根目录下。

双击"浣熊出门"元件进入其界面，浣熊出门的路径线如图12-83所示，为浣熊层添加传统运动引导层，用铅笔工具画出浣熊出门的路径线条。浣熊出门的动画制作与浣熊回家的动画制作类似，请参考上面浣熊回家动画的操作步骤。需要注意时间轴最后两个关键帧中，前一关键帧上是"正面直接行走"元件，后一关键帧要交换成"正面行走"元件，这样到最后一帧时，正面的浣熊就会停住不走了（否则会原地踏步行走）。最后同样需要在新建的动作层的最后一帧加上stop()停止动作。

图12-83

由于在"浣熊"元件时间轴的"爬树"关键帧上放置了"浣熊爬树"影片剪辑元件，在"出门"关键帧上放置了"浣熊出门"影片剪辑元件，所以后面只要在场景中放置两个按钮，设置单击按钮后跳转到"爬树"帧或"出门"帧上，就会在场景中看到浣熊爬树或出门的动画。

▶ 操作步骤12-21：浣熊吃饭、喝水

在"浣熊"元件时间轴的第130、140帧按F6键创建两个关键帧，分别命名为"吃饭"、"喝水"，如图12-84所示。

图12-84

选择"吃饭"关键帧中的浣熊，在属性面板中单击交换按钮，将其换成库中的"+45度-浣熊"影片剪

辑元件，选择该元件，在右键菜单中执行【转换为元件】命令，将其转换为影片剪辑元件，命名为"浣熊吃饭"，保存在库根目录下。

双击"浣熊吃饭"元件进入其界面，时间轴如图12-85所示，在浣熊层的第45帧插入关键帧，将该关键帧上的"+45度-浣熊"旋转并分离，菜单中调整其胳膊、身体、头部等各元件的位置与角度，制作趴下吃饭的画面，最后将所有调整好的元件全选，在右键菜单中执行【转换为元件】命令，转换为影片剪辑元件，命名为"吃动作"，双击该元件进入其界面，制作只有两帧的动画，即吃饭时身体一前一后轻微晃动的两帧动画，如图12-86所示。你也可以添加舌头层，绘制舌头的动画。

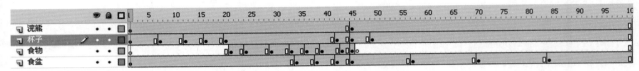

图12-85

图12-86

回到"浣熊吃饭"元件界面，浣熊层的第1~44帧是45度站立的画面，第45~100帧是趴下吃饭的画面。

参考图12-85所示，创建食盆、食物、杯子层，在第1~45帧之间，制作从杯子里倒出食物到食盆的动画帧，在第45帧后趴下吃饭时，制作食盆的食物逐渐减少的动画帧，如图12-87所示。

图12-87

在库中将吃饭动画制作完毕的"浣熊吃饭"元件直接复制，将复制后的元件命名为"浣熊喝水"。

选择"浣熊"元件时间轴上的"喝水"关键帧，将该帧上的浣熊交换成"浣熊喝水"，双击该元件进入其界面，该时间轴上是复制的浣熊吃饭的各层，请把食盆中的食物图改成水面图，把杯子层的食物杯换成水杯，把食物层换成水层，水层的各帧水滴可创建补间形状动画，如图12-88所示。

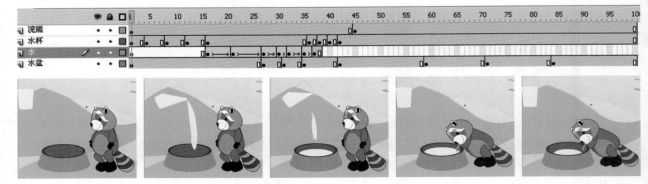

图12-88

7 Lesson

8 Lesson

9 Lesson

10 Lesson

11 Lesson

12 Lesson

由于在"浣熊"元件时间轴的"吃饭"关键帧上放置了"浣熊吃饭"影片剪辑元件,在"喝水"关键帧上放置了"浣熊喝水"影片剪辑元件,所以后面只要在场景中放置两个按钮,设置单击按钮后跳转到"吃饭"帧或"喝水"帧上,就会在场景中看到浣熊吃饭或喝水的动画。

到此,浣熊在场景中的各种动作动画就制作完成了。请注意此时"春天"场景中的浣熊元件的时间轴如图12-84所示。你可以在该时间轴上继续制作各种浣熊动画元件。

最后,在场景面板中将"春天"场景置于最上层,然后按Ctrl +Enter键测试影片,此时浣熊在春天背景的场景中静止不动。

请保存练习文件"Lesson12.fla"。到此阶段完成的范例请参考进度文件"Lesson12-10end .fla"。

▌ 12.2.2　按钮控制游戏角色

上面我们制作了浣熊的各种动作,本节就针对这些动作制作相应的按钮及设置按钮上的动作。

请打开上一节结束时保存的文件"Lesson12.fla"(或打开进度文件夹中的"Lesson12-10end.fla"文件)。在场景面板中选择"春天"场景。注意将"春天"场景置于最上层。

▶ 操作步骤12-22：按钮制作

首先执行【插入/新建元件】命令,创建按钮元件,命名为"晒太阳",保存在库中的按钮文件夹中,参考如图12-89所示的按钮的时间轴,制作晒太阳的按钮三帧画面,三帧画面都稍有不同,这样指向按钮时就会有动态效果。

再执行【插入/新建元件】命令,创建"喝水"按钮,同样,参考图12-90所示的时间轴,制作喝水按钮的三帧画面。

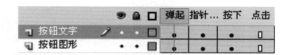

图12-89   图12-90

请参考图12-91所示的按钮图形,分别制作其他按钮。

图12-91

▶ 操作步骤12-23：按钮的动作设置

回到"春天"场景。"春天"场景的时间轴只有1帧,除了背景层的春天元件,iPad框架层的iPad边框及动作层外,还有浣熊角色层的"浣熊"元件,该元件中放置了浣熊的多个场景动作。

请按Ctrl +Enter键测试影片,由于背景的"春天"影片剪辑元件中含有"太阳"影片剪辑元件,所以在只有1帧的"春天"场景中,也能看到太阳循环打瞌睡的动画。

虽然"春天"场景中的"浣熊"影片剪辑元件中含有多个例如吃饭、跳绳等影片剪辑元件，但是由于在其时间轴的第1帧加了停止动作，所以浣熊只停在第1帧（下走帧）上，并且该帧上的"正面行走"影片剪辑元件的第1帧也加了停止动作，所以浣熊此时是静止的。

请在"春天"场景新建一层，命名为"按钮条"层，将所有上面制作的按钮拖放到场景的最下方排成一排，如图12-92所示。

图12-92

场景中的浣熊要通过按钮来控制其动作，必须提前将其命名，所以请选择浣熊角色层的浣熊，在属性面板中将其命名为"huanxiong_mc"。

分别选择按钮层中的某个按钮，例如"吃饭"按钮，在动作面板中为其添加动作如下：

```
on (release) {
    _root.huanxiong_mc.gotoAndStop("吃饭");
}
```

其他按钮上的动作请参考以上动作设置，使浣熊元件跳转到相应的喝水、跳绳、回家等关键帧处。

▶ 操作步骤12-24：场景游戏测试

请按Ctrl+ Enter键测试影片，逐个单击每个按钮，测试该按钮按下后的浣熊是否从第1帧的静止状态转到相应的动画帧处，并开始播放该关键帧上的浣熊动画。注意浣熊从静止状态转到其他状态时，位置大小应尽量保持一致，如果不一致，请将转到的那一帧上的浣熊移到与静止浣熊相同的位置，大小也调整到一样大。

7 Lesson

8 Lesson

9 Lesson

10 Lesson

11 Lesson

12 Lesson

▶ 操作步骤12-25：按钮条的动画

在按Ctrl +Enter键测试影片时，一排按钮是随场景的出现而出现的，没有动画效果，如果要制作场景出现后，按钮才依次逐渐从下方运动到指定位置并停止的动画，可按如下步骤制作：

首先将场景中按钮条层的所有按钮选中，然后鼠标在菜单中执行【转换为元件】命令，将其转换为影片剪辑元件，命名为"按钮条动画"，保存在库中按钮文件夹中。

双击场景中的"按钮条动画"元件，进入其界面，全选所有按钮，在右键菜单中执行【分散到图层】命令，这样每个按钮都放置在不同的层上，如图12-93所示。

在所有按钮层的第7帧按F6键插入关键帧，两帧之间创建传统补间动画，如图12-94所示。将所有层的第1帧的按钮Alpha值设置为0，使其透明，并向下移动相同的距离。这段动画的结果是每个按钮都从下方逐渐显示并运动到指定位置。

图12-93　　　　　　　　　　　　图12-94

在最下层新建一层，命名为背景条层，画出按钮条下方的白色背景色条，将该色条转换为图形元件，然后制作该色条从下方移到指定位置并从透明到半透明的传统补间动画。

如图12-95所示，将每层按钮的两个关键帧及之间的帧全选，在时间轴上向后移动，使得按钮依次逐渐出现。这段动画的结果就是按钮背景条先从下方移上来，然后每个按钮依次逐渐从下方移上来。

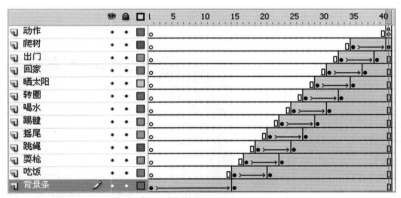

图12-95

"按钮条动画"元件不能在场景中反复循环播放，所以需要在最上层新建动作层，在最后一帧插入空帧后，为该空帧设置stop()停止动作。

回到春天场景，此时按Ctrl +Enter键测试影片，观察按钮条是否从下方上升出现，按钮是否逐渐出现，最后是否停住。由于前面已经为按钮加了动作，所以单击按钮后，浣熊会跳到相应的动作帧上做相应的动作。

请保存练习文件"Lesson12.fla"。到此阶段完成的范例请参考进度文件"Lesson12-11end .fla"。

本节将在已完成的换装场景、行走场景、春天动画游戏场景的基础上，制作一个完整的游戏开机场景、首页游戏按钮选择场景、换装场景、行走场景、春夏秋冬四季的动画游戏场景。将这些场景整合成一个相对完整的浣熊游戏。

12.3.1 春夏秋冬场景

请打开上一节结束时保存的文件"Lesson12.fla"（或打开进度文件夹中的"Lesson12-11end.fla"文件）。下面利用春天场景，创建夏天、秋天和冬天游戏场景。

▶ **操作步骤12-26：春夏秋冬场景**

请在场景面板中选择"春天"场景。选择该场景时间轴上的全部图层，将鼠标指到第1帧位置，在右键菜单中执行【复制帧】命令，将所有层的第1帧复制，执行【插入/场景】命令，创建新的场景，在场景面板中将该场景名称改为"夏天"，然后选择时间轴第1帧，在右键菜单中执行【粘贴帧】命令，将春天场景的所有层全部粘贴过来。选择时间轴的"春天背景"层，将其改名为"夏天背景"层，选择该层第1帧中舞台区的"春天"元件，在属性面板中单击交换按钮，交换成"夏天"元件。此时"夏天"场景中就是夏天背景及浣熊角色，按Ctrl+Alt+Enter键测试当前场景，浣熊会在夏天的背景中通过按钮的单击做各种动作。用以上方法创建"秋天"、"冬天"场景，并将背景都换成秋天或冬天元件，如图12-96所示为春夏秋冬4个场景。

图12-96

执行【插入/场景】命令，创建新的场景，重命名为"动画场景选择"，在该场景中，将库中的4个太阳元件拖放到场景中，如图12-97所示。动作层第1帧也加stop()停止动作。

图12-97

然后分别选择其中一个太阳元件，在右键菜单中执行【转换为元件】命令，将其转换为按钮，并在动作面板中分别设置按钮动作：例如当单击"春天"按钮时，跳转到"春天"场景。请参考如下"春天"按钮上的动作，设置其他三个按钮上的动作。

```
on (release) {
    gotoAndStop("春天", 1);
}
```

在场景面板中将场景顺序按如图12-98所示排列，然后按Ctrl +Enter键测试影片，在"动画场景选择"场景中，当单击不同的太阳按钮时，游戏场景会转到不同的季节场景中，如图12-99所示。

7 Lesson
8 Lesson
9 Lesson
10 Lesson
11 Lesson
12 Lesson

图12-98   图12-99

请保存练习文件"Lesson12.fla"。到此阶段完成的范例请参考进度文件"Lesson12-12end .fla"。

▊ 12.3.2　从行走场景进入春夏秋冬场景

请打开上一节结束时保存的文件"Lesson12.fla"（或打开进度文件夹中的"Lesson12-12end.fla"文件）。

下面要制作的是：在"行走1"场景放置4个发光金元宝，当浣熊行走到某个金元宝附近后，就进入到春夏秋冬的某个游戏场景中。

▶ 操作步骤12-27：场景中发光金元宝的制作

请在场景面板中将"行走1"场景置于最上层。

先参考图12-100所示，创建"星光线条"图形元件，绘制一个细长矩形，为其填充两头为半透明中间为黄色的线性渐变色，再创建一个"星光"图形元件，将"星光线条"元件拖入多个，并旋转不同的角度和大小，形成星光图，再绘制一个圆形，填充径向渐变色，使其起始色为黄色，终止色为透明。

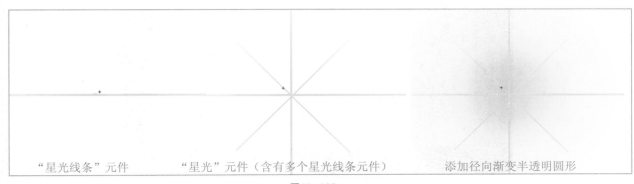

"星光线条"元件　　　　"星光"元件（含有多个星光线条元件）　　　　添加径向渐变半透明圆形

图12-100

再创建一个影片剪辑元件"发光金元宝"，如图12-101所示，先在最底层拖入导入的金元宝图形，然后新建星光层，每个星光层都在不同时间放置拖入的"星光"图形元件，并旋转不同的角度，制作三帧传统补间动画，使其星光逐渐显示并消失。结果多层的星光动画就形成了金元宝在一闪一闪发光的效果。

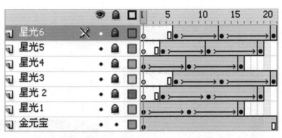

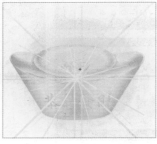

图12-101

在"行走1"场景中新建"发光金元宝"层，将上面制作的"发光金元宝"影片剪辑元件拖入场景4个，如图12-102所示。并分别选择"发光金元宝"元件实例，在属性面板中，将其命名为"Light1_mc"、"Light2_mc"、"Light3_mc"和"Light4_mc"。

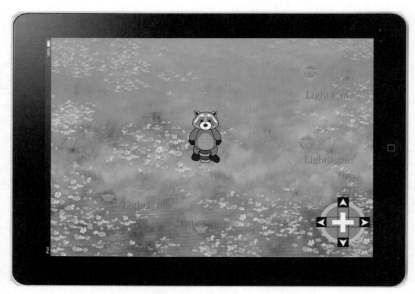

图12-102

▶ **操作步骤12-28：碰撞检测**

选择按钮层的控制行走箭头按钮，例如下走控制按钮，在按钮的动作面板中，在原有的控制下走和判断是否到边界的语句后，添加碰撞检测语句：

7 Lesson
8 Lesson
9 Lesson
10 Lesson
11 Lesson
12 Lesson

```
on (release, keyPress "<Down>") {
    _root.raccoon_mc.gotoAndStop("下走");
    _root.raccoon_mc.down_mc.play();
    _root.raccoon_mc._y += 20;
    if (_root.raccoon_mc._y > 750)
    {
        _root.raccoon_mc._y = 0;
        _root.nextFrame();
    }
    if (_root.raccoon_mc.hitTest(_root.Light1_mc))
    {
        gotoAndStop("春天", 1);
    }
    if (_root.raccoon_mc.hitTest(_root.Light2_mc))
    {
        gotoAndStop("秋天", 1);
    }
    if (_root.raccoon_mc.hitTest(_root.Light3_mc))
    {
        gotoAndStop("夏天", 1);
    }
    if (_root.raccoon_mc.hitTest(_root.Light4_mc))
    {
        gotoAndStop("冬天", 1);
    }
}
```

其中，if (_root.raccoon_mc.hitTest(_root.Light1_mc)) 语句用于判断场景中的浣熊 (raccoon_mc)在下走过程中，与场景中的金元宝1（Light1_mc）是否碰撞接触，如果是，执行 gotoAndStop("春天"，1);语句，结果就跳转到"春天"的场景中了。

其他三个判断语句是检测浣熊在下走过程中是否与其他三个金元宝碰撞接触，如果是，就跳转到该金元宝对应的某个季节场景中。

请参考上面下走控制按钮的动作设置，将其中的四个判断语句复制后，粘贴到其他三个方向行走控制按钮的动作语句中。最后按Ctrl +Enter键测试影片，观察控制浣熊上下左右行走时，当浣熊接触到某个发光金元宝后，是否跳转到相应的季节场景中。如果不是，请检查场景中的"发光金元宝"元件实例是否已命名，名称是否与条件判断语句中的名称一致。

请保存练习文件"Lesson12.fla"。到此阶段完成的范例请参考进度文件"Lesson12-13end .fla"。

▌12.3.3　开机场景

请打开上一节结束时保存的文件"Lesson12.fla"（或打开进度文件夹中的"Lesson12-13end.fla"文件）。

下面要制作的是游戏的开机场景：即单击iPad的开机按钮，壁纸画面逐渐出现，然后几个应用图标从右侧飞入停住，单击其中一个浣熊头像的应用按钮，一道光圈从左侧飞入，伴随着音乐，浣熊从光圈处上升、发光，闪亮登场，最后光晕退去，出现文字及Play按钮，单击该按钮，进入游戏首页界面。

▶ 操作步骤12-29：开始及开机动画帧制作

首先插入一个新场景，将其命名为"开机"场景。在场景面板中将其置于最上层。

将开机场景的图层1命名为"动作"层，设置第1帧的停止动作。如图12-103所示，新建一个"开机"文件夹，在该文件夹下，新建"黑屏"层，在该层中画一个黑色的矩形代表屏幕。新建"iPad框架" 层，放置iPad图。新建"开机按钮"层放置一个开机按钮（可参考第9 课的开关按钮制作），选择开机按钮，设置动作为：

```
on (release) {
    gotoAndPlay("开机");
}
```

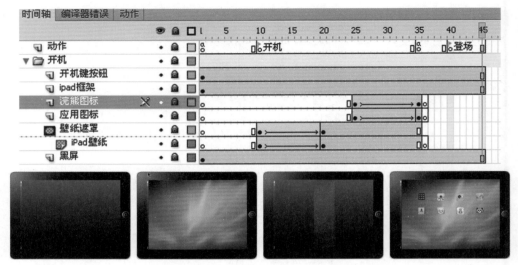

图12-103

在动作层的第10帧插入空帧，将该帧命名为"开机"。然后新建"iPad壁纸"层，在该层第10帧插入空帧，选择该帧，将壁纸图拖放到舞台上，调整大小，然后将该图转换为图形元件，制作第10~20帧之间的壁纸图逐渐出现的传统补间动画。

新建"壁纸遮罩"层，在该层制作一个与屏幕同高的细高矩形变形成同屏幕大小的矩形的补间形状动画，将该层设置为遮罩层，结果壁纸图会从中心开始展开并逐渐显示。

新建"应用图标"层，在该层第25帧插入空帧，选择该帧，将应用图标图导入到舞台上，调整大小，然后将该图转换为图形元件，制作第25~35帧之间的图标从右侧飞入的传统补间动画。

新建"浣熊图标"层，在该层第25帧插入空帧，选择该帧，将浣熊"正面-头部"元件拖放到舞台上，调整大小，并将其转换为按钮元件，制作第25~35帧之间的浣熊头部按钮从右侧飞入的传统补间动画（头部按钮最好叠放在下层的其中一个应用图标位置，随其一起飞入）。

在动作层的第35帧插入空帧，在该帧设置停止动作。然后选择第35帧的浣熊头部按钮，设置动作如下：

```
on (release) {
    gotoAndPlay("登场");
}
```

在动作层的第40帧插入空帧，并将该帧命名为"登场"。其他各层如图12-103所示插入帧或插入空帧。

▶ 操作步骤12-30：浣熊登场动画帧制作

在时间轴上新建一个文件夹，命名为"登场"。在其下新建一个"声音"层，在该层第40帧插入空帧，在该帧将提供的声音素材文件库中的index02声音拖放到当前舞台。

参考图12-104所示，新建一个"地光"层，在该层第40帧插入空关键帧，绘制一个细长的椭圆形，将其转换为图形元件，制作从第40~53帧之间的光从左运动到画面中间的传统补间动画。

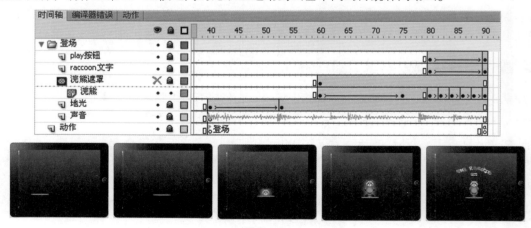

图12-104

7
Lesson

8
Lesson

9
Lesson

10
Lesson

11
Lesson

12
Lesson

新建一个"浣熊"层，在第60帧插入空帧，从库中将"正面-浣熊"元件拖放到舞台的地光图形下方，给第60帧的浣熊添加发光与模糊滤镜，数值稍大些，然后在第75帧插入关键帧，将该帧浣熊的模糊滤镜值改为0，并将浣熊移到地光图形的上面，制作浣熊从下到上移动并模糊发光的传统补间动画，在第80~90帧，再插入几个关键帧，制作浣熊发光效果忽大忽小的传统补间动画，最后一帧将浣熊的滤镜值都调整为0。

新建一个"浣熊遮罩"层，在第60帧插入空帧，在地光图形的上方画出一个比浣熊大些的矩形，然后将该层设置为遮罩层，结果浣熊只从地光以上的矩形范围内出现。

新建"raccoon文字"层，在第80~90帧制作含有"raccoon"文字内容的元件逐渐出现的传统补间动画。

新建"Play按钮"层，在第80~90帧制作含有"Play"文字的按钮元件逐渐出现的传统补间动画。并给按钮上设置动作如下：

```
on (release) {
        gotoAndPlay("游戏首页",1);
}
```

在动作层的最后一帧添加停止动作。将有关背景层都延长至90帧。

按Ctrl +Enter键测试，单击开机按钮，观察是否有壁纸展现的开机画面，单击浣熊应用图标，是否有浣熊闪亮登场及文字与Play按钮出现的动画，单击Play按钮，要能跳到下面要创建的"游戏首页"场景界面。

请保存练习文件"Lesson12.fla"。到此阶段完成的范例请参考进度文件"Lesson12-14end .fla"。

▌ 12.3.4   游戏首页界面

请打开上一节结束时保存的文件"Lesson12.fla"（或打开进度文件夹中的"Lesson12-14end.fla"文件）。

下面要制作的是游戏的首页场景：画面左侧的浣熊在变幻着不同的装饰，右侧上方是文字，下方是几个动态按钮，当用鼠标指向按钮时，按钮中的浣熊图像显示区在移动，单击按钮，会分别进入换装游戏、场景游戏、行走游戏界面。

首先新建一场景，命名为"游戏首页"，将图层第1重命名为"动作"层，为该层第1帧加上帧停止动作。

新建"背景声音"层，将提供的声音素材文件库打开，将库中的"index05"声音拖放到该层第1帧，作为背景声音。

新建"iPad框架"层，放置iPad图。

新建"变色背景"层，在该层第一帧画出一个矩形作为屏幕背景，将该矩形选中，转换为影片剪辑元件"变色背景"，双击该元件进入其编辑界面，在时间轴中间隔相同的帧处插入几个关键帧，将这几个关键帧中的矩形重新填充颜色，两两关键帧之间创建补间形状动画，注意将最后帧与第一关键帧填充相同的颜色，制作矩形区的颜色变色动画。回到场景界面，将该层置于"iPad框架"层下面，按Ctrl+Alt+Enter键测试场景，观察背景区的循环变色动画。

如图12-105所示，新建"文字"层，在舞台右侧输入游戏文字。

图12-105

新建"浣熊"层，将提供的穿衣效果图中的几个浣熊正面图导入到库中，将其中一个正面浣熊穿衣效果图1拖放到屏幕左侧，调整大小，将其转换为影片剪辑元件"浣熊变幻显示"，双击该元件进入其界面，将图层1命名为"浣熊1"层，在第65帧插入帧。新建"浣熊2"层，在该层的第40帧拖放另一个穿衣效果图到相同位置，在第135帧插入帧。新建"浣熊3"层，在该层第110帧拖放另一个穿衣效果图到相同位置，在第205帧处插入帧。依次类推，时间轴拖曳播放时，浣熊穿衣效果就会依次变换。还可参考图12-06所示的时间轴，为浣熊1层添加遮罩层，遮罩1层的第40~65帧之间是一个覆盖浣熊区的矩形移到浣熊脚下的动画，这样浣熊1就逐渐从头到脚消失了，而遮罩2层的第40~65帧之间是一个矩形从浣熊头部移到覆盖全身的动画，这样浣熊2就逐渐从头到脚出现了，在遮罩2层的第110~135帧之间，是矩形从覆盖浣熊全身到移到脚下的动画，这样浣熊2就逐渐从头到脚消失了，依次类推，制作每一层浣熊的遮罩层，最后的结果就是从头到尾从一个浣熊的穿衣效果图变换到另一个浣熊的穿衣效果图。

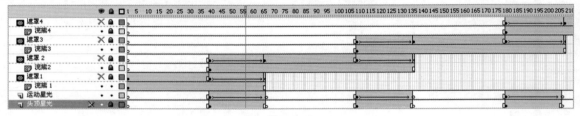

图12-106

回到场景界面，按Ctrl+Alt+Enter键测试场景，观察浣熊的循环变换动画。

新建"游戏选择按钮"层，制作几个浣熊动态按钮放置在该层。注意按钮的制作步骤大致如下：先创建按钮元件，然后在按钮时间轴弹起帧上放置一个正面浣熊穿衣效果图，将该图选择后转换为图形元件，接着在按钮的指针经过帧上按F6键插入关键帧。在按钮的按下帧按F5键插入帧。选择弹起帧上的图形元件，双击进入其界面，新建一层，绘制一个矩形，将下层浣熊的头部遮挡，将该矩形层设置为遮罩层。回到上一级按钮界面，结果弹起帧只看到浣熊的头部区。选择按钮指针经过帧上的图形元件，先将其转换为影片剪辑元件，然后双击该影片剪辑元件进入其界面，新建一层，绘制一个矩形，将下层浣熊的头部遮挡，设置该层为遮罩层，在下层的浣熊层，制作浣熊位置不断变化的传统补间动画，将遮罩层的帧也设置成与下层动画相同的长度，这段动画就是遮罩区内浣熊在位移的动画。回到上一级按钮界面，现在在按钮的指针经过帧上放置的就是刚制作好的含有浣熊位移动画的影片剪辑元件，只有测试时指向按钮区时才能看到浣熊位移的动画。

将以上制作的几个按钮放置在"游戏选择按钮"层，然后分别为按钮设置动作，例如选择换装按钮上的动作如下：

```
on (release) {
    gotoAndStop("换装", 1);
}
```

选择动画场景按钮上的动作如下：

```
on (release) {
    gotoAndStop("动画场景选择", 1);
}
```

选择行走1场景按钮上的动作如下：

```
on (release) {
    gotoAndStop("行走1", 1);
}
```

请按Ctrl+Enter键，测试击以上按钮，看是否会分别进入不同的游戏场景中。

最后，需要在各游戏场景中设置一个返回按钮，该按钮上的动作如下：

```
on (release) {
    gotoAndStop("游戏首页",1);
}
```

在各游戏场景的开关机按钮上，设置如下动作：

```
on (release) {
    gotoAndPlay("关机",1);
}
```

当然，前提是需要制作关机的场景动画，这样在每个游戏场景中单击返回按钮时会重新回到游戏首页场景中，单击关机按钮时会出现关机动画画面。

请保存练习文件"Lesson12.fla"。到此阶段完成的范例请参考进度文件"Lesson12-15end .fla"。

7
Lesson

8
Lesson

9
Lesson

10
Lesson

11
Lesson

12
Lesson

12.4 操作答疑

思考题：

问题1：制作游戏前要考虑哪些因素？

问题2：怎样用Flash来制作多媒体课件？

答疑：

问题1：制作游戏前要考虑哪些因素？

回答1：对于初学者来说，能制作Flash游戏很可能是他们学习Flash的动力，不管Flash掌握的有多熟练，要做出能让玩家玩起来不想停的精彩游戏，要考虑到许多方面的因素。首先，目的要明确，你制作游戏的目的是什么？有些游戏是纯粹的娱乐，有些游戏是用于智力开发和学习，有些是为了吸引更多人的关注，有些游戏是出于商业目的，所以在进行游戏的制作之前，必须先确定游戏的目的，这样才能够根据游戏的目的来设计符合需求的作品。其次，在确定制作一款游戏前，要有该游戏的策划方案，你的游戏最吸引人的是什么？适合什么样的玩家玩？对游戏的走向要做到心中有数，而不能边想边做。当然，制作游戏还需要有美术、编程等基础，所以要深入学习这方面的知识。

问题2：怎样用Flash来制作多媒体课件？

回答2：多媒体课件制作有很多种方法。用Flash来制作的课件可参考本教程的中课件，课件的标题文字动画，可参考第1课的内容及上机参考范例来制作，课件中的动态按钮制作及页面制作，可参考第9、第10课的内容及参考范例来制作，相信学习完本教程后，你也能制作出丰富多彩的多媒体课件作品来。

图12-107

1．参考随书A盘Lesson12游戏制作\12课参考作品中的ck12_01和ck12_02，制作变身小游戏。

图12-108

操作提示：

以上两个小游戏可以用本课介绍的方法来制作，甚至比浣熊换装游戏制作起来还要简单。在打开源文件时你会发现，它是将角色的所有装饰物都绘制在同一角色元件的时间轴上，并且全部都转换为元件后分别命名，在第1帧上设置了这些装饰元件的可视值都为0（不可见），所以初始角色是未戴装饰的画面，每个装饰按钮上设置的动作是：将该按钮对应的装饰元件的可视值设为1（可见），用这种方法一样可以为角色换装。详细制作可参考ck12_01和ck12_02文件。

2．参考随书A盘Lesson12游戏制作\12课参考作品中的ck12_03，改变角色的发型、脸型等形状，并对其大小位置进行调整。

图12-109

操作提示：

在该范例中，选择发型、脸型等不同的按钮，会跳到指定的换发型或脸型的帧上，在该帧单击换发型按钮，代表发型的元件就会逐帧变换发型，另单击该帧的移动按钮，发型元件会随箭头键的单击轻微位移，单击该帧的缩放按钮，发型元件会随箭头的单击放大或缩小，使你能随意搭配调整游戏角色的组成元件及大小位置。详细制作可参考ck12_03文件。